"十二五"国家重点出版物出版规划项目
城市交通系列教材

城市交通规划

邵春福　主编

北京交通大学出版社

·北京·

内 容 简 介

本书共分为 10 章，主要内容包括绪论、城市交通发展战略、城市交通与土地利用、城市交通网络布局规划与设计、城市交通需求预测、城市交通系统规划、城市停车规划、城市对外交通系统规划、城市慢行交通系统规划、城市交通规划案例。

本书是"十二五"国家重点出版物出版规划项目"城市交通系列教材"之一，既可作为交通工程专业本科生教材，也可供相关专业技术人员参考。

图书在版编目（CIP）数据

城市交通规划／邵春福主编. — 北京：北京交通大学出版社，2014.9（2021.9 重印）
（城市交通系列教材）
ISBN 978-7-5121-2081-5

Ⅰ. ① 城… Ⅱ. ① 邵… Ⅲ. ① 城市规划-交通规划-高等学校-教材
Ⅳ. ① TU984.191

中国版本图书馆 CIP 数据核字（2014）第 202437 号

责任编辑：孙秀翠　　特邀编辑：刘　松
出版发行：北京交通大学出版社　　　　电话：010-51686414
地　　址：北京市海淀区高梁桥斜街 44 号　邮编：100044
印　刷　者：艺堂印刷（天津）有限公司
经　　销：全国新华书店
开　　本：185×230　　印张：25.25　　字数：566 千字
版　　次：2014 年 9 月第 1 版　　2021 年 9 月第 3 次印刷
书　　号：ISBN 978-7-5121-2081-5/TU·132
印　　数：4 001 ～ 5 000 册　　定价：55.00 元

本书如有质量问题，请向北京交通大学出版社质监组反映。对您的意见和批评，我们表示欢迎和感谢。
投诉电话：010-51686043，51686008；传真：010-62225406；E-mail：press@bjtu.edu.cn。

前　言

　　我国的城市建设日新月异，城市化率迅速提高，2013 年年底已达到 53.7%，新区、新城等的规划建设带来了城市建成区规模和人口的急剧膨胀，而城市居民出行总量快速增加，道路交通拥堵、公共交通工具拥挤甚至雾霾天气等出行环境条件日益恶化，带来了严重的交通问题，甚至发展为严重的"城市病"这一社会问题。

　　交通问题的产生来源于人们对以私家车为代表的城市机动化发展迅速估计不足；来源于人们对城市规划中的用地布局与交通之间的关系认识不够，造成城市用地功能过于单一，工作和生活对出行的依赖过高；来源于城市用地中交通用地比例过低，交通基础设施建设空间受限；来源于人们对于城市公共交通的作用认识不足，造成城市交通体系结构不合理，城市轨道交通建设严重滞后，居民活动和物流过于依赖道路；来源于在发展的过程中，人们逐渐摒弃了非机动车这种健康、低碳的交通方式。

　　我国城市道路交通的特点是混合、低速、高密度，特征之一是交通拥堵；城市公共交通的特点是车内拥挤、服务水平低。目前，城市道路交通拥堵问题不仅在以北京、上海、广州和深圳等为代表的大城市快速蔓延，而且甚至发展到了中小城市。为了缓解城市道路交通拥堵，政府相关部门实施了限号通行、错峰上下班和限号购车等措施。然而，这些措施均具有"亡羊补牢"和"头疼医头，脚疼医脚"的性质。子曰："凡事预则立，不预则废。"城市交通问题产生的源头在于"预"的不足，缺乏科学的城市规划和城市交通规划，缺乏对城市交通发展战略的准确把握，缺乏战略性思维，缺乏系统性方法，缺乏对规划的严格遵守和实施。

　　本书以城市范围为对象，从城市用地和综合交通的角度介绍城市交通规划，主要内容包括以下几个方面。

　　第一，城市交通发展战略。介绍如何根据城市的发展历史、规模和发展规划等，制定相应的发展战略。

　　第二，城市用地与交通之间的关系。即城市土地利用与交通的宏观关系，以及不同的用地性质、区位、规模和时间产生的交通量。

　　第三，城市交通网络的布局规划与设计。如何从经济社会发展、用地和出行的视角，保持合理的交通基础设施网络体系结构和规模，以保证综合交通的合理供给；注重交通网络布

I

局的合理性和科学性，强调利用区位理论和节点重要度进行线路走向和等级的确定，并引入评价指标体系，力求规模适当、体系结构和层次布局合理，尽量避免运营阶段"头疼医头，脚疼医脚"的窘态。

第四，讲述交通需求预测的方法，并以经典的"四阶段法"为主，适当介绍一些新的、比较成熟的方法和技术。同时，考虑到近年交通规划软件系统的发展，介绍我国当前几种典型的交通规划软件系统，如 Cube，Emme，TransCAD，PTV-Visson 等。

第五，从城市综合交通系统规划出发，介绍城市道路系统、公共交通系统和交通枢纽系统等专项规划。

第六，针对目前我国城市交通中最难解决的停车问题，从静态交通与动态交通相互作用的视角介绍停车问题的处理方法及其规划。

第七，针对城市对外活动的交通基础设施，介绍对外交通系统的系统规划，包括公路系统规划、铁路系统规划、港口系统规划、航空系统规划和对外枢纽规划等。

第八，针对我国城市交通中非机动车和行人多的问题，介绍非机动交通系统规划，包括非机动车交通规划和行人交通系统规划。

本书力求通俗易懂、学以致用，安排了适当的案例（包括综合交通规划和道路、轨道交通、公共交通等专项规划）、较多的例题和复习思考题，以加深对理论知识的理解，便于理论联系实际。

本书由北京交通大学邵春福担任主编。参编人员及具体分工为：邵春福撰写第 1、2、3、4 章并负责整体统稿，赵熠撰写第 5 章，谷远利撰写第 6 章，魏丽英撰写第 7 章，王颖撰写第 8 章，熊志华撰写第 9 章，岳昊撰写第 10 章。

最后，感谢北京交通大学出版社孙秀翠副总编辑对本书的编辑、出版和发行付出的辛苦劳动，感谢保定市城乡规划管理局为本教材提供城市交通规划案例，感谢他们为我国交通规划人才的培养付出的无私奉献！

由于编者能力和水平所限，书中难免存在不足或错误，恳请读者批评指正。

编　者

2014 年于红果园

目 录

第 *1* 章

绪　　论

　　城市交通规划是城市交通系统建设的前提和基础。本章主要介绍城市交通及城市交通规划的基本概念、城市交通规划的分类、城市交通规划的主要内容、城市交通规划的过程、城市交通规划的发展历史和现状，以及城市交通中存在的主要交通问题，并对城市交通规划的研究进行展望。

1.1　概　　述

1.1.1　城市交通

1. 城市交通的定义

　　"交通"通常被广义地定义为"人、货物、信息的地点间，并且伴随着人的思维意识的移动"。由于人和货物的移动与信息的移动在速度上的差异，并且信息的移动已经形成了独立的学科，所以，交通又被狭义地定义为"人或货物的地点间，并且伴随着人的思维意识的移动"。这种伴随着思维意识的移动可以分为以下两种。

　　① 移动的本身有价值，即人们通过移动获得精神快乐和休闲等，如旅行、驾车兜风（Drive）等非日常性移动。

　　② 移动的结果有价值，即人们通过移动获得对自己或社会有价值的结果，如人们"工作"的移动结果既为社会创造财富，又为自己的生活奠定经济基础；"购物"移动使人们从物质和精神上获得满足等，这些均属于日常性移动。

　　"城市交通"则是"人或货物在城市范围内的地点间，并且伴随着人的思维意识的移动"。

2. 城市交通的构成和特性

城市交通的构成可以分为交通基础设施、交通设备、交通参与者和货物等。就交通基础设施而言，有道路、城市轨道交通、水运和交通场站与枢纽等。城市轨道交通又分为地铁、轻轨和市郊铁路等。交通设备有车辆、机电设备和交通信息系统等。车辆又分为各种汽车、电车、轨道交通车辆、船舶、摩托车和自行车等。城市又是人员高度聚集的场所，人人都是交通参与者，并且人员年龄、文化程度和收入水平各异。因此，可以说城市交通系统具有交通基础设施密度高、交通设备品种多样、交通参与者多样，具有高度复杂性的巨系统。在我国城市道路上，还有机动车、非机动车和行人共面的混合交通，又具有密度高、速度低等特性。城市交通就结构而言，还具有高架、地面和地下设置的立体特性。

因此，可以说，城市交通是具有高度复杂性、立体化、高密度的综合交通。

3. 城市交通需求及其性质

在经济学领域，按照供给与需求原理，将交通需求分为以下两类。

① 本源性交通需求。其移动是为了移动者自己，且由他人难以代替的交通需求。例如，上学、访友、观光、度假、看病等均是为了自己的交通需求，并且是不能由他人代替的行为。

② 派/衍生性交通需求。由其他活动引起的，并且可以由他人代替的需求交通。如业务、工作等产生的交通需求。

在城市交通领域，人们通常将需求又分为刚性需求和弹性需求。

① 刚性需求。受某种限制，时间窗窄的交通需求，如上班、上学、业务和有时间约束的货物配送等。

② 弹性需求。基本不受限制，时间窗宽的交通需求，如观光、娱乐、度假、购物、看病等。

传统的城市交通规划研究的内容为业务、工作等派生性交通需求或刚性需求。但是，随着人民生活水平的提高，周双休制和近年来实施的黄金周等休假制度，在景点附近和进出城交通基础设施产生了一些新问题，本源性交通需求或弹性需求也得到了重视，并作为研究对象进行着深入研究。

4. 城市交通的多重性

城市交通基础设施是城市经济发展和人民生活的基础设施，其作用具有多重性，可归纳为以下几个方面。

① 对城市用地形成和经济发展的拉动作用。城市轨道交通沿线的房价高昂说明了城市轨道交通对城市居住用房形成的拉动；人们常说"要致富先修路"就很好地说明了交通的经济作用。交通的发展带来城市机动化程度的提高，从而起到缩短运输时间、降低运价、促进地区间交流、扩大市场、降低生产成本、促进城镇化、扩大就业、促进地区间专业化分工、抬高地价等作用。

② 对社会形成的促进作用。交通的发展可以打破距离的隔阂，形成一体化社会，促进社会的形成与交流。世界著名的"丝绸之路"即是如此，它的开通促进了我国与西亚和欧洲的经济、文化交流。相反，一体化社会的形成又可能导致社会的均一化，使富有地方特色的地区失去原有的特色而趋于平均化。我国城市新区建设时常用的"几通一平"也是如此，如"七通一平"，即通电、通路、通水、通信、排水、热力、燃气和土地平整，其中的"通路"就是交通基础设施。这些基础设施的先期建设，可以为新区居民生活、企业生产和就业等提供便利。若新区内部的居住、就业、上学、就医、商业和金融等安排得妥当，还可以在新区形成一个相对独立的社会，减少交通出行，避免交通拥堵。

③ 对城市交通基础设施而言，还有支撑城市居民的出行和物流，以及通风和防灾等作用。如前所述，城市交通基础设施作为城市活动的载体，理应起到很好的支撑作用。

综上所述，城市交通具有拉动城市用地的形成和城市经济的发展、支撑城市居民出行和城市物流以及促进城市社会形成的多重性。

1.1.2 城市交通规划

1. 城市交通规划的定义

城市交通规划是有计划地引导城市交通发展的一系列行动，即规划者如何制定城市交通发展目标，又如何将该目标付诸实施的方法和过程。也就是说，一个城市的交通规划，要根据该城市经济社会发展的过去、现在和将来发展环境，考虑交通的支撑、拉动和促进作用，合理制定交通发展战略和目标，利用科学的方法，给出交通基础设施、交通工具配置、交通服务、运行指挥系统、体制机制和资金筹措等方面的规划方案和建设方案的过程。

2. 城市交通规划的前提

与一般的工程项目相同，进行某城市或某城市群交通规划也必须满足一定的条件，它们是：

① 规划主体的存在；

② 对规划对象的期望状态、方向、认识的一致性；

③ 规划主体可以在某种程度上左右规划对象的可能性；

④ 在特定时点，对规划的必要性的认识；

⑤ 规划作业投入的资源（如时间、人力、资金、信息等）的存在，即作业本身的可能性。

考虑到城市交通规划的性质，一般而言，城市交通规划的主体具有公共性。规划对象为主要的城市交通设施和交通服务。

3. 城市交通规划的构成要素

城市交通规划的构成要素分为需求要素、供给要素和市场要素 3 部分。

需求要素分为移动的意识决定主体〔如个人、团体（包括家庭、企业、政府等）〕和移动的对象（如人和物）。

供给要素分为交通工具（如机动车、非机动车、城市轨道交通车辆和水上船舶等）、交通网络（如路网和车站、枢纽、停车场等节点）、运行指挥系统（如机电设备、控制系统和调度指挥中心等）、经营系统（如交通服务的组织化、管理和运营等）。

市场要素有交通市场的调节系统，如政府、经营主体和市场框架（经营管理、收费标准、相关法律等）。

1.2　城市交通规划的分类

城市交通规划的种类因以哪部分构成要素为对象的不同而异。一般而言，交通规划技术人员承担的城市交通规划是在政府等公共部门为规划主体，以城市交通基础设施及其运用为主要对象。为了有效地解决城市交通问题，需要从交通需求、交通供给和交通市场三方面综合考虑。

1. 按移动对象分类

① 旅客交通规划，研究旅客的流动及以此为基础的交通网络发展战略与规划。

② 货物交通规划，研究货物的流动及以此为基础的交通网络发展战略与规划。

2. 按交通方式分类

① 城市综合交通规划。在城市经济社会发展规划和城市规划等的前提下，研究所有交通方式及其协调发展战略及系统发展的规划。

② 城市道路交通规划。在城市综合交通规划的前提下，研究道路交通发展战略及其系统发展的规划。

③ 城市公共交通规划。在城市综合交通规划的前提下，研究城市公共交通（含城市轨道交通、公共电汽车、城市快速公交 BRT 等交通方式）发展战略及其系统发展的规划，并且因城市规模不同，其公共交通的范畴也不同，大城市公共交通方式齐全，中等城市一般有快速公交和公共电汽车，而小城市一般仅有公共电汽车。

④ 城市轨道交通规划。在城市综合交通规划的前提下，研究城市轨道交通发展战略及其系统发展的规划。

⑤ 城市交通枢纽规划。在城市综合交通规划的前提下，研究城市交通枢纽发展战略及其系统发展的规划。

⑥ 城市停车场及停车管理规划。在城市综合交通规划的前提下，研究城市停车场和停车管理发展战略及其系统发展的规划。

⑦ 城市非机动车和行人交通规划。在城市综合交通规划的前提下，研究非机动车和行人交通发展战略及其系统发展的规划。

此外，按照我国《道路交通安全法》以及政府或部门要求，根据需要还有必要完成

《道路交通安全管理规划》、《城市群综合交通规划》、《城市交通管理规划》和《城市公建设施交通影响评价》等。

3. 按交通设施分类

① 交通网络规划，研究城市道路、城市轨道交通、非机动车和行人交通网络等的规划。

② 交通节点规划，研究城市立体交叉、站场、停车场、交通枢纽、港口和机场等的规划。

4. 按交通服务分类

① 公共交通规划，研究公共电汽车、城市轨道交通、城市快速交通 BRT 等公共交通线路、网络、运行、服务等的规划。

② 特定用户交通规划，研究以残疾人、老龄人、中小学生等交通弱者为对象的交通规划。

③ 特定交通服务规划，研究城市急救活动、避难交通服务等的规划。

5. 按交通服务对象空间规模分类

从城市交通服务的空间分布看，人们的出行还与空间构成相对应的现象，因此，城市交通规划又可以分为以下 3 类。

① 城市群交通规划。研究由相邻几个城市组成区域的交通规划。这些城市可以属于同一行政区域管理，也可以不属于同一行政区域管理，如珠江三角洲城市群交通规划、长江三角洲城市群交通规划以及京津冀城市群交通规划等。

② 城市交通规划。研究某特定城市的交通规划。

③ 城市区域交通规划。研究某特定城市内某特定区域的交通规划，如某新区交通规划等。

6. 按规划目标时期分类

① 长期交通规划。通常为宏观性战略规划，一般规划期在 15 年以上。

② 中期交通规划。较为宏观性战略规划，一般规划期为 5 ～ 10 年。

③ 短期交通规划。为近期发展规划，一般规划期为 3 ～ 5 年。

一般而言，一个城市的交通规划是一个综合交通规划，并且包含短期、中期和长期交通规划。

1.3 城市交通规划的内容

城市交通规划属于交通工程的一部分，本书主要包括以下几部分内容。

1. 城市交通发展战略

从城市的自然、历史、地理和人文环境、经济社会、空间发展战略等角度制定适合城市发展的城市交通发展战略、发展目标和宏观指标，从战略发展层面体现城市交通基础设施的支撑、拉动和促进作用。

2. 交通与城市土地利用

交通与城市土地利用之间有着不可分割的关系。通常，交通设施的建设使得两地间或区域的机动性提高，人们愿意在交通设施附近或沿线购买房屋、建立公司或厂房，从而拉动城市土地利用的发展；相反，某种用途的城市土地又会要求和促进交通设施的规划与建设。交通与城市土地利用研究土地利用的变化及其产生的交通量，同时研究交通设施的建设对城市土地利用形成的促进作用。

3. 城市交通网络规划与设计

城市交通网络规划与设计是城市交通规划的主要组成部分，也是城市交通需求预测的基础。人们从事交通规划首先面临的是对象区域中现有交通网络的分析，分析现有交通网络存在的问题。然后是将来交通网络设计，并通过各种指标衡量网络设计的合理性。最后进行网络拓扑关系建模，以便于计算机模拟实际网络，进行交通需求预测计算及效果评价。

4. 城市交通需求量预测

城市交通需求量预测是城市交通规划的核心内容之一，是决定网络规模、断面结构等的依据。其内容包括交通发生与吸引（第一阶段）、交通分布（第二阶段）、交通方式划分（第三阶段）和交通流分配（第四阶段）。从交通的生成到交通流分配的过程，因为有 4 个阶段，所以通常被称为"四阶段预测法"，过程示意图如图 1-1 所示。

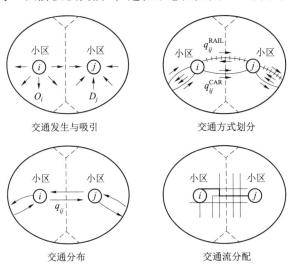

图 1-1　四阶段预测法示意图

四阶段预测法是目前经典的方法，在实际工程项目中获得了极其广泛的应用，为学界所公认。然而，由于四阶段预测法的局限性，如明显的阶段划分、小区划分和统计处理等，已经逐渐不能适应信息化、个性化的要求，一些新方法正在受到人们的重视，如将上述四阶段或其中某几个阶段组合在一起的组合模型、利用断面实测交通量反推 OD 交通量方法、非集计模型方法，以及基于控制论的方法和基于计算机模拟的方法等。随着计算机和软件系统的发展，城市交通规划商业软件系统获得了开发和应用，如 Cube、Emme、TransCAD、PTV-Vision 等。这些软件也是交通规划工程师应该掌握的内容。

5. 城市交通系统规划

从城市综合交通系统、城市道路系统、城市公共交通系统和城市交通枢纽系统等方面分别阐述上述规划战略、网络设计和交通需求预测的落实及其规划方法。

6. 城市停车规划

城市停车问题作为静态交通对城市道路交通流有着很大的影响，也是我国各类城市交通中面临的突出问题之一，停车乱、停车难、挤占非机动车道和人行道，逼迫非机动车和行人进入机动车道通行，造成交通混乱。城市停车规划主要分析停车现状，进行停车需求预测，并在此基础上进行公共停车场规划，对城市配建停车位给出合理的控制指标。规划公共停车场主要用以解决公共出行停车问题，而城市配建停车位指标用以解决夜间基本停车位问题。

7. 城市对外交通系统规划

作为解决城市交通中内外交通和过境交通的基础设施，规划城市对外交通系统，主要有公路系统规划、铁路系统规划、航空系统规划和港口集疏运系统规划等，并且这些系统规划因城市的大小和区位条件等的不同而异。

8. 城市非机动交通系统规划

城市非机动交通系统作为城市居民出行的末端交通系统，具有其基础性和通达性，作为低碳和益于健康的交通系统近年来得到了广泛推崇。城市非机动交通系统规划包括非机动车系统、步行系统及其换乘系统以及学校周边的通学路系统规划等。

城市交通规划理论性很强，对初学者来说不易理解。本书还通过具体案例进行具体讲述，以力求同学们在课堂上学习的理论联系到实际，因此，安排了城市综合交通规划、城市道路网专项规划和城市轨道交通规划等 3 个案例。

1.4 城市交通规划的过程

1.4.1 系统分析的必要性

城市交通系统是一个有多种交通方式组成的综合、高密度、复杂的巨系统，一种交通基础设施的开通运营将对其他交通方式产生影响，即使同一交通方式内部也是如此。因此，需要从系统总体的视角考虑问题。例如，缓解道路交通某节点的问题，需要从其上下游和周边节点考虑；解决一条线路的交通问题，往往需要从区域的角度，甚至从与其具有竞合关系的其他交通方式考虑，也就是说，要从系统的角度，从治本的角度着眼考虑问题，注意系统要素之间的相互关系，应用系统工程理论进行分析具有其必要性，可以避免陷入局部，局限于治标。

1.4.2　系统分析与城市交通规划过程

应用系统工程理论解决问题的方法称为系统分析（System Analysis）或系统分析技术。系统分析就是对特定的问题进行系统性、综合性研究，提出有关思考过程的技术框架，以便得到尽可能协调的、可以接受的合理答案。对城市交通规划而言，是对规划目的进行系统考察，为达到此目的，对比较方案的费用、效益、风险进行定量比较，做出最佳决策。

一般而言，城市交通规划过程可以决策过程和规划执行过程。前者可称为战略过程，后者称为战术过程。

图 1-2 表示了城市交通规划的一般过程，左侧为决策过程的各阶段，右侧为规划执行过程的各阶段。决策过程处于城市交通规划的决策地位，由政府部门、专家学者、市民代表等组成；规划执行过程处于规划的技术操作层面，由各级交通规划工程师组成，任务是提供规划决策需要的各种信息。这些信息不仅包括制订可选方案，还包括交通系统及其服务现状与存在的问题、解决问题所采取的措施、实施状况及其评价等，并按照决策层面的需要及时准确地提供上述信息，以支持决策过程的顺利进行。

如图 1-2 所示，在城市交通规划编制过程中，负责决策过程的一方定期从负责规划执行过程的交通规划工程师处获取必要的信息，按左侧各步骤执行，经过若干次交流。决策过程的相关主体包括中央政府、地方政府及其他有关的公共、民间团体、专家学者、一般市民等，其组织形式可能为论证会、征询意见会、专业委员会等。各步骤的参与者也不尽相同。进行规划执行的技术集团也不仅仅包括负责单位的交通规划工程师，一般来说，在不同阶段还要请有关专家、学会、协会等协助共同完成。

规划执行过程如图 1-2 右半部分所示。图 1-2 中对于交通系统、社会经济活动系统及其他相关要素的研究是以长期进行信息收集整理的信息管理体制为前提的。在这些系统的长期观测结果的基础上，再加上从监测系统获得的关于现行政策、规划进展情况效果、规划产生的影响等最新信息，就能够把握交通系统的状态，检查是否存在问题以及问题出现后及时摸清情况，并通知决策者以引起注意。另外，还可依据决策者的要求对照检查交通系统的状态，汇报问题状况。

一旦决策者针对问题的关键制定了方针、采取了对策，规划执行的总体框架就可与决策者协商确定下来。交通规划工程师按总体框架设定规划课题和规划对象，并决定在时间、资

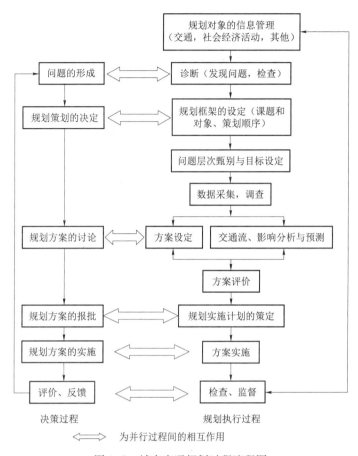

图 1-2 城市交通规划过程流程图

金、人力等资源条件限制下采用何种步骤和规划的详细内容。此后进入具体分析部分。首先使规划问题结构化,明确其中的要素及其相互关系,还应设定规划目标,决定应达到的水平。这一阶段对问题的认识及设定的规划目标对规划方案的研讨方针有重大影响,因而交通规划工程师应当与决策者共同协商确定。然后,收集调查分析所需要的追加信息和数据,制订一系列在制度、资源条件制约下可实施的规划方案。这时,一般是参考决策者的意向,加以技术方面的论证,边协调边制订规划方案。同时,以现状数据为基础,构造社会经济活动模型、交通需求预测模型、方案效果预测模型来预测设定方案的效果及影响,为方案评价准备基础信息。

在规划方案的评价阶段,应将以现方案为主的各种规划方案的效果、影响与最初设定的目标相对比,从交通参与者、管理者、政府、社会等(称为相关主体)各个角度整理结果,加以比较,并向决策者阐明结果以支持决策。若评价的结论不满足需要,则需要重新选择方案或重新评价存在的问题及重新设定目标等,从新的角度修订规划。当经过适当过程得到最终决定，选定规划方案后，就着手于实施细则的设计，决定预算与进度计划，并实施具体内容。用监控设备判断规划实施过程的成果是否符合预期目标，必要时返回调整。

1.5 城市交通规划的发展

城市交通规划作为交通规划的一个分支，随着城镇化和机动化的不断进步而发展。作为交通规划中永恒的课题，人们从科学的角度研究交通规划是从第二次世界大战后开始的。在人们的出行以铁道为中心的时代，交通需求预测方法采用了"乘车次数法"，即仅预测人口和出行次数，然后利用两者之积计算将来的交通需求。在小汽车尚未进入家庭或保有量很低的机动化初期，交通需求预测主要采用三阶段预测法（交通的生成、交通分布、交通流分配）。随着西方发达国家的居民出行从公共交通方式向家庭小汽车出行方式变化，道路交通与公共交通的竞争关系加强，尤其是城市交通中的道路交通比例增高，完成单位运输需要的交通空间增大，城市交通规划的主题向道路交通规划倾斜。因此，交通需求预测以汽车交通为中心，汽车出行次数预测法得到了广泛应用。

然而，对于城市交通规划而言，人们主张从综合交通的角度进行一体化交通规划，以避免轨道交通和道路的重复投资、协调各种交通方式、提高交通系统效率。于是，在城市范围内，着眼于居民的出行行为，研究其出行时利用的交通方式构成，据此合理规划必要的交通设施的方法论——居民出行法获得了应用。该方法在美国从 1948 年开始，并逐渐扩大到全美各城市。在日本从 20 世纪 60 年代开始采用。在此基础上，发展成了目前经典的四阶段预测法。

四阶段预测法作为经典的交通需求预测法，逻辑关系明确，步骤分明、形象，至今被广泛地应用到了工程实际当中。然而，该方法具有其局限性，人们期待着研究更加符合现代社会和居民出行行为、符合交通可持续发展的交通需求预测理论。

城市交通规划作为一项公共事业，需要进行其合理性、成本和效益的分析。1990 年以前，城市交通规划方案分析评价的主要内容是评价其密度的合理性和交通功能（服务水平）。前者评价规划交通网络的覆盖程度，即社会公平性；后者评价规划交通网络作为公共事业投资所能提供的服务水准。例如，断面交通量、平均行程车速、平均出行距离、交通负荷度等。其后，随着人们对环境问题认识的提高，增加了交通环境评价和由规划的实施产生的效果和损失分析。交通环境评价是基于断面交通量和汽车尾气排放因子模型的评价方法；效果和损失分析，即成本效益分析（Cost Benefit Analysis）则通过征地、拆迁、建设、运营、维护保养等环节的成本，通过规划交通系统的建设和投入运营带来直接效益，如时间的节约、事故的减少和运营成本的节约等和波及效益，如就业机会的增加、土地价格的提高和工矿企业的选址等计算。1995 年 1 月 17 日，日本道路主管部门在国道 42 号沿线环境诉讼案中的失利和世界范围内交通可持续发展问题的提出，考虑可持续发展问题的交通规划方案评价体系和方法亟待人们研究解决。

《京都议定书》是人类第一部限制各国温室气体排放的国际法案，全称是《联合国气候变化框架公约的京都议定书》，由联合国气候大会于 1997 年 12 月在日本京都通过。其目标是将大气中的温室气体含量稳定在一个适当的水平，进而防止剧烈的气候改变对人类造成伤害。《京都议定书》规定，到 2010 年，所有发达国家二氧化碳等 6 种温室气体的排放量，要比 1990 年减少 5.2%。2005 年 2 月 16 日，《京都议定书》正式生效。2011 年 12 月 11 日，在南非举行的《联合国气候变化框架公约》第 17 次缔约方会议最终通过决议，建立德班增强行动平台特设工作组，决定实施《京都议定书》第二承诺期并启动绿色气候基金。

为了促进各国完成温室气体减排目标，议定书允许采取以下 4 种减排方式。

① 两个发达国家之间可以进行排放额度买卖的"排放权交易"，即难以完成削减任务的国家，可以花钱从超额完成任务的国家买进超出的额度。

② 以"净排放量"计算温室气体排放量，即从本国实际排放量中扣除森林所吸收的二氧化碳的数量。

③ 可以采用绿色开发机制，促使发达国家和发展中国家共同减排温室气体。

④ 可以采用"集团方式"，即欧盟内部的许多国家可视为一个整体，采取有的国家削减、有的国家增加的方法，在总体上完成减排任务。

进入 21 世纪以来，人们更加关注城市机动车的过度使用带来的空气污染问题，提出了绿色交通和低碳交通的概念，要求在城市交通规划阶段测算机动车的废气排放量，并且在美国和欧洲分别开发了相应的评价模型，如 MOBILE 模型和 MOVE 模型等。

1.6　城市交通规划研究展望

1.6.1　城市交通规划理论发展的新动态

本书中讲述的交通规划的主要内容可以归结为静态交通规划，即交通需求预测是以 1 日为单位进行的宏观预测。在进行交通流分配时，没有考虑车辆的行驶时间与位移的关系。这种方法是至今为止最成功和经典的内容，其方法被广泛应用于交通规划实践中。

然而，如前所述，随着社会的发展和生活质量的提高，人们对交通规划提出了更高的要求，即在宏观预测的基础上，趋向对微观问题的处理。自 Pas（1990）提出动态分析时代（The Dynamic Analysis Era）始，便在交通规划领域掀起了动态交通分析的热潮。吸引众多学者致力于动态交通分析研究的因素可以归纳为以下几点。

① 未来的交通需求预测不仅仅为制定交通规划服务，而且要为制定交通管理规划以及交通管理与控制服务。城市道路交通拥挤、阻塞问题是严重的"城市病"之一，解决城市交通问题必须从供需两方面着眼，提高路网交通容量和加强交通管理并举。作为交通拥挤对策和各种交通需求管理政策，诸如动态径路诱导、弹性工作制、时差出勤、停车换乘 P&R（Park & Ride）、拥挤道路收费、高乘坐率车辆 HOV（High Occupancy Vehicle）专用车道等

逐渐得到实施。针对不同研究对象的交通特性，究竟应该采取何种对策、该对策实施之后可能产生何种效果、其导入效果的分析与评价成了当务之急。但是，拥挤、阻塞情况下的交通流从本质上来说是非定常流。为了描述交通拥挤的形成、成长、消失的机理，动态分析方法必不可少。

② 近年来，随着计算机、信息通信技术的发展和车辆检测器技术的进步，使得实时处理交通成为可能。所以应用最新电子技术的现代交通管理系统得到了开发。例如，通过路车间通信实现的径路诱导系统，提供旅行时间、拥挤状况、停车场空满状况和交通事故发生状况的信息系统，以及现代化信号控制管理系统等，伴随着高度信息化社会的到来逐渐进入实用阶段。因此，作为这些新系统的基础信息，把握时时刻刻变动着的交通需要将更为必要。

③ 从详细分析人的行动立场出发，将包括交通在内的行动放在人的活动大范围内，从时间空间上把握基于活动的分析（Activity-based Analysis）、以多个时点的行动分析为基础的系列数据分析（Pandandysis）等新的分析手法的研究逐渐开展起来。另外，通过这些分析，从人的行动可以看到学习过程、习惯、对交通环境变化反应的滞后和阈值的存在等，这些只有通过动态分析才能搞清楚。因此，动态交通分析引起了研究者的更大关注。

④ 用 1 天的平均指标说明时时刻刻变化情况下的交通行动非常有局限性，也是导致偏差的原因。所以过去用静态分析处理的问题，重新用动态分析加以处理，可以改善预测精度。

从以上分析可以看出，动态交通分析的研究内容广泛。从时间角度，动态交通分析可分为日变动特性分析（Day-to-day Dynamics）、1 天中的时间变动特性分析（Time-of-day Dynamics）及实时动态特性分析（Real Time Dynamics）3 类。

最近十几年，尽管有多数学者致力于关于动态交通需求、交通行动分析的研究，但无论是从理论还是从实践上都还残存着许多尚未解决的问题。

① 出发时刻决定问题。将模型向多 OD 交通网的扩张和实用解法的开发是当务之急。Vythoulkas 以概率平衡为基础的出发时刻，径路同时选择问题在现在是唯一成功的例子。应该注意的是，他的模型采用的旅行费用为现在旅行费用。但是，从其他观点来构造此问题也有可能，所以仍然有很多研究余地。另外，人的选择行动对他人的选择行动造成影响，在回避交通拥挤方面，选择行动互相具有竞争性。如果注意到这些问题，从 Nash 平衡（利用者平衡的特殊解）和避免最坏状态的观点出发，以 Minmax 平衡为基础的出发时刻决定问题有新的研究价值。不管哪种模型，出发时刻决定问题在一定的时候总是要同动态交通分配问题综合起来，建立起理论体系。

② 动态交通流分配问题。近年来的研究在理论上的成果很显著，但对其许多尚未解决的理论问题以及实际应用时面临的问题有必要进一步开展研究。另外，为将动态交通流分配用于实际交通网，开发更为有效的计算方法也很重要。

③ 分时间带的交通需求预测可以在城市圈水平上应用，同时人们习惯的四阶段预测方法也可用此法，因而最具有实用性。

④ 在进行理论研究的同时，应用研究也应广泛开展起来。探讨应用的可能性及模型与方法的适用范围也非常必要。

1.6.2　城市交通规划方法的改进

城市智能交通系统的出现，为城市交通规划提出了新的课题，同时也指明了研究的方向。主要体现在以下几方面。

① 基于个人出行的动态交通分析方法的建立。城市交通规划中对人们出行行为的描述，必须逼近人们的现实交通活动和尽量接近实际的交通网络。而且这种网络是基于实际的土地利用之上的。因此，未来的交通规划应该以家庭和家庭的具体成员为对象进行微观的详细分析。

② 基于计算机模拟技术的交通规划方法的建立。利用计算机模拟技术预测将来的交通需求，从而进行交通规划以及规划方案的可视化、动态评价是交通规划领域的发展方向之一。

③ 基于地理信息系统的交通规划方法与系统的建立。20 世纪 60 年代以来，地理信息系统 GIS（Geographic Information System）的出现，使得交通规划逐渐由数学计算向可视化方向发展，交通规划与地理信息系统的结合将成为交通规划的主流。

④ 基于系统科学理论的交通分析预测。交通规划系统是一个复杂的巨系统，用系统科学理论解决交通规划问题将是未来交通规划的研究方向之一。

⑤ 向综合交通规划发展。既有的规划方法多在四阶段预测法的基础上面向一种交通方式，并且以城市道路为主要研究对象。然而，城市交通系统是一个含有多方式的综合交通系统，研究基于活动的、以综合交通系统为着眼点的城市交通规划方法也是一个重要的发展方向。

总之，未来的交通规划应该是基于先进科学技术的、动态的、实时的、精确的、大型化的、可视化的先进方法，期待着在本世纪获得新发展。

复习思考题

1. 什么是城市交通？它有哪些特性？我国城市问题有哪些？交通与城市土地利用之间有什么关系？

2. 试叙述城市交通规划理论的发展过程。

第2章

城市交通发展战略

交通系统作为城市的骨骼，在城市的发展中起到了基础支撑作用和引导城市发展的作用。本章是城市交通规划的基础内容和前提条件，主要介绍城市的属性、城市空间发展战略和城市交通的发展战略等。

2.1 概　　述

城市是各种行业的中心（英国著名诗人威·柯柏）。城市是彼此迥异但又相互联系的要素所形成的集合体，既包含了生活在其中的人，也包含了城市的物质结构（《城市的崛起》，刘春成、侯汉坡著）。

我国的城市发展来源于农村，由人口的聚集、产业的分化、分工的细化逐渐形成。聚集地的性质决定了城市的区位，产业发展的不平衡形成了城市的特色。人们的出行，产业原材料的生产、储运、加工、产品的销售和消费等均需要交通基础设施。二者的相互作用形成了人口和产业的聚集强度和规模，形成城市空间和用地。

交通基础设施具有支撑城市发展和拉动城市发展的两重性。因此，制定城市交通发展战略是城市发展的必需。

在我国推行城镇化，尤其是新型城镇化的大背景下，城市人口快速增长、城市用地面积快速扩大、市中心用地容积率快速提高等，给城市交通带来了新问题，对城市交通规划带来了新挑战。城市交通发展战略和政策取向将决定城市交通规划和城市的发展。城市交通发展战略是对一个城市交通发展的顶层设计，它规定了城市交通发展的长远和宏观定位，作为城市交通发展的指南性文件，为城市交通的发展指明方向。

2.2 城市的属性

分析城市的地理区位、地形地貌、气象、水文地质特征、地质、地震、水系等影响与城市交通规划相关的内容，为城市交通网络和枢纽的布局与设计奠定基础。

1. 城市的自然地理属性

城市按照其自然地理属性可以分为山城、平原城市、沿海城市、内陆城市和边境城市等。

2. 城市的人文环境

城市按照其发展历史及其在世界和国家发展中作用可以分为历史文化名城、古城和政治行政中心城市等。

3. 城市的经济

城市按照其在经济发展中的作用可以分为工业城市、商业城市和旅游城市等。

4. 城市的规模

按照我国《城市用地分类与规划建设用地标准》的规定，城市规模分为：特大城市、大城市、中等城市和小城市，其中非农业人口 100 万以上为特大城市；50 万～100 万的为大城市；20 万～50 万的为中等城市；20 万以下的为小城市。

5. 城市的区位

城市的区位，即城市在区域中的位置，可以分为世界城市、国际商业中心城市、国际贸易中心城市和区域中心城市等。

2.3 城市空间发展战略

城市的属性决定城市的空间发展，从而决定城市用地规模、性质和业态等。

1. 城市用地布局

《城市总体规划》确定城镇空间布局，是城市交通网络整体框架规划的基础条件之一。例如，"两轴、两带、多中心"、"一城、三星、一淀"以及"一主、五副、两翼"等是对城市总体规划的高度概括。

2. 城市中心区用地规划

《城市规划》确定城市范围内各种用地的布局安排；《城市用地控制性规划》规定城市建成区各种用地的控制性指标，如容积率、高度、光照等；《城市用地详细规划》规定各种城市用地、地下和地面设施的详细安排，是城市交通网络中线路和场站布局的基础条件之一。

2.4 城市交通的发展战略

城市交通发展战略的任务是根据城市的发展性质、区位、发展规划等，从实际出发，制定交通发展目标、发展模式及付诸实现的战略。

2.4.1 交通发展目标

城市交通发展目标是城市交通发展的宏观导向，是基于某城市的交通发展现状、经济社会发展和城市发展规划制定的，包括交通基础设施发展的总量规模、各种交通方式和交通枢纽的规模指标以及对居民出行和城市物流等的服务水平发展目标等，而体现这一发展目标的文件是《城市交通发展白皮书》或《交通发展纲要》。以下介绍保定市、深圳市和北京市的交通发展目标。

1. 保定市

在保定市城市综合交通规划中，确定了增强保定与北京、天津、石家庄主要城市以及周边其他地区之间的交通联系，建设与市域经济社会发展和城镇发展相适应的综合交通体系，加强和完善交通枢纽建设，使保定市客流、货流的集散和运输更加迅速、安全和低碳化，形成以高速公路、城际铁路为主导，以区域航空、水运为辅助的立体化对外交通体系，逐步将保定市建设成为区域性的交通枢纽城市，重点加强保定与京广线、保津沿线重点城市的交通联系，提高对外交通服务水平，构建保定市域都市圈的快速交通体系，重点加强"一城、三星、一淀"之间的联系，提高区域交通服务水平。具体目标如下。

① 综合交通：通过保定市城市综合交通规划方案的实施，构筑"安全、高效、可靠、低碳、多元"的快速交通体系，为城市发展创造优质的交通服务环境，实现城市又好又快、可持续发展，具体为"一、二、三"出行目标。

一小时区域中心城市：一小时以内抵达北京、天津、石家庄等区域重要城市。

二刻钟主城：保定市建成区内，30 min 内居民抵达目的地。

三刻钟"一城三星一淀"：45 min 之内，从保定市建成区抵达"三星、一淀"。

② 公路交通：依据《国家高速公路网规划》和《河北省高速公路网布局规划》，完成"三纵四横一环"高速公路网。三纵：京昆高速，京港澳高速，大广高速；四横：张石高速—密涿高速，荣乌高速—保津高速，保阜高速—保沧高速，曲阳—黄骅岗高速。

到 2020 年，全市二级以上公路争取达到 3 500 km 以上，国、省、县、乡及专用公路总里程达到约 9 000 km，公路网密度超过 40 km/100 km^2，达到适应并超前于全市经济发展需求的目标。公路主骨架全部形成，保定市辐射各县（市）、县到县实现一级公路及以上标准相通，乡到乡实现二级公路及以上标准相通，县乡公路覆盖面进一步扩大，农村公路实现等级化连接。实现县（市）5 ~ 30 min 抵达高速公路。

③ 铁路：配合《国家中长期铁路网规划》，完成京石高速铁路和津保城际铁路建设，实现保定至北京、天津 1 小时内抵达。

④ 水上交通：充分利用"八水绕古城"和白洋淀的丰富水资源，积极开展水上旅游观光，通过人工开挖的东、西、南、北湖和具备水上旅游条件的水系，组织水上旅游观光。

⑤ 城市道路：规划城市快速路、主干路、次干路长度适度、体系结构合理，达到国家规范和标准要求。

⑥ 轨道交通："三星、一淀"区域内轨道交通采用以保定高铁站为中心的"四射"、主城区内采用"二纵二横"的空间布局形式。从主城区至"三星、一淀"最长运行时间在 45 min 以内，市内区域在 30 min 以内。

⑦ 交通枢纽：依据《国家公路运输枢纽布局规划》（2007）和《河北省公路运输场站布局规划》，以保定公路运输国家级枢纽和保定高铁站建设为中心，合理布局客货运场站和物流中心。

⑧ 公共交通：全面推行公共交通优先发展战略，加快确立公共客运交通在城市日常出行中的主导地位，积极引导个体机动化出行方式向集约化公共交通方式转移，促使城市客运出行结构趋于合理。在 2020 年前基本建成以公共交通为主体、多种客运方式相协调的综合客运交通体系，公共交通方式划分率达到 30% 以上（出行总量不包含步行出行方式）。市内区域任意两点之间的公交出行时间不高于 30 min，适度发展城市轨道交通。

⑨ 慢行交通：构建中小学通学路系统、亲水步道系统、文化休闲散策系统等，提高城市生活品位。

⑩ 静态交通：制定差异化的大型共建设施配建停车场制度，建设 134 处社会停车场，约 4 万个停车泊位。

2. 深圳市

深圳市在其整体交通规划（2005 年）中，为实现建设国际化、现代化中心城发展目标，应对机遇与挑战，必须大力构筑国际水平的交通体系。近期应全面借鉴国际化大都市的先进经验，实施系统的交通改善计划，逐年提升交通运行服务水平，主要阶段指标如下。

① 公交分担（划分）率。2010 年全市客运机动化出行的公交分担率提高到 60% 以上，2030 年提高到 80% 以上。

② 路网平均车速。2010 年维持中心城区高峰小时的路网平均车速在 20 km/h、外围区域在 30 km/h 以上，2030 年维持中心城区高峰小时的路网平均车速在 25 km/h、外围区域在 30 km/h 以上。

③ 交通安全水平。2010 年交通事故死亡率降到每年 80 人/100 万人以下，2030 年降到每年 50 人/100 万人以下。

④ 交通环境保护。2010 年机动车排污总量较现状减少 30%，2030 年机动车排污总量较

现状减少 75%。

3. 北京市

《北京交通发展纲要》（2004—2020）将北京的交通发展目标确定为近期目标和远期目标。

1）近期发展目标

2010 年之前，初步建成交通设施功能结构较为完善，承载能力明显提高，运营管理水平先进，基本适应日益增长交通需求的"新北京交通体系"框架，初步形成中心城、市域和城际交通一体化新格局，中心城交通拥堵状况有所缓解，为全面实现"新北京、新奥运"战略构想提供支持。

2010 年，城市干道高峰小时平均行程车速达到 20 km/h 以上；五环路内 85% 的通勤出行时耗不超过 50 min；边缘集团到达市中心的出行时间在 1 h 以内；最远的郊区新城到中心城的出行时间不超过 2 h；北京与周边地区主要中心城市的陆路运输行程时耗在 3 h 内。

2010 年之前，北京的交通建设要在以下几方面取得重大进展。

第一，建成功能完善的综合交通运输网络，道路交通设施总体承载能力与服务水平明显提升。

2010 年，要按城市总体规划基本建成总长 890 km 的市域范围内高速公路系统，建设京津冀地区城际快速铁路干线，扩建首都国际机场，形成完善的对外综合运输网络；全面改善中心城道路系统结构，基本建成 14 条快速放射干线，与 3 条快速环路一起构成中心城快速路网系统；大幅度扩充和完善道路"微循环"系统，提高集散能力与交通可达性水平。中心城道路网高峰小时负载能力比 2003 年增长 40% 以上，路网整体应变能力有明显改善；初步建成与道路交通容量相匹配的停车系统，基本停车位实现"一车一位"，公共停车位总量达到汽车保有量的 10% 以上。

第二，建成以快速大容量客运交通为骨干、多种方式协调运输的城市公共客运系统，初步建成现代化物流运输系统，城市交通运输结构得到改善。

2010 年，城市轨道交通线路网通车里程达到 250 ~ 300 km。新型大容量快速公共汽车（BRT）系统初具规模，运营里程达到 60 km 以上。公共交通服务水平和吸引力大幅度提高，中心城公共客运系统承担全日出行量比例达到 40% 以上，其中，在早晚高峰通勤出行中分担的比例达到 50% ~ 60%。

以综合运输枢纽、物流配送系统及综合运输信息平台的建设为基础，初步建成高效、畅达、有序运转的现代化城市客货运输体系。

第三，初步实现智能化交通系统管理，提高交通运行效率与安全水平。

实现交通体系的全面整合和信息共享，科学配置交通工程设施；以全方位的信息化、智能化为依托，基本建成具有国际先进水平的智能化道路交通管理系统和交通出行信息服务系统；初步建成先进的智能化公共客运调度与乘客信息服务系统；交通拥堵点（段）治理取得成效，干线路网高峰时段平均车速逐步提升，2010 年之前达到 20 km/小时以上。

加强交通管理法制化建设和市民现代交通意识教育，改善交通秩序与交通安全水平，全市道路交通事故万车死亡率下降到 6 人以下。

第四，发展"绿色交通"，交通环境质量进一步改善。

2005 年开始执行国家第三阶段机动车排放标准（相当于欧洲Ⅲ号标准），力争 2008 年与国际排放控制水平接轨，污染物总量逐步减少，交通噪声得到有效控制。

2）远期目标

北京交通发展的远期目标是：全面建成适应首都经济和社会发展需要，满足全社会不断增长和变化的交通需求，与国家首都和现代化国际大都市功能相匹配的"新北京交通体系"。

"新北京交通体系"以现代先进水平的交通设施为基础，构建以公共运输为主导的综合交通运输体系；以信息化与法制化为依托，提供安全、高效、便捷、舒适和环保的交通服务；城市交通建设与历史文化名城风貌和自然生态环境相协调，引导、支持城市空间结构与功能布局优化调整，实现城市的可持续发展。

"新北京交通体系"具有以下几个基本特征。

① 以人为本的交通服务宗旨。注重交通与环境保护的协调和可持续发展，提供与自然和城市风貌相和谐的交通环境，合理分配与使用交通资源，满足社会多样性交通服务需求。

② 以一体化交通作为新体系基本构架。在交通规划、建设、运营、管理和服务全面整合的基础上，实现中心城交通与市域交通、城市交通与城际交通，以及各类交通运输方式的一体化协调运行。

③ 实施以内涵发展为主的集约化发展模式。从城市环境与资源条件出发，北京交通发展必须采取以内涵型增长为主的集约化发展模式。"新北京交通体系"以公共运输为主体，建立现代化城市综合运输体系；充分发挥既有交通设施的潜在效能，以系统结构优化和先进的运行管理为战略手段，最大限度地提高道路网及各类交通运输设施的整体运行效率和服务水平，减少资源消耗及其对环境的影响。

④ 以信息化为依托。交通体系发展的各个环节和服务领域全面实现信息化，交通运输与设施运行管理全面实现智能化。

⑤ 以法制化为保障。交通规划、建设、运行管理与社会服务全面纳入法制化轨道，通过健全法律、规章和完善规范、标准体系，有效地约束决策、管理、服务等所有交通参与者的行为，保证交通系统的有序发展和高效运行。

2.4.2 交通发展模式

根据城市发展目标确定其发展模式。常见的城市交通发展模式有：城市轨道交通主导型发展模式、公交主导型发展模式、小汽车主导型发展模式、公交和小汽车并重型发展模式以及慢行交通主导型发展模式等。还可以按照城市对外交通、区域交通和中心区交通分别制定其发展模式。

1. 城市轨道交通主导型发展模式

城市轨道交通主导型发展（Urban Railway Oriented Development，UROD）模式是将城市轨道交通作为城市居民出行的主要交通方式，适用于城市群和特大城市，当前的东京城市群、京阪神（京都、大阪、神户）城市群、纽约、伦敦、巴黎、香港等城市群或城市已经发展成了这种模式。这种模式的特点是：城市轨道交通网络规模大、主城周边有一高架轨道交通环线并且通过立体化放射线市郊铁路连接主城和卫星城、城市轨道交通划分率高。例如，日本的东京城市群具有约 2 500 km 的城市轨道交通运营线路，形成了以高架 JR 山手线为环线、以快速 JR 市郊铁路，私铁东武、西武、京成、京王、小田急、东急等 30 余条放射线，以及中心区域地铁覆盖的城市轨道交通骨架，如图 2-1 所示。该网络承担的日居民出行比例在 80% 以上。与东京城市群相同，京阪神城市群也构建了以 JR 环线为核心的大阪环线轨道交通和阪急、京阪、阪神和近铁等私铁为放射线市郊铁路以及市中心区地铁组成的城市轨道交通网络框架，如图 2-2 所示。

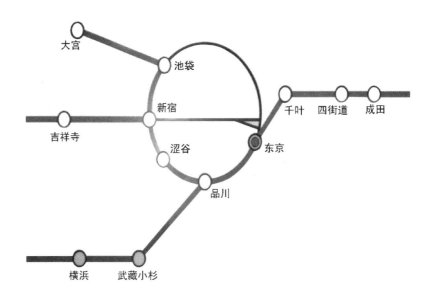

（a）东京的国铁环线和放射线示意图

（b）东京 23 区的城市轨道交通网络示意图

（c）东京城市群的城市轨道交通网络（不含地铁）

图 2-1　东京的城市轨道交通网络骨架

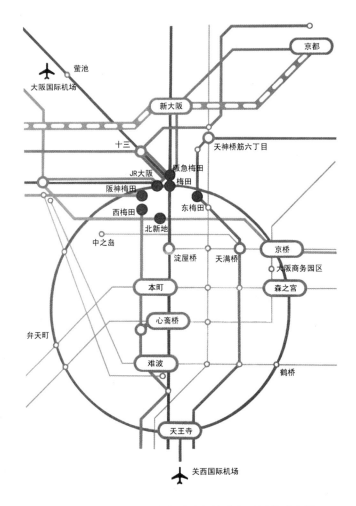

图 2-2　日本京阪神城市群城市轨道交通网络示意图

2. 公交主导型发展模式

公交主导型发展（Transit Oriented Development，TOD）模式是充分发挥公共交通系统的引导作用，通过大力发展公共交通系统，包括政策、设施和运营管理服务等，使之成为城市居民交通出行的主要交通方式，从而引导城市向安全、高效、低碳发展。一般认为，在居民交通出行中，公共交通方式划分率达到 60% 以上时，该城市为公交主导型城市。日本的东京、大阪、神户等，美国的纽约，法国巴黎，英国伦敦，我国的香港，新加坡，巴西的库里蒂巴等城市被称为是公交主导型城市。

3. 小汽车主导型发展模式

小汽车主导型（Car Oriented Development，COD）发展模式是指居民使用小汽车出行在城市中占主导地位。目前我国大部分城市的公共交通发展滞后，公交划分率低，属于小汽车主导型发展。美国的大部分城市也属于该类型的发展模式。

4. 公交和小汽车主导型发展模式

公交和小汽车主导型发展（Transit and Car Oriented Development，TCOD）模式是指城市的公共交通和小汽车齐头并进共同发展的模式。我国的北京、上海、广州和深圳等城市，尽管大力发展城市公共交通，但是小汽车交通发展势头迅猛，其结果属于该类型的发展模式。

5. 慢行交通主导型发展模式

"慢行"是与机动车的"快行"相对应而言的。因此，慢行交通是指低速的非机动车和行人交通。慢行交通主导型发展（Walk and Cycle Oriented Development，WCOD）模式是指城市和城市交通的发展以非机动车和步行等低速且无排放污染型出行方式为主导的城市发展模式。1990年以前我国的绝大部分城市里，居民出行主要使用自行车或步行，是典型的慢行交通主导型城市。

保定市在其城市综合交通规划中，按照交通基础设施的服务范围不同，制定了对外交通、区域交通和城市中心城区交通等3个层面的发展模式。

① 对外交通发展模式。"承接首都、对接海滨、南联省会"，保定市对外交通采用以高速铁路和高速公路为主、以航空和水运为辅的交通模式。高速铁路主要以京石客运专线和京保客运专线为主，实现1小时上京（北京）赴卫（天津）；高速公路以"三纵、四横、一环"为主；航空方面，由于保定靠近北京、天津和石家庄，具有便利的航空运输条件，尤其是北京第二机场的选址和建设，可以方便居民的空中出行；水运方面，可以充分利用天津港和黄骅港。以上几种交通方式可以形成保定对外交通的复合型走廊。

② 区域交通发展模式。在保定市域，以"一城、三星、一淀"为核心，采用以快速公交和快速道路运输为主骨架的陆上复合型交通走廊模式，支撑和引导《城市总体规划》的实现。公共交通划分率在30%以上。

③ 城市中心城区交通发展模式。保定市中心城区（建成区）积极倡导低碳城市、低碳交通策略，采取公共交通为主导的交通发展、鼓励步行和自行车的交通模式，中心城区公共交通出行比例达到30%以上，适度控制小汽车出行的比例，稳定步行和自行车出行比例。

2.4.3 交通发展的战略

在制定城市发展目标和发展模式的基础上，需要进一步制定适合城市发展的战略取向，以保证城市交通发展模式的实现。

1. 保定市

保定市在其城市综合交通规划中，主要采用了以下战略取向。

1）和谐发展

跨区域、跨部门和谐：立足京津冀都市圈一体化共同发展，坚持交通基础设施跨区域、跨部门和谐发展，淡化行政区划，强化市场行为，实现单一交通基础设施在建设标准、时序、位置方面的对接，加速区域一体化进程，促进区域交通基础设施共建共享。

基础设施与城市群空间结构和谐：保定市市区，以及周边满城、徐水、清苑和白洋淀，即"一城、三星、一淀"都市区，以支撑、引导和推动产业和城市群空间合理布局为导向，构筑符合城市群整体科学发展要求的现代交通基础设施体系。

各交通方式之间和谐：坚持各交通方式之间和谐发展，形成交通基础设施合理布局，节约用地，通过枢纽的合理衔接，构建快速、便捷、高效、安全的区域综合交通体系。

2）智能化发展

智能化是现代社会的重要标志。保定市的综合交通体系的构建采用智能化发展战略，既要实现单一交通方式的网络规划、建设、运营和管理的智能化，又要实现交通枢纽的智能化，提高运营管理效率，进行高品质的换乘和服务。

3）低碳化发展

低碳交通是构建交通系统的基本战略。保定的历史、人文和景观环境要求抉择而采用低碳交通战略，具体而言，采用京津冀都市圈的铁路客运专线、"一城、三星、一淀"区域的轨道交通系统以及城市中心区的公交优先和核心区域的慢行交通系统。

2. 深圳市

深圳市在其整体交通规划中，制定了14项发展策略。

发展策略1：促进土地利用与交通发展的进一步融合。加快特区外城市化进程，推进城市结构向多中心网络化组团式结构转变；推进轨道带动土地开发的模式，调整轨道二期工程沿线的土地利用，整合沿线的交通设施，引导出行交通向轨道站点聚集。

发展策略2：强化区域交通基础设施。加快建设国家级铁路枢纽、珠三角城际轨道；完善高速公路网络；扩建、完善机场、港口和深港交通衔接设施，提升区域中心城市功能。

发展策略3：加快轨道交通建设。建设轨道二期工程1号线延长段，2号线、3号线、4号线延长段和5号线，到2010年形成总长约140 km的轨道交通骨干网络。

发展策略4：整合道路体系。近期加快建设"一横八纵"干线道路，完善过境和疏港专用通道；整合城市道路和公路，对特区外道路按照城市道路标准统一建设，同时把特区外的道路管理纳入城市道路管理体系。

发展策略5：构筑一体化的交通枢纽设施。建设龙华铁路新客站等城市各类对外客运交通枢纽；建设以轨道站点为核心的38个城市内部交通枢纽。

发展策略6：平衡停车设施供应。按照区域差别和分类供应的原则，实施停车改善规划，严格按新标准配建停车位；引导停车场的市场化建设，改善停车执法手段，加大处罚力度，提高停车收费。

发展策略7：优先发展公共交通。① 通过重组公交企业、整合公交资源，分阶段逐步推进公交区域专营，实现公交专营体制由线路专营为主向区域专营为主的转变；② 进一步优化、调整公交网络结构，推进轨道与常规公交的整合，促进公交网络布局一体化；③ 建设大运量快速公交系统，扩大公交专用道范围，设置公交优先信号，推广车辆营运跟踪系统和乘客服务信息系统，全面提高公共交通运行效率，提高公交服务质量，为乘客提供一个比其他道路交通方式更具吸引力的公共交通服务；④ 加强公交枢纽、场站等基础设施建设，由政府统一建设管理公交场站；⑤ 加强公交营运监管，建立适应于公交区域专营模式下的行业监管与约束机制，改善营运服务，提高营运效率；⑥ 配套制定公交财税补贴优惠政策，实行合理的专营期限，激励专营企业增加投资，改善服务。

发展策略8：缓和小汽车交通增长。通过提高停车收费、研究中心区拥挤收费和道路整体收费，调控拥挤区域、拥挤时段的小汽车使用。通过加强对外地车的管理，严格本地车的车牌管理，逐步控制小汽车总量的增长。

发展策略9：构筑以人为本的行人交通空间。严格按相关标准设置行人过街设施；扩大行人过街信号灯的安装范围和数量，改善交叉口的行人过街设施和信号相位；在核心商业区设置步行街或步行区；完善行人与轨道及公交站点的接驳设施。

发展策略10：协调货运交通发展。加强铁路货运设施建设，强化多式联运设施的供应，健全综合运输体系；加强货运通道建设，优化货运交通组织；加强货运市场管理，引导货运企业重组，促进物流业健康发展。

发展策略11：提高交通设施的使用效率。理顺交通管理体制，推进全市统一管理；增强交通管理能力，加大交通违章处罚力度，有效进行交通管理；健全交通管理长效机制，完善交通管理设施和交通监控设施，定期进行交通组织优化和交通监控优化，保障交通高效运行。

发展策略12：改善交通安全，减少交通事故。建立交通安全管理的长效机制，对交通事故多发地点进行定期排查和整治，逐步实行道路交通设施安全设计；加强交通安全的宣传和教育，通过各种途径对各类人群开展交通安全宣传与教育培训，提高交通参与人的交通安全意识与交通文明程度。

发展策略13：加强环境保护，减少交通污染。提高车辆排放标准，降低机动车尾气污染；采用车辆和道路的降噪技术，优化货运交通组织，降低机动车噪声污染。

发展策略14：广泛应用交通新科技。建立一体化的城市交通信息系统，加强交通信息采集基础设施建设，逐步建立和完善交通信息发布与诱导系统以及先进的交通管理系统，建立先进的公交营运调度系统，研发、推广公交乘客信息服务系统以及货运信息服务系统。

3. 北京市

为了实现《北京交通发展纲要》制定的近远期目标，北京市还确定了战略任务：基于交通发展的历史经验和未来发展趋势，必须着手优化调整城市总体布局及城市交通结构模式，即坚定不移地加快城市空间结构与功能布局调整，控制中心城建成区的土地开发强度与建设规模；坚定不移地加快城市交通结构优化调整，尽早确立公共客运在城市日常通勤出行中的主导地位。同时，全面整合既有交通设施资源，提高资源使用效能。

1）城市交通与城市布局协调发展

全面贯彻实施国务院批准的《北京城市总体规划（2004—2020）》，积极推进城市空间发展战略的实施，加快构建"两轴—两带—多中心"城市空间新格局，同步实施城市功能布局的优化调整，以期从根本上缓解中心城交通紧张状况。

实施新的城市空间发展战略要以交通建设为先导，与城市交通发展战略相协调。当务之急是实施城市建设重点战略转移，严格控制中心城建设规模。旧城区实施"整体保护，有机更新"策略，严格控制建设总量；中心城建成区重点进行环境整治和基础设施改善，不再进行高强度开发；集中力量建设新城，优化调整城市功能布局，完善新城功能结构，引导中心城的就业岗位和人口向新城转移；为支持城市空间结构及功能布局调整，要重点建设贯通东部发展带以及连接新城与中心城多种交通方式兼容的复合型快速交通走廊，按规划抓紧构建新城内部交通网络体系，为新城建设提供交通支持。

2）建设以公共运输为主导的综合运输体系

从体制、机制、政策和运行上整合规划、建设、运营、管理和服务各个环节，实现多方式交通网络的匹配与无缝衔接，以优质高效的集约化运输网络满足通勤出行和集中物流的需要，寻求资源利用和环境效益的最大化。

以城市快速轨道交通系统为龙头，全面推进现代化公共客运系统建设，加快确立其在城市客运中的主体地位。改善不同客运方式衔接换乘条件，实现公共客运交通、自行车交通、步行交通与汽车交通多种交通运输方式协调发展，形成多方式和多层次出行服务体系。同时，建立由快速公共客运以及实施严格流量控制的快速道路（或高速公路）组成的城市快速出行服务系统与应急交通保障系统。优化调整货运枢纽及物流园区布局，建立陆路、海上与航空综合运输体系。

■ 复习思考题

1. 叙述城市交通发展战略规划的重要性及其考虑的因素。
2. 交通引导城市发展的模式有哪些？试分别叙述。
3. 叙述制定城市交通发展目标的重要性。
4. 试以某城市为对象，对其交通发展战略进行分析和评述。

第 3 章

城市交通与土地利用

本章是城市交通规划的基础和必要条件之一，主要讲述城市交通与土地利用之间的关系、城市土地资源配置分析、土地利用与城市交通的生成及其模型等。

3.1 概　　述

1. 城市土地利用

城市土地利用的研究始于 20 世纪 30 年代。1930 年，瑞利（Reilly）通过对来自于城市周边地区小商品流通的调查，进行了若干重要研究。Christaller 和 Lösch 等于 20 世纪 30—40 年代进行了理论研究。推动空间影响力模型在城市规划研究中的应用并取得重要进展的是最大熵理论和效用最大化理论。20 世纪 70—80 年代，进一步提出了 Logit 形式的影响力模型。

20 世纪 60 年代以来，美国由于道路交通量的持续增长产生了大量不必要的交通拥挤和严重的空气污染问题。交通污染增长的明显结果是城市污染，仅来自公路汽车运输的排放一项即占碳氧化物总量的 70%，氮氧化物的 39%，VOCs 的 30%，PM-10 的 28%。1970—1990 年间，道路车公里数年增长率为 3.2%，美国道路运输能耗在全部能耗中达 22%，其中 94% 为石油。它直接导致了 1990 年净化空气修正法案（CAAA）和地面联运效率法案（ISTEA）的出台。城市机动交通出行量增长的直接效果是石油进口的增加，因此，在城市交通规划中促进出行数量的减少已成为公众关注的焦点。人们讨论最多的政策措施，包括鼓励减少出行、缩短出行距离、使出行向利用率高的车辆或非机动出行转移、将出行安排在非高峰时段等。

英国最早对交通与城市土地利用模型从理论与实践两个方面进行探讨的是利兹大学的 Wilson 和他的同事，以及后来伦敦大学的 Mackett。Mackett 在构造及标定利兹一体化交通与城市土地利用模型包（LILT）及基于微观模拟的 MASTER 模型系统方面做了大量工作。后来，剑桥大学的 Echenique 及其同事构造并成功地开发了 MEPLAN 模型系统并使其商业化，该模型被用于西班牙及巴西、委内瑞拉、智利等国家的部分城市。

澳大利亚在该领域的开创性工作是联邦科学与工业研究组织（CSIRO）经过长期不懈的努力后取得的，它很大程度是以 TOPAZ（Technique for Otimal Placement of Activities in Zones）模型系统为基础的。Monash 大学的 Young 和他的同事研究了基于博弈模拟的土地模型，提出了 PIMMS（Pricing and Investment Model for Multi-Modal Systems）模型。

加拿大在一体化的交通土地利用模型方面最初的工作是在 Hamilton 都市区完成的，研究的重点是模拟汽车燃料消耗及排放。

日本一体化都市模型包括 CALUTAS 模型（Computer-aided Land Use Transport Analysis System）、大阪模型。

其他地区的交通与城市土地利用模型包括 Eindhoven 城市地区的 van Est 模型，意大利都灵和罗马的模型及瑞典斯德哥尔摩采用的模型等。

中东地区的模型有德黑兰规划与政策模型，Martinez 在智利圣地亚哥的应用中标定了他自己提出的交通与城市土地利用一体化模型。

目前采用的土地利用与交通规划模型重点是在一体化城市分析模型的开发方面。目前的模型可以综合处理最大熵与地区可达性最优间的协调。数学上，这些模型利用了非线性数学规划方法、区域间投入产出方法，而最近的计量经济学和微观模拟方面的进展可综合解决出行需求、居住、就业、服务和城市用地的建模问题。

2. 土地利用与交通生成

城市土地的使用性质、规模、区位、业态、容积率等确定人员数量和货物到发量，从而影响交通出行和物流车辆。美、日、欧洲各国分别进行了相应的调查和研究。例如，美国交通工程师协会（Institute of Transportation Engineers，ITE）编撰的 *Trip Generation* 汇集了积累 40 余年不同用地性质、规模、时段的出行生成率，供交通规划师作为手册使用。我国北京交通发展研究中心于 2010 年出版了北京《交通出行率手册》，书中汇集了北京积累了 10 多年不同用地性质、规模、时段的出行生成率。

3.2 城市土地利用的分类

土地利用（Land Use）这一术语来自农业经济学，最初用来描述一块土地以及它的经济学用途（牧场、农田和采石场等），后来被用于城市规划中。"城市土地利用"的一般意义是城市功能范畴（如居住区、工业区、商业区、小商品销售区、政府机关区及休闲娱乐区等）中的空间分布或地理类型。传统上，土地利用是指对地面空间的利用（或建筑物内部的空间利用）。

3.2.1 我国城市土地的用途分类

我国国家标准《城市用地分类与规划建设用地标准》（GBJ 137—2011）用于城市和县人民政府所在地镇的总体规划和控制性详细规划的编制、用地统计和用地管理工作。该标准将市域内用地分为城乡用地（Town and Country Land）和城市建设用地（Urban Development Land）。

1. 城乡用地

城乡用地指市（县）域范围内所有土地，包括建设用地与非建设用地 2 大类。这 2 大类又细分为 8 中类，8 中类进而细分成 17 小类。详细分类及其范围如表 3-1 所示。

表 3-1 城乡用地分类和代码

类别代码			类别名称	范 围
2 大类	8 中类	17 小类		
H			建设用地	包括城乡居民点建设用地、区域交通设施用地、区域公用设施用地、特殊用地、采矿用地等
	H1		城乡居民点建设用地	城市、镇、乡、村庄以及独立的建设用地
		H11	城市建设用地	城市和县人民政府所在地镇内的居住用地、公共管理与公共服务用地、商业服务业设施用地、工业用地、物流仓储用地、交通设施用地、公用设施用地、绿地
		H12	镇建设用地	非县人民政府所在地镇的建设用地
		H13	乡建设用地	乡人民政府驻地的建设用地
		H14	村庄建设用地	农村居民点的建设用地
		H15	独立建设用地	独立于中心城区、乡镇区、村庄以外的建设用地，包括居住、工业、物流仓储、商业服务业设施及风景名胜区、森林公园等的管理及服务设施用地
	H2		区域交通设施用地	铁路、公路、港口、机场和管道运输等区域交通运输及其附属设施用地，不包括中心城区的铁路客货运站、公路长途客货运站以及港口客运码头
		H21	铁路用地	铁路编组站、线路等用地
		H22	公路用地	高速公路、国道、省道、县道和乡道用地及附属设施用地
		H23	港口用地	海港和河港的陆域部分，包括码头作业区、辅助生产区等用地
		H24	机场用地	民用及军民合用的机场用地，包括飞行区、航站区等用地
		H25	管道运输用地	运输煤炭、石油和天然气等地面管道运输用地

续表

类别代码			类别名称	范　围
2 大类	8 中类	17 小类		
H	H3		区域公用设施用地	为区域服务的公用设施用地，包括区域性能源设施、水工设施、通信设施、殡葬设施、环卫设施、排水设施等用地
	H4		特殊用地	特殊性质的用地
		H41	军事用地	专门用于军事目的的设施用地，不包括部队家属生活区和军民公用设施等用地
		H42	安保用地	监狱、拘留所、劳改场所和安全保卫设施等用地，不包括公安局用地
	H5		采矿用地	采矿、采石、采沙、盐田、砖瓦窑等地面生产用地及尾矿堆放地
E			非建设用地	水域、农林等非建设用地
	E1		水域	河流、湖泊、水库、坑塘、沟渠、滩涂、冰川及永久积雪，不包括公园绿地及单位内的水域
		E11	自然水域	河流、湖泊、滩涂、冰川及永久积雪
		E12	水库	人工拦截汇集而成的总库容不小于 10 万 m^3 的水库正常蓄水位岸线所围成的水面
		E13	坑塘沟渠	蓄水量小于 10 万 m^3 的坑塘水面和人工修建用于引、排、灌的渠道
	E2		农林用地	耕地、园地、林地、牧草地、设施农用地、田坎、农村道路等用地
	E3		其他非建设用地	空闲地、盐碱地、沼泽地、沙地、裸地、不用于畜牧业的草地等用地
		E31	空闲地	城镇、村庄、独立用地内部尚未利用的土地
		E32	其他未利用地	盐碱地、沼泽地、沙地、裸地、不用于畜牧业的草地等用地

2. 城市建设用地

城市建设用地指城市和县人民政府所在地镇内的居住用地、公共管理与公共服务用地、商业服务业设施用地、工业用地、物流仓储用地、交通设施用地、公用设施用地、绿地，名称和代码如表 3-2 所示。标准中，将城市建设用地分为 8 大类、35 中类、44 小类。

表 3-2　城市建设用地分类和代码

类别代码			类别名称	范　围
8 大类	35 中类	44 小类		
R	R1		居住用地	住宅和相应服务设施的用地
			一类居住用地	公用设施、交通设施和公共服务设施齐全、布局完整、环境良好的低层住区用地
		R11	住宅用地	住宅建筑用地、住区内城市支路以下的道路、停车场及其社区附属绿地

续表

类别代码			类别名称	范　围
8大类	35中类	44小类		
R	R1	R12	服务设施用地	住区主要公共设施和服务设施用地，包括幼托、文化体育设施、商业金融、社区卫生服务站、公用设施等用地，不包括中小学用地
	R2		二类居住用地	公用设施、交通设施和公共服务设施较齐全、布局较完整、环境良好的多、中、高层住区用地
		R20	保障性住宅用地	住宅建筑用地、住区内城市支路以下的道路、停车场及其社区附属绿地
		R21	住宅用地	
		R22	服务设施用地	住区主要公共设施和服务设施用地，包括幼托、文化体育设施、商业金融、社区卫生服务站、公用设施等用地，不包括中小学用地
	R3		三类居住用地	公用设施、交通设施不齐全，公共服务设施较欠缺，环境较差，需要加以改造的简陋住区用地，包括危房、棚户区、临时住宅等用地
		R31	住宅用地	住宅建筑用地、住区内城市支路以下的道路、停车场及其社区附属绿地
		R32	服务设施用地	住区主要公共设施和服务设施用地，包括幼托、文化体育设施、商业金融、社区卫生服务站、公用设施等用地，不包括中小学用地
A			公共管理与公共服务用地	行政、文化、教育、体育、卫生等机构和设施的用地，不包括居住用地中的服务设施用地
	A1		行政办公用地	党政机关、社会团体、事业单位等机构及其相关设施用地
	A2		文化设施用地	图书、展览等公共文化活动设施用地
		A21	图书展览设施用地	公共图书馆、博物馆、科技馆、纪念馆、美术馆和展览馆、会展中心等设施用地
		A22	文化活动设施用地	综合文化活动中心、文化馆、青少年宫、儿童活动中心、老年活动中心等设施用地
	A3		教育科研用地	高等院校、中等专业学校、中学、小学、科研事业单位等用地，包括为学校配建的独立地段的学生生活用地
		A31	高等院校用地	大学、学院、专科学校、研究生院、电视大学、党校、干部学校及其附属用地，包括军事院校用地
		A32	中等专业学校用地	中等专业学校、技工学校、职业学校等用地，不包括附属于普通中学内的职业高中用地
		A33	中小学用地	中学、小学用地
		A34	特殊教育用地	聋、哑、盲人学校及工读学校等用地
		A35	科研用地	科研事业单位用地

续表

类别代码			类别名称	范 围
8 大类	35 中类	44 小类		
A	A4		体育用地	体育场馆和体育训练基地等用地,不包括学校等机构专用的体育设施用地
		A41	体育场馆用地	室内外体育运动用地,包括体育场馆、游泳场馆、各类球场及其附属的业余体校等用地
		A42	体育训练用地	为各类体育运动专设的训练基地用地
	A5		医疗卫生用地	医疗、保健、卫生、防疫、康复和急救设施等用地
		A51	医院用地	综合医院、专科医院、社区卫生服务中心等用地
		A52	卫生防疫用地	卫生防疫站、专科防治所、检验中心和动物检疫站等用地
		A53	特殊医疗用地	对环境有特殊要求的传染病、精神病等专科医院用地
		A59	其他医疗卫生用地	急救中心、血库等用地
	A6		社会福利设施用地	为社会提供福利和慈善服务的设施及其附属设施用地,包括福利院、养老院、孤儿院等用地
	A7		文物古迹用地	具有历史、艺术、科学价值且没有其他使用功能的建筑物、构筑物、遗址、墓葬等用地
	A8		外事用地	外国驻华使馆、领事馆、国际机构及其生活设施等用地
	A9		宗教设施用地	宗教活动场所用地
B			商业服务业设施用地	各类商业、商务、娱乐康体等设施用地,不包括居住用地中的服务设施用地及公共管理与公共服务用地内的事业单位用地
	B1		商业设施用地	各类商业经营活动及餐饮、旅馆等服务业用地
		B11	零售商业用地	商铺、商场、超市、服装及小商品市场等用地
		B12	农贸市场用地	以农产品批发、零售为主的市场等用地
		B13	餐饮业用地	饭店、餐厅、酒吧等用地
		B14	旅馆用地	宾馆、旅馆、招待所、服务型公寓、度假村等用地
	B2		商务设施用地	金融、保险、证券、新闻出版、文艺团体等综合性办公用地
		B21	金融保险业用地	银行及分理处、信用社、信托投资公司、证券期货交易所、保险公司,以及各类公司总部及综合性商务办公楼宇等用地
		B22	艺术传媒产业用地	音乐、美术、影视、广告、网络媒体等的制作及管理设施用地
		B29	其他商务设施用地	邮政、电信、工程咨询、技术服务、会计和法律服务以及其他中介服务等的办公用地

续表

类别代码			类别名称	范　　围
8 大类	35 中类	44 小类		
B	B3		娱乐康体用地	各类娱乐、康体等设施用地
		B31	娱乐用地	单独设置的剧院、音乐厅、电影院、歌舞厅、网吧以及绿地率小于65%的大型游乐等设施用地
		B32	康体用地	单独设置的高尔夫练习场、赛马场、溜冰场、跳伞场、摩托车场、射击场，以及水上运动的陆域部分等用地
	B4		公用设施营业网点用地	零售加油、加气、电信、邮政等公用设施营业网点用地
		B41	加油加气站用地	零售加油、加气以及液化石油气换瓶站等用地
		B49	其他公用设施营业网点用地	电信、邮政、供水、燃气、供电、供热等其他公用设施营业网点用地
	B9		其他服务设施用地	业余学校、民营培训机构、私人诊所、宠物医院等其他服务设施用地
M			工业用地	工矿企业的生产车间、库房及其附属设施等用地，包括专用的铁路、码头和道路等用地，不包括露天矿用地
	M1		一类工业用地	对居住和公共环境基本无干扰、污染和安全隐患的工业用地
	M2		二类工业用地	对居住和公共环境有一定干扰、污染和安全隐患的工业用地
	M3		三类工业用地	对居住和公共环境有严重干扰、污染和安全隐患的工业用地
W			物流仓储用地	物资储备、中转、配送、批发、交易等的用地，包括大型批发市场以及货运公司车队的站场（不包括加工）等用地
	W1		一类物流仓储用地	对居住和公共环境基本无干扰、污染和安全隐患的物流仓储用地
	W2		二类物流仓储用地	对居住和公共环境有一定干扰、污染和安全隐患的物流仓储用地
	W3		三类物流仓储用地	存放易燃、易爆和剧毒等危险品的专用仓库用地
S			交通设施用地	城市道路、交通设施等用地
	S1		城市道路用地	快速路、主干路、次干路和支路用地，包括其交叉路口用地，不包括居住用地、工业用地等内部配建的道路用地
	S2		轨道交通线路用地	轨道交通地面以上部分的线路用地
	S3		综合交通枢纽用地	铁路客货运站、公路长途客货运站、港口客运码头、公交枢纽及其附属用地
	S4		交通场站用地	静态交通设施用地，不包括交通指挥中心、交通队用地
		S41	公共交通设施用地	公共汽车、出租汽车、轨道交通（地面部分）的车辆段、地面站、首末站、停车场（库）、保养场等用地，以及轮渡、缆车、索道等的地面部分及其附属设施用地
		S42	社会停车场用地	公共使用的停车场和停车库用地，不包括其他各类用地配建的停车场（库）用地
	S9		其他交通设施用地	除以上之外的交通设施用地，包括教练场等用地

续表

类别代码			类别名称	范 围
8 大类	35 中类	44 小类		
U			公用设施用地	供应、环境、安全等设施用地
	U1		供应设施用地	供水、供电、供燃气和供热等设施用地
		U11	供水用地	城市取水设施、水厂、加压站及其附属的构筑物用地，包括泵房和高位水池等用地
		U12	供电用地	变电站、配电所、高压塔基等用地，包括各类发电设施用地
		U13	供燃气用地	分输站、门站、储气站、加气母站、液化石油气储配站、灌瓶站和地面输气管廊等用地
		U14	供热用地	集中供热锅炉房、热力站、换热站和地面输热管廊等用地
		U15	邮政设施用地	邮政中心局、邮政支局、邮件处理中心等用地
		U16	广播电视与通信设施用地	广播电视与通信系统的发射和接收设施等用地，包括发射塔、转播台、差转台、基站等用地
	U2		环境设施用地	雨水、污水、固体废物处理和环境保护等的公用设施及其附属设施用地
		U21	排水设施用地	雨水、污水泵站、污水处理、污泥处理厂等及其附属的构筑物用地，不包括排水河渠用地
		U22	环卫设施用地	垃圾转运站、公厕、车辆清洗站、环卫车辆停放修理厂等用地
		U23	环保设施用地	垃圾处理、危险品处理、医疗垃圾处理等设施用地
	U3		安全设施用地	消防、防洪等保卫城市安全的公用设施及其附属设施用地
		U31	消防设施用地	消防站、消防通信及指挥训练中心等设施用地
		U32	防洪设施用地	防洪堤、排涝泵站、防洪枢纽、排洪沟渠等防洪设施用地
	U9		其他公用设施用地	除以上之外的公用设施用地，包括施工、养护、维修设施等用地
G			绿地	公园绿地、防护绿地等开放空间用地，不包括住区、单位内部配建的绿地
	G1		公园绿地	向公众开放，以游憩为主要功能，兼具生态、美化、防灾等作用的绿地
	G2		防护绿地	城市中具有卫生、隔离和安全防护功能的绿地，包括卫生隔离带、道路防护绿地、城市高压走廊绿带等
	G3		广场用地	以硬质铺装为主的城市公共活动场地

3. 城市规划用地结构

该标准还规定了城市规划建设用地结构，如表 3-3 所示。

表3-3　城市规划建设用地结构

类别名称	占城市建设用地的比例/%
居住用地	25.0～40.0
公共管理与公共服务用地	5.0～8.0
工业用地	15.0～30.0
交通设施用地	10.0～30.0
绿地	10.0～15.0

在表3-3中，交通设施用地对于城市交通规划非常重要，它是保证城市交通设施用地资源得以配置的基础。我国城镇化发展起步较晚，又受长期封建社会思想的影响，单位机关大院式规划、建设和封闭式管理，致使城市交通设施用地资源规划、建设和管理受限，交通设施用地比例过低，本次标准提高了交通设施用地比例，对今后的城市交通设施安排能起到较好的推动作用。

3.2.2　国外城市土地用途分类

日本的《城市规划法》规定了居住类、商业类和工业类3大类、12小类土地用途，如表3-4所示。图3-1给出了12类土地资源在城市中的配置情况。

表3-4　日本的城市土地用途分类

用地大类	细分类	说　明
居住类	1. 第一级低层居住专用地	保证良好的低层居住环境的土地
	2. 第二级低层居住专用地	以保证良好的低层居住环境为主的土地
	3. 第一级中、高层居住专用地	保护良好的中、高层居住环境的土地
	4. 第二级中、高层居住专用地	以保护良好的中、高层居住环境为主的土地
	5. 第一级居住专用地	以保护居住环境的土地
	6. 第二级居住专用地	以保护居住环境为主的土地
	7. 准居住地	作为道路的沿道、谋求提高与所在地特性相吻合的业务的方便，同时保护与之相协调的居住环境的土地
商业类	8. 近邻商业用地	以对附近居民提供日用品为主要业务、供商业和其他业务用途的土地
	9. 商业用地	供以商业为主的业务用途的土地
工业类	10. 准工业用地	供对环境没有恶化影响的工业为主用途的土地
	11. 工业用地	供工业用途为主的用地
	12. 工业专用地	主要供工业用途的土地

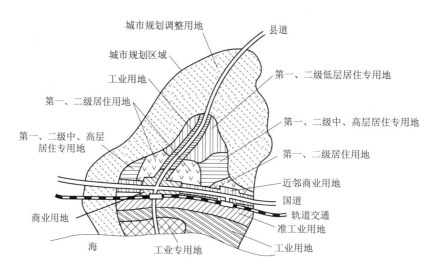

图 3-1 12 类土地资源在城市中的配置情况

可以看出，日本在城市规划区域的建城区范围内（城市规划调整用地内侧）用地资源配置如下：

国道沿线（相当于我国的国道和城市主干路）及其与轨道交通站之间区域安排邻近商业用地，外侧安排居住用地，中高层居住用地安排在最外侧；

县道（相当于我国的省道和城市次干路）沿线安排工业用地，其外侧安排低层居住用地；

国道与县道交叉口和轨道交通站周边区域，商业用地；

轨道交通沿线安排准工业用地，其外侧安排工业用地和工业专用用地。

美国土地用途采用分区制（Zoning）分类并由各州政府制定，国家没有统一的标准。

德国的法兰克福、柏林分别于 1891 年、1892 年将城市土地分成了居住用地和工业用地两大类。

3.3 交通与城市土地利用关系

3.3.1 交通与城市土地利用的宏观互动关系

交通设施与土地利用之间的关系可以用系统中的不同组成部分之间的关系来描述。Peter Hall 与 Fagen（1956）将系统定义为"相互之间存在关联的一系列组成部分的集合"。因此，土地利用（批发市场、工业、商业、住宅、娱乐设施等）与交通设施（交通网络、枢纽、港口、站场等）都是我们所研究的该特定系统的组成部分，而连接它们的媒体就是交通。

　　交通与城市土地利用相互影响、相互作用，交通系统的发展引起土地利用特征变化，导致了城市空间形态、土地利用结构及土地开发强度的改变；反过来，土地利用特征的改变也对交通系统提出新的需求，促使其不断改进完善，引起交通设施、出行方式结构和交通密度特征的改变，最终，形成交通系统与土地利用相协调的产物。随着整个系统环节中某一因素的变化，城市土地利用与交通系统又进行新一轮的调整。

　　传统的规划理念没有认识到交通与城市土地利用的互动关系，导致许多城市的综合交通规划与土地利用规划（通常为城市总体规划或分区规划）常常是分开来做的。城市规划师认为交通规划师的工作任务就是如何最大限度地在城市交通设施上配合城市规划，而交通规划师往往处于从属和被动的地位，只能分析现状交通问题和提出近期或局部的交通改善意见，难以对土地利用规划进行比较和信息反馈。

　　交通规划的制定不能脱离土地利用规划，同时土地利用规划也不能离开交通规划，只有将两者结合在一起，才对彼此有利，交通规划和土地利用规划具有共生性，两者在内容和层次上具有广泛的关联性。因此，公共交通导向型发展模式（Transit Oriented Development，TOD）在当前国内外交通规划、建设中得到快速发展并广泛应用。它作为一种从全局规划的土地利用模式，为城市建设提供了一种交通建设与土地利用有机结合的新型发展模式，其特点在于以公共交通的车站为中心，利用公共交通为前提，集工作、商业、文化、教育、居住等为一体，进行高密度的商业、办公、住宅等综合性的复合和混合用途的集约化、高效率开发。

　　从宏观上讲，城市交通与城市土地利用之间存在复杂的互动关系。杨励雅（2007）从宏观上将这种关系表现为一种"源流"关系，如图3-2表示。土地是城市社会经济活动的载体，各种性质土地利用在空间上的分离引发了交通流，各类用地之间的交通流构成了复杂的城市交通网络。

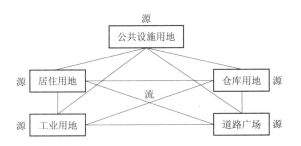

图3-2　城市交通与城市土地利用"源流"关系简图

　　"源"和"流"之间相互影响、相互作用。一方面，土地利用是产生城市交通的源泉，决定城市交通的发生、吸引与方式选择，从宏观上规定了城市交通需求及其结构模式；另一方面，交通改变了城市各地区的可达性，而可达性对土地利用的属性、结构及形态布局具有决定性作用。

3.3.2 城市交通模式与土地利用模式的相互关系

由城市交通与城市土地利用的"源流"关系可知，城市土地利用模式是城市交通模式形成的基础，特定的城市土地利用模式将导致某种相应的城市交通模式；反之，特定的城市交通模式亦需要相应的土地利用模式予以支持。

1. 城市土地利用模式的类型

现代城市规划理论将土地利用模式划分为高密度集中模式和低密度分散模式两大类型。

高密度集中模式是指土地利用综合化、多元化，开发密度高，城市布局集中的城市土地利用模式。以高密度集中土地利用为特征的城市，通常拥有一个集中且繁华的市中心，土地利用集约化程度高，除少数商业中心区、工业区、高级住宅区外，城市土地一般为多用途层叠使用，从而有利于节约土地，缩短出行距离，防止城市无限制蔓延。

低密度分散模式则是指城市土地利用用途单一，开发密度低，城市布局分散的城市土地利用模式。以低密度分散土地利用为特征的城市通常具有多个中心，住址区、工作区、购物区等各自分离，整个城市向郊区蔓延，用地分散，甚至形成跳跃性开发，土地浪费现象严重。

2. 不同土地利用模式下的城市交通模式

Pushkarev 和 Zupan（1977）通过研究发现，当居住密度达到 60 栋住宅/英亩时，一半以上的出行将采用公共交通方式；Cevero（1997）利用美国住房调查的数据分析发现，居住密度比土地混合利用程度更明显地影响通勤小汽车和公交各自的占有率，提高居住密度能有效降低私人机动车拥有率；Frank 和 Pivo（1994）通过研究指出，当就业密度达到 75 人/英亩时，随着就业密度的进一步增加，私人小汽车方式迅速向公交、步行方式转变。

选择 2003 年 3 个具有不同开发密度的代表城市，通过分析其日常通勤交通出行的方式构成，如表 3-5 所示，可得出不同土地利用模式下的城市交通模式特征。

表 3-5　不同开发密度下的城市日常通勤交通方式构成　　　　　　　单位：%

城市	所在洲	开发密度	步行与自行车	摩托车	公共交通	私家车	其他
莫里斯	美洲	低	1.4	0.9	3.9	92.2	1.6
伦敦	欧洲	中	11.5	1.9	17.0	70.6	—
香港	亚洲	高	2.9	3.8	84.8	6.3	2.2

从表 3-5 可以看出，随着开发密度的增加，公共交通出行比例大幅度增加，私家车比

例则大幅下降。例如，低密度开发的莫里斯，公交承担率仅为 3.9%，私家车承担率则高达 92.2%，其城市交通模式以私人小汽车交通为主；高密度开发的香港，公交承担率高达 84.8%，私家车承担率则仅为 6.3%，其城市交通模式以公共交通为主。

以高密度集中土地利用为特征的城市土地开发强度大、密度高且城市布局集中，将引发大量集中分布的交通需求，必然要求具有高运载能力的公共交通模式与之相适应。另一方面，集聚带来地价的上升，促使了停车费的高涨，在一定程度上遏制了私人小汽车交通的发展，从而形成支持公共交通发展的良性循环。

以低密度分散土地利用为特征的城市，单位土地面积产生的交通需求量小且分散，公共交通不易组织，适合发展运量小、自由分散的私人小汽车交通。低密度分散式的城市形态容易陷入"分散→公交系统难以维持→进一步分散"的恶性循环，居民出行距离不断增大，出行方式越来越依赖于小汽车，从而导致城市建设成本增加、土地资源浪费、环境污染加剧，不利于城市的可持续发展。

3. 高密度集中模式下的城市交通需求特征

鉴于低密度分散发展模式的种种负面效应，国内外研究者及规划部门纷纷提倡相对高密度的土地开发模式。目前，我国珠江三角洲与长江三角洲内圈层区域的人口密度已超过法国大巴黎地区（911 人/km^2）及日本东海岸大城市带的人口密度（1 085 人/km^2），部分城市中心区人口密度已高达数万人/km^2。高密度集中模式是我国及世界多数国家城市的主要发展趋势。高密度集中开发的城市，其交通量、出行距离、出行分布等交通需求因素均表现出一定的特点。

从交通量看，高密度开发城市由于人口密集，交通出行量较为集中。出行的集中使交通设施处于高容量状态，自我调节能力相对较弱，因此外力对交通流的作用效果更为灵敏。这些外力主要包括交通设施的建设与改造、土地利用结构与形态的调整、交通需求管理等。

从出行距离看，高密度开发城市的居民出行距离相对较短。这是由于城市土地开发密度高，各种城市功能在有限的地域范围内集成，人们的工作、文化娱乐、教育学习、探亲访友、购物社交等活动在有限范围内完成，从而使得出行距离相对较短，且采用步行、自行车等非机动车交通方式较多。Cevero（2001）通过研究指出，高密度开发城市的人均机动车里程随人口密度的增加而下降，但当人口密度达到一定程度时，该种变化趋于平缓。

从出行分布看，高密度开发城市的交通出行分布更容易在较小范围内达到均衡。这是因为高密度开发城市由于多种功能用地在空间上相对集中，在一定程度上避免了居住与就业的分离，缓解了卫星城和分散式发展模式中常见的"钟摆式"交通分布状况，从而使交通出行分布能够在较小范围内实现均衡。

3.3.3 城市交通与城市土地利用的微观互动机理

如前所述,城市交通与城市土地利用均由一系列不同的特征量所描述,任意两个特征量之间的微观作用机理是不相同的。例如,"交通容量"与"容积率"之间存在相互促进的正相关关系,"土地混合利用程度"与"出行距离"之间存在此消彼长的负相关关系,而"交通容量"与"土地价格"之间则存在一定程度的依存关系。各特征量之间的微观作用机理,共同构成城市交通与城市土地利用之间复杂的互动关系。

交通容量与容积率的关系,是城市交通与城市土地利用互动关系在微观层面的具体体现,如图 3-3 所示。

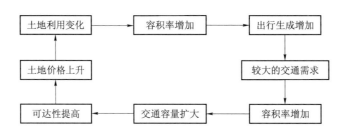

图 3-3 交通容量与容积率的循环反馈关系

在图 3-3 所示的关系链中,任一环节的改变都将给其他环节带来影响。城市中的土地开发,无论是商业、工业还是居住,都会使该地区的容积率增加,从而引发大量的出行生成,该地区随着交通需求的增加,将对交通设施提出更高要求。通过交通设施的改善,交通容量扩大,该地块的交通可达性提高,造成地价上升,又会吸引开发商进一步地开发,交通容量与容积率的互动进入新的循环。该循环过程是一个正反馈的过程,但该正反馈过程不可能无限进行下去。这是因为,城市交通设施发展到一定程度后是难以通过改建来增加其容量的,从而当土地开发超过一定强度时,所引发的交通流将会使得某些路段出现拥堵现象,导致已开发区域可达性下降,土地利用边际效益亦随之下降,该地区的土地开发将会受到抑制。

由此可见,交通容量与容积率之间存在一种相互影响、相互促进的互动关系,二者通过一系列的循环反馈过程,将有可能达到一种"互补共生"的稳定平衡状态。

3.4 城市土地利用与出行率模型

土地利用带来人口和产业的变化,从而诱发出行和交通。至今,人们分别从用地的可达性(汉森模型)、不同性质用地的配置(劳瑞模型)以及交通和用地一体化优化(ITLUP 模型和 TOPAZ 模型),以及不同用地的出行等方面进行研究。下面主要介绍土地利用与交通生成率模型。

3.4.1　出行率模型基本概念

　　城市交通与城市土地利用间的互动关系决定了不同土地利用布局形态和强度会产生不同类型和强度的社会活动，从而决定不同区域的交通集散量和分布状况。相应地，交通系统功能效率的高低也直接影响周边地价、地租和人气，影响周边土地功能的实现充分与否。因此，在进行交通规划中需要深入研究城市土地利用与交通的相互关系，交通出行率是直观反映这种相互关系的重要指标之一。

　　出行率为单位指标在单位时间内所生成的交通需求。根据对出行起决定作用的一些因素将整个对象区域，按照决定指标（如建筑面积、住宅户数、座位数、人数等）划分为若干类型。同一类型由于主要出行因素相同，出行次数基本相同，将单位时间内的出行次数称作"出行率"。如果知道整个对象区域或者分区的决定指标，与其对应的出行率相乘，则很容易得到整个对象区域或者分区的交通需求。

　　在一些发达国家如美国，对交通出行率指标进行了很多研究工作，并出版公布多版《出行生成》（*Trip Generation*）供全国交通工程师和相关专业人员参考。2005 年开始，北京市开始交通出行率指标研究，并在此基础上编写了《交通出行率手册》，涉及了多类建筑性质近千个建筑的交通出行率调查，经过大量数据分析和处理工作，根据各类别建筑特征和交通特征的分析，给出了相关性较高的出行率指标，内容主要包括住宅、办公、综合性商业、专营店、金融、酒店、文化娱乐、医院、学校、图书展览馆、政法机关、仓库和综合类建筑等，有利于开展各项交通定量分析和评价工作。

　　出行率模型需要进行出行率调查，也就是确定出行生成量和其自身属性之间的关系，例如对于办公建筑，影响出行生成的自身属性很多，如占地面积、建筑面积、实用面积、员工总人数、停车位总数、建筑功能和区域特性等。为了定量分析出行生成量与自身属性之间的关系，仅选择具有可度量性的属性指标，如建筑面积进行分析。若某办公建筑的建筑面积为 2 万 m²，可以在其出入口计数，测出每天进出该建筑的车辆数或者人数，对研究对象的车流、人流出行率的计算如下：

$$机动车出行率 = 机动车出行总量/2 \text{ 万 } m^2$$
$$人流出行率 = 总出行人流量/2 \text{ 万 } m^2$$

其中，总出行人流量=机动车上人数+非机动车上人数+行人数。

　　如果对调查的若干建筑的出行率进行平均，就得到了各类办公建筑的基于建筑面积的平均生成率。调查表格如表 3-6 所示。具体调查地点选择、调查内容制定以及调查的实施和处理，可参考前述交通调查方法。

表3-6 交通出行率调查表

出行率调查表

时间：　　　年　　　月　　　日　　　星期：　　　地点：　　　方向：

时间	大货车 车数 到达	大货车 车数 出发	大货车 车内人数 到达	大货车 车内人数 出发	小货车 车数 到达	小货车 车数 出发	小货车 车内人数 到达	小货车 车内人数 出发	大客车 车数 到达	大客车 车数 出发	大客车 车内人数 到达	大客车 车内人数 出发	小客车 车数 到达	小客车 车数 出发	小客车 车内人数 到达	小客车 车内人数 出发	出租车 车数 到达	出租车 车数 出发	出租车 车内人数 到达	出租车 车内人数 出发	摩托车 车数 到达	摩托车 车数 出发	摩托车 车内人数 到达	摩托车 车内人数 出发	总计 车数 到达	总计 车数 出发	总计 车内人数 到达	总计 车内人数 出发
7:00~7:15																												
7:15~7:30																												

3.4.2　出行率模型

出行率模型是描述每一种土地利用出行生成量变化的决定指标和其出行生成量之间的关系，可能是数学模型，也可能是图表，都能直接描述研究对象自身属性与交通生成量之间的量化规律。

美国《出行生成》是由美国交通工程师协会组织编制，社会众多教育或科研单位参与完成的，目的是为开发项目的机动车出行生成预测提供翔实的数据信息。到现在为止，ITE已经将《出行生成》升级到了第八版，土地利用性质增加到 162 类。《出行生成》提供了大量关于机动车出行生成与项目特性之间关系的数据，其分类比较详细且具有针对性，按照土地利用性质的不同，把用地类型分为 10 大类，分别是港口及站点、工业、居住、寄宿、娱乐、公共机构、医疗、办公、零售和服务。以公共机构为例，又分成 15 类，分类越详细，出行生成预测的精度就越高。

《出行生成》中某购物中心机动车出行生成预测图如图 3-4 所示，分析时段为工作日晚高峰，调查样本为 42 个，平均总建筑规模为 5.6 万 ft^2（约为 5 202.6 m^2），方向分布为 51%进入项目，49% 离开项目，平均生成率为 10.45 pcu/1 000 ft^2（约为 11.25 pcu/100 m^2）；平均生成率范围是 5.15 ～ 20.29 pcu/1 000 ft^2（约为 5.54 ～ 21.85 pcu/100 m^2）；标准差为 4.97。

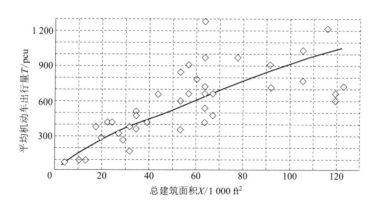

图 3-4　某购物中心机动车出行生成预测图

拟合的曲线方程为：$\ln(T) = -0.79\ln(X) + 0.320 \quad R^2 = 0.75$

其中，T 为平均机动车出行量，单位 pcu；X 为总建筑面积，单位 1 000 ft^2。

图 3-4 给出了出行生成量预测的拟合曲线及模型，可以利用它对不同规模的购物中心进行出行生成量预测。例如，总建筑面积为 11 万 ft^2（约为 1 万 m^2）的购物中心，其工作日晚高峰机动车出行量为 1 005 pcu。

北京市的《交通出行率手册》根据用地类型、建筑物使用性质和交通出行特征，主要研究住宅、商业、综合性商业、专营店、金融、酒店、文化娱乐、医院、学校、图书展览馆、政法机关、仓库和综合类建筑等 13 大类，36 小类的出行规律，即不同建筑性质早晚高峰人流量、车流量与其相应的出行决定指标的关系，也就是各类型建筑的出行率。以住宅、办公和商业为例，其晚高峰车流量与决定指标之间的关系如表 3-7 所示，Y 代表晚高峰车流量，X 代表决定指标，可能是建筑面积、户数、停车位数、员工数等。

表 3-7　晚高峰各类型建筑的出行率指标

建筑性质		决定指标	平均生成率	出行率模型
住宅	小户型	建筑面积	17.6 辆/万 m²	$Y=0.0015*X+12.032$
		户数	12.7 辆/百户	$Y=0.0971*X+23.537$
	中户型	建筑面积	13.5 辆/万 m²	$Y=0.0014*X-10.052$
		户数	15.2 辆/百户	$Y=0.1687*X-24.91$
	大户型	建筑面积	12.3 辆/万 m²	$Y=0.0011*X+20.605$
		户数	23.0 辆/百户	$Y=0.1828*X+21.224$
办公	政府（以人流量为例）	建筑面积	101.5 人/万 m²	$Y=0.0054*X+31.09$
		员工	0.6 人/个	$Y=0.3024*X+44.06$
		停车位数	2.0 人/个	$Y=1.641*X+18.726$
	科研设计	建筑面积	50.4 辆/万 m²	$Y=0.0018*X+49.462$
		员工	0.2 辆/个	$Y=0.069*X+61.022$
		停车位数	1.4 辆/个	$Y=0.6917*X+39.5$
	租用办公	建筑面积	96.0 辆/万 m²	$Y=0.0041*X+58.119$
		停车位数	2.1 辆/个	$Y=1.2904*X+22.787$
商业	小型	停车位数	2.7 辆/个	$Y=1.5716*X-2.3218$
	中型	建筑面积	89.7 辆/万 m²	$Y=0.116*X-60.715$
		停车位数	2.0 辆/个	$Y=1.045*X+46.865$

针对不同类型，《交通出行率手册》提供了 3 种表达出行率的方法。以住宅（小户型）出行规律为例，分析时段为工作日早高峰（6:30～10:00 中的一个小时），调查样本为 174 个，平均建筑面积为 75 424 m²，平均总户数 1 046 户，方向分布为 33% 进入项目，67% 离开项目。

1. 平均值法

通过调查，将所有调查建筑的生成率进行平均，就得到了基于各影响指标因素的平均生成率，如表 3-8 所示。

表 3-8 生成率

平均生成率	生成率范围	标准偏差
142.8 人/万 m²	16.7～402.5 人/万 m²	75.4 人/万 m²
95.1 人/百户	13.0～282.7 人/百户	50.0 人/百户

2. 图表法

将调查点生成率数据制作出散点图，工程人员根据研究对象的性质和特征，参考已有调查点进行内插或外插取值，辅以工程经验判断后，估计预测出行量。如图 3-5 所示住宅（小户型）早高峰人流量出行生成图，横坐标是建筑面积，纵坐标是早高峰人流量。这种方法直观且准确，尤其在对与已有样本类似的小区确定出行率值时，可以借鉴已有样本点数据。但该方法对样本的精确性要求非常高，在积累调查样本不够充足的条件下使用，就很难确定其偏差大小。

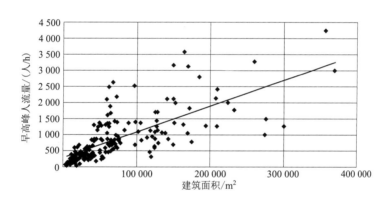

图 3-5 住宅（小户型）早高峰人流量出行生成图

3. 公式法

尽管对于各数据点可以用散点图反映出行生成量和影响指标之间的相关变化趋势，但需要预测未来年的出行量时，利用回归模型是比较合理的。根据调查交通特征和建筑自身特征相关分析，得到二者之间的回归公式，并给出相关系数，其中 R2 为均方差，公式中各变量采用的单位与图表法相同。

早高峰人流量 = 0.008×建筑面积 + 289.17　　R2 = 0.513

早高峰人流量 = 0.660 6×户数 + 224.82　　R2 = 0.544

出行率模型提供了大量关于机动车、人流出行生成与项目特性之间关系的数据，可对开发项目的出行生成量进行合理的预测。

3.5 交通小区划分

3.5.1 交通小区划分原则

城市的土地利用空间布局和功能分区都有很大不同，同一城市内部各个地区用地性质也有很大差别，用地性质对居民的出行特征有直接的影响，不同的用地性质将导致不同的交通出行特点。如居民区为主的用地将会有大量的出行产生，其出行目的、距离以及出行时间随着居民构成不同大相径庭；商业用地、学校、工业区等则会吸引大量的居民，其吸引的人群也随着用地密集程度不同而异。在经典的交通需求预测过程中，为了调查统计、预测社会经济指标、生成交通量和分布交通量等，需要按照一定的规则将对象区域划分成适当数量的交通小区。

要全面了解、掌握交通源的特性及各交通源之间的交通流特征，对交通的产生吸引量及其分布掌握得越细越好，但交通源一般是大量的，对每个交通源进行单独研究，工作量极大，会使调查、分析、预测等工作非常困难，而且精度也难以保证。因此在调查过程中，需要将交通源按一定的原则和行政区划分成一系列的小区，这些小区就是交通小区。通常，交通小区分区（Zoning）遵照以下原则。

1. 现有统计数据采集的方便性

社会经济指标一般是按照行政区域为单位统计、预测的。在我国，最高级行政区域划分为省、直辖市、自治区和特别行政区，其次是地级市、区县、乡镇、村、派出所、家属委员会。交通小区划分时，要充分利用这些行政区的划分，以减少不必要的工作量，提高预测的精确度。

2. 均匀性和由中心向外逐渐增大

对于对象区域内部的交通小区，一般应该在面积、人口和发生与吸引交通量等方面，保持适当的均匀性；对于对象区域外部的交通小区，因为要求精度的降低，应该随着距对象区域距离的变远，逐渐增大交通小区的规模，以减少不必要的工作量。

3. 充分利用自然障碍物

尽量利用对象区域内部的山川等自然障碍物作为小区边界线，河流上的桥梁便于作为交通调查核实线使用。一般情况下，山川等自然障碍物被作为行政区划分界线使用着，因此这与第一条并不矛盾。

4. 包含高速公路匝道、车站、枢纽

对于含有高速公路和轨道交通等的对象区域，高速公路匝道、车站和枢纽应该完全包含于交通小区内部，以利于对利用这些交通设施的流动进一步分析（空间影响区域分布等），避免匝道被交通小区一分为二的分法。

5. 考虑土地利用

交通小区的划分应避免将同一用途的用地分在不同的交通小区，这样有利于土地利用中指标的统计处理。

图 3-6 为交通小区划分的示例，图中数字为交通小区号码。图 3-7 为各交通小区对应的土地利用。可知本例的交通小区划分遵循了上述原则。

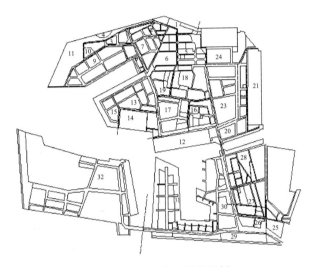

图 3-6 交通小区划分示例

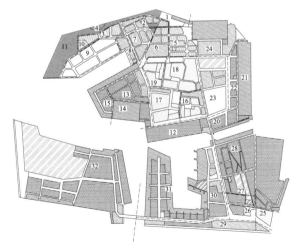

图例

■ 码头用地
■ 物流用地
■ 商业用地
□ 工业用地
□ 住宅用地
□ 研究用地
■ 绿化用地

图 3-7 交通小区划分与土地利用

3.5.2 交通小区划分规模

早期的调查和规划中交通小区数目较少，随着计算机技术的发展，交通小区数目有增加的趋势。1995年上海进行全面交通调查设置了100个小区；1995年北京交通调查时设置的交通小区平均面积为4.00 km^2；1997年无锡市公交规划时，将136.90 km^{2}的规划区域划分为74个交通小区；2001年苏州市城市综合交通规划时，将86.60 km^{2}的规划区域划分为146个交通小区；2002年蚌埠市交通规划时，将90.30 km^{2}的规划区域划分为81个交通小区。除北京1995年的调查外，其他城市调查过程中交通小区的大小均在1～2 km^{2}之间。通过对美国74个城市的交通小区划分的分析，得到表3-9所示的城市区域规模与交通小区数量、人口之间的关系。

表3-9 美国城市规划交道区划分

人口/万人	交通小区面积/ km^2		交通小区人口/人	
	范围	平均值	范围	平均值
<7.5	0.28～5.25	1.38	120～2 700	872
7.5～15.0	0.60～8.48	2.77	357～1 692	954
15.0～30.0	0.60～10.03	3.30	545～2 400	1 296
30.0～100.0	2.03～25.68	5.55	1 316～7 175	2 828
>100.0	1.45～33.32	7.83	2 214～24 659	7 339

日本对交通小区的划分进行了规定，分为A、B、C和小C共3个等级。A为都道府县级（相当于我国的省、直辖市、自治区和特别行政区）；B为市町村级（相当于我国的地、市）；C为区级（当于我国的市内区）；小C为C级的细分，即把行政区再划分为几个小区，并仅适用于大城市以上的市区。交通调查数据、社会经济指标值等均按照这种分级统计或预测。大部分交通规划工程师的工作是在这些数据的基础上进一步细化，进行局部或详细预测分析。

由国内外交通小区的划分情况可以看出，交通小区大小没有统一的标准。有的城市为了减少分析工作量，常将交通小区分得比较粗，如一个人口60万、建成面积65 km^{2}的城市只划分15个交通小区，与国内外交通分区相比就显得太粗了一些。分区太粗、太少则会影响抽样精度，且会产生不切实际的出行端点和出行线路。当然，交通小区如果分得太细、太多，会使得分析难度加大。按照国内外交通调查的成功经验：一般城市中心区交通小区的面积为1～3 km^2，人口为2万～4万，城市边缘区交通小区的面积为5～15 km^2，人口3万～5万不等。这些经验是可以借鉴的，但应考虑到国外人口较少，地广人稀，分区普遍较大，而我们国内城市一般人口密度较高，也就是说单位面积上聚集了更多的交通源，因此小区的规模应结合国内情况确定。

交通小区划分是交通调查和规划的最基本工作，交通小区的规模和具体划分得是否适当将直接影响到交通调查、分析、预测的工作量及精度和整个交通规划的成功。交通小区的划分应该紧紧围绕调查工作的目的和区域的交通出行特征进行，不同目的的调查所要求划分的交通小区的精细程度是不同的。另外，还应该通过深入考察研究区域的交通出行规律，力图使不同性质的交通出行归属到相应的交通小区，亦即使交通小区的范围与其所辖区域的交通出行特征相对应，以期在满足 OD 调查目标的前提下，尽量减少交通小区的数目。

最后，通过本章的学习可知，其阐述的主要内容是城市交通与城市土地利用关系问题，这也是交通与城市土地利用问题中表现最为突出的关系。对于其他类型的交通与城市土地利用的关系问题，建议同时参考相关书籍。

■ 复习思考题

1. 试叙述交通与城市土地利用研究的主要内容。
2. 试说明交通与城市土地利用之间的关系。
3. 试叙述美国交通规划师是如何计算出行生成交通量的。
4. 试结合土地利用，叙述交通小区划分的原则。
5. 以某一封闭的住宅小区或用地单一建筑物为对象，调查其发生与吸引交通量，计算其出行率。

第4章

城市交通网络布局规划与设计

城市交通网络的规划与设计可以决定城市的基本骨架，是城市交通需求预测的基础和重要工作。本章首先讲述城市交通网络布局的理论与方法。然后，讲述城市交通网络体系评价。最后，讲述城市交通网络的数学建模知识与技术，为利用计算机进行城市交通网络交通需求预测学习奠定基础。

4.1 概　　述

城市交通网络和城市交通枢纽等重要交通节点设施既作为城市经济社会发展的基础设施，又形成城市基本骨架，因此城市网络布局和线路规划极其重要。

城市交通网络是客流和货流的载体。现状城市交通网络上的交通流通过第 3 章介绍的城市交通调查获取，而布局规划的将来城市交通网络上的交通流，如断面流量、车站上下和通过客流以及枢纽内换乘客流等，需要通过计算机技术结合第 5 章交通需求预测中的方法获得。此外，城市交通网络流作为运筹学理论的应用领域之一，进行科学计算必须完成数学建模。

城市交通网络由道路、轨道交通、水路和节点组成，城市规模越大，交通网络的规模也越大，是一个复杂网络。如何布局和评价这一复杂网络，对于解决城市交通中的各种问题起到决定性作用，属于城市交通的顶层设计。而我国目前城市中凸显的各种交通问题，表象于城市交通管理，但其核心在于这一顶层设计阶段问题导致的。

4.2　城市交通网络布局理论与方法

在城市交通网络布局阶段，如何做到与城市的定位、产业的布局以及城市交通流的良好匹配，拉动或引领城市产业布局乃至拉动经济社会发展是其核心。这里，介绍区位理论、节点重要度和线路重要度方法。

1. 区位理论与区段重要度

区位理论来源于德语的"standort",是关于人类活动的空间分布及其空间中的相互关系的学说。具体而言,是研究人类经济行为的空间区位选择及空间区内经济活动优化组合的理论。著名经济学家阿弗里德·马歇尔和 A. 韦伯分别于 1920 年出版的《经济学原理》和 1929 年出版的《工业区位论》,初步形成了 20 世纪 20—30 年代新古典区位理论的第一波学术繁荣期。马歇尔的《经济学原理》对区位理论特别是区位理论中的产业集聚现象有三点重要的贡献:第一,劳动力市场的共享(Labor Force Pooling);第二,中间产品的投入与分享;第三,技术外溢(Technology Spillover)。由于这 3 个重要概念具有理论创新的突破性进展,因此从 20 世纪 20—90 年代,成为了从新古典区位理论到以新经济地理学为核心的现代区位理论以及研究产业集聚现象的共同理论基础。韦伯的《工业区位论》则更进一步对集聚经济现象的形成机理、动力机制、集聚类型、竞争优势等内容加以梳理与补充。

产业分为第一产业、第二产业和第三产业。这些产业的聚集形成劳动力市场的共享、中间产品的投入与分享以及技术的外溢,形成人流和物流在区域中的高区位或高密度,在城市里尤为凸显。不同产业业态又会形成不同的交通出行需求,不同的城市用地布局也会产生不同的交通出行需求。

将区位理论应用于交通领域就是交通区位理论。交通区位是指交通的"源"所在。交通源包含经济、社会、文化、历史、产业、交通运行等要素,有既有源和潜在源。既有源通过现状体现,潜在源通过规划(例如,每 5 年一次的城市国民经济和社会发展规划、城市总体规划、城市用地控制性规划和城市用地详细规划)体现。

这样,高区位或高密度的人群,需要工作、生活和娱乐等日常活动,因此需配以类型适量、规模适量、密度适量的城市交通基础设施。交通线路应该布局在存在交通源的地方,并且高等级交通基础设施应该布局在交通区位高的点线上。

在城市区域中,两点之间的区段重要度值 I_{ij} 利用式(4-1)确定:

$$I_{ij} = \sum_{m=1}^{M} a_{ij} \frac{e_{ijm}}{e_m} \tag{4-1}$$

式中:e_{ijm} 为区段起点 i 和终点 j 之间第 m 个要素的值;e_m 为对象区段内要素 m 的均值;M 为区段要素的总个数。

2. 节点重要度

与区段交通区位重要度相同,节点的重要度也受区域政治、经济、文化、产业等多方面因素的影响。为尽可能真实、全面地反映节点重要度,通常选择人口(反映区域活动机能)、国内生产总值(反映区域产业机能)、社会物资产耗总量(反映社会的运输需求)、商品零售总额(反映区域的商业功能)、现状交叉口的饱和度、重要单位数量和景点数量等指标作为选择网络节点的定量分析标准，实际使用时应根据规划城市的特点确定。

节点重要度 I_i 的计算公式为：

$$I_i = \sum_{l=1}^{m} a_l \frac{e_{il}}{e_l} \tag{4-2}$$

式中：I_i 为节点 i 的重要度；e_{il} 为节点 i 的第 l 个要素的值；e_l 为对象区域第 l 个要素的均值；a_l 为要素 l 的权重；m 为节点要素的总个数。

节点重要度的高低可以为重要交叉口、车站和枢纽布局提供理论依据。

3. 线路重要度

线路重要度是线路上各区段重要度与各节点重要度之和，其重要度值利用式（4-3）确定：

$$I_k = \sum_{i \in k} \sum_{j \in k} I_{ij} + \sum_{i \in k} I_i \tag{4-3}$$

式中：I_k 为线路 k 的重要度值；i 和 j 分别为线路 k 通过的节点。

由上述可知，通过区段重要度和节点重要度的叠加计算线路重要度，以评价交通线路的重要程度，为布局线路和确定线路等级奠定理论基础。

4.3　城市交通网络布局与线路规划

4.3.1　城市交通网络布局

城市交通网络的布局和线路规划应充分考虑节点重要度和线路重要度的值。具体而言，节点重要度用以确定城市交通枢纽、重要车站以及立体交叉口等；线路重要度用以确定线路的走向和线路的等级，如城市快速路、主干路、次干路、城市轨道交通、城市快速公交线路等，对形成的重要度进行网络展开，并参照《城市道路交通规划设计标准》和《城市公共交通站、场、厂设计规范》及《地铁设计标准》等国家或地方标准等完成交通网络布局。

4.3.2　城市交通网络结构

城市交通网络结构，尤其是道路和轨道交通网络结构决定了城市的骨架和城市的发展。

1. 城市交通网络基本形态

城市交通网络的基本形态大致可以分为方格网式、带状、放射状、环形放射状和自由式等。

1）方格网式城市交通网

方格网式城市交通网是一种常见的交通网络形态，如图 4-1 所示。其优点是各部分的可达性均等，秩序性和方向感较好，易于辨别，网络可靠性较高，有利于城市用地的划分和建筑的布置。其缺点是网络空间形态简单、对角线方向交通的直线系数较小。我国的北京、西安等城市的城区道交通网络属于这种形态。

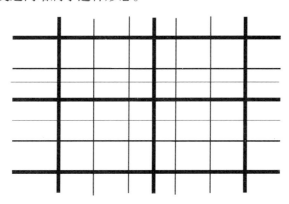

图 4-1 方格网式交通网

2）带状交通网络

带状交通网络是由一条或几条主要的交通线路沿带状轴向延伸，并且与一些相垂直的次级交通线路组成类似方格状的交通网，如图 4-2 所示。这种城市交通网络形态可使城市的土地利用布局沿着交通轴线方向延伸并接近自然，对地形、水系等条件适应性较好。我国的兰州市的交通网络由于受黄河和南北山脉的影响，其结构属于典型的带状结构。

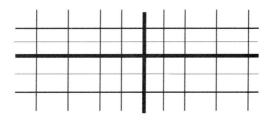

图 4-2 带状交通网络

3）放射状交通网络

放射状交通网络常被用于连接主城与卫星城之间，如图 4-3 所示。

4）环形放射状交通网络

城市骨架交通网络由环形和放射交通线路组合而成。以放射状交通线路承担内外出行，并连接主城与卫星城；环形交通网承担区与区之间或过境出行，连接卫星城之间，减少卫星城之间的出行穿越主城中心，如图 4-4 所示。北京市的交通网络为此种形态，道路交通网络由二环～六环的 5 条城市快速环线和 11 条放射道路组成；城市轨道交通网络目前由两条环线和 15 条横纵向轨道交通线路组成。

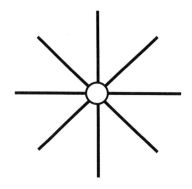

图 4-3　放射状交通网络

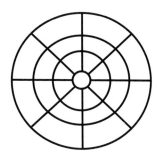

图 4-4　环形放射状交通网络

5）自由式交通网络

自由式结构如图 4-5 所示。该形态的交通网络结构多为因地形、水系或其他条件限制而使道路自由布置，因此其优点是较好地满足地形、水系及其他限制条件；缺点是无秩序、区别性差，同时道路交叉口易形成畸形交叉。该种形态的交通网络适合于地形条件较复杂及其他限制条件较苛刻的城市。在风景旅游城市或风景旅游区可以采用自由式交通网络，以便于与自然景观的较好协调。我国上海、天津、重庆、青岛、大连等城市的交通网络属于该种形态。

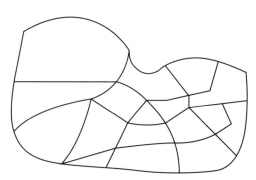

图 4-5　自由式交通网络

实际上，在特大城市中，交通网络并非严格按照上述形态布置，常常是两种或两种以上简单交通网络形态的组合。

2. 城市交通网络形态与城市类型

1）城市规模与交通网络形态

城市的规模通常用城市人口规模表示，该人口是指一定期限内城市发展的人口总数。我国的城市按照人口规模分为特大城市（非农业人口 100 万以上、大城市（非农业人口 50 万～100 万）、中等城市（非农业人口 20 万～50 万）、小城市（非农业人口 20 万以下）。

特大、大城市的交通网络一般比较复杂，多为几种典型交通网络形态综合的混合式交通网络。原因有：其一，特大和大城市历史发展过程较长，用地规模大，地形、自然条件比较复杂，很难以单一的交通网络形态适应；其二，我国古代的城市是以礼制建城，"匠人营国，方九里，旁三门，国中九经九纬，经涂九轨，左祖右社，面朝后市，市朝一夫"（《周礼·考工记》）。在该思想的支配下，我国的古城，如西安、洛阳、北京等城市中心区形成了方格形交通网络布局。中等城市的交通网络布局相对比较简单，多以一种典型形态为主，在平原地区和限制条件比较少的地区，多以方格网式为主。小城市一般以几条主干街道为主。

2）城市性质与交通网络形态

城市按照其主要的土地利用、经济位置等可分为：工业城市、中心城市、交通枢纽城市及特殊功能城市（如旅游城市等）。交通枢纽城市又可以分为铁路枢纽城市、海港城市、河埠城市和水上交通枢纽城市等。例如，郑州市具有我国最大的编组站郑州北站，加上郑州东站（货运）和郑州火车站（客运），形成了具有铁路特色的城市，因此在该种意义上可以说郑州为铁路枢纽城市。

3）城市在区域交通网中的位置与交通网络形态

按照城市在区域交通网络中的位置和对外交通的组织形态，又可以把城市分为：交通枢纽城市、尽头式城市和穿越式城市。该种分类与城市交通网布局中外围环线的建设密切关联。对于交通枢纽式城市，外围环线的规划、建设比较重要，以避免不必要的过境交通通过市中心，造成城市中心区的交通拥堵。相反，对于尽头式城市，环线的规划、建设则应该慎重；穿越式城市通常为小城市，交通网络规划应考虑城市的发展，引导过境交通偏离中心区。

4）城市发展形态结构与交通网络形态

城市的基本布局形态一般分为：中央组团式、分散组团式、带状、棋盘式和自由式。

① 中央组团式结构。中央组团式城市的特点是有一个强大的城市中心，因此与此对应的交通网络应该是放射形或环形放射状，以处理城市的内外交通和过境交通。它适用于平原城市，如北京、成都等城市。J. M. Tomson（20世纪70年代中期）研究城市交通与城市布局的关系时，给出了5种交通战略结构模式。将如图4-6所示方格加环形放射交通网络布局称为限制交通战略模式，并指出其适用于具有强大的市中心，周边设置卫星城，采用分级规划建设，且具有较好的公共交通系统的城市。我国的北京的规划建设接近于该种模式。

② 分散组团式结构。分散组团式城市的特点是城市由几个中心组成，与此对应的交通网络应该是环形放射状或带状形态。前者对应于一般的分散组团式城市；后者对

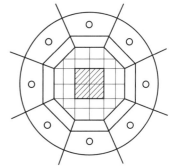

图4-6　J. M. Tomson 的城市结构模式

应于带状分散组团式城市。它适用于地形比较复杂的城市，如重庆、包头等城市。

③ 带状结构。带状城市的特点是城市由几个分布于同一带上的组团组成，因此与此对应的交通网为带状形态。它适用于受地形限制的城市，如兰州、桂林、深圳等城市。

④ 棋盘式结构。棋盘式城市的特点是城市均匀分布，与此对应的交通网络为方格式交通网。它适用于地形限制较少的平原地区，如北京、西安、开封等城市。

⑤ 自由式结构。自由式城市的特点是城市受特定的地形、水系等约束而自由发展，与此对应的交通网络为自由式交通网。它适用于海岸城市或水系比较发达的地区，如天津、大连、青岛等城市。

由于我国现状城市化水平和交通基础设施水平相对较低，城市用地较少，所以绝大部分城市为中央组团式城市。

3. 区域交通网络形态

我国城镇化水平不断提高，区域经济发展迅速，并且已经形成了 3 个典型的城市群，如珠江三角洲、长江三角洲和京津冀地区。城市群的发展竞争是国家与国家的发展竞争。在新型城镇化已经成为国家战略的大背景下，其他都市圈如长（沙）株（洲）（湘）潭地区和西（安）咸（阳）区域一体化等 20 余个新型城市群正在逐渐形成，跨行政区域的社会交流和经济往来越来越活跃，对交通基础设施的依赖性也就越发强烈。

区域发展的特点是具有较强的极化、城市群和地理特征。例如，珠江三角洲地区形成了以广州和深圳为两极，涵盖了广州、深圳、佛山、珠海、东莞、江门、中山、香港和澳门等城市，位于珠江两岸；长江三角洲则以上海和南京为两极，涵盖了上海、南京、苏州、无锡、常州、南通、扬州、镇江等城市，位于长江下游区域；京津冀地区则以北京和天津为两极，涵盖了北京、天津、石家庄、唐山、保定、廊坊、沧州、承德和张家口等城市。

鉴于城市群的上述特征，区域交通网络的形态也具有与之相适应的网络结构形态。珠江三角洲的区域交通网络结构为三角形；长江三角洲的区域交通网络也为三角形；京津冀地区的区域交通网络为以北京和天津为中心的强轴辐射型。

4.3.3 城市交通网络布局规划评价

城市交通网络是城市的骨架，是保证用地功能发挥和保持以及拉动经济、保障可持续发展的基础设施，左右着城市的发展方向或规模。因此，城市交通网络布局的合理性也应作为规划布局问题之一。

城市交通网络布局规划评价主要是对其空间布局合理性和有效性，从规模结构、间隔密度和服务范围进行布局结构上的综合评价，其内容主要有：综合交通网络体系评价和单一交通方式网络体系评价；对于交通网络上交通流的供需平衡评价，将在第 5 章城市交通需求预测中讲述。

1. 综合交通网络体系及评价

对于一个城市，为了支撑和拉动其社会经济、人流和物流的发展，要有一个合理的综合交通网络体系结构，以实现各种交通方式的协同配合。

城市交通网络，尤其是大城市交通网络，应采用 TOD 发展模式和低碳交通策略构建交通网络体系，规划城市交通网络，实现城市交通出行的主体由城市公共交通承担，规划安全、舒适、系统的慢行交通环境。

1）交通设施用地率（%）

交通设施用地率，即交通设施用地面积占城市建设用地面积的比例。交通设施用地是安排城市交通基础设施的前提条件，对城市交通发展具有举足轻重的作用，若该用地不足将无法安排足够的交通基础设施，是产生道路交通拥堵的根源之一。《城市用地分类与规划建设用地标准》（GBJ 137—2011）规定，我国城市交通设施用地比例应在 10% ～ 30%，并且规划人均交通设施用地面积不应小于 12.0 m²/人。就目前情况而言，主要大中城市的交通设施用地比例仅达到下限水平。该指标在纽约为 33.7%、巴黎为 25.8%、伦敦为 25.2%、东京为 24.4%。

2）各种交通方式规模比例（%）

尽管在国家标准中，对城市道路之外的各种交通设施规模及其比例没有限定，但是该项指标能够诠释城市的交通发展模式，即小客车主导型还是公交主导型或者是两者兼顾型。显然，公交主导型城市的轨道交通线网运营规模应该大，而且比例高，如日本东京有城市轨道交通营运里程约 2 500 km，伦敦有 1 200 km，纽约有约 1 500 km，巴黎有 2 100 km。截至 2013 年底，我国有 19 座城市开通运营了城市轨道交通，总运营里程为 2 500 km，其中超过 100 km 的城市有：上海 538 km，北京 465 km，广州 256 km，深圳 177 km，重庆 166 km，天津 143 km，大连 129 km，沈阳 108 km。

城市道路作为城市公共电汽车和快速公交（BRT）系统，以及居民和城市物流交通出行的基本载体发挥干线运输、集散、生活、通风和防灾等作用，其总体规模也应得到保障。上述主要城市中，纽约的城市道路里程约为 13 000 km，东京约为 12 000 km，伦敦约为 15 000 km，巴黎约为 11 000 km，北京约为 6 500 km。

在我国目前乃至今后一段时间内，绝大部分城市的公共电汽车仍是城市公共交通的主体，其发展成本低、见效快。上述主要城市中，纽约的城市公共电汽车运营里程约为 4 700 km，东京约为 1 200 km，伦敦约为 3 700 km，巴黎约为 3 800 km，北京约为 18 000 km。

通过以上数据可以分析我国以北京为例城市交通基础设施规模的结构比例及其平衡情况。

那么，一座城市的城市轨道交通系统总规模应该是多少？其数值对于城市交通网络的布局和设计具有指导性作用。城市轨道交通线网合理规模依赖于建成区的面积、人口、产业经济水平等，其规模预测方法有回归分析法、线网密度法、交通需求分析法和吸引范围几何法等。这里以回归分析法为例介绍。

回归分析法是先找出影响城市轨道交通线网规模的主要因素，如人口、面积、国内生产总值、私人交通工具拥有率等，然后利用既有城市发展轨道交通的数据进行回归分析及参数拟合，确定关系式。

回归分析法比较成熟，并且利用实际数据拟合，具有较好的可靠性。式（4-4）为孙有望利用城市人口和面积给出的回归分析模型。

$$L = b_0 \cdot P^{b_1} \cdot S^{b_2} \tag{4-4}$$

式中：L 为城市轨道交通长度（km）；P 为城市人口（万人）；S 为城市面积（km^2）；b_0、b_1、b_2 为回归参数，孙有望利用世界上 48 个城市轨道交通建设数据进行了拟合，分别为 1.839、0.640 013 和 0.099 66。

各种交通方式设施所承运的对象不同，目前尚没有供给总量上的合理结构标准，归一化的测算方法有待于研究。

2. 单一交通方式网络体系及评价

城市范围内的交通出行，根据其交通出行特性，如出行目的和出行距离等，需要相应的交通网络。网络体系结构的主要评价指标如下。

1）评价指标

进行交通网络布局评价时，主要遵循以下原则。

① 静态指标与动态指标相结合。静态指标指网络密度、各等级网络的比例等。

② 科学性定量评价与专家经验判断相结合。

③ 符合我国的经济发展水平，避免过高和过低地确定目标。

2）网络密度（km/km^2）

网络密度评价交通网络的服务公平性和服务质量水平，分为城市道路交通网络密度、城市轨道交通网密度、城市公共电汽车网密度和站点覆盖范围等。

网络密度是指单位用地面积内交通网络的长度，表示区域中交通网络的疏密程度。

我国城市轨道交通发展起步晚，还没有制定相应的规划建设密度标准规范。对于城市道路而言，不同规模城市道路网的密度值和构成比例如表4-1所示。

表 4-1 不同规模城市的道路网络密度值及其比例

城市分类（按人口，万人）		快速路	主干路	次干路	支路	总和
>200	路网密度/（km/km^2）	0.4～0.5	0.8～1.2	1.2～1.4	3～4	5.4～7.1
	构成比例/%	7.4～7.0	14.8～16.9	22.2～19.7	55.6～56.3	100
≤200	路网密度/（km/km^2）	0.3～0.4	0.8～1.2	1.2～1.4	3.0～4.0	5.3～7.0
	构成比例/%	5.7～5.7	15.1～17.1	22.6～20.0	56.6～57.1	100

续表

城市分类 （按人口，万人）		快速路	主干路	次干路	支路	总和
中等 城市	路网密度/ （km/km²）	—	1.0～1.2	1.2～1.4	3～4	5.2～6.6
	构成比例/ %	—	19.2～18.2	23.0～21.2	57.7～60.6	100
小城市 >5	路网密度/ （km/km²）	—	3～4		3～5	6～9

对于城市公共电汽车网络密度，《城市道路交通规划设计规范》（GB 50220—1995）规定，在市中心区域应达到 3～4 km/km²，在城市边缘地区应达到 2～2.5 km/km²。

3）公交站点覆盖率（%）

《城市道路交通规划设计规范》（GB 50220—1995）规定：公交站点服务面积以 300 m 半径计算，不得小于城市用地面积的 50%；以 500 m 半径计算，不得小于城市用地面积的 90%。此外，还有线路非直线系数（≤1.4）、平均换乘系数（大城市≤1.5，中、小城市≤1.3）和换乘距离（通向换乘≤50 m，异向换乘≤100 m）等指标。

4）干道网间距（km）

干道网间距即两条干道之间的间隔，对道路交通网络密度起到决定作用。我国没有规定城市干道的间隔，国际上各国采用的标准也不一致。荷兰规定干道间隔为 800～1 000 m；美国为 1/2～2 英里；丹麦哥本哈根为 700 m；德国慕尼黑为 700～1 000 m；英国道路多采用区域自动化控制，道路间距以 250～700 m 为宜；日本没有规定干道间隔的具体数值，实际掌握在 800 m 左右。

5）交通网络结构

交通网络结构是指城市快速路、主干路、次干路、支路在长度上的比例，用以衡量交通网络的结构合理性。根据城市道路功能的分类和保证交通流的畅通，道路的交通结构应该为"塔"字形，即城市快速路的比例最小，按照城市快速路、主干路、次干路、支路的顺序比例逐渐增高，其比例值分别被推荐为≤5%、27%～30%、32% 和 33%～36%。

6）人均道路面积（m²/人）

人均道路面积是指城市居民人均占有的道路面积。我国国家标准《城市用地分类与规划建设用地标准》中，给出了道路广场用地为 7～15 m²/人。

7）路网可达性

路网可达性（Accessibility）是指所有交通小区中心到达道路交通网络最短距离的平均值。该指标值越小，说明其可达性越好，交通网络密度越大，即

$$\overline{L}_a = \frac{1}{N_z} \sum_{i=1}^{N_z} L_i \qquad\qquad (4-5)$$

式中：N_z 为交通小区数；L_i 为 i 交通小区到道交通网络的最短距离。

8）路网连接度

路网连接度是指道交通网络中路段之间的连接程度，用式（4-6）表示：

$$J = \frac{2M}{N} \qquad\qquad (4-6)$$

式中：M 为道路交通网络中的路段数；N 为道路交通网络的节点数。

表 4-2 表示按照式（4-6）计算的简单道路交通网络的连接度值。

表 4-2　简单道路交通网络布局的连接度值

网络布局形态	节点数	网络总边数	连接度值
	32	40	2.5
	45	68	3.0
	9	8	1.8
	17	32	3.8

可以看出，方格加环形放射式交通网络的连接度较方格式交通网络高，连接性能好；环形放射式交通网络比单纯放射式交通网络的连接度高。说明城市道交通网络成环形网的状况越好，其连接度越好。

4.4　交通网络拓扑建模

为了预测交通网络的交通量，将实际或规划的交通网模型化是一件极其重要的工作，以利于进行科学计算和直观显示。网络可以描述道路和交叉口、铁路和车站、电话线和电话局等物理性构造，以及各种信息流与其节点之间的概念性结构。然而，无论哪种结构，网络都是由点（道路交叉口、铁路车站和电话局等）集和与此连接的线（道路、铁路和电话线等）组成，并将点的集合称为节点（Node）集，用 N 表示；将连接节点的线段的集合称为路段（Link or Arc）集，用 A 表示；因此，网络可以用由点和线段组成的有向图 G（N，A）进行数学描述。在交通网络中，节点集 N 由发生节点集 R、吸引节点集 S（Centroid）和交叉口之类的交汇节点等组成。一般地，用正整数 n 表示和识别。对于将交通小区内诸指标进行集计处理的交通需求预测方法，发生、吸引节点表示交通小区人口密集或政府行政机关集中的地点。将这些发生、吸引节点对与 rs 对应，并称之为 OD 对。

另外，路段集合 A 对应着实际道路路段、或由几条道路区间合并成一条假想的道路路段，有时代表为了计算高速公路收费的假想路段，有时在公共交通网络中表示换乘或等待时间的假想路段。一般地，路段集 A 的要素 a 用正整数表示。

以道路为例，对于交通网络、节点、路段，通常采用以下建模方法。

4.4.1　网络及其拓扑表现

图 4-7 表示了道路交通网络示意图，用由点和线组成的有向图表示。图中，单向箭头表示单向通行道路，其余路段表示双向通行（也可以用双向箭头或代表流向分离的单向箭头表示）；虚线代表高速公路匝道或假想路段；○代表节点；◎代表发生、吸引点。

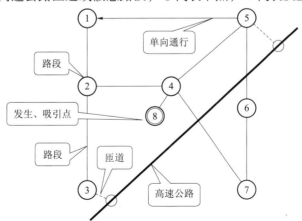

图 4-7　道路交通网络的拓扑表现示意图

对于图 4-8 所示轨道和道路共存的实际交通网络，可以用图 4-9 所示网络拓扑模型表示。可知，铁路车站和道路交叉口用网络节点表示，节点之间的路段用线段表示。例如，本例中，数字 1 和 2 表示铁路车站；数字 3 ～ 24 表示道路交叉口；轨道交通线路与道交通网络之间在车站处用虚线连接（路段 2-3），以实现换乘功能。对于道交通网络，可以建立表 4-3 所示网络拓扑关系及属性数据库，以供径路搜索和交通流分配用。表中的属性数据包括：道路长度、车道数、断面通行能力、单向通行与否、收费与否等。

图 4-8　实际交通网络

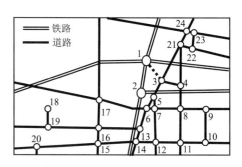

图 4-9　网络拓扑模型

表 4-3　道路交通网络的拓扑关系及属性数据库

路段号	起点	终点	长度/km	车道数	…	道路名
1	3	5	0.20	4	…	胜利南街
2	5	6	0.15	4	…	胜利南街
3	6	13	0.22	4	…	胜利南街
4	13	14	0.11	4	…	胜利南街
5	3	21	0.40	4	…	胜利南街
6	21	24	0.18	4	…	胜利南街
7	9	8	0.25	4	…	和平东路
8	8	7	0.25	4	…	和平东路
9	7	6	0.08	4	…	和平东路
10	6	17	0.50	4	…	和平西路
⋮	…	…	…	…	…	…

路段径路连接矩阵 $\delta_{a,k}^{rs}$ 是交通需求预测中表示网络流拓扑关系的重要概念。当径路 k 通过路段 a 时，$\delta_{a,k}^{rs}=1$；相反，$\delta_{a,k}^{rs}=0$。以图 4-10 所示由 3 个节点、3 条路段（$a=1$，2，3）组

成的道交通网络为例，对 OD 对 $1(r)-3(s)$ 而言，有两条径路（$k=1$，2）连接矩阵为：

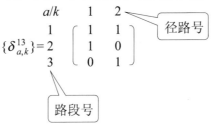

$$\{\delta_{a,k}^{13}\} = \begin{array}{c} a/k \\ 1 \\ 2 \\ 3 \end{array} \begin{bmatrix} 1 & 1 \\ 1 & 0 \\ 0 & 1 \end{bmatrix}$$

径路号

路段号

4.4.2 交叉口和立交桥

一般情况下，在进行交通规划中交通需求预测时，需要对道路平面交叉口和立体交叉口的交通流动情况进行必要的分析。对于两个相连接的十字信号交叉口，在交通需求预测阶段，一般采用图 4-11 表现形式可以满足要求。

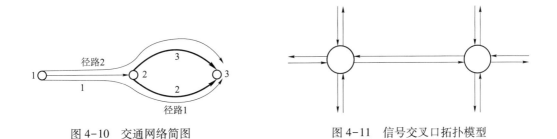

图 4-10　交通网络简图　　　　　　　图 4-11　信号交叉口拓扑模型

对于立体交叉口，将在《交通设计》课程深入学习，这里以图 4-12 所示苜蓿叶形立体交叉为例介绍。在交通规划阶段，用图 4-13 所示拓扑模型表示。

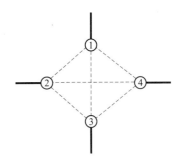

图 4-12　苜蓿叶形立体交叉　　　　　　图 4-13　拓扑模型

复习思考题

1. 城市交通网络布局和设计的重要性在哪里?

2. 简述城市交通系统的两重性。

3. 说明区位理论和节点重要度方法。

4. 叙述城市交通网络的基本结构及其主要特点。

5. 选择某一小区域的交通网络或一座立交桥，作出其交通网络拓扑模型图，给出节点和路段。

6. 给出图4-14所示交通网络的路段连接矩阵。

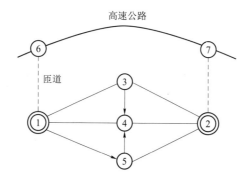

图 4-14   道路交通网络示意图

第 5 章

城市交通需求预测

5.1 概　　述

交通需求预测是城市交通规划的核心内容之一，是决定城市中交通网络规模、道路断面结构和枢纽规模等的重要依据。以定量分析方法为基础的交通需求预测方法起源于二战后期的美国，这一时期内的交通规划主要依赖于调查得到的现有交通需求数据，或是利用常增长系数对未来的需求进行粗略的预测。1955 年美国芝加哥都市圈在底特律都市圈交通研究（1953 年）的基础上，首次展开了名为"芝加哥地区交通研究（Chicago Area Transportation Study，CATS）"的交通规划项目。该研究首次提出了包含"交通生成—交通分布—方式划分—交通流分配"4 个阶段的交通需求预测模型，而四阶段的交通需求预测方法也被世界各国的交通专家奉为圭臬，并沿用至今。

交通需求预测方法的发展大致经历了 3 个阶段：第一阶段为非平衡需求预测阶段。该阶段主要通过对现有交通系统和土地利用情况进行调查分析，通过"评估、标定和验证"的工作流程，在非平衡条件下寻求对交通需求更为精确的描述。第二阶段为平衡需求预测阶段。该阶段在非平衡需求预测的基础上，考虑了交通流的时变特性及出行者的出行心理特征，发展出更为精确的平衡预测方法。第三阶段为基于行为的交通需求预测阶段。由于四阶段需求预测方法缺少出行者个体行为方面的描述，而交通需求作为人们日常活动所派生出的需求在很大程度上又受到个体属性的影响，这就使四阶段模型无法准确体现交通政策与出行者活动间的关系。为了避免这些问题，交通需求预测的第三阶段更多地考虑了个人行为对交通需求的影响。

尽管四阶段交通需求预测方法有其局限性，人们期待着研究更加符合现代社会和居民出行行为、符合交通可持续发展的交通需求预测理论。但四阶段预测法作为经典的交通需求预测法，逻辑关系明确，步骤分明、形象，被广泛地应用到交通规划及工程实践当中。本章 5.2 节对经典四阶段交通需求预测方法进行详细介绍。

5.2　经典四阶段交通需求预测方法

交通需求预测的四阶段方法包括交通的发生与吸引（第一阶段）、交通分布（第二阶段）、交通方式划分（第三阶段）和交通流分配（第四阶段）。从交通的生成到交通流分配的过程，因为有 4 个阶段，所以通常被称为"四阶段预测法"。下面分别就 4 个阶段每个部分的内容进行详细介绍。

5.2.1　发生与吸引交通量预测

发生与吸引交通量的预测作为交通需求四阶段预测中的第一阶段，是交通需求分析工作中最基本的部分之一。在本阶段的任务是求出对象地区的交通需求总量，即生成交通量。然后，在此量的约束下，求出各交通小区的发生（Production）与吸引（Attraction）交通量。

根据研究对象地区的特性，直接求得生成交通量的步骤被称为生成交通量预测。生成交通量是对象区域交通的总量，通常作为总控制量，用来预测和校核各交通小区的发生和吸引交通量。交通小区（Traffic Analysis Zone，TAZ）是指为了数据统计方便，将对象区域划分成便于实际调查和统计操作的子区。目前，交通小区划分按照不同的需要，通常以行政区域、街道办事处或居民小区等为单位进行划分。出行的发生与吸引是指研究对象区域内各交通小区的交通发生与吸引量，它们与土地利用性质和设施规模有着密切的关系。发生与吸引交通量预测精度还将直接影响交通需求预测的后续阶段乃至整个预测过程的精度，因此精确地预测出行的发生与吸引交通量，对交通规划工作是非常必要和重要的。

图 5-1 表示了交通小区 i 的发生交通量和交通小区 j 的吸引交通量。O_i 表示由小区 i 的发生交通量（由小区 i 出发到各小区的交通量之和）；D_j 表示小区 j 的吸引交通量（从各小区来小区 j 的交通量之和）。相反，小区 i 的吸引交通量和小区 j 的发生交通量依此类推。

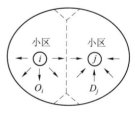

交通发生与吸引

图 5-1　交通小区的
出行发生与吸引示意图

1. 生成交通量的预测

出行可分为基于家庭的（Home Based，HB）出行和非基于家庭的（Non-Home Based，NHB）的出行。前者又可分为工作（Home Base Work，HBW）与非工作（Home Based Other，HBO）出行。如按出行目的细分，则又有上班、上学、自由（购物、社交）、业务等出行之别。出行生成又分为以机动车为基本单位的出行和以人为基本单位的出行。在大城市中，交通工具复杂，一般都用人的出行次数为单位；小城市交通工具较为简单，英、美等国家以小汽车为单位。车辆出行与人的出行之间可以互相换算。

出行生成包括出行产生与出行吸引。由于两者的影响因素不同，前者以社会经济特性为主，后者以土地利用的形态为主，故有些方法需将出行产生和出行吸引分别进行预测，以求其精确值，也利于下一阶段出行分布的工作。当社会经济特性和土地利用形态发生改变时，也可用来预测交通需求的变化。而出行生成交通量通常作为总控制量，用来预测和校核各个交通小区的发生和吸引交通量。图5-2列出了OD表中发生交通量、吸引交通量和生成交通量三者之间的关系。

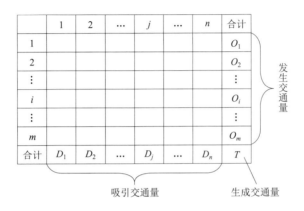

图5-2　发生与吸引交通量、生成交通量三者间关系示意图

生成交通量的预测方法主要有原单位法、增长率法、聚类分析法和函数法。但由于篇幅所限，本节仅以原单位法为例介绍生成交通量预测方法。

原单位是指单位指标，其获取方法通常有两种：一是用居住人口或就业人口数与交通出行总量来推算的个人原单位法；另一种就是以不同用途的土地面积或单位办公面积平均发生的交通量来预测的面积原单位法。不同方法对应的原单位指标也不同，主要有：

① 根据人口属性以不同出行目的单位出行次数为原单位进行预测；

② 以土地利用或经济指标为基准的原单位，即以单位用地面积或单位经济指标为基准对原单位进行预测。

在居民出行预测中，经常采用单位出行次数为原单位，预测未来的居民出行量，所以也称为单位出行次数预测法。单位出行次数为人均或家庭平均每天的出行次数，它由居民出行调查结果统计得出。因为人口单位出行次数比较稳定，所以人口单位出行次数预测法是进行生成交通量预测时最常用的方法之一。日本、美国多使用该方法。不同出行目的有着不同的单位出行次数，图5-3中所示的就是根据1986年北京市调查得到的基于不同出行目的的人均出行次数。

预测不同出行目的生成交通量可以采用如下方法：

$$T = \sum T^k \qquad T^k = \sum_l a_l^k N_l \qquad (5-1)$$

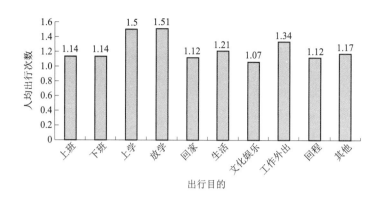

图 5-3　不同出行目的的人均出行次数

式中：a_l^k 表示某出行目的和人口属性的平均出行生成量；N_l 表示某属性的人口；T^k 表示出行目的为 k 时的生成交通量；T 表示研究对象地区总的生成交通量；l 表示人口属性（常住人口、就业人口、工作人口、流动人口）；k 表示出行目的。

　　利用原单位法预测出行生成量时，除由人口属性按出行目的进行预测外，还可以根据土地利用或经济指标为基准进行预测。依据上述方法进行预测时，需要从调查中得到单位用地面积或单位经济指标的发生与吸引交通量，再根据规划期限内各交通小区的用地面积（人口量或经济指标等）进行交通生成量预测。

　　根据交通调查可得到交通需求预测所需的出行原单位指标值，但像北京、上海、广州、南京等这样的大城市，大规模的居民调查几年甚至十几年才能进行一次，小城市这方面的数据就更加匮乏，这种情况容易造成预测所需的数据比较缺乏或陈旧。在数据资料不足的情况下，也可以采用下述简易方法对研究区域进行数据采集或标定。对于一个居住小区，可以在其出入口放置计数器或人工计数器，测出每天进出该区的车辆数或人数，然后除以其户数，就是每天产生的出行原单位。如果知道住户数或土地利用的建筑面积，将其与相应的原单位相乘并将分区所有的项目相加，则可求得该区总的出行生成量。

　　对于预测生成交通量而言，如何决定生成原单位的将来值是一个重要的课题。根据以往的研究成果，通常有以下几种做法。

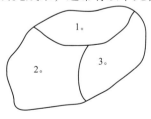

图 5-4　某对象区域小区
划分示意图

　　① 直接使用现状调查中得到的原单位数据。

　　② 将现状调查得到的原单位乘以其他指标的增长率来推算，即增长率法。

　　③ 最常用的也是最主要的方法为函数法。通常按照不同的出行目的预测不同出行目的的原单位。其中，函数的影响因素（或称自变量）多采用性别、年龄等指标。

　　【例 5-1】图 5-4 是包含 3 个交通小区的某研究区域，

表 5-1 是各小区现状的出行发生量和吸引量，在常住人口原单位不变的情况下，采用原单位法预测其将来的出行生成量。

表 5-1　各区现在的出行发生量和吸引量　　　　单位：万出行数/日

O　＼　D	1	2	3	合计	人口/万人（现在/将来）
1				28.0	11.0/15.0
2				51.0	20.0/36.0
3				26.0	10.0/14.0
合计	28.0	50.0	27.0	105.0	41.0/65.0

【解】根据表 5-1 中的数据，可得：

现状出行生成量　$T = 28.0 + 51.0 + 26.0 = 28.0 + 27.0 + 50.0 = 105.0$ 万次

现状常住人口　$N = 11.0 + 20.0 + 10.0 = 41.0$ 万人

将来常住人口　$M = 15.0 + 36.0 + 14.0 = 65.0$ 万人

常住人口原单位　$T/N = 105.0/41.0 \approx 2.561$ 次/（日·人）。

因此，将来的生成交通量　$X = M \times (T/N) = 65.0 \times 2.561 \approx 166.5$ 万次/日

由于人们在对象区域内的出行不受区域内小区划分的影响，所以生成交通量的原单位与发生/吸引的原单位比较，具有时序列上稳定的特点。

如上所述，将原单位视为不随时间变动的量，而直接使用居民出行调查结果。然而，原单位因交通参与者的个人属性（年龄、性别、职业、汽车拥有与否等）不同而变动。

2. 发生与吸引交通量的预测

与生成交通量的预测方法相同，发生与吸引交通量的预测方法也分原单位法、增长率法、聚类分析法和函数法。本节主要以聚类分析法为例，对发生与吸引交通量的预测方法进行介绍。

聚类分析（Cross-Classification or Category Analysis）突出以家庭作为基本单元，用将来出行的发生、吸引率得将来的发生、吸引交通量。它与原单位法有很多相似之处，但又存在较大不同。

20 世纪 70 年代后，出行生成分析的主要方法从应用交通分区统计资料的回归分析转移到个体（非集计）资料的聚类分析的趋势。聚类分析首先在美国的普吉湾（Puget Sound）区域交通调查中获得应用，是一个基于土地利用的出行生成模型。其基本思想是把家庭按类型分类，从而求得不同类型家庭的平均出行率。该研究认为小汽车拥有量、家庭规模和家庭收入是决定交通发生的 3 个主要影响因素。因此，根据这些变量把家庭横向分类，并且由家庭访问调查资料计算每一类的平均出行率，预测时以将来同类型家庭的预测值乘以相应的出行率。

1) 聚类分析法必须服从的假定

① 一定时期内出行率是稳定的。

② 家庭规模的变化很小。

③ 收入与车辆拥有量总是增长的。

④ 每种类型内的家庭数量，可利用对应于该家庭收入、车辆拥有量和家庭结构等资料所导出的数学分布方法来估计。

2) 构造聚类分析模型的步骤

① 相关家庭的横向分类。澳大利亚根据其中西部的交通调查，将家庭大小、家庭收入各分为6类，家庭拥有小汽车数分为3类。我国家庭中自行车使用比较广泛，可以考虑作为分类的项目，上海曾以住宅类型、家庭人口及自行车拥有量作为分类项目研究出行发生模型。

② 把每个家庭定位到横向类别。就是对家庭访问调查资料进行分类，把每个家庭归入其所属类别。

③ 对其所分的每一类，计算其平均出行率。用调查的每类出行发生量除以对应的家庭总数，可分别得出每类家庭的平均出行率。

④ 计算各分区的出行发生。把分区每一类的家庭数乘以该类的出行发生率，并将分区中所有类别的家庭加总起来，得到出行总量。

$$\hat{P}_i = \sum_{c=1}^{n} \overline{Q}_c N_{ci} \qquad (5\text{-}2)$$

式中：$\hat{P}_i$ 表示 i 区出行产生数的计算值；$\overline{Q}_c$ 表示 c 类家庭的平均出行率；N_{ci} 表示 i 区内的 c 类家庭数。

3) 聚类分析的优缺点

该方法的主要优点有以下几个方面。

① 直观、容易理解。人们容易接受出行发生与住户特性关系的观念，不像回归分析那样必须了解相关性、参数值等因素。

② 资料的有效利用。从现有的 OD 调查中就可获得完整的资料，即便没有，也可通过小规模调查得到。

③ 容易检验与更新。出行发生率很容易通过小规模抽样调查与小区的特性分析而校核其正确性。

④ 可以适用于各种研究范围。由于出行发生基于住户的特性，出行吸引基于土地利用特性。因此，其出行生成、吸引率可以用于各种范围研究，如区域规划、运输通道规划和新区规划。

该方法的缺点有以下几个方面。

① 每一横向分类的小格中，住户彼此之间的差异性被忽略。

② 因各小格样本数的不同，得到的出行率用于预测时，无法保证各小区具有同样的

精确度。

　　③ 同一类变量类别等级的确定凭个人主观，失之客观。

　　④ 当本方法用于预测时，每一小格规划年的资料预测将是一项繁杂工作。

　　综上所述，聚类分析法以估计给定出行目的每户家庭的出行产生量为基础，建立以家庭属性为变量的函数，并且突出家庭规模、收入、拥有小汽车数，分类调查统计得出相应的出行产生率，由现状产生率得到现状出行量，由未来产生率得到未来出行量。

　　【例5-2】假设规划调查区的土地利用特性如表5-2所示，以小区1为抽样点，在不同小汽车占有的情况下，上班出行高峰小时的原单位计算如表5-3所示。以小区1为抽样点，得到上班出行高峰小时内出行吸引量与职位数的关系如表5-4所示，计算出行的发生与吸引量。

表 5-2　规划区域的土地利用特征

小区	发生特征 C（小汽车拥有户数）				吸引特征 C（职位数）	
	0	1	2	3	基础工业	服务行业
1	10	30	20	15	400	300
2	25	60	40	30	500	600
3	15	50	50	30	250	350

表 5-3　出行发生情况

拥有小汽车/（辆/户）	上班出行高峰小时发生次数	户数	发生原单位/（次/h）
0	55	10	5.5
1	360	30	12.0
2	310	20	15.5
3	255	15	17.0

表 5-4　出行吸引情况

行业	上班出行高峰小时吸引次数	职位数	吸引原单位
基础工业	900	400	2.25
服务业	525	300	1.75

　　【解】由于出行生成量是土地利用、社会经济特征的函数，正确把握它们之间的关系，便可预测出行生成量。

　　以聚类分析法为例，由假设条件表5-2与表5-3（可认为它代表了整个规划调查区），应用计算小区出行发生公式可算出该规划调查区内各交通小区上班出行高峰小时的发生量

O_i，如表 5-5 所示。

表 5-5　出行发生量

	0 $\overline{Q_c}=5.5$	1 $\overline{Q_c}=12.0$	2 $\overline{Q_c}=15.5$	3 $\overline{Q_c}=17.0$	出行发生量 O_i
1	55	360	310	255	980
2	137.5	720	620	510	1 987.5
3	82.5	600	775	510	1 967.5
合计	275	1 680	1 705	1 275	4 935

用同样的方法也可以算出各交通小区的吸引交通量。此前，先修正表 5-4 的吸引率，目的是使该调查区域的发生与吸引的总量相平衡（计算略）。修正后的吸引原单位 $\overline{Q}_{c1}=$ 2.324，$\overline{Q}_{c2}=1.81$。于是，最后算出该调查区域内各交通小区上班出行 1 小时的出行吸引量 D_j，如表 5-6 所示。

表 5-6　出行吸引量

	1 $\overline{Q_c}=2.324$	2 $\overline{Q_c}=1.81$	出行吸引量 D_j
1	929.5	543	1 472.5
2	1 162	1 086	2 248
3	581	633.5	1 214.5
合计	2 672.5	2 262.5	4 935

3. 发生与吸引交通量调整

在交通需求预测时，通常会要求各小区的发生交通量之和与吸引交通量之和相等，并且各小区的发生交通量或吸引交通量之和均等于生成交通量。如果它们之间不满足上述关系，则可以采用如下方法进行调整。

1）总量控制法

在实际计算中，各交通小区的推算量的误差是不可避免的，从而造成其总和的误差量。为此，我们应当用研究区域的生成交通量对推算得到的各个小区的发生量进行校正。

假设生成交通量 T 是由全人口 P 与生成原单位 p 而得到的，则

$$T=p \cdot P \tag{5-3}$$

如果生成交通量 T 与总发生交通量 $O=\sum_{i=1}^{n} O_i$ 有明显的误差，则可以将 O_i 修正为：

$$O_i' = \frac{T}{O} \cdot O_i \quad (i=1,2,\cdots,n) \tag{5-4}$$

为了保证 T 与总吸引交通量 $D = \sum_{j=1}^{m} D_j$ 也相等，这样发生交通量之和、吸引交通量之和以及生成交通量三者才能全部相等，为此需将 D_j 修正为：

$$D_j' = \frac{T}{D} \cdot D_i \quad (j=1,2,\cdots,m) \tag{5-5}$$

这种方法称为总量控制。

2）调整系数法

在出行生成阶段，要求满足所有小区出行发生总量要等于出行吸引总量。当上述条件不满足时，一般认为所有小区出行发生总量（$O = \sum_{i=1}^{n} O_i$）可靠些。从而，可将吸引总量乘以一个调整系数 f，这样可以确保出行吸引总量等于出行发生总量。

$$f = \sum_{i=1}^{n} O_i \Big/ \sum_{j=1}^{m} D_j \tag{5-6}$$

交通发生与吸引预测还有一些其他的方法，如弹性系数法、时间序列分析等，由于篇幅所限，本书不做介绍。随着交通研究的不断深入，将不断产生新的分析模型和分析方法。如基于出行链的交通需求研究，为交通发生与吸引预测提供了新的思路。而基于出行链的分析方法是最近发展起来的，它已成为交通领域比较受关注的研究热点。

5.2.2　分布交通量预测

交通的分布预测是交通规划四阶段预测模型的第二步，是把交通的发生与吸引量预测获得的各小区的出行量转换成小区之间的空间 OD 量，即 OD 矩阵。

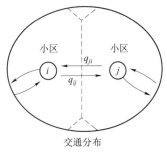

交通分布

图 5-5　交通分布示意图

图 5-5 为交通小区 i 和交通小区 j 之间交通分布的示意图。q_{ij} 表示由交通小区 i 到交通小区 j 的交通量，即分布交通量。同样，q_{ji} 则表示由交通小区 j 到交通小区 i 的交通量。

交通分布中最基本的概念之一是 OD 表，O 表示出发地（Origin），D 表示目的地（Destination）。交通分布通常用一个二维矩阵表示。一个小区数为 n 的区域的 OD 表，一般表示成表 5-7 所示形式。

表 5-7　OD 表

O＼D	1	2	…	j	…	n	发生量
1	q_{11}	q_{12}	…	q_{1j}	…	q_{1n}	O_1

O＼D	1	2	⋯	j	⋯	n	发生量
2	q_{21}	q_{22}	⋯	q_{2j}	⋯	q_{2n}	O_2
⋮	⋮	⋮	⋮	⋮	⋮	⋮	⋮
i	q_{i1}	q_{i2}	⋯	q_{ij}	⋯	q_{in}	O_i
⋮	⋮	⋮	⋮	⋮	⋮	⋮	⋮
n	q_{n1}	q_{n2}	⋯	q_{nj}	⋯	q_{nn}	O_n
吸引量	D_1	D_2	⋯	D_j	⋯	D_n	T

表中，q_{ij} 为以小区 i 为起点，小区 j 为终点的交通量；O_i 为小区 i 的发生交通量；D_j 为小区 j 的吸引交通量；T 为研究对象区域的生成交通量。

对此 OD 表，下面各式所示守恒法则成立：

$$\sum_j q_{ij} = O_i, \sum_i q_{ij} = D_j, \sum_i \sum_j q_{ij} = \sum_j O_i = \sum_j D_j = T \tag{5-7}$$

分布交通量预测要解决的问题是在目标年各交通小区的发生与吸引交通量一定的条件下，求出各交通小区之间将来的 OD 交通量。求得的 OD 交通量也是一个二维 OD 表，也同样要满足上式（5-7）的约束条件。分布交通量预测是交通规划的主要步骤之一，是交通设施规划和交通政策立案不可缺少的资料。

分布交通量的预测方法一般可以分为两类，一类是增长系数法，一类是综合法。前者假定将来 OD 交通量的分布形式和现有的 OD 表的分布形式相同，在此假定的基础上预测对象区域目标年的 OD 交通量，常用的方法包括增长系数法、平均增长系数法、底特律（Detroit）法、福莱特（Fratar）法、佛尼斯（Furness）法等；后者从分布交通量的实际分析中剖析 OD 交通量的分布规律，并将此规律用数学模型表现，然后用实测数据标定模型参数，最后用标定的模型预测分布交通量，其方法包括重力模型法、介入机会模型法、最大熵模型法等。

此外，增长系数法的应用前提是要求被预测区域有完整的现状 OD 表。对于综合法来说，如果模型已经标定完毕，则不需要现状 OD 表。当然，一般来说，模型参数的标定需要对象区域的实际数据，也就是说 OD 表还是需要的。然而，此种情况即使没有完整的 OD 表，也可以进行模型参数的标定。因此，同增长系数法相比，综合法的应用范围更为广泛，但模型的标定有一定的难度，特别是介入机会模型和最大熵模型，在实际规划中不常使用。

由于篇幅所限，本章内容针对增长系数法仅介绍平均增长系数法、底特律法和佛尼斯法，针对综合法仅介绍重力模型法。

1. 增长系数法

1）模型与算法

在分布交通量预测中，增长系数法的原理是：假设在现状分布交通量给定的情况下，预测将来的分布交通量。

增长系数法的算法步骤如下：

步骤 1：令计算次数 $m=0$。

步骤 2：给定现状 OD 表中 q_{ij}^m，O_i^m，D_j^m，T^m 及将来 OD 表中的 U_i，V_j，X。

步骤 3：求出各小区的发生与吸引交通量的增长率 F_{Oi}^m，F_{Dj}^m。

$$F_{Oi}^m = U_i / O_i^m \tag{5-8}$$

$$F_{Dj}^m = V_j / D_j^m \tag{5-9}$$

步骤 4：求第 $m+1$ 次分布交通量的近似值 q_{ij}^{m+1}。

$$q_{ij}^{m+1} = q_{ij}^m \cdot f(F_{Oi}^m, F_{Dj}^m) \tag{5-10}$$

步骤 5：收敛判别

$$O_i^{m+1} = \sum_j q_{ij}^{m+1} \tag{5-11}$$

$$D_j^{m+1} = \sum_i q_{ij}^{m+1} \tag{5-12}$$

$$1-\varepsilon < F_{Oi}^{m+1} = U_i / O_i^{m+1} < 1+\varepsilon \tag{5-13}$$

$$1-\varepsilon < F_{Dj}^{m+1} = V_j / D_j^{m+1} < 1+\varepsilon \tag{5-14}$$

式中：U_i 为将来 OD 表中的发生交通量；V_j 为将来 OD 表中的吸引交通量；X 为将来 OD 表中的生成交通量；F_{Oi}^m 为 i 小区的第 m 次计算发生增长系数；F_{Dj}^m 为 j 小区的第 m 次计算吸引增长系数；ε 为任意给定的误差常数。

若式（5-13）和式（5-14）满足要求，则停止迭代；否则，令 $m=m+1$，返回步骤 2 继续迭代。

根据函数 $f(F_{Oi}^m, F_{Dj}^m)$ 的种类不同，增长系数法可以分为平均增长系数法（Average Growth Factor Method）、底特律法（Detroit Method）和佛尼斯法（Furness Method），下面分别讲述。

2）平均增长系数法

平均增长系数法：假设 i，j 小区之间的分布交通量 q_{ij} 的增长系数是 i 小区出行发生量增长系数和 j 小区出行吸引量增长系数的平均值，即

$$f_{\Psi}(F_{Oi}^m, F_{Dj}^m) = \frac{1}{2}(F_{Oi}^m + F_{Dj}^m) \tag{5-15}$$

【例 5-3】试利用给出的现状分布交通量（见表 5-8）、将来发生与吸引交通量（见表 5-9）和平均增长系数法，求解 3 交通小区将来的分布交通量。设定收敛标准为 $\varepsilon=3\%$。

表 5-8　现状 OD 表　　　　　　　　　　　　　　单位：万次

O＼D	1	2	3	合计
1	17.0	7.0	4.0	28.0
2	7.0	38.0	6.0	51.0
3	4.0	5.0	17.0	26.0
合计	28.0	50.0	27.0	105.0

表 5-9　将来的发生与吸引交通量

O＼D	1	2	3	合计
1				38.6
2				91.9
3				36.0
合计	39.3	90.3	36.9	166.5

【解】① 求发生交通量增长系数 F_{Oi}^0 和吸引交通量增长系数 F_{Dj}^0：

$$F_{O1}^0 = U_1/O_1 = 38.6/28.0 \approx 1.378\ 6$$

$$F_{O2}^0 = U_2/O_2 = 91.9/51.0 \approx 1.802\ 0$$

$$F_{O3}^0 = U_3/O_3 = 36.0/26.0 \approx 1.384\ 6$$

$$F_{D1}^0 = V_1/D_1 = 39.3/28.0 \approx 1.403\ 6$$

$$F_{D2}^0 = V_2/D_2 = 90.3/50.0 \approx 1.806\ 0$$

$$F_{D3}^0 = V_3/D_3 = 36.9/27.0 \approx 1.366\ 7$$

② 第 1 次近似：$q_{ij}^1 = q_{ij}^0 \times (F_{Oi}^0 + F_{Dj}^0)/2$

$$q_{11}^1 = q_{11}^0 \times (F_{O1}^0 + F_{D1}^0)/2 = 17.0 \times (1.378\ 6 + 1.403\ 6)/2 \approx 23.648$$

$$q_{12}^1 = q_{12}^0 \times (F_{O1}^0 + F_{D2}^0)/2 = 7.0 \times (1.378\ 6 + 1.806\ 0)/2 \approx 11.146$$

$$q_{13}^1 = q_{13}^0 \times (F_{O1}^0 + F_{D3}^0)/2 = 4.0 \times (1.378\ 6 + 1.366\ 7)/2 \approx 5.490$$

$$q_{21}^1 = q_{21}^0 \times (F_{O2}^0 + F_{D1}^0)/2 = 7.0 \times (1.802\ 0 + 1.403\ 6)/2 \approx 11.220$$

$$q_{22}^1 = q_{22}^0 \times (F_{O2}^0 + F_{D2}^0)/2 = 38.0 \times (1.802\ 0 + 1.806\ 0)/2 \approx 68.552$$

$$q_{23}^1 = q_{23}^0 \times (F_{O2}^0 + F_{D3}^0)/2 = 6.0 \times (1.802\ 0 + 1.366\ 7)/2 \approx 9.506$$

$$q_{23}^1 = q_{31}^0 \times (F_{O3}^0 + F_{D1}^0)/2 = 4.0 \times (1.384\ 6 + 1.403\ 6)/2 \approx 5.576$$

$$q_{32}^1 = q_{32}^0 \times (F_{O3}^0 + F_{D2}^0)/2 = 5.0 \times (1.384\ 6 + 1.806\ 0)/2 \approx 7.977$$

$$q_{33}^1 = q_{33}^0 \times (F_{O3}^0 + F_{D3}^0)/2 = 17.0 \times (1.384\ 6 + 1.366\ 7)/2 \approx 23.386$$

计算后得表 5-10。

表 5-10　第一次迭代计算 OD 表

O \ D	1	2	3	合计
1	23. 648	11. 146	5. 490	40. 285
2	11. 220	68. 552	9. 506	89. 277
3	5. 576	7. 977	23. 386	36. 939
合计	40. 444	87. 675	38. 382	166. 501

③ 重新计算 F_{Oi}^1 和 F_{Dj}^1：

$$F_{O1}^1 = U_1/O_1 = 38.6/40.285 \approx 0.958\,2$$
$$F_{O2}^1 = U_2/O_2 = 91.9/89.277 \approx 1.029\,4$$
$$F_{O3}^1 = U_3/O_3 = 36.0/36.939 \approx 0.974\,6$$
$$F_{D1}^1 = V_1/D_1 = 39.3/40.444 \approx 0.971\,7$$
$$F_{D2}^1 = V_2/D_2 = 90.3/87.675 \approx 1.030\,0$$
$$F_{D3}^1 = V_3/D_3 = 36.9/38.382 \approx 0.961\,4$$

④ 收敛判定：由于 F_{Oi}^1 和 F_{Dj}^1 部分系数大于 3% 的误差，因此需要重新进行迭代。

⑤ 第 2 次近似：$q_{ij}^2 = q_{ij}^1 \times (F_{Oi}^1 + F_{Dj}^1)/2$

$$q_{11}^2 = q_{11}^1 \times (F_{O1}^1 + F_{D1}^1)/2 = 23.648 \times (0.958\,2 + 0.971\,7)/2 \approx 22.819$$
$$q_{12}^2 = q_{12}^1 \times (F_{O1}^1 + F_{D2}^1)/2 = 11.146 \times (0.958\,2 + 1.030\,0)/2 \approx 11.080$$
$$q_{13}^2 = q_{13}^1 \times (F_{O1}^1 + F_{D3}^1)/2 = 5.490 \times (0.958\,2 + 0.961\,4)/2 \approx 5.270\,0$$
$$q_{21}^2 = q_{21}^1 \times (F_{O2}^1 + F_{D1}^1)/2 = 11.220 \times (1.029\,4 + 0.971\,7)/2 \approx 11.226$$
$$q_{22}^2 = q_{22}^1 \times (F_{O2}^1 + F_{D2}^1)/2 = 68.552 \times (1.029\,4 + 1.030\,0)/2 \approx 70.588$$
$$q_{23}^2 = q_{23}^1 \times (F_{O2}^1 + F_{D3}^1)/2 = 9.506 \times (1.029\,4 + 0.961\,4)/2 \approx 9.462$$
$$q_{31}^2 = q_{31}^1 \times (F_{O3}^1 + FF_{D1}^1)/2 = 5.576 \times (0.974\,6 + 0.971\,7)/2 \approx 5.426$$
$$q_{32}^2 = q_{32}^1 \times (F_{O3}^1 + F_{D2}^1)/2 = 7.977 \times (0.974\,6 + 1.030\,0)/2 \approx 7.995$$
$$q_{33}^2 = q_{33}^1 \times (F_{O3}^1 + F_{D3}^1)/2 = 23.386 \times (0.974\,6 + 0.961\,4)/2 \approx 23.638$$

计算后得表 5-11。

表 5-11　第二次迭代计算 OD 表

O \ D	1	2	3	合计
1	22. 819	11. 080	5. 270	39. 169
2	11. 226	70. 585	9. 462	91. 273

续表

O＼D	1	2	3	合计
3	5.426	7.995	22.638	36.058
合计	39.471	89.660	37.370	166.500

⑥ 重新计算 F_{Oi}^2 和 F_{Dj}^2：

$$F_{O1}^2 = U_1/O_1 = 38.6/39.169 \approx 0.985\ 5$$

$$F_{O2}^2 = U_2/O_2 = 91.9/91.273 \approx 1.006\ 9$$

$$F_{O3}^2 = U_3/O_3 = 36.0/36.058 \approx 0.998\ 4$$

$$F_{D1}^2 = V_1/D_1 = 39.3/39.471 \approx 0.995\ 7$$

$$F_{D2}^2 = V_2/D_2 = 90.3/89.660 \approx 1.007\ 1$$

$$F_{D3}^2 = V_3/D_3 = 36.9/37.370 \approx 0.987\ 4$$

⑦ 收敛判定：由于 F_{Oi}^2 和 F_{Dj}^2 的各项系数误差均小于 3%，因此不需要继续迭代。表 5-11 即为平均增长系数法所求得的将来分布交通量。

该方法的优点是公式简明，易于计算；其缺点是收敛慢，迭代次数多，计算精度低。

3）底特律法（Detroit Method）

底特律法：假设 i，j 小区间分布交通量 q_{ij} 的增长系数与 i 小区出行发生量和 j 小区出行吸引量增长系数之积成正比，与出行生成量的增长系数成反比，即

$$f_D(F_{Oi}^m, F_{Dj}^m) = F_{Oi}^m \cdot F_{Dj}^m \cdot \frac{T^m}{X}$$

【例 5-4】试用底特律法求例 5-3 中的将来出行分布交通量。设定收敛标准为 $\varepsilon = 3\%$。

【解】① 求发生交通量增长系数 F_{Oi}^0 和吸引交通量增长系数 F_{Dj}^0：

$$F_{O1}^0 = U_1/O_1 = 38.6/28.0 \approx 1.378\ 6$$

$$F_{O2}^0 = U_2/O_2 = 91.9/51.0 \approx 1.802\ 0$$

$$F_{O3}^0 = U_3/O_3 = 36.0/26.0 \approx 1.384\ 6$$

$$F_{D1}^0 = V_1/D_1 = 39.3/28.0 \approx 1.403\ 6$$

$$F_{D2}^0 = V_2/D_2 = 90.3/50.0 \approx 1.806\ 0$$

$$F_{D3}^0 = V_3/D_3 = 36.9/27.0 \approx 1.366\ 7$$

② 求生成交通量增长系数的倒数：$G^0 = T^0/X$

$$G^0 = T^0/X = 105.0/166.5 \approx 0.630\ 6$$

③ 第 1 次近似：$q_{ij}^1 = q_{ij}^0 \cdot F_{Oi}^0 \cdot F_{Dj}^0 \cdot G^0$

$$q_{11}^1 = q_{11}^0 \cdot F_{O1}^0 \cdot F_{D1}^0 \cdot G^0 = 17.0 \times 1.378\,6 \times 1.403\,6 \times 0.630\,6 \approx 20.743$$

$$q_{12}^1 = q_{12}^0 \cdot F_{O1}^0 \cdot F_{D2}^0 \cdot G^0 = 7.0 \times 1.378\,6 \times 1.806\,0 \times 0.630\,6 \approx 10.990$$

$$q_{13}^1 = q_{13}^0 \cdot F_{O1}^0 \cdot F_{D3}^0 \cdot G^0 = 4.0 \times 1.378\,6 \times 1.366\,7 \times 0.630\,6 \approx 4.753$$

$$q_{21}^1 = q_{21}^0 \cdot F_{O2}^0 \cdot F_{D1}^0 \cdot G^0 = 7.0 \times 1.802\,0 \times 1.403\,6 \times 0.630\,6 \approx 11.165$$

$$q_{22}^1 = q_{22}^0 \cdot F_{O2}^0 \cdot F_{D2}^0 \cdot G^0 = 38.0 \times 1.802\,0 \times 1.806\,0 \times 0.630\,6 \approx 77.985$$

$$q_{23}^1 = q_{23}^0 \cdot F_{O2}^0 \cdot F_{D3}^0 \cdot G^0 = 6.0 \times 1.802\,0 \times 1.366\,7 \times 0.630\,6 \approx 9.318$$

$$q_{31}^1 = q_{31}^0 \cdot F_{O3}^0 \cdot F_{D1}^0 \cdot G^0 = 4.0 \times 1.384\,6 \times 1.403\,6 \times 0.630\,6 \approx 4.902$$

$$q_{32}^1 = q_{32}^0 \cdot F_{O3}^0 \cdot F_{D2}^0 \cdot G^0 = 5.0 \times 1.384\,6 \times 1.806\,0 \times 0.630\,6 \approx 7.884$$

$$q_{33}^1 = q_{33}^0 \cdot F_{O3}^0 \cdot F_{D3}^0 \cdot G^0 = 17.0 \times 1.384\,6 \times 1.366\,7 \times 0.630\,6 \approx 20.286$$

计算后得表5-12。

表5-12　第一次迭代计算OD表

O＼D	1	2	3	合计
1	20.743	10.990	4.753	36.486
2	11.165	77.985	9.318	98.468
3	4.902	7.884	20.286	33.072
合计	36.810	96.859	34.357	168.026

④ 重新计算 F_{Oi}^1 和 F_{Dj}^1：

$$F_{O1}^1 = U_1/O_1 = 38.6/36.486 = 1.057\,9$$

$$F_{O2}^1 = U_2/O_2 = 91.9/98.468 = 0.933\,3$$

$$F_{O3}^1 = U_3/O_3 = 36.0/33.074 = 1.088\,5$$

$$F_{D1}^1 = V_1/D_1 = 39.3/36.810 = 1.067\,6$$

$$F_{D2}^1 = V_2/D_2 = 90.3/96.859 = 0.932\,3$$

$$F_{D3}^1 = V_3/D_3 = 36.9/34.357 = 1.074\,0$$

⑤ 收敛判定：由于 F_{Oi}^1 和 F_{Dj}^1 各项系数均大于3%的误差，因此需要继续迭代。

⑥ 求生成交通量增长系数的倒数 G^1：

$$G^1 = T^1/X = 168.026/166.5 \approx 1.009\,2$$

⑦ 第2次近似： $q_{ij}^2 = q_{ij}^1 \cdot F_{Oi}^1 \cdot F_{Dj}^1 \cdot G^1$

$$q_{11}^2 = q_{11}^1 \cdot F_{O1}^1 \cdot F_{D1}^1 \cdot G^1 = 20.743 \times 1.057\,9 \times 1.067\,6 \times 1.009\,2 \approx 23.643$$

$$q_{12}^2 = q_{12}^1 \cdot F_{O1}^1 \cdot F_{D2}^1 \cdot G^1 = 10.990 \times 1.057\,9 \times 0.932\,3 \times 1.009\,2 \approx 10.939$$

$$q_{13}^2 = q_{13}^1 \cdot F_{O1}^1 \cdot F_{D3}^1 \cdot G^1 = 4.753 \times 1.057\,9 \times 1.074\,0 \times 1.009\,2 \approx 5.450$$

$$q_{21}^2 = q_{21}^1 \cdot F_{O2}^1 \cdot F_{D1}^1 \cdot G^1 = 11.165 \times 0.933\ 3 \times 1.067\ 6 \times 1.009\ 2 \approx 11.227$$

$$q_{22}^2 = q_{22}^1 \cdot F_{O2}^1 \cdot F_{D2}^1 \cdot G^1 = 77.985 \times 0.933\ 3 \times 0.932\ 3 \times 1.009\ 2 \approx 68.480$$

$$q_{23}^2 = q_{23}^1 \cdot F_{O2}^1 \cdot F_{D3}^1 \cdot G^1 = 9.318 \times 0.933\ 3 \times 1.074\ 0 \times 1.009\ 2 \approx 9.426$$

$$q_{31}^2 = q_{31}^1 \cdot F_{O3}^1 \cdot F_{D1}^1 \cdot G^1 = 4.902 \times 1.088\ 5 \times 1.067\ 6 \times 1.009\ 2 \approx 5.749$$

$$q_{32}^2 = q_{32}^1 \cdot F_{O3}^1 \cdot F_{D2}^1 \cdot G^1 = 7.884 \times 1.088\ 5 \times 0.932\ 3 \times 1.009\ 2 \approx 8.074$$

$$q_{33}^2 = q_{33}^1 \cdot F_{O3}^1 \cdot F_{D3}^1 \cdot G^1 = 20.286 \times 1.088\ 5 \times 1.074\ 0 \times 1.009\ 2 \approx 23.934$$

计算后得表 5-13。

表 5-13　第二次迭代计算 OD 表

O\D	1	2	3	合计
1	23.643	10.939	5.450	40.032
2	11.227	68.480	9.426	89.133
3	5.749	8.074	23.934	37.757
合计	40.620	87.490	38.809	166.919

⑧ 重新计算 F_{Oi}^2 和 F_{Dj}^2：

$$F_{O1}^2 = U_1 / O_1 = 38.6 / 40.032 \approx 0.964\ 2$$

$$F_{O2}^2 = U_2 / O_2 = 91.9 / 89.133 \approx 1.031\ 0$$

$$F_{O3}^2 = U_3 / O_3 = 36.0 / 37.757 \approx 0.953\ 5$$

$$F_{D1}^2 = V_1 / D_1 = 39.3 / 40.620 \approx 0.967\ 5$$

$$F_{D2}^2 = V_2 / D_2 = 90.3 / 87.490 \approx 1.032\ 1$$

$$F_{D3}^2 = V_3 / D_3 = 36.9 / 38.809 \approx 0.950\ 8$$

⑨ 收敛判定：由于 F_{Oi}^2 和 F_{Dj}^2 各项系数均大于 3% 的误差，因此需要继续迭代。

⑩ 求生成交通量增长系数的倒数 G^2：

$$G^2 = T^2 / X = 166.919 / 166.5 \approx 1.002\ 5$$

⑪ 第 3 次近似：$q_{ij}^3 = q_{ij}^2 \cdot F_{Oi}^2 \cdot F_{Dj}^2 \cdot G^2$

$$q_{11}^3 = q_{11}^2 \cdot F_{O1}^2 \cdot F_{D1}^2 \cdot G^2 = 23.643 \times 0.964\ 2 \times 0.967\ 5 \times 1.002\ 5 \approx 22.111$$

$$q_{12}^3 = q_{12}^2 \cdot F_{O1}^2 \cdot F_{D2}^2 \cdot G^2 = 10.939 \times 0.964\ 2 \times 1.032\ 0 \times 1.002\ 5 \approx 10.912$$

$$q_{13}^3 = q_{13}^2 \cdot F_{O1}^2 \cdot F_{D3}^2 \cdot G^2 = 5.450 \times 0.964\ 2 \times 0.950\ 8 \times 1.002\ 5 \approx 5.009$$

$$q_{21}^3 = q_{21}^2 \cdot F_{O2}^2 \cdot F_{D1}^2 \cdot G^2 = 11.227 \times 1.031\ 0 \times 0.967\ 5 \times 1.002\ 5 \approx 11.227$$

$$q_{22}^3 = q_{22}^2 \cdot F_{O2}^2 \cdot F_{D2}^2 \cdot G^2 = 68.480 \times 1.031\ 0 \times 1.032\ 1 \times 1.002\ 5 \approx 73.051$$

$$q_{23}^3 = q_{23}^2 \cdot F_{O2}^2 \cdot F_{D3}^2 \cdot G^2 = 9.426 \times 1.031\ 0 \times 0.950\ 8 \times 1.002\ 5 \approx 9.263$$

$$q_{31}^3 = q_{31}^2 \cdot F_{O3}^2 \cdot F_{D1}^2 \cdot G^2 = 5.749 \times 0.953\ 5 \times 0.967\ 5 \times 1.002\ 5 \approx 5.317$$

$$q_{32}^3 = q_{32}^2 \cdot F_{O3}^2 \cdot F_{D2}^2 \cdot G^2 = 8.074 \times 0.953\ 5 \times 1.032\ 1 \times 1.002\ 5 \approx 7.966$$

$$q_{33}^3 = q_{33}^2 \cdot F_{O3}^2 \cdot F_{D3}^2 \cdot G^2 = 23.934 \times 0.953\ 5 \times 0.950\ 8 \times 1.002\ 5 \approx 21.753$$

计算后得表 5-14。

表 5-14 第三次迭代计算 OD 表

O \ D	1	2	3	合计
1	22.111	10.912	5.009	38.032
2	11.227	73.051	9.263	93.541
3	5.317	7.966	21.753	35.036
合计	38.665	91.929	36.025	167.454

⑫ 重新计算 F_{Oi}^2 和 F_{Dj}^2：

$$F_{O1}^3 = U_1 / O_1 = 38.6 / 38.032 \approx 1.014\ 9$$

$$F_{O2}^3 = U_2 / O_2 = 91.9 / 93.541 \approx 0.982\ 5$$

$$F_{O3}^3 = U_3 / O_3 = 36.0 / 35.036 \approx 1.027\ 5$$

$$F_{D1}^3 = V_1 / D_1 = 39.3 / 38.665 \approx 1.016\ 4$$

$$F_{D2}^3 = V_2 / D_2 = 90.3 / 91.929 \approx 0.982\ 3$$

$$F_{D3}^3 = V_3 / D_3 = 36.9 / 36.025 \approx 1.024\ 3$$

⑬ 收敛判定：由于 F_{Oi}^3 和 F_{Dj}^3 各项系数误差均小于 3%，因此不需要继续迭代。因此表 5-14 即为底特律法所求得的将来分布交通量。

底特律法考虑将来年的出行分布不仅与出行的发生吸引增长率有关，还与出行生成量的增长率有关，考虑的因素较平均增长系数方法全面，但同样是收敛速度慢，需要多次迭代才能求得将来年的分布交通量。

4）佛尼斯法（Furness Method）

佛尼斯法：假设 i，j 小区间分布交通量 q_{ij} 的增长系数与 i 小区的发生增长系数和 j 小区的吸引增长系数都有关系。模型公式为：

$$f_{FN}^1(F_{Oi}^m, F_{Dj}^m) = F_{Oi}^m \tag{5-16}$$

$$f_{FN}^2(F_{Oi}^m, F_{Dj}^m) = F_{Dj}^m \tag{5-17}$$

此模型首先令吸引增长系数为 1，求满足条件的发生增长系数，接着用调整后的矩阵重新求满足条件的吸引增长系数，完成一个循环迭代过程；然后重新计算发生增长系数，再用调整后的矩阵求吸引增长系数，经过多次循环，直到发生和吸引交通量增长系数满足设定的收敛标准为止。

【例 5-5】试用佛尼斯法求解例 5-3 中的将来出行分布交通量。设定收敛标准为 $\varepsilon = 3\%$。

【解】（1）进行第一次迭代，令所有 $F_{Dj} = 1$，求满足约束条件的发生增长系数：

$$F_{O1} = U_1/O_1 = 38.6/28.0 \approx 1.378\ 6$$

$$F_{O2} = U_2/O_2 = 91.9/51.0 \approx 1.802\ 0$$

$$F_{O3} = U_3/O_3 = 36.0/26.0 \approx 1.384\ 6$$

由于不满足收敛判定标准，用原矩阵乘以发生增长系数，得到新的分布矩阵如表 5-15 所示。

表 5-15　第一次迭代计算 OD 表

O＼D	1	2	3	合计
1	23.436	9.650	5.514	38.6
2	12.614	68.475	10.812	91.9
3	5.538	6.923	23.538	36.0
合计	41.588	85.048	39.865	166.5

（2）以表 5-15 为基础，进行第二次迭代，先求吸引增长系数：

$$F_{D1} = V_1/D_1 = 39.3/41.588 \approx 0.945\ 0$$

$$F_{D2} = V_2/D_2 = 90.3/85.048 \approx 1.061\ 8$$

$$F_{D3} = V_3/D_3 = 36.9/39.865 \approx 0.925\ 6$$

用表 5-15 所示分布交通量乘以吸引增长系数，得到新的分布交通量如表 5-16 所示。

表 5-16　第二次迭代计算中间 OD 表

O＼D	1	2	3	合计
1	22.146	10.246	5.104	37.496
2	11.920	72.703	10.008	94.631
3	5.234	7.351	21.788	34.373
合计	39.3	90.3	36.9	166.5

由于不满足收敛判定标准，以表 5-16 为基础，求发生增长系数：

$$F_{O1} = U_1/O_1 = 38.6/37.496 \approx 1.029\ 4$$

$$F_{O2} = U_2/O_2 = 91.9/94.631 \approx 0.971\ 1$$

$$F_{O3} = U_3/O_3 = 36.0/34.373 \approx 1.047\ 4$$

用表 5-16 矩阵乘以发生增长系数，得到新的分布矩阵如表 5-17 所示。

表 5-17 第二次迭代计算 OD 表

O＼D	1	2	3	合计
1	22.798	10.547	5.254	38.6
2	11.576	70.605	9.719	91.9
3	5.482	7.699	22.820	36.0
合计	39.856	88.851	37.793	166.5

（3）以表 5-17 为基础，进行第三次迭代，先求吸引增长系数：

$$F_{D1}=V_1/D_1=39.3/39.856\approx0.986\ 1$$

$$F_{D2}=V_2/D_2=90.3/88.851\approx1.016\ 3$$

$$F_{D3}^0=V_3/D_3=36.9/37.793\approx0.976\ 4$$

用表 5-17 所示分布交通量乘以吸引增长系数，得到新的分布交通量如表 5-18 所示。

表 5-18 第三次迭代计算中间 OD 表

O＼D	1	2	3	合计
1	22.480	10.719	5.130	38.330
2	11.414	71.756	9.489	92.660
3	5.405	7.824	22.280	35.510
合计	39.3	90.3	36.9	166.5

以表 5-18 为基础，求发生增长系数：

$$F_{O1}=U_1/O_1=38.6/38.330\approx1.007\ 0$$

$$F_{O2}=U_2/O_2=91.9/92.660\approx0.991\ 8$$

$$F_{O3}=U_3/O_3=36.0/35.510\approx1.013\ 8$$

根据判定标准，第三次迭代过程中的发生增长系数与吸引增长系数均满足设定的收敛标准 3%，停止迭代，表 5-18 即为所求的将来分布交通量。

从上述计算过程可以看出，佛尼斯（Furness）方法计算相对简单，收敛速度相对较快，也适合编程获得预测结果。

5）增长系数法的特点

（1）优点

① 结构简单、使用广泛，不需要交通小区之间的距离和时间。

② 可以适用于小时交通量或日交通量等的预测，也可以获得各种交通目的的 OD 交

通量。

③ 对于变化较小的 OD 表预测非常有效。

④ 预测铁路车站间的 OD 分布非常有效。这时，一般仅增加部分 OD 表，然后将增加部分 OD 表加到现状 OD 表上，求出将来 OD 表。

（2）缺点

① 必须有所有小区的现状 OD 交通量。

② 对象地区发生如下大规模变化时，该方法不适用：将来的交通小区分区发生变化（有新开发区时）；交通小区之间的行驶时间发生变化时；土地利用发生较大变化时。

③ 交通小区之间的交通量值较小时，存在如下问题：若现状交通量为零，那么将来预测值也为零；对于可靠性较低的 OD 交通量，将来的预测误差将被扩大。

④ 因为预测结果因方法的不同而异，所以在选择计算方法时，需要先利用过去的 OD 表预测现状 OD 表，比较预测精度。

⑤ 将来交通量仅用一个增长系数表示缺乏合理性。

2. 重力模型法

重力模型法（Gravity Model）是交通分布预测中最为常用的方法，它根据牛顿的万有引力定律，即两物体间的引力与两物体的质量之积成正比，而与它们之间距离的平方成反比类推而成。

重力模型法考虑了两个交通小区的吸引强度和它们之间的阻力，认为两个交通小区的出行吸引与两个交通小区的出行发生量与吸引量成正比，而与交通小区之间的交通阻抗成反比。在用重力模型进行出行分布预测时，可采用以下几种模型。

1）无约束重力模型

Casey 在 1955 年提出了如下重力模型，该模型也是最早出现的重力模型：

$$q_{ij} = \alpha \frac{P_i P_j}{d_{ij}^2} \tag{5-18}$$

式中：P_i，P_j 分别表示 i 小区和 j 小区的人口；d_{ij} 表示 i，j 小区之间的距离；α 为系数。

此模型为无约束重力模型，模型本身不满足交通守恒约束条件：

$$\sum_j q_{ij} = \alpha P_i \sum_j P_j d_{ij}^{-2} = O_i \tag{5-19}$$

$$\sum_i q_{ij} = \alpha P_j \sum_i P_i d_{ij}^{-2} = D_j \tag{5-20}$$

中的任何一个。

该模型简单地模仿了牛顿的万有引力定律，后来它经过了多次改进，包括用出行总数代替总人口数，将 d_{ij} 的幂扩展为参数 γ（其值一般在 $0.6 \sim 3.5$），更一般地，可以用出行费用函数 $f(c_{ij})$ 来表示。因此，重力模型可表示为：

$$q_{ij} = k O_i^\alpha D_j^\beta f(c_{ij}) \tag{5-21}$$

常见的交通阻抗函数有以下几种形式：

$$\text{幂函数}\ f(c_{ij}) = c_{ij}^{-\gamma} \tag{5-22}$$

$$\text{指数函数}\ f(c_{ij}) = \mathrm{e}^{-c_{ij}} \tag{5-23}$$

$$\text{组合函数}\ f(c_{ij}) = k \cdot c_{ij}^{\gamma} \cdot \mathrm{e}^{-c_{ij}} \tag{5-24}$$

式中：k，γ 为参数。

待定系数 k 和 γ 根据现状 OD 调查资料，利用最小二乘法确定。此时可将模型取对数，使之线性化来求得。

【例 5-6】按例 5-3 中表 5-8 和表 5-9 给出的现状 OD 表和将来发生与吸引交通量，以及表 5-19 和表 5-20 给出的现状和将来行驶时间，试利用重力模型和平均增长系数法，求出将来 OD 表。设定收敛标准为 $\varepsilon = 1\%$。

表 5-19　现状行驶时间

c_{ij}	1	2	3
1	7.0	17.0	22.0
2	17.0	15.0	23.0
3	22.0	23.0	7.0

表 5-20　将来行驶时间

c_{ij}	1	2	3
1	4.0	9.0	11.0
2	9.0	8.0	12.0
3	11.0	12.0	4.0

【解】① 用下面的无约束重力模型：

$$q_{ij} = \alpha \frac{(O_i D_j)^{\beta}}{c_{ij}^{\gamma}} \tag{5-25}$$

两边取对数，得

$$\ln(q_{ij}) = \ln\alpha + \beta\ln(O_i D_j) - \gamma\ln(c_{ij}) \tag{5-26}$$

式中：q_{ij}，$O_i D_j$，c_{ij} 为已知常数；α，β，γ 为待标定参数。

令 $y = \ln(q_{ij})$，$a_0 = \ln\alpha$，$a_1 = \beta$，$a_2 = -\gamma$，$x_1 = \ln(O_i D_j)$，$x_2 = \ln(c_{ij})$，则式（5-26）转换为：

$$y = a_0 + a_1 x_1 + a_2 x_2 \tag{5-27}$$

此方程为二元线性回归方程，a_0，a_1，a_2 为待标定系数，通过表 5-8 和表 5-19 获取 9 个样本数据，如表 5-21 所示。

表 5-21　样本数据

样本点	q_{ij}	O_i	D_j	$O_i \cdot D_j$	c_{ij}	y	x_1	x_2
$i=1$，$j=1$	17	28	28	784	7	2.833 2	6.664 4	1.945 9
$i=1$，$j=2$	7	28	50	1 400	17	1.945 9	7.244 2	2.833 2
$i=1$，$j=3$	4	28	27	756	22	1.386 3	6.628 0	3.091 0
$i=2$，$j=1$	7	51	28	1 428	17	1.945 9	7.264 0	2.833 2

续表

样本点	q_{ij}	O_i	D_j	$O_i \cdot D_j$	c_{ij}	y	x_1	x_2
$i=2$，$j=2$	38	51	50	2 550	15	3. 637 6	7. 843 8	2. 708 1
$i=2$，$j=3$	6	51	27	1 377	23	1. 791 8	7. 227 7	3. 135 5
$i=3$，$j=1$	4	26	28	728	22	1. 386 3	6. 590 3	3. 091 0
$i=3$，$j=2$	5	26	50	1 300	23	1. 609 4	7. 170 1	3. 135 5
$i=3$，$j=3$	17	26	27	702	7	2. 833 2	6. 553 9	1. 945 9

采用最小二乘法对这 9 个样本数据进行标定，得出 $a_0 = -2.084$，$a_1 = 1.173$，$a_2 = -1.455$，则获得的二元线性回归方程为 $y = -2.084 + 1.173x_1 - 1.455x_2$。

通过 $a_0 = \ln\alpha$，$a_1 = \beta$，$a_2 = -\gamma$，可得 $\alpha = 0.124$，$\beta = 1.173$，$\gamma = 1.455$，即标定的重力模型为：

$$q_{ij} = 0.124 \times \frac{(O_i D_j)^{1.173}}{c_{ij}^{1.455}} \tag{5-28}$$

② 利用已标定重力模型求解分布交通量如下：

$$q_{11} = 0.124 \times (38.6 \times 39.3)^{1.173} / 4.0^{1.455} = 88.862$$

$$q_{12} = 0.124 \times (38.6 \times 90.3)^{1.173} / 9.0^{1.455} = 72.458$$

$$q_{13} = 0.124 \times (38.6 \times 36.9)^{1.173} / 11.0^{1.455} = 18.940$$

$$q_{21} = 0.124 \times (91.9 \times 39.3)^{1.173} / 9.0^{1.455} = 75.542$$

$$q_{22} = 0.124 \times (91.9 \times 90.3)^{1.173} / 8.0^{1.455} = 237.912$$

$$q_{23} = 0.124 \times (91.9 \times 36.9)^{1.173} / 12.0^{1.455} = 46.164$$

$$q_{31} = 0.124 \times (36.0 \times 39.3)^{1.173} / 11.0^{1.455} = 18.791$$

$$q_{32} = 0.124 \times (36.0 \times 90.3)^{1.173} / 12.0^{1.455} = 43.932$$

$$q_{33} = 0.124 \times (36.0 \times 36.9)^{1.173} / 4.0^{1.455} = 76.048$$

计算后得表 5-22。

表 5-22　第一次计算得到的 OD 表

O ＼ D	1	2	3	合计
1	88. 862	72. 458	18. 940	180. 260
2	75. 542	237. 912	46. 164	359. 619
3	18. 791	43. 932	76. 048	138. 771
合计	183. 195	354. 302	141. 152	678. 650

③ 重新计算 F_{Oi}^1 和 F_{Dj}^1：

$$F_{O1}^1 = U_1/O_1 = 38.6/180.260 \approx 0.214\ 1$$

$$F_{O2}^1 = U_2/O_2 = 91.9/359.619 \approx 0.255\ 5$$

$$F_{O3}^1 = U_3/O_3 = 36.0/138.771 \approx 0.259\ 4$$

$$F_{D1}^1 = V_1/D_1 = 39.3/183.195 \approx 0.214\ 5$$

$$F_{D2}^1 = V_2/D_2 = 90.3/354.302 \approx 0.254\ 9$$

$$F_{D3}^1 = V_3/D_3 = 36.9/141.152 \approx 0.261\ 4$$

④ 通过无约束重力模型计算得到的 OD 表不满足出行分布的约束条件，因此还要用其他方法继续进行迭代，这里采用平均增长系数法进行迭代计算，计算结果如表 5-23 至表 5-25 所示。

表 5-23　用平均增长系数法第一次迭代计算 OD 表

O＼D	1	2	3	合　计	增长系数
1	19.046	16.992	4.504	40.541	0.952 1
2	17.755	60.717	11.933	90.405	1.016 5
3	4.453	11.297	19.804	35.554	1.012 5
合　计	41.254	89.006	36.241	166.500	
增长系数	0.952 6	1.014 5	1.018 2		

表 5-24　用平均增长系数法第二次迭代计算 OD 表

O＼D	1	2	3	合　计	增长系数
1	18.139	16.708	4.437	39.284	0.982 6
2	17.482	61.661	12.140	91.282	1.006 8
3	4.376	11.450	20.109	35.934	1.001 8
合　计	39.997	89.819	36.686	166.500	
增长系数	0.982 6	1.005 4	1.005 9		

表 5-25　用平均增长系数法第三次迭代计算 OD 表

O＼D	1	2	3	合　计	增长系数
1	17.823	16.684	4.438	38.946	0.991 1
2	17.127	62.318	12.291	91.736	1.001 8

O＼D	1	2	3	合　计	增长系数
3	4. 276	11. 544	20. 310	36. 130	0. 996 4
合　计	39. 226	90. 546	37. 040	166. 812	
增长系数	1. 001 9	0. 997 3	0. 996 2		

（5）第三次迭代之后满足设定的收敛条件 $\varepsilon = 1\%$ ，停止迭代，第三次迭代计算后的 OD 表（见表 5-25）就为最终预测的 OD 表。

2）单约束重力模型

（1）乌尔希斯重力模型

此模型只满足式（5-29），即出行发生约束重力模型，其表达式为：

$$q_{ij} = O_i D_j f(c_{ij}) \Big/ \sum_j D_j f(c_{ij}) \tag{5-29}$$

式中：$f(c_{ij})$ 为交通阻抗函数，常用形式为 $f(c_{ij}) = c_{ij}^{-\gamma}$ ；γ 为待定系数。

以 $f(c_{ij}) = c_{ij}^{-\gamma}$ 为例进行参数标定，待定系数 γ 根据现状 OD 调查资料拟合确定，一般可采用试算法等数值方式，以某一指标作为控制目标，通过用模型计算和实际调查所得指标的误差比较确定。其计算过程是：先假定一个 γ 值，利用现状 OD 统计资料所得的 O_i ，D_j 及 c_{ij} ，代入式（5-29）中进行计算，所得出的计算交通分布称为 GM 分布。GM 分布的平均行程时间采用下式计算：

$$\overline{c'} = \sum_i \sum_j (q_{ij} c_{ij}) \Big/ \sum_i \sum_j q_{ij} \tag{5-30}$$

GM 分布与现状分布的每次运行的平均行程时间之间的相对误差为 $|\overline{c'} - \overline{c}| / \overline{c}$ 。当交通按 GM 分布与按实际分布每次运行的平均相对误差不大于某一限定值（常用 3%）时，计算即可结束；当误差超过限定值时，需改动待定系数 γ ，进行下一轮计算。调整方法为：如果 GM 分布的 $\overline{c'}$ 大于现状分布 $\overline{c}$ ，可增大 γ 值；反之，则减小 γ 值。

（2）美国公路局重力模型（B. P. R. 模型）

$$q_{ij} = O_i D_j f(c_{ij}) K_{ij} \Big/ \sum_j D_j f(c_{ij}) K_{ij} \tag{5-31}$$

式中：K_{ij} 为调整系数，其计算公式为：

$$K_{ij} = (1 - Y_{ij}) \lambda_{ij} / (1 - Y_{ij} \lambda_{ij}) \tag{5-32}$$

式中：λ_{ij} 为 i 小区到 j 小区的实际分布交通量与计算分布交通量之比；Y_{ij} 为 i 小区到 j 小区的实际分布交通量与 i 小区的出行发生量之比。

此模型与乌尔希斯模型相比，引进了交通调整系数 K_{ij} 。计算时，用与乌尔希斯模型相同的方法试算出待定系数 γ ，然后计算 q_{ij} ，最后计算 K_{ij} 。

这两种模型均能满足出行产生约束条件，即 $O_i = \sum_j q_{ij}$，因此都称为单约束重力模型。

用上述两种重力模型进行交通分布预测时，首先是将预测的交通产生量和吸引量以及将来的交通阻抗参数代入模型进行计算。通常计算出的交通吸引量与给定的交通吸引量并不相同，因此需要进行进一步迭代计算。

（3）双约束重力模型

同时满足交通发生和吸引守恒条件的单一参数是不存在的，因此，需要将重力模型修改为如下形式来保证发生和吸引交通量达到守恒条件：

$$q_{ij} = a_i O_i b_j D_j f(c_{ij}) \tag{5-33}$$

$$a_i = \left[\sum_j b_j D_j f(c_{ij}) \right]^{-1}$$

$$b_j = \left[\sum_i a_i O_i f(c_{ij}) \right]^{-1}$$

此模型为双约束重力模型。

以幂指数交通阻抗函数 $f(c_{ij}) = c_{ij}^{-\gamma}$ 为例介绍其计算方法：

步骤1：令 $m = 0$，m 为计算次数。

步骤2：给出 γ（可以用最小二乘法求出）。

步骤3：令 $a_i^m = 1$，求出 $b_j^m (b_j^m = 1/\sum_i a_i^m O_i c_{ij}^{-\gamma})$。

步骤4：求出 $a_i^{m+1} (a_i^{m+1} = 1/\sum_j b_j^m D_j c_{ij}^{-\gamma})$ 和 $b_j^{m+1} (b_j^{m+1} = 1/\sum_i a_i^{m+1} O_i c_{ij}^{-\gamma})$。

步骤5：收敛判定，若式（5-34）满足，则结束计算；反之，令 $m+1 = m$，返回步骤2重新计算。

$$1 - \varepsilon < a_i^{m+1}/a_i^m < 1 + \varepsilon, 1 - \varepsilon < b_i^{m+1}/b_i^m < 1 + \varepsilon \tag{5-34}$$

（4）重力模型的特点

优点：

① 直观上容易理解；

② 能考虑路网的变化和土地利用对人们的出行产生的影响；

③ 特定交通小区之间的 OD 交通量为零时，也能预测；

④ 能比较敏感地反映交通小区之间行驶时间变化的情况。

缺点：

① 模型尽管能考虑到路网的变化和土地利用对出行的影响，但缺乏对人的出行行为的分析，跟实际情况存在一定的偏差；

② 一般地，人们的出行距离分布在全区域并非为定值，而重力模型将其视为定值；

③ 交通小区之间的行驶时间因交通方式和时间段的不同而异，而重力模型使用了同一

时间；

④ 求内内交通量时的行驶时间难以给出；

⑤ 交通小区之间的距离小时，有夸大预测的可能性；

⑥ 利用最小二乘法标定的重力模型计算出的分布交通量必须借助于其他方法进行收敛计算。

5.2.3　交通方式划分

在人们的日常生活中，经过各种交通方式的组合完成一天的工作和生活。因此各种交通方式之间有着很强的相互关系，离开了对这种关系的讨论，交通规划就难于成立。所谓交通方式划分（Modal Split），就是出行者出行时选择交通工具的比例，它以居民出行调查的数据为基础，研究人们出行时的交通方式选择行为，建立模型从而预测基础设施或服务等条件变化时交通方式间交通需求的变化。早期的道路交通规划多采用除交通方式划分以外的三阶段法。然而，现代交通网络是一种立体化的、具有多种交通方式共存的综合性网络，因此交通方式划分已经成为城市交通规划的一个重要环节。

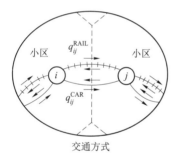

图 5-6　交通方式划分示意图

图 5-6 表示了具有轨道交通和道路两种交通方式时轨道和汽车的交通方式划分示意图。图中，q_{ij}^{RAIL} 表示交通小区 i 和交通小区 j 之间轨道交通的划分交通量，q_{ij}^{CAR} 表示交通小区 i 和交通小区 j 之间汽车的划分交通量，它们之间满足 $q_{ij}=q_{ij}^{RAIL}+q_{ij}^{CAR}$。

交通方式划分模型的建模思路有两种：其一是在假设历史的变化情况在将来会得到延续的前提下，研究交通需求的变化；其二是从城市规划的角度，为了实现所期望的交通方式划分，如何改扩建各种交通设施引导人们的出行，以及如何制定各种交通管理规则等。新交通方式（新型道路运输工具、轨道交通等）的交通需求预测问题属于后者，其难点在于如何量化出行行为选择因素及其具体应用。例如，某一评价因素对新交通方式的影响大，而把它引入到新的交通方式划分模型中的情况。

1. 交通方式选择的影响因素

在城市交通规划中，将人们的步行、自行车都作为一种交通方式分析，因此人们的日常工作、学习和生活的出行，可以认为是交通方式的组合。人们的日常工作和上学等的出行日常性地反复，将会形成出行路径的详细信息，从而形成各自的交通方式选择模式。对这种日常性、定型的出行方式，交通方式划分容易确定。然而，问题是人们并非一成不变地沿用同一种出行模式（Trip Pattern），经常因为某种原因改变其交通工具利用情况。例如，平时利用公共汽车的人们，因为行李、天气、身体等原因改用出租车等。另外，人们到外地出差，由于不熟悉当地的公交线路或不了解业务单位的具体地址，常利用出租车。诸如此类的出行方式为非定型性出行方式。因为没有掌握交通信息而多利用出租车，如果事先有这方面的信息，可能会利用公交车。另外，人们的交通方式选择还与出行的时间相关，过早或过晚的出行，由于公交车不便等原因，多利用出租车。

如上所述，影响交通方式划分的原因有多种，主要有交通特性、个人属性、家庭属性、地区属性和时间属性等。

1) 交通特性

交通特性的影响主要是在一次出行的固有特性中，对交通方式选择影响的部分，主要有以下7点。

① 出行目的：出行目的不同对交通方式选择的影响变化较大的原因，是因为出行目的的不同，对交通方式的服务质量要求不同（例如，上班出行时间最重要，而旅游时舒适性最重要等，同伴的有无、经济情况、出行距离等）。一般而言，在工商业发达国家的城市中心区，由于工作单位和学校停车泊位的限制，上班、上学出行的小汽车利用率低、公共交通方式（含有轨交通）利用率高；业务出行因需要在多客户处停留，所以汽车利用率高、公共交通方式低；自由出行的汽车和出租车利用率高。

② 运行时间和出行距离：时间是影响交通方式选择的最主要的因素之一。在出发地到达目的地之间有几种交通方式时，各自的运行时间影响乘客的选择。在具有混合交通方式时，应该采用所利用交通方式运行时间的叠加值。此外，随着出行距离的增加，人们的出行按照步行、自行车、摩托车、公共汽车、小汽车、有轨交通、飞机的顺序增加。图5-7表示了各种交通方式的合理出行距离。

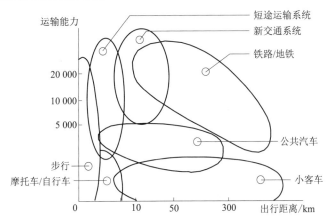

图 5-7 各种交通方式的合理出行距离

③ 费用：与运行时间相同，交通费用也是影响交通方式选择的主要因素之一。一般而言，要减少运行时间，必须付出更高的交通费用。交通费用常与运行时间配对使用而很少作为单独的原因使用。

④ 舒适性：交通方式选择的舒适性，是交通工具中的乘坐率、车中的疲劳、车内拥挤

程度、有无空调等因素的综合概念。正因为如此，舒适性的评价尺度将难于制定，尤其是根据舒适性的交通方式选择，受用户个人感受的影响很大，因此预测将来的舒适性是非常困难的。

⑤ 安全性：不言而喻，安全性是交通方式选择的主要原因之一。可以想象，无论多么好的交通工具，如果它的安全性差，乘客的人身安全得不到保障，不会有人利用它。然而，因为交通事故本身既有的突发性，因此人们在选择交通工具时，明确地考虑安全性的比较少。但可以想象，两轮交通工具因为其稳定性差，将严重影响其安全性指标。目前，在交通方式划分作业中，还没有考虑安全性指标。

⑥ 准时性：在交通方式选择时，到达的准确性对于要求准时出行的交通方式选择的影响很大。人们上班对准时性要求高，选择不受交通阻塞影响的交通方式比例高。在日本，人们选择住宅都愿意选择在地铁或城市铁路沿线，主要原因之一就在于考虑准时性。

⑦ 换乘次数和候车时间：换乘次数增加会导致换乘移动时间和等待时间的增加，从而延长抵达目的地的时间，影响交通方式选择。同时，换乘次数和候车时间的增加还会带来肢体和精神的疲劳。

2) 出行者属性

人是交通方式选择的主体，因此交通方式的选择理所当然因出行者属性的不同而异。出行者属性包括职业、年龄、性别、收入、驾照持有与否、汽车保有量等。

(1) 职业、性别、年龄、收入

人们的职业是多种多样的，职业的不同对交通方式的划分产生敏感影响。

一般而言，业务员、推销员的汽车使用率高。女性较男性的公共交通方式的利用率高。20～40岁的人汽车利用率高，其他年龄段公共汽车利用率高，并且男性比女性的汽车利用率高，收入高的人汽车利用率高。然而，西方工业国的经验表明，随着汽车化的发展，各种职业的人们购买家庭轿车的比例趋于平均化，职业对交通方式选择的影响逐渐减弱。

(2) 家庭属性

出行者来自各自的家庭，因此应该受着家庭的行动约束。于是，人们会自然想到，以个人为基础的规划，不如以家庭为基础的规划更加稳固。家庭属性主要包括家庭支出额的多少、家用轿车的保有、家庭构成、家族数、驾驶人员数、居住结构形式等。通常，家庭支出额越高，家庭轿车的保有率就越高，公共交通方式的利用率减少。

家庭用车保有量的高低，对交通方式的选择带来最大的影响。持有家庭轿车的家庭，轨道交通方式的利用率低，相反，公共交通方式的利用率高。

一般而言，即使家庭轿车的保有率不增加，如果家庭户数增加，因为同乘或接送机会增加，汽车的利用率也会增加。家庭里驾照持有人员数增多时，汽车利用率增高。抚养有老人和幼儿的家庭，因为老人、小孩上医院机会多，汽车利用机会也增多。住宅形式在某种程度上也反映了家庭收入的多少和车库的保有情况。具有私有住房者，汽车保有率高，公共交通方式的选择率则低。

（3）地区特性

地区特性与交通方式选择有着较强的关系，地区特性指标主要包括居住人口密度、人口规模、交通设施水平、地形、气候、停车场和停车费用等。地区内人口密度高，公共交通利用率相对就高；城市规模大，交通设施水平就高，公共汽车利用率变高；山川、河流多，汽车、公共汽车利用率就高；雨天、雪天多的地区，公共交通方式利用率高。

3）出行时间特性

人们的活动是以一天为一个周期的，因此在某一时刻，人们具有类似交通目的的出行集中的倾向。相同性质的出行集中的时间段有：早高峰上班时间段、平时时间段、晚高峰回家时间段。在进行交通规划时，应该根据规划的性质选择合适的时间段。例如，进行交通管理规划时，应选择早、晚高峰时间段。因为时间段的不同，道路的交通阻塞和出行目的也比较集中，当然也应该分析交通方式选择因时间段不同的变化。另外，因平日和公休日的交通目的差异很大，因此交通方式选择特性也就不同。

2. 交通方式选择的程序及预测模型

如前所述，影响交通方式选择的因素很多，人们出行时在这些原因的影响下选定对自己最有利的交通方式，而划分率是人们出行中各种交通方式的利用比例。图 5-9 表示了考虑全部交通方式时的多元选择法（Multi-choice Method）以及通过各阶段的组合考虑两种交通方式时的二元选择法（Binary Choice Method）。

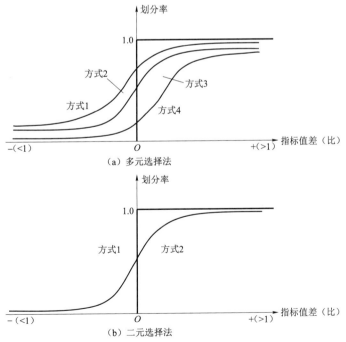

图 5-8　确定选择与概率选择的概率

多元选择法能通过一次计算得到各种交通方式的划分率。但是影响因素多、模型复杂，也未必能准确地描述出行者交通方式选择行为的决定过程，因此多采用二元选择法。图 5-9 表示采用二元选择法时交通方式的组合和阶段顺序。此方法的特点是某阶段划分率的计算与前阶段独立进行。以日本京阪神都市圈为例，最初进行徒步、非机动车与机动车交通方式之间的选择。其次，将机动车交通方式分为家用小客车与公共交通方式。再次，将公共交通方式分为轨道系与公共电汽车、出租车。最后，将公共电汽车、出租车分为公共电汽车与出租车。

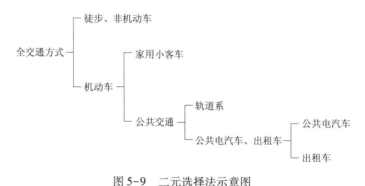

图 5-9　二元选择法示意图

3. 交通方式划分模型

交通方式划分（或分担）模型根据对象地区或交通可分为全域模型、出行端点模型和 Logit 模型等模型。下面对前述模型分别进行介绍。

1）全域模型

全域模型考虑规划对象区域整体的交通方式划分情况，常用于宏观交通规划。由于涉及全地区的划分率预测，故其影响因素当然是与全地区有关的城市规模、人口、土地使用状况、小汽车拥有率、公共交通及道路建设水平等指标。图 5-10 为其一例，其中公共交通方式的利用因子由下式表示：

公交利用因子＝（居民户数／小客车数）×（居住人口／平方英里）÷1 000

2）出行端点模型（Trip-end Model）

在 20 世纪中期，交通规划的目标是预测交通需求的增长，引导交通基础设施建设，从而能够使其满足交通需求的持续增长，而从当今的视角来看这种"预测并满足"的交通规划方法存在很大问题。当时，研究人员认识到个人出行特性是影响人们在出行选择过程中最重要的因素，因而在得到出行生成预测的结果之后紧接着就对出行方式进行建模，以便在预测的过程中能够尽可能多地利用到个人出行特性。而基于该方式建立的交通方式划分模型则被称为出行端点模型。

出行端点模型利用对象区域内交通小区的固有性质说明其划分率，因此便于从交通的角度研究各交通小区的土地使用。此时划分率可从发生端或吸引端考虑，而多数属于发生端出

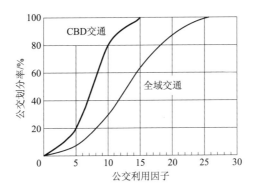

图 5-10 全域模型的交通方式划分率

行端点模型。此外,此模型的划分率不唯一给定,通常根据收入、居住密度、机动车保有情况等进行预测。针对某些实际问题,该模型也有使用衡量出行方便性的可达性(Accessibility Index)指标来表述公共交通的方式划分的影响。

出行端点模型的优点在于如果某些地区有公共交通供给并存在有轻微的交通拥堵时,该模型在进行短期划分率预测时有较高的准确性。但由于该模型无法体现政策变化的影响,因此无法反映出类似公交线路变化、停车政策变化等对交通方式划分率的影响。

3)Logit 模型

离散选择模型根据以下所示的备选交通方式的随机效用函数 $U(k)$(Random Utility Function)决定选择行为。

$$U(k) = V(k) + e(k) \tag{5-35}$$

式中:$V(k)$ 为交通方式 k 的固定效用;$e(k)$ 为随机项。

固定效用可由行驶时间、费用等出行方式的特性,以及年龄、职业等的个人属性表示。假设 $e(k)$ 服从某种概率分布。由于随机效用是个人在选择时所具有的感觉上的评价值,从而有时也称为知觉效用。当随机效用 $U(k)$ 比其他交通方式的随机效用大时,方式 k 被选择,因此,交通方式 k 的选择概率 $p(k)$ 可由下式表示:

$$p(k) = [U(k) > U(j), \forall j(\neq k) \in K] \tag{5-36}$$

Logit 模型假设式(5-36)中效用函数的随机项 $e(k)$ 相互独立,且服从同一的干贝尔(Gambel)分布。用概率变量 x 表示 $e(k)$,θ 作为参数,随机项的分布函数可表示如下:

$$F_e(x) = \exp\{-\theta \exp(-x)\}, (\theta > 0, -\infty < x < \infty) \tag{5-37}$$

代入式(5-36),可推导得到:

$$p(k) = \int_{-\infty}^{\infty} \prod_{j \neq k} \exp\{-\theta \exp[-(V(k) - V(j) + x)]\} \cdot \theta e^{-x} \exp(-\theta e^{-x}) \mathrm{d}x$$

$$= \int_{-\infty}^{\infty} \prod_{j} \exp\{-\theta \exp[-(V(k) - V(j) + x)]\} \theta e^{-x} \mathrm{d}x$$

$$= \int_{-\infty}^{\infty} \exp\left\{ -\theta e^{-x} \sum_j \exp\left[V(j) - V(k) \right] \right\} \theta e^{-x} \mathrm{d}x$$

$$= \frac{e^{V(k)}}{\sum_j e^{V(j)}} \tag{5-38}$$

式（5-38）即为 Logit 模型。

【**例5-7**】在只有公共汽车和家用轿车出行的两区域之间，假设如下 Logit 模型适用，试用表 5-26（1）～表 5-26（6）所示现状数据拟合参数，并利用表 5-26（7）～表 5-26（10）所示将来数据，结合例 5-3 中将来 OD 表计算结果，计算交通方式划分率和交通方式 OD 表。

$$p_{ij}^{\mathrm{BUS}} = \frac{e^{V_{ij}^{\mathrm{BUS}}}}{e^{V_{ij}^{\mathrm{BUS}}} + e^{V_{ij}^{\mathrm{CAR}}}} \tag{5-39}$$

$$p_{ij}^{\mathrm{CAR}} = 1 - p_{ij}^{\mathrm{BUS}} \tag{5-40}$$

$$V_{ij}^{\mathrm{BUS}} = \alpha \cdot t_{ij}^{\mathrm{BUS}} + \beta \cdot c_{ij}^{\mathrm{BUS}} \tag{5-41}$$

$$V_{ij}^{\mathrm{CAR}} = \alpha \cdot t_{ij}^{\mathrm{CAR}} + \beta \cdot c_{ij}^{\mathrm{CAR}} + \gamma \tag{5-42}$$

式中：p_{ij}^{CAR}，p_{ij}^{BUS} 分别为汽车和公共汽车的划分率；t_{ij}^{CAR}，t_{ij}^{BUS} 分别为汽车和公共汽车的行驶时间（min）；c_{ij}^{CAR}，c_{ij}^{BUS} 分别为汽车和公共汽车的费用（元）；α，β，γ 为未知常数。

表 5-26（1）　公共汽车的行驶时间　单位：min

t_{ij}^{BUS}	1	2	3
1	5.0	11.0	13.0
2	10.0	12.0	12.0
3	14.0	16.0	7.0

表 5-26（2）　汽车的行驶时间　单位：min

t_{ij}^{CAR}	1	2	3
1	3.0	8.0	10.0
2	8.0	7.0	11.0
3	10.0	11.0	3.0

表 5-26（3）　公共汽车的票价　单位：元

c_{ij}^{BUS}	1	2	3
1	130	140	180
2	140	130	220
3	180	220	130

表 5-26（4）　汽车的行驶费用　单位：元

c_{ij}^{CAR}	1	2	3
1	21	45	58
2	45	42	60
3	58	60	19

表 5-26（5）　公共汽车的划分率

p_{ij}^{BUS}	1	2	3
1	0.273	0.265	0.253
2	0.282	0.248	0.255
3	0.239	0.192	0.244

表 5-26（6）　汽车的划分率

p_{ij}^{CAR}	1	2	3
1	0.727	0.735	0.747
2	0.718	0.752	0.745
3	0.761	0.808	0.756

表 5-26（7）　公共汽车的行驶时间　单位：min

t_{ij}^{BUS}	1	2	3
1	5.0	11.0	12.0
2	10.0	11.0	13.0
3	12.0	13.0	5.0

表 5-26（8）　汽车的行驶时间　单位：min

t_{ij}^{CAR}	1	2	3
1	3.0	8.0	10.0
2	8.0	7.0	11.0
3	10.0	11.0	3.0

表 5-26（9）　公共汽车的票价　单位：元

c_{ij}^{BUS}	1	2	3
1	160	170	220
2	170	160	280
3	220	280	160

表 5-26（10）　汽车的行驶费用　单位：元

c_{ij}^{CAR}	1	2	3
1	26	56	73
2	56	52	75
3	73	75	24

【解】本例题从简单实用角度展示如何利用 Logit 模型进行集计交通方式划分。

（1）参数拟合

本例题为将 Logit 模型应用于交通方式选择，其选择因素数据为集（统）计数据。这里，由式（5-39）～式（5-42）得如下线性回归方程式：

$$\ln(p_{ij}^{CAR}/p_{ij}^{BUS}) = \alpha(t_{ij}^{CAR}-t_{ij}^{BUS}) + \beta(c_{ij}^{CAR}-c_{ij}^{BUS}) + \gamma$$

对上式代入表 5-26（1）～表 5-26（6）中的数值并利用最小二乘法拟合参数 α、β 和 γ 值如下：

$$\alpha = -0.079\,6\ (-13.173),\ \beta = -0.003\,87\ (-12.200),\ \gamma = 0.390\ (16.449)$$

其中，括号内数据为 t 值，拟合相关系数为 0.98。

（2）将来划分率和交通方式 OD 表

用上步标定后的 Logit 模型和表 5-26（7）～表 5-26（10）中的数据，分别计算公共汽车和汽车的效用，得表 5-26（11）和表 5-26（12）。例如：

$$V_{11}^{BUS} = \alpha \cdot t_{11}^{BUS} + \beta \cdot c_{11}^{BUS} = -0.079\,6 \times 5.0 - 0.003\,87 \times 160 \approx -1.017$$

$$V_{11}^{CAR} = \alpha \cdot t_{11}^{CAR} + \beta \cdot c_{11}^{CAR} + \gamma = -0.079\,6 \times 3.0 - 0.003\,87 \times 26 + 0.390 \approx 0.050\,6$$

其余类推。

表 5-26（11）　公共汽车的效用

V_{ij}^{BUS}	1	2	3
1	-1.017	-1.534	-1.807
2	-1.454	-1.336	-2.118
3	-1.807	-2.118	-1.017

表 5-26（12）　汽车的效用

V_{ij}^{CAR}	1	2	3
1	0.050 6	-0.464	-0.689
2	-0.464	-0.368	-0.776
3	-0.689	-0.776	0.058 3

利用式（5-39）可得表 5-26（13）和表 5-26（14）所示的交通方式划分率。

表 5-26 （13） 公共汽车的划分率

p_{ij}^{BUS}	1	2	3
1	0.255 8	0.255 4	0.246 4
2	0.270 8	0.275 4	0.207 1
3	0.246 4	0.207 1	0.254 4

表 5-26 （14） 汽车的划分率

p_{ij}^{CAR}	1	2	3
1	0.744 2	0.744 6	0.753 6
2	0.729 2	0.724 6	0.792 9
3	0.753 6	0.792 9	0.745 6

进而，将表 5-26 （13） 和表 5-26 （14） 应用于例 5-3 中的将来 OD 表，分别得两种交通方式的 OD 表，如表 5-26 （15） 和表 5-26 （16） 所示。

表 5-26 （15） 公共汽车的 OD 表

q_{ij}^{BUS}	1	2	3	合计
1	5.84	2.83	1.30	9.97
2	3.04	19.44	1.96	24.44
3	1.34	1.66	5.76	8.75
合计	10.22	23.93	9.02	43.16

表 5-26 （16） 汽车的 OD 表

q_{ij}^{CAR}	1	2	3	合计
1	16.98	8.25	3.97	29.20
2	8.19	51.14	7.50	66.83
3	4.09	6.34	16.88	27.31
合计	29.26	65.73	28.35	123.34

这里，进一步分析式（5-42），并将其变形如下：

$$V_{ij}^{CAR} = \beta [(\alpha/\beta) \cdot t_{ij}^{CAR} + c_{ij}^{CAR}] + \gamma$$

式中：α/β 代表时间价值（Time Value），本例中 $\alpha/\beta = (-0.079\,6)/(-0.003\,87) \approx 21$ 元/分；$(\alpha/\beta) \cdot t_{ij}^{CAR} + c_{ij}^{CAR}$ 为一般化交通费用（Generalized Transport Cost）；γ 为汽车的魅力度。

4. 非集计交通划分

传统的交通需求预测，是以交通小区（Zone）为单位的特定集合体，在这一集合体内将出行者的交通出行数据进行集体统计分析（Aggregate Analysis），按照出行的发生与吸引、出行的分布、交通方式划分和交通流分配的 4 个阶段，进行模型化预测。可以说是首先预测总出行数，然后将其按交通小区之间、交通方式之间、路径之间利用某种经验规则计算的方式。因为是将数据按照交通小区统计之后建立预测模型而称之为集计分析。

与此对应，非集计分析（Disaggregate Analysis）是与交通需求预测中的四阶段法集计分析相对应而命名的，又称为非集计行为分析（Disaggregate Behavioral Analysis）或非集计选择分析（Disaggregate Choice Analysis）。非集计分析交通需求预测，表现出行者个人（或家庭）是否出行、出行目的地、采用何种交通方式、选择哪条路径等的形式，从选择可能的被选方案集合中如何选取的问题，将得到的个人行动结果加载到交通小区、交通方式、路径上而进行交通需求预测。在非集计分析时，采用先使用调查的个人行动数据建模，预测时，再统计个人行动结果。

如表 5-27 所示，与集计分析相比，非集计分析在分析的单位、模型预测方法、应用层面、政策体现、数据的效率和说明变量等方面不同。

表 5-27　集计分析与非集计分析的区别

项目　　　类别	集计分析	非集计分析
调查单位	各次出行	各次出行
分析单位	交通小区	个人（或家庭）
因变量	小区统计值（连续量）	个人的选择（离散量）
自变量	各小区的数据	各个人的数据
预测方法	回归分析等	最大似然法
适用范围水平	预测交通小区	任意
政策的体现	交通小区代表值的变化	个人变量值的变化
交通现象的把握方法	出行的发生与吸引　↓　出行分布　↓　交通方式划分　↓　路径分配	出行频率　↓　目的地选择　↓　交通方式选择　↓　路径选择

非集计分析被用于交通需求预测并获得较快发展的原因之一，是交通规划问题多样化、新交通政策不断出台，需要寻求与此相适应的评价分析方法。

国民经济的快速增长引发交通需求，为了迎合快速变化的交通需求而进行大规模的设施建设或改造，需要降低交通规划成本、提高规划效率，同时交通规划还必须考虑包含既有设施的有效利用在内的交通管理问题。非集计分析是在此背景下提出的，该背景正好符合我国目前的经济发展、基础设施建设和交通规划的实际情况。例如，为了缓解道路交通的阻塞状况，制定公交优先方案时，有多少出行者由私人小轿车的利用转为公共电汽车和地铁的利用（即改变交通方式）、该部分出行者属于哪部分群体、方案的效果如何等，此类的分析结果如果在方案实施之前能够获得，将会以比各种传统的交通规划方案更快速、更低廉的成本进行评价。

然而，如前所述，经典的四阶段法是为了评价长期交通设施的建设或改建而开发的方法，将此方法应用于短期交通管理规划的评价将产生模型中的变量数限制和预测作业规模大等问题。

此外，对于四阶段法预测的基础理论不明确，需要根据交通小区的土地利用性质开发不同的预测模型等问题也是促使新分析方法开发的主要原因之一。为了更加科学地分析预测，需要反映"出行者基于什么行为出行、出行思维的决定过程如何"的行为模型。

利用非集计模型的交通需求分析是在适应时代性、技术性要求的背景下研究开发的，引起了交通领域的研究人员、规划人员和交通工程师们的关注，并且获得了快速发展。随着计算机处理能力的提高和从事复杂问题分析条件的改善，以交通方式选择和路径选择为中心的研究已经达到了实用阶段，对经典的集计型方法的发展也起到了促进作用。

5.2.4 交通流分配

交通流分配是交通需求预测的重点和难点内容之一。最优化理论、图论、计算机技术的发展，为交通流分配模型和算法的研究及开发提供了坚实的基础，经过几十年的发展，交通流分配是交通规划诸问题中被国内外学者研究得最深入、取得研究成果最多的部分。本小节主要讲述交通流分配的基本概念、基本原理和基本方法，交通流分配的非平衡分配、平衡分配的模型和算法等内容。

1. 交通流分配的基本概念

自从 20 世纪 50 年代美国对底特律大都市圈、芝加哥都市圈相继进行交通调查与规划的研究，开发了包括交通产生、交通分布、方式划分、交通流分配四阶段的交通需求预测方法，由此开辟了城市交通规划的先河以后，交通规划理论与方法在全世界范围内迅速展开，并得到了快速发展。尤其在交通流分配这一核心技术环节上，诸多理论研究者和交通工程师投入了大量的精力。经过不断的探求和努力，使得交通流分配理论的研究与应用处在了积极的发展进程中。

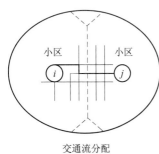

图 5-11 交通流分配示意图

如图 5-11 所示，交通流分配就是将预测得出的交通小区 i 和交通小区 j 之间的分布（或 OD）交通量 q_{ij}，根据已知的道路网描述，按照一定的规则符合实际地分配到路网中的各条道路上去，进而求出路网中各路段 a 的交通流量 x_a。一般的道路网中，两点之间（O 与 D 之间）有很多条道路，如何将 OD 交通量正确合理地分配到 O 与 D 之间的各条道路上，即是交通流分配要解决的问题。

具体而言，交通流分配涉及以下几个方面。

① 将现状 OD 交通量分配到现状交通网络上，以分析目前交通网络的运行状况，如果有某些路段的交通量观测值，还可以将这些观测值与在相应路段的分配结果进行比较，以检验模型的精度。

② 将规划年 OD 交通量预测值分配到现状交通网络上，以发现对规划年的交通需求和现状交通网络的缺陷，为交通网络的规划设计提供依据。

③ 将规划年 OD 交通量预测值分配到规划交通网络上，以评价交通网络规划方案的合理性。

进行交通流分配时所需要的基本数据有以下几个。

① 表示需求的 OD 交通量。在拥挤的城市道路网中通常采用高峰期 OD 交通量。在城市间公路网中通常采用年平均日交通量（AADT）的 OD 交通量。

② 路网的定义。即路段及交叉口特征和属性数据，同时还包括其时间-流量函数。

③ 路径选择原则。就交通流分配的特点来说，交通工具的运行线路可以分为两类，即线路固定类型和线路不固定类型。线路固定类型有公共交通网和轨道交通网，这些是集体旅客运输；线路不固定类型有城市道路网、公路网，这一般是指个体旅客运输或货物运输，这类网络中，车辆是自由选择运行路径的。对于前者，虽然交通工具（如公共汽车）的线路是限定的，但作为个体的旅客来说，如果某两点之间有多条线路或多种交通工具，旅客可以选择不同线路上的交通工具或同一线路上的运行速度或交通费用不同的交通工具。因此，如果将旅客看作交通元的话，这仍然是一个自由选择运行路径的问题，只不过这时路径的意义也更广泛，其中路径选择包含对交通工具的选择。

对于城市道路网来说，需要特别指出以下 3 点。

① 由于道路的主要承载对象是车辆，交通流分配中的出行分布量一般是指机动车，以标准小汽车（Passenger Car Unit，PCU）为单位。交通需求预测的第一步是预测发生量与吸引量，这个预测值一般是以"人"为单位的，经过方式划分，将以人为单位的出行量转化成了以车为单位的出行量。

② 由于公共电汽车是按固定路线行驶的，不能自由选择行驶路径，故交通流分配不包括这部分车辆，交通流分配的对象只是走行线路不固定的机动车辆的分布量。

③ 本章所讨论的分配方法也适用于人员对固定线路的公共交通路径和工具的选择。

2. 交通阻抗

交通阻抗（或者称为路阻）是交通流分配中经常提到的概念，也是一项重要指标，它直接影响到交通流路径的选择和流量的分配。道路阻抗在交通流分配中可以通过路阻函数来描述，所谓路阻函数，是指路段行驶时间与路段交通负荷、交叉口延误与交叉口负荷之间的关系。在具体分配过程中，由路段行驶时间及交叉口延误共同组成出行交通阻抗。

交通网络上的路阻，应包含反映交通时间、交通安全、交通成本、舒适程度、便捷性和准时性等许多因素。根据这些因素建立一个科学严密、解释性强的函数模型是非常困难的。经过大量的理论分析和工程实践，人们得出影响路阻的主要因素是时间，因此交通时间常常被作为计量路阻的主要标准，主要基于以下的原因：

其一，理论研究和实际观测表明，交通时间是出行者所考虑的首要因素，尤其在城市道路交通中；

其二，几乎所有的影响路阻的其他因素都与交通时间密切相关，且呈现出与交通时间相同的变化趋势；

其三，交通时间比其他因素更易于测量，即使有必要考虑到其他因素，也常常是将其转换为时间来度量的。

交通阻抗由两部分组成，即路段上的阻抗和节点处的阻抗。

1）路段阻抗

在诸多交通阻抗因素中，时间因素是最主要的。对于单种交通网络，出行者在进行路径选择时，一般都是以时间最短为目标。有些交通网络，路段上的行驶时间与距离成正比，与路段上的流量无关，如城市轨道交通网。有些交通网络，如公路网、城市道路网，路段上的行驶时间与距离不一定成正比，而与路段上的交通流量有关，此时就选用时间作为阻抗。这类行驶时间与距离、流量的关系比较复杂，这种关系可以广义地表达为：

$$C_a = f(\{V\}) \tag{5-43}$$

即路段 a 上的费用 C_a 不仅仅是路段本身流量的函数，而且是整个路网上流量 V 的函数。这个一般化的公式在城市道路网上是比较多见的，因为交叉口的存在，不同路段上的流量会相互影响。对于公路网而言，由于路段比较长，这一关系可以进一步简化，因为大部分时间是花费在路段上而不是在交叉口上，这时式（5-43）可以写成：

$$C_a = f(V_a) \tag{5-44}$$

即路段的费用只与该路段的流量及其特性相关，这个假定简化了对路段函数的建立和标定，以及交通流分配模型的开发。

对于公路行驶时间函数的研究，既有通过实测数据进行回归分析的，也有进行理论研究的。其中被广泛应用的是由美国道路局（Bureau of Public Road，BPR）开发的函数，被称为 BPR 函数，形式为：

$$t_a = t_0 \left[1 + \alpha (q_a / c_a)^\beta \right] \tag{5-45}$$

式中：t_a 为路段 a 上的阻抗；t_0 为零流阻抗，即路段上为空静状态时车辆自由行驶所需要的时间；q_a 为路段 a 上的交通量；c_a 为路段 a 的实际通过能力，即单位时间内路段实际可通过的车辆数；α、β 为阻滞系数，在美国公路局交通流分配程序中，α、β 参数的取值分别为 $\alpha = 0.15$，$\beta = 4$，也可由实际数据用回归分析求得。

由式（5-45）可知，行驶时间是路段流量的单调递增函数。

从交通流分配的观点出发，理想的路段阻抗函数应该具备下列性质。

① 真实性，用它计算出来的行驶时间应具有足够的真实性。

② 函数应该是单调递增的，流量增大时，行驶时间不应减少。

③ 函数应该是连续可微的。

④ 函数应该允许一定的"超载"，即当流量等于或超过通过能力时，行驶时间不应该为无穷大。当分配给某一路段的交通量大于其通过能力时，该函数应该反馈一个行驶时间，否则一个无穷大的数可能会导致计算机死机。事实上，短时间的超负荷运行实际中的确存在，不一定会产生无限延误。

⑤ 从实际应用的角度出发，阻抗函数应该具有很强的移植性，所以采用工程参数如自由流车速、通过能力等就比使用通过标定而得到的参数要好一些。

2）节点阻抗

节点阻抗是指车辆在交通网络节点处（主要指在交叉口处）的阻抗。交叉口阻抗与交叉口的形式、信号控制系统的配时、交叉口的通过能力等因素有关。在城市交通网络的实际出行时间中，除路段行驶时间外，交叉口延误占有较大的比重，特别是在交通高峰期间，交叉口拥挤阻塞比较严重时，交叉口延误可能会超过路段行驶时间。

在交通工程学中，对信号交叉口的延误有过大量的研究，直接目的是为信号控制交叉口的配时，点控、线控和面控系统的设计以及交叉口通过能力的计算而进行的。节点处的阻抗可分为两类。

① 不分流向类：在某个节点各流向的阻抗基本相同，或者没有明显的规律性的分流向差别。对这类问题比较好处理，用一个统一的值 D_i 表示车辆在节点 i 的延误。

② 分流向类：不同流向的阻抗不同，且一般服从某种规律。城市道路网就是如此，车辆在城市道路的交叉口一般有 3 个流向：直行、左转、右转，所延误的时间差别明显，且一般服从规律：右转<直行<左转。其实，车辆在城市间公路网的节点处也存在同样的延误规律，但是公路网的路段长，车辆在节点处的延误相对于路段上的行驶时间非常小，可以近似视为 0，这样就可以将之归于上述的"不分流向类"对待。但是，城市道路网交叉口密集，相邻交叉口之间的路段往往只有几百米，车辆在交叉口某些流向的延误时间接近甚至超过在路段上的行驶时间，故不可忽略，而且必须分流向计算。

但目前图论等应用数学中很难有较为准确的关于节点方位和路径走向的数学描述，因而在求最短路径的算法中就不能一般地表达不同流向车辆在交叉口的不同延误。因此已有的城市道路交通流分配理论一直忽略节点阻抗问题，通常利用城市间公路上获得的行驶时间 BPR 函数作为城市道路网上的阻抗，只计算路段上的阻抗。

3. 交通平衡问题

1）Wardrop 平衡原理

如果两点之间有很多条道路而这两点之间的交通量又很少的话，行驶车辆显然会沿着最短的道路行走。随着交通量的增加，最短路径上的交通流量也会随之增加。增加到一定程度之后，这条最短路径的行驶时间会因为拥挤或堵塞而变长，最短路径发生变化，行驶车辆将选择新的行驶时间最短的道路。随着两点之间的交通量继续增加，两点之间的所有道路都有可能被利用。

如果所有的道路利用者（驾驶员）都准确知道各条道路所需的行驶时间并选择行驶时间最短的道路，最终两点之间被利用的各条道路的行驶时间会相等，没有被利用的道路的行驶时间更长。这种状态被称为道路网的平衡状态。

在交通流分配组，一个实际路网上一般有很多个 OD 对，每个 OD 对之间的各条路径都是由很多路段组成的，这些路段又可排列组合成无数条不同的路径，这样每个 OD 对间都有多条路径，而且复数个 OD 对之间的路径又互相重叠。由于这些原因，使得实际道路网的平衡远远比上述描述的要复杂。正是由于这种复杂性，人们一直探索能够严密定义这种平衡并能进行数学表示的途径。

1952 年著名学者 Wardrop 提出了交通网络平衡定义的第一原理和第二原理，奠定了交通流分配的基础。

Wardrop 提出的第一原理定义是：在道路的利用者都确切知道网络的交通状态并选择最

短路径时，网络将会达到平衡状态。在考虑拥挤对行驶时间影响的网络中，当网络达到平衡状态时，每个 OD 对的各条被使用的路径具有相等而且最小的行驶时间；没有被使用的路径的行驶时间大于或等于最小行驶时间。

这条定义通常简称为 Wardrop 平衡（Wardrop's Equilibrium），在实际交通流分配中也称为用户平衡（User Equilibrium，UE）或用户最优。容易看出，没有达到平衡状态时，至少会有一些道路利用者将通过变换路线来缩短行驶时间直至平衡。所以说，网络拥挤的存在，是平衡形成的条件。

Wardrop 提出的第二原理定义是：在系统平衡条件下，拥挤的路网上交通流应该按照平均或总的出行成本最小为依据来分配。

Wardrop 第二原理在实际交通流分配中也称为系统最优原理（System Optimum，SO）。

与第一原理相比较，第二原理是一个设计原理。第一原理主要是建立每个道路利用者使其自身出行成本（时间）最小化的行为模型，而第二原理则是旨在使交通流在最小出行成本方向上分配，从而达到出行成本最小的系统平衡。第二个原理作为一个设计原理，是面向交通管理工程师的。一般来说，这两个原理下的平衡结果不会是一样的，但是在实际交通中，人们更期望交通流能够按照 Wardrop 第一原理，即用户平衡的近似解来分配。

换个角度来说，第一原理反映了道路用户选择路线的一种准则。按照第一原理分配出来的结果应该是路网上用户实际路径选择的结果。而第二原理则反映了一种目标，即按照什么样的方式分配是最好的。在实际网络中很难出现第二原理所描述的状态，除非所有的驾驶员互相协作为系统最优化而努力，这在实际中是不太可能的。但第二原理为交通管理人员提供了一种决策方法。

2）平衡和非平衡分配

下面用一个简单的例子来说明交通流分配与平衡的概念。

【例 5-8】设 OD 之间交通量为 $q = 2\,000$ 辆，有两条路径 a 与 b。路径 a 行驶时间短，但是通行能力小；路径 b 行驶时间长，但通行能力大。假设各自的行驶时间（min）与流量的关系是：

$$t_a = 10 + 0.02q_a$$
$$t_b = 15 + 0.005q_b$$

这时需要求路径 a 与 b 上分配的交通量。根据 Wardrop 平衡第一原理的定义，很容易建立下列的方程组：

$$\begin{cases} 10 + 0.02q_a = 15 + 0.005q_b \\ q_a + q_b = q \end{cases}$$

则有：$q_b = 0.8q - 200$

显然，q_b 只有在非负解时才有意义，即 $q \geqslant 200/0.8 = 250$。也就是说，当 OD 交通量小于 250 时，$t_a < t_b$，则 $q_b = 0$，$q_a = q$，所有 OD 都沿着路径 a 走行，当 OD 交通量大于 250 时，两条路径上都有一定数量的车辆行驶。当 $q = 2\,000$ 时，平衡流量为 $q_a = 600$，$q_b = 1\,400$，$t_a =$

$t_b = 22$，即平衡时两条路径的行驶时间均为 22 min。

用相同的思路可以求解 Wardrop 平衡下所有 OD 对间各条路径的分配流量。但是问题在于除了示例这种非常简单的情形下，用代数方法求平衡解是不可能的，需要研究其他的方法。

由于问题的复杂性，从 1952 年 Wardrop 提出道路网平衡的概念和定义之后，如何求解 Wardrop 平衡成了研究者的重要课题。1956 年，Beckmann 等提出了描述平衡交通流分配的一个数学规划模型。20 年之后，即到 1975 年才由 LeBlanc 等学者设计出了求解 Beckmann 模型的算法（将 Frank-Wolfe 算法用于求解该模型），从而形成了现在的实用解法。Wardrop 原理—Beckmann 模型—LeBlanc 算法这些突破是交通流分配问题研究的重大进步，也是现在交通流分配问题的基础。

目前，在交通流分配理论中，以 Wardrop 第一原理为基本指导思想的分配方法比较多。国际上通常将交通流分配方法分为平衡分配和非平衡分配两大类。对于完全满足 Wardrop 原理定义的平衡状态，则称为平衡分配方法；对于采用启发式方法或其他近似方法的分配模型，则称为非平衡分配方法。

4. 非平衡交通流分配模型

非平衡分配方法按其分配方式可分为变化路阻和固定路阻两类，按分配形态可分为单路径与多路径两类，概括起来如表 5-28 所示。

表 5-28 非平衡分配模型分类

分配方式＼分配形态	固定路阻	变化路阻
单路径	全有全无方法	容量限制方法
多路径	静态多路径方法	容量限制多路径方法

1）全有全无分配方法

全有全无分配方法（All-or-Nothing Assignment Method，0-1 分配法）是最简单的分配方法，该方法不考虑路网的拥挤效应，取路阻为常数，即假设车辆的路段行驶速度、交叉口延误不受路段、交叉口交通负荷的影响。每一个 OD 点对的交通 OD 交通量被全部分配在连接 OD 点对的最短路径上，其他路径上分配不到交通量。

全有全无方法的分配算法是最简单、最基本的路径选择和分配方法，在美国芝加哥城交通规划中，首次获得应用。

其优点是计算相当简便，分配只需一次完成，其不足之处是出行量分布不均匀，出行量全部集中在最短路径上。显然，这是与实际交通情况不符合的，因为当最短路径上车流逐渐增加时，它的路阻会随之而增大，意味着这条路有可能不再是最短路径，车流会转移到其他可行路径上。

全有全无分配法的算法思想和计算步骤如下。

（1）算法思想

将 OD 交通量 T 加载到路网的最短路径上，从而得到路网中各路段流量的过程。

（2）计算步骤

步骤0：初始化，使路网中所有路段的流量为0，并求出各路段自由流状态时的阻抗。

步骤1：计算路网中每个出发地 O 到每个目的地 D 的最短路径。

步骤2：将 O、D 间的 OD 交通量全部分配到相应的最短路径上。

由于全有全无分配法不能反映拥挤效果，主要是用于某些非拥挤路网，该分配法用于没有通行能力限制的网络交通流分配的情况。因此，建议使用范围是：在城际之间道路通行能力不受限制的地区可以采用；一般城市道路网的交通流分配不宜采用该方法。在实际中由于其简单实用的特性，一般作为其他各种分配技术的基础，在增量分配法和平衡分配法等方法中反复使用。

2）增量分配法

增量分配法（Incremental Assignment Method，IA 分配法）是一种近似的平衡分配方法。该方法是在全有全无分配方法的基础上，考虑了路段交通流量对阻抗的影响，进而根据道路阻抗的变化来调整路网交通量的分配，是一种"变化路阻"的交通量分配方法。

采用增量分配方式，首先需先将 OD 表分解成 N 个分表（N 个分层），然后分 N 次使用最短路分配方法，每次分配一个 OD 分表，并且每分配一次，路阻就根据路阻函数修正一次，直到把 N 个 OD 分表全部分配到路网上。

（1）算法思想

将 OD 交通量分成若干份（等分或不等分）；循环地分配每一份的 OD 交通量到网络中；每次循环分配一份 OD 交通量到相应的最短路径上；每次循环均计算、更新各路段的行驶时间，然后按更新后的行驶时间重新计算最短路径；下一循环中按更新后的最短路径分配下一份 OD 交通量。

（2）计算步骤

步骤0：初始化。以适当的形式分割 OD 交通量，即 $t^{rsn} = \alpha_n t^{rs}$。令 $n=1$，$x_{ij}^0 = 0$。

步骤1：计算、更新路段费用 $c_{ij}^n = c_{ij}(x_{ij}^{n-1})$。

步骤2：用全有全无分配法将第 n 个分割 OD 交通量 t^{rsn} 分配到最短经路上。

步骤3：如果 $n=N$，则结束计算；反之，令 $n=n+1$ 返回步骤1。

这里，N 为分割次数；n 为循环次数。

分析算法步骤可以看出，增量分配法的复杂程度和结果的精确性都介于全有全无分配法和后述的平衡分配法之间；当分割数 $N=1$ 时，便是全有全无分配方法，当 N 趋向于无穷大时，该方法趋向于平衡分配法的结果。

该方法的优点是：简单可行，精确度可以根据分割数 N 的大小来调整；实践中经常被采用，且有比较成熟的商业软件可供使用。缺点是：与平衡分配法相比，仍然是一种近似方法；当路阻函数不是很敏感时，会将过多的交通量分配到某些通行能力很小的路段上。

【例5-9】设图5-12所示交通网络的OD交通量为$t = 200$辆，各路径的交通费用函数分别为：

$$c_1 = 5 + 0.10h_1, c_2 = 10 + 0.025h_2, c_3 = 15 + 0.025h_3$$

试用全有全无分配法、增量分配法法求出分配结果，并进行比较。

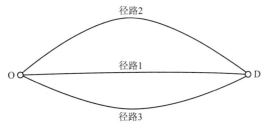

图5-12　三条路交通网络

【解】

全有全无分配法：由路段费用函数可知，在路段交通量为零时，路径1最短。根据全有全无原则，交通量全部分配到路径1上，得到以下结果：

$$h_1 = 200, h_2 = h_3 = 0, c_1 = 5 + 0.10 \times 200 = 25, c_2 = 10, c_3 = 15$$

因为c_2，$c_3 < c_1 = 25$，根据Wardrop原理，网络没有达到平衡状态，没有得到平衡解。

此时路网总费用为：

$$Z = (5 + 0.10h_1)h_1 + (10 + 0.025h_2)h_2 + (15 + 0.025h_3)h_3 = 5\ 000$$

增量分配法：采用2等分。

① 第1次分配，与全有全无分配法相同，路径1最短。

$$h_1 = 100, h_2 = h_3 = 0, c_1 = 5 + 0.10 \times 100 = 15, c_2 = 10, c_3 = 15$$

② 第2次分配，此时最短路径变为路径2。

$$h_1 = 100, h_2 = 100, h_3 = 0, c_1 = 5 + 0.10 \times 100 = 15, c_2 = 10 + 0.025 \times 100 = 12.5, c_3 = 15$$

这时，根据Wardrop原理，各条路径的费用接近相等，路网接近平衡状态，结果接近于平衡解。此时路网总费用为：

$$\begin{aligned} Z &= (5 + 0.10h_1)h_1 + (10 + 0.025h_2)h_2 + (15 + 0.025h_3)h_3 \\ &= 15 \times 100 + 12.5 \times 100 = 2\ 750 \end{aligned}$$

5. 平衡交通流分配模型

1）用户平衡分配模型

1952年Wardrop提出用户平衡分配原理之后，曾经在很长一段时间内没有一种严格的模型可求出满足这种平衡准则的交通流分配方法，这也自然成了交通流分配研究者的重要课题。1956年Beckmann等学者提出了一种满足Wardrop准则的数学规划模型。正是这一数学规划模型，奠定了交通流分配问题的理论基础。后来的一些分配模型，如弹性需求分配模型、组合分配模型等都是在 Beckmann 模型的基础上扩展得到的。

本节主要介绍 Beckmann 交通平衡分配的数学模型。

（1）模型中所用变量和参数

x_a——路段 a 上的交通流量；

t_a——路段 a 的交通阻抗，也称为行驶时间；

$t_a(x_a)$——路段 a 以流量 x_a 为自变量的阻抗函数，也称为行驶时间函数；

f_k^{rs}——出发地为 r，目的地为 s 的 OD 间的第 k 条路径上的流量；

c_k^{rs}——出发地为 r，目的地为 s 的 OD 间的第 k 条路径的阻抗；

u_{rs}——出发地为 r，目的地为 s 的 OD 间的最短路径的阻抗；

$\delta_{a,k}^{rs}$——路段-路径相关变量，即 0-1 变量。如果路段 a 属于从出发地为 r、目的地为 s 的 OD 间的第 k 条路径，则 $\delta_{a,k}^{rs}=1$，否则 $\delta_{a,k}^{rs}=0$。

N——网络中节点的集合；

L——网络中路段的集合；

R——网络中出发地的集合；

S——网络中目的地的集合；

W_{rs}——出发地 r 和目的地 s 之间的所有路径的集合；

q_{rs}——出发地 r 和目的地 s 之间的 OD 交通量。

此时，如果用数学语言直接表达 Wardrop 用户平衡准则，则可以描述为：当交通网络达到平衡时，若有 $f_k^{rs}>0$，必有 $\sum_a t_a(x_a)\delta_{a,k}^{rs}=u_{rs}$，说明如果从 r 到 s 有两条及其以上的路径被选中，那么它们的行驶时间相等；若有 $f_k^{rs}=0$，必有 $\sum_a t_a(x_a)\delta_{a,k}^{rs}\geqslant u_{rs}$，说明如果某条从 r 到 s 的路径流量等于零，那么该路径的行驶时间一定超过被选中的路径的行驶时间。

（2）模型基本约束条件的分析

首先，平衡分配过程中应该满足交通流守恒的条件，即 OD 间各条路径上的交通量之和应等于 OD 交通总量。根据上述定义的变量和参数，用公式可以表示为：

$$\sum_{k \in W_{rs}} f_k^{rs} = q_{rs} \qquad \forall r,s \qquad (5-46)$$

其次，路径交通量 f_k^{rs} 和路段交通量 x_a 之间应该满足如下的条件，即路段上的流量应该是由各个 (r,s) 对的途径的流量累加而成，公式表示为：

$$x_a = \sum_r \sum_s \sum_k f_k^{rs} \delta_{a,k}^{rs} \qquad (5-47)$$

其中，$\forall a \in L$，$\forall r \in R$，$\forall s \in S$，$\forall k \in W_{rs}$。

同时，路径的总阻抗和路段的阻抗之间应该满足如下的条件，即路径的阻抗应该是该路径的各个路段的阻抗的累加，公式表示为：

$$c_k^{rs} = \sum_a t_a(x_a)\delta_{a,k}^{rs} \tag{5-48}$$

其中，$\forall a \in L$，$\forall r \in R$，$\forall s \in S$，$\forall k \in W_{rs}$。

最后，路径流量应该满足非负约束，即 $f_k^{rs} \geqslant 0$，$\forall k$，r，s。

（3）Beckmann 交通平衡分配模型

Beckmann 把上述条件作为基本约束条件，用取目标函数极小值的方法来求解平衡分配问题，提出的交通平衡分配模型如下：

$$\min Z(X) = \sum_a \int_0^{x_a} t_a(\omega)\,d\omega$$

$$\text{s. t.} \begin{cases} \sum_k f_k^{rs} = q_{rs} \\ f_k^{rs} \geqslant 0 \end{cases} \tag{5-49}$$

其中，$x_a = \sum_r \sum_s \sum_k f_k^{rs}\delta_{a,\ k}^{rs}$。

分析上述的模型，可以看到模型的目标函数是对各路段的行驶时间函数积分求和之后取最小值，很难对它做出直观的物理解释，一般认为它只是一种数学手段，借助于它来解平衡分配问题。

然而，确实可以通过数学推导证明该模型与 Wardrop 用户平衡原理是一致的。下面通过一个简单的例子，说明 Beckmann 模型的解就是交通流分配达到平衡状态时的解，然后从数学上证明该模型的解满足 Wardrop 用户平衡原理。

【例 5-10】如图 5-13 所示，一个有两条路径（同时也是路段）、连接一个出发地和一个目的地的简单交通网络，两个路段的阻抗函数分别是：

$$t_1 = 2 + x_1, t_2 = 1 + 2x_2$$

OD 间的交通量为 $q = 5$，分别求该网络的 Beckmann 模型的解和平衡状态的解。

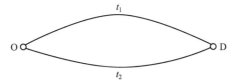

图 5-13 双路径虚拟路网

【解】先求 Beckmann 模型的解。将阻抗函数代入模型，得：

$$\min Z(X) = \int_0^{x_1}(2+\omega)\,d\omega + \int_0^{x_2}(1+2\omega)\,d\omega$$

$$\text{s. t.} \begin{cases} x_1 + x_2 = 5 \\ x_1, x_2 \geqslant 0 \end{cases}$$

将 $x_2 = 5 - x_1$ 代入目标函数并进行积分，转换为无约束的极小值问题：

$$minZ(X) = 1.5x_1^2 - 9x_1 + 30$$

令 $dZ/dx_1 = 0$，解得 $x_1 = 3$，$x_2 = 2$。

下面求平衡状态的解，根据 Wardrop 用户平衡原理，网络达到平衡时应有：$t_1 = t_2$ 和 $x_1 + x_2 = 5$。联立求解方程组，很容易求得 $x_1 = 3$，$x_2 = 2$，此时，$t_1 = t_2 = 5$。

可见，对于该路网，Beckmann 模型的解和平衡状态的解完全相同。

（4）用户平衡分配模型求解

Beckmann 在 1956 年提出的上述数学规划模型沉睡了 20 年之后，即直到 1975 年才由 LeBlanc 等学者将 Frank-Wolfe 算法用于求解 Beckmann 模型，最终形成了目前广泛应用的一种解法，通常称为 F-W 解法。

Beckmann 模型是一个非线性规划模型，而对非线性规划模型即使现在也没有普遍通用的解法，只是对某些特殊的模型才有可靠的解法，Beckmann 模型就是一种特殊的非线性规划模型。

F-W 方法的前提是模型的约束条件必须都是线性的。该方法是用线性规划逐步逼近非线性规划的方法，它是一种迭代法。在每步迭代中，先找到目标函数的一个最速下降方向，然后再找到一个最优步长，在最速下降方向上截取最优步长得到下一步迭代的起点，重复迭代直到找到最优解为止。概括而言，该方法的基本思路就是根据一个线性规划的最优解而确定下一步的迭代方向，然后根据目标函数的一维极值问题求最优迭代步长。

平衡分配模型的求解方法可以归纳如下。

步骤 1：初始化。按照 $t_a^0 = t_a(0)$，$\forall a$，进行 0-1 交通流分配，得到各路段的流量 $\{x_a^1\}$，$\forall a$；令 $n = 1$。

步骤 2：更新各路段的阻抗，$t_a^n = t_a(x_a^n)$，$\forall a$。

步骤 3：寻找下一步迭代方向，按照更新后的 $\{t_a^n\}$，$\forall a$，再进行一次 0-1 交通流分配，得到一组附加流量 $\{y_a^n\}$。

步骤 4：确定迭代步长，用二分法求满足下式的 λ。

$$\sum_a (y_a^n - x_a^n) t_a [x_a^n + \lambda(y_a^n - x_a^n)] = 0$$

步骤 5：确定新的迭代起点，$x_a^{n+1} = x_a^n + \lambda(y_a^n - x_a^n)$。

步骤 6：收敛性检验。如果满足：

$$\frac{\sqrt{\sum_a (x_a^{n+1} - x_a^n)^2}}{\sum_a x_a^n} < \varepsilon$$

其中，ε 是预先给定的误差限值，则 $\{x_a^{n+1}\}$ 就是要求的平衡解，计算结束；否则，令 $n = n+1$，返回步骤 2。

F-W 平衡分配算法问世后，使得大规模网络的交通流分配问题的计算成为可能，因此作为实用性交通流分配方法获得了快速发展。美国和日本从 20 世纪末开始，实际的规模城市交通网络的交通需求预测中已经比较普遍使用，政府主管部门建议在道路网交通需求预测项目中使用平衡分配算法。

上面介绍了平衡分配的各种模型和方法，尽管平衡分配方法较多，但绝大部分模型都可归结为一个维数较大的凸规划问题或非线性规划问题。理论上讲，平衡分配模型结构严谨，思路明确，值得深入研究。

2）系统最优平衡分配模型

本节前面介绍的 Beckmann 模型和解法都是建立在 Wardrop 第一原理，即用户平衡原理的基础上的，因此称为用户最优（UE）。Wardrop 还同时提出了第二原理，即系统最优分配问题。系统最优分配（System Optimum Assignment）的定义是：在拥挤的网络中，交通量应该按照使得路网中总阻抗即总行驶时间最小的原则进行分配。

从一定意义上来讲，第一原理更能真实地反映交通网络中用户的实际选择出行路径的行为，基于第一原理的 Beckmann 模型和其 F-W 算法得出的结果也更能符合交通网络的实际分配结果；而第二原理反映的则是交通系统管理者的主观愿望，一般情况下它与交通网络的实际分配情况存在差异，但是它可以作为对系统评价的指标，为管理者提供一种决策依据。从此种意义上说，第二原理是道路系统管理者所希望的分配原则，尤其在智能交通系统获得广泛应用之后。

系统最优原理比较容易用数学模型来表述，其目标函数是网络中所有用户总的阻抗最小，约束条件和用户平衡分配模型一样。因此，系统最优分配模型是：

$$\min \widetilde{Z}(X) = \sum_a x_a t_a(x_a)$$

$$\text{s. t.} \begin{cases} \sum_k f_k^{rs} = q_{rs} \\ f_k^{rs} \geqslant 0 \end{cases}$$

$$x_a = \sum_r \sum_s \sum_k f_k^{rs} \delta_{a,k}^{rs} \tag{5-50}$$

总结而言，该模型称为系统最优模型，简写作 SO（System Optimization）。相应地，Beckmann 模型称为用户最优（平衡）模型，简写作 UE（User Equilibrium）。

3）系统最优分配与用户平衡分配的关系

下面分析系统最优模型 SO 与用户最优模型 UE 之间的关系。对阻抗函数进行变换，令：

$$\widetilde{t}_a(x_a) = t_a(x_a) + x_a \frac{\mathrm{d}t_a(x_a)}{\mathrm{d}x_a} \tag{5-51}$$

则：

$$\int_0^{x_a} \widetilde{t}_a(\omega)\,\mathrm{d}\omega = \int_0^{x_a} \left[t_a(\omega) + \omega \frac{\mathrm{d}t_a(\omega)}{\mathrm{d}\omega} \right]\mathrm{d}\omega = \int_0^{x_a} \left[t_a(\omega)\,\mathrm{d}\omega + \omega \mathrm{d}t_a(\omega) \right]$$

$$= \int_0^{x_a} \mathrm{d}[t_a(\omega)\omega] = x_a t_a(x_a) \tag{5-52}$$

因此，如果用 $\tau_a(x_a)$ 作为阻抗函数，则此时用户最优分配模型完全可以转换为系统最优分配模型，所以进行该阻抗函数下的用户最优分配，得到的解就是系统最优分配的解。也就是说，对阻抗函数进行变换后，可以按照用户最优模型的算法来求解系统最优模型。

5.3 城市交通需求预测的新方法

本章 5.2 节主要讲述了交通需求预测经典四阶段法的基本模型与算法，这些方法在范围比较大的区域制定长期的宏观性交通规划时发挥着重要作用。然而，由于模型本身的局限性和交通管理规划的需要，除这些常用方法之外，人们还研究开发了其他许多交通需求预测的新方法，这些方法也在实践中得到了较为广泛的应用。

例如，在现实中 OD 交通量的大小可能会受网络运行情况的影响。在交通堵塞严重时，有些道路利用者可能会放弃自己开车而乘坐地铁，有些可能会改变自己的出行目的地，有些甚至会取消原计划的出行。因而，在交通流分配中将 OD 交通量看成已知常量、采用固定需求的平衡分配模型是不恰当的。而且人们普遍认为，传统的分割交通产生、交通分布、交通方式选择和交通流分配的四阶段预测法有很大的局限性。为了更准确地预测路网交通量，需要向一体化预测方法发展。为此，许多学者研究和应用了将交通方式选择和交通流分配相结合以及交通分布和交通流分配相结合的组合模型，甚至还有同时考虑交通方式选择、交通分布和交通流分配的组合模型。此外，传统的四阶段交通流分配方法再进行交通流分配时，流量被加载到网络的某条路径上之后，则一瞬间就同时存在于该路径的所有路段上了，而不是由第一个路段一步步随时间推进到终点。为了更为准确地对交通流在时间和空间上的分布进行刻画，交通领域的诸多学者在静态交通流分配的基础上又开发出了动态交通流分配的方法。

此外还可以列举许多交通需求预测的新模型，但由于篇幅有限，本章仅对弹性需求模型、方式划分和交通流分配的组合模型，以及动态交通流分配模型进行介绍。

5.3.1 弹性需求模型

所谓弹性需求，就是 OD 交通量随道路的交通情况发生变化，这时 OD 交通量 q_{rs} 可假定成 r 与 s 之间行驶时间的函数，即

$$q_{rs} = D_{rs}(u_{rs}) \qquad \forall r, s \tag{5-53}$$

式中：u_{rs} 为 r 与 s 之间的最短行驶时间；$D_{rs}(*)$ 为 r 与 s 之间的需求函数。

显然，D_{rs} 应该是随从 r 至 s 行驶时间变化而变化的单调递减函数并且有上限，比如说它不会超过 r 区的人口数。

考虑这种可变需求的分配问题称为弹性需求分配问题。求一组满足 Wardrop 平衡原理的

路段交通量和 OD 交通量，同时 OD 交通量也满足需求函数的问题则是弹性需求下的平衡分配问题。

该问题可表达为下列模型：

$$\min Z(x,q) = \sum_a \int_0^{x_a} t_a(\omega)\,\mathrm{d}\omega - \sum_{rs} \int_0^{q_{rs}} D_{rs}^{-1}(\omega)\,\mathrm{d}\omega$$

$$\text{s. t.}\begin{cases} \sum_k f_k^{rs} = q_{rs} & r,s \\[2mm] f_k^{rs} \geqslant 0 & \forall\, k,r,s \\[2mm] q_{rs} \geqslant 0 & \forall\, r,s \\[2mm] x_a = \sum_r \sum_s \sum_k f_k^{rs} \delta_{a,k}^{rs} & \forall\, a \end{cases} \tag{5-54}$$

模型中 D_{rs}^{-1} 是需求函数的反函数。模型的约束条件和所采用的变量基本上与 UE 模型中一致，主要的差别是目标函数和新变量 q_{rs}。

可以证明，上述模型的解是弹性需求下平衡问题的解。下面通过一个简单的例子来说明这一点。

【例 5-11】 图 5-14 所示网络中只有一条道路。设该道路的行驶时间函数（阻抗函数）为 $t = 1+x$（x 是道路上的交通流量），OD 需求函数为 $x = 5-t$。求该网络的平衡解。

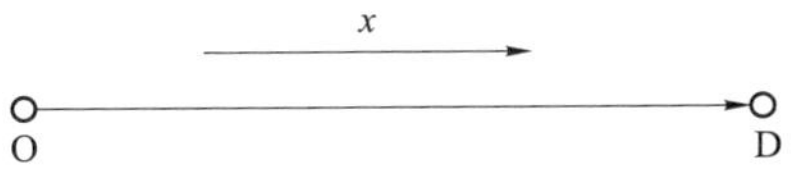

图 5-14　例题虚拟网络示意图

【解】 首先根据平衡解的概念求解该问题。由平衡交通流的定义知，行驶时间函数和需求函数构成的联立方程组：

$$\begin{cases} t = 1+x \\ x = 5-t \end{cases}$$

求解发现解 $x = 2$，$t = 3$ 即是平衡解。

现通过模型求解。由于需求函数的反函数为 $t = 5-x$，所以目标函数为

$$\min Z(x) = \int_0^x (1+\omega)\,\mathrm{d}\omega - \int_0^x (5-\omega)\,\mathrm{d}\omega$$

令 $\dfrac{\mathrm{d}Z}{\mathrm{d}x} = 0$，得 $2x-4 = 0$，于是 $x = 2$，而 $t = 3$。

由此可见，根据式（5-54）所示模型求得的解是平衡解。

对于该模型的求解，由于它与 5.2 节中的 UE 模型有许多相似之处，所以求解的方法和步骤也与后者基本相同，即采用迭代法。在每次迭代中，采用一次全有全无分配决定下一步的迭代方向（可行下降方向），然后再根据目标函数在此方向的极小化确定迭代步长。但在

该模型中，由于 OD 交通量也是变量，故在求解时，每次迭代中也要根据 OD 对之间的行驶时间调整 OD 交通量。如前所述，需求函数总是有上限的，设 rs 间的 OD 交通量的上限为 $\bar{q}_{rs}$。另外，设在第 n 步迭代中得到的附加 OD 交通量为 v_{rs}^n，以区别于其他解法。我们把这种直接基于路网、利用凸组合算法（或称可行下降算法）求解模型的算法称为直接法。直接法的计算步骤可归纳如下。

步骤 0：初始化。设置一组初始可行的路段交通量 $\{x_a^1\}$ 和 OD 交通量 $\{q_{rs}^1\}$，令 $n=1$。例如，可以根据 OD 交通量的上限 $\{\bar{q}_{rs}\}$ 确定 $\{q_{rs}^1\}$，然后根据 $\{q_{rs}^1\}$ 和 $\{t_a(0)\}$ 进行全有全无分配得到 $\{x_a^1\}$。

步骤 1：更新行驶时间。计算 $t_a^n=t_a(x_a^n)$，$\forall a \in A$；$D_{rs}^{-1}(q_{rs}^n)$，$\forall r, s$。

步骤 2：寻找下降方向。根据 $\{t_a^n\}$ 计算所有 rs 间的最短路径和最小行驶时间 $\{u_{rs}^n\}$，确定附加 OD 交通量 $\{v_{rs}^n\}$ 和附加路段交通量 $\{y_a^n\}$：若 $u_{rs}^n \leq D_{rs}^{-1}(q_{rs}^n)$，则 $v_{rs}^n=\bar{q}_{rs}$；若 $u_{rs}^n > D_{rs}^{-1}(q_{rs}^n)$，则 $v_{rs}^n=0$，$\forall r, s$。将 $\{v_{rs}^n\}$ 加载到所有最短路径上，得到 $\{y_a^n\}$。

步骤 3：求最优步长。解一维极值问题：

$$\min_{0 \leq \alpha \leq 1} Z(\alpha) = \sum_a \int_0^{x_a^n+\alpha(y_a^n-x_a^n)} t_a(\omega)\,\mathrm{d}\omega - \sum_{rs} \int_0^{q_{rs}^n+\alpha(v_{rs}^n-q_{rs}^n)} D_{rs}^{-1}(\omega)\,\mathrm{d}\omega$$

得最优步长 α_n。

步骤 4：更新流量。令

$$x_a^{n+1}=x_a^n+\alpha_n(y_a^n-x_a^n) \qquad \forall a$$

$$q_{rs}^{n+1}=q_{rs}^n+\alpha_n(v_{rs}^n-q_{rs}^n) \qquad \forall r, s$$

步骤 5：收敛判断。如果：

$$\sum_{rs} \frac{|D_{rs}^{-1}(q_{rs}^n)-u_{rs}^n|}{u_{rs}^n} + \sum_{rs} \frac{|u_{rs}^n-u_{rs}^{n-1}|}{u_{rs}^n} < \varepsilon$$

成立（其中 ε 为给定的收敛精度），则停止迭代计算；否则令 $n=n+1$，转向步骤 1。

可知，除步骤 2 的具体做法外，这里的直接法基本上与前述的 F-W 法相同。

5.3.2 交通方式划分与交通流分配组合模型

构造交通方式划分与交通流分配组合模型，需要确定在几种出行方式中决定用户选择行为的因素，以及各出行方式间的平衡方式。这里介绍由公交车和小汽车两种方式构成的网络平衡分配问题。

1. 出行方式的选择

首先从一种最简单的含有方式选择的分配问题入手，讨论在交通方式选择和交通流分配的组合问题中用户出行方式选择行为的描述。

假设网络的每个 OD 对都有公交线路连接，并假设从 r 至 s 选用公交车的行驶时间是常数，令其为 $\hat{u}_{rs}$，而交通量为 $\hat{q}_{rs}$。另一个假设是公交车流与小汽车车流互相独立，故从 r 至 s

的公交线路可以额外用一条路径表示，如图 5-15 所示。当然，这种独立性假设是与事实有一定差距的，仅当公共交通路网与小汽车路网完全分离（如公交专用道、地铁、轻轨、高架线等）时才能满足。

可以发现此处的 $\overline{q}_{rs}$ 是给定的两种交通工具的总 OD 需求，也视为常数。要注意的是，为了交通量可比，两种车流的单位要统一，这里统一用单位时间内的人数作为交通量单位。

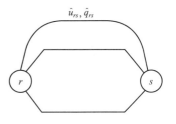

图 5-15　网络示意图

按照上述假设，若仍然认为用户平衡原理可反映用户的路径选择行为，即在 OD 对之间，如果两种交通工具都有人选用，则是因为使用这两种交通工具所经历的行驶时间是相等的。这时，可以用下述固定需求的平衡分配模型来求解这种组合问题：

$$\min Z(x,\hat{q}) = \sum_a \int_0^{x_a} t_a(\omega)\,\mathrm{d}\omega + \sum_{rs} \hat{q}_{rs}\hat{u}_{rs}$$

$$\mathrm{s.\,t.}\begin{cases} \sum_k f_k^{rs} + \hat{q}_{rs} = \overline{q}_{rs} & \forall\,r,s \\ f_k^{rs} \geqslant 0 & \forall\,k,r,s \\ \hat{q}_{rs} \geqslant 0 & \forall\,r,s \\ x_a = \sum_r \sum_s \sum_k f_k^{rs}\delta_{a,k}^{rs} & \forall\,a \end{cases} \tag{5-55}$$

用一般的 UE 算法就可以得到问题的解。但是，这样分配的结果显然是不符合实际的。事实上，尽管某些公交线路的行驶时间更长，却仍然有人选用它，这或者是习惯问题，或者是不得已而为之。因此，上述模型不能描述实际选择行为。

如何描述出行者的方式选择行为，实际研究中引入了各种各样的"方式划分"函数。这些函数既考虑到不同出行方式的出行阻抗，同时在平衡状态时，又不笼统地完全运用全路网的用户平衡条件，而允许在平衡状态时出现不同出行方式行驶时间不等的情况。由于 Logit 模型便于应用且适应性强，因此在用户出行方式选择中得到了最为广泛的应用：

$$q_{rs} = \overline{q}_{rs}\frac{1}{1+\mathrm{e}^{\theta(u_{rs}-u\hat{}_{rs})}} \tag{5-56}$$

式中：q_{rs} 为 OD 对 r，s 间使用小汽车的出行量；$\overline{q}_{rs}$ 为 OD 对 r，s 间总出行量；u_{rs}，$\hat{u}_{rs}$ 为 OD 对 r，s 间小汽车和公交车的最短行驶时间；θ 为由调查数据标定的一个正常数。

考虑到更多影响因素的 Logit 模型形式为：

$$q_{rs} = \overline{q}_{rs}\frac{1}{1+\mathrm{e}^{\theta(u_{rs}-u\hat{}_{rs}-\varphi_{rs})}} \tag{5-57}$$

式中：φ_{rs} 为除了行驶时间差异外的其他因素对方式选择的影响，φ_{rs} 越大表明在同样的阻抗情况下，偏好于小汽车出行的用户越多。

2. 方式间独立的组合模型

仍然假设各个 OD 对之间只有一条公交线路，公交车流与小汽车车流相互独立，公交线路的行驶时间是常数。

在式（5-57）中，由于 $\hat{u}_{rs}$ 是常数，故 q_{rs} 是阻抗 u_{rs} 的有界下降函数，其上界为 $\bar{q}_{rs}$。这就说明，Logit 模型可以被视为需求函数，此时路网上的平衡问题可转化为可变需求问题来求解。

由于在各个 OD 对间只有一条公交线路，可以将这一公交线路看成超量需求法路网中的超需求路段。对需求函数求反函数，可得

$$u_{rs}(q_{rs}) = \frac{1}{\theta}\ln\left(\frac{\bar{q}_{rs}}{q_{rs}} - 1\right) + \hat{u}_{rs} \tag{5-58}$$

则该公交线路上的等价行驶时间函数为：

$$W_{rs}(\hat{q}_{rs}) = W(\bar{q}_{rs} - q_{rs}) = D^{-1}(q_{rs}) = u_{rs}(\bar{q}_{rs} - \hat{q}_{rs}) \tag{5-59}$$

即

$$W_{rs}(\hat{q}_{rs}) = \frac{1}{\theta}\ln\left(\frac{\hat{q}_{rs}}{\bar{q}_{rs} - \hat{q}_{rs}}\right) + \hat{u}_{rs} \tag{5-60}$$

在路网上的方式选择与交通流分配组合模型的等价规划问题为

$$\min Z(x,\hat{q}) = \sum_a \int_0^{x_a} t_a(\omega)\,\mathrm{d}\omega + \sum_{rs} \int_0^{\hat{q}_{rs}} \left(\frac{1}{\theta}\ln\frac{\omega}{\bar{q}_{rs} - \omega} + \hat{u}_{rs}\right)\mathrm{d}\omega$$

$$\text{s.t.} \begin{cases} \sum_k f_k^{rs} + \hat{q}_{rs} = \bar{q}_{rs} & \forall r,s \\ f_k^{rs} \geqslant 0 & \forall k,r,s \\ \hat{q}_{rs} \geqslant 0 & \forall r,s \\ x_a = \sum_r \sum_s \sum_k f_k^{rs}\delta_{a,k}^{rs} & \forall a \end{cases} \tag{5-61}$$

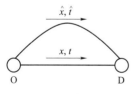

图 5-16　简单实验网络

可以证明，理论上该模型的解满足方式划分模型，且两种交通流分别满足用户平衡条件。模型的求解可利用直接法，也可以通过超量需求法归结为固定需求的平衡分配问题求解。

【例 5-12】考虑一个最简单的网络，如图 5-16 所示。弧线表示公交线路，所属的交通量为 $\hat{x}$，行驶时间为 $\hat{t}=20$，直线表示基本路段，所属交通量为 x，行驶时间为 $t=10+0.2x^2$。设总的 OD 需求量为 $\bar{q}=10$，$\theta=0.1$，求两条路段上的流量。

【解】按组合问题解的概念，交通量 $\hat{x}$ 和 x 应满足：

$$\hat{x} = \bar{q}\frac{1}{1+\mathrm{e}^{\theta(\hat{t}-t)}}$$

$$\hat{x}+x=\overline{q}$$

将 $\hat{t}$、$\overline{q}$、θ 的数值和 $t=10+0.2x^2$ 代入公式中：得

$$\hat{x}=10\frac{1}{1+e^{0.1[20-(10+0.2x^2)]}}$$

$$\hat{x}+x=10$$

则

$$\hat{x}=\frac{10}{1+\exp[0.1-(0.2\hat{x}^2+4\hat{x}-10)]} \tag{5-62}$$

解式（5-62），得到数值解 $\hat{x}\approx4.2$，则 $x=5.8$。

如果用式（5-51）所示模型来解这个问题，则将基本路网路段上的行驶时间函数为：

$$t(x)=10+0.2x^2 \tag{5-63}$$

和虚拟路段上的行驶时间函数为：

$$W(\hat{x})=\frac{1}{\theta}\ln\frac{\hat{x}}{10-\hat{x}}+20 \tag{5-64}$$

代入模型中，得

$$\min Z(x,\hat{x})=\int_0^x(10+0.2\omega^2)\,\mathrm{d}\omega+\int_0^{\hat{x}}\left(\frac{1}{0.1}\ln\frac{\omega}{10-\omega}+20\right)\mathrm{d}\omega$$

$$\mathrm{s.\,t.}\begin{cases}x+\hat{x}=10\\x,\hat{x}\geqslant0\end{cases} \tag{5-65}$$

利用约束条件在目标函数中消去 $\hat{x}$，且暂不理会符号约束，解极小值问题，上式可归结为解一个一元函数极小值问题，可得一阶条件：

$$10+0.2x^2-\left(\frac{1}{0.1}\ln\frac{10-x}{x}+20\right)=0 \tag{5-66}$$

解式（5-66），得 $x\approx5.8$，则 $\hat{x}=4.2$。可见与前面的解法所得结果一样。

另外，式（5-66）等价于直接令式（5-63）与式（5-64）相等，即与用户平衡条件一致。在平衡点 $x\approx5.8$，$\hat{x}=4.2$ 上，可计算得 $t(5.8)=W(4.2)=16.7$，而已知 $\hat{t}=20$。可见，当考虑了不同交通方式的选择时，在平衡状态，同一个 OD 对之间，选用不同交通工具的行驶时间可能不相等，相等的是变换后的公交线路等价行驶时间和基本网络的路径行驶时间。

5.3.3 动态交通流分配模型

1. 动态交通流分配的目的

动态交通流分配，就是将时变的交通出行合理分配到不同的路径上，以降低个人的出行费用或系统总费用。它是在交通供给状况及交通需求状况均为已知的条件下，分析其最优的交通流量分布模式，从而为交通流控制与管理、动态路径诱导等提供依据。通过交通流管理和动态路径诱导，在空间和时间尺度上对人们已经产生的交通需求的合理配置，使交通路网

优质高效地运行。交通供给状况包括路网拓扑结构、路段特性等，交通需求状况则是指在每时每刻产生的出行需求及其分布。

动态交通流分配在交通诱导与控制中的地位和作用如图 5-17 所示。

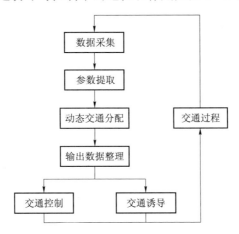

图 5-17　动态交通流分配在交通诱导与控制中的地位和作用

如果对静态交通流分配和动态交通流分配做一个概括的话，可以说：静态交通流分配是以 OD 交通量为对象、以交通规划为目的而开发出来的交通需求预测模型；而动态交通流分配则是以路网交通流为对象、以交通控制与诱导为目的开发出来的交通需求预测模型。

智能交通系统（ITS）的发展需要动态分配技术的支持，ITS 中的先进的出行者信息系统（ATIS）、车辆线路诱导系统（VRGS）等核心部分都需要动态分配作为理论基础。可以说，ITS 的研究和实施，对动态交通流分配理论提出了更迫切的需求，极大地推进了动态交通流分配理论前进的步伐。

2. 动态交通流分配的特点

深入剖析平衡分配方法和非平衡分配方法的分配思想和算法设计，我们会发现一个共同的现象，那就是当我们按照某种分配规则（确定性或随机性路径选择）将一定量 OD 分配到某一条路径上之后就认为这些 OD 量同时存在于该路径的所有路段上了。举一个简单的例子来说，假如在第 k 步分配中，有 q 辆车被分配到 a—d 这条路径上，a—d 路径的具体路线是 a—b—c—d，即由 a—b、b—c、c—d 3 个路段构成，那么在第 $k+1$ 步分配中进行路段流量统计和阻抗计算时，就认为这 3 个路段上的流量都是 q 辆车，这些车同时存在于该路径的所有路段上。这显然是不符合实际的，车辆加载到路段上之后是随着时间逐渐向前推移的。也就是说，在这种分配思想中没有考虑时间因素和交通需求的时变特性，采取的是静态的思想，所以本章前面所研究和分析的各种分配理论和方法都是静态交通流分配方法。要解决上述问题，必须分析动态交通流分配的思想。

静态交通流分配（如容量限制、多路径随机分配等）中，之所以说是静态的，最根本的一点,就是表现为当流量被加载到网络的某条路径上之后,则一瞬间就同时存在于该路径的所有路段上了,而不是由第一个路段一步步随时间推进到终点的,如果用 $x_a^n(t)$ 表示 t 时刻路段 a 上流向终点的流量,那么路段状态的变化就是 $\dfrac{\mathrm{d}x_a^n(t)}{\mathrm{d}t}=0$。静态的第二点就是在流量加载到路径上之后被处理成在原有路段上"原地踏步"。当下一个流量加载上后,与前一个流量在所有路段上简单相加。而实际上,当第二个流量加载之后,第一个流量随着时间的推移可能已经运动到第 k 个路段上,假设还是按静态思想分配的话,这时第 1 个到 $k-1$ 个路段以及 $k+1$ 到最后一个路段上的流量只是第二个流量的值,只有第 k 个路段上是这两个加载的流量之和。那么动态交通流分配的动,到底是动在何处,真正的含义是什么?在目前的文献中还未曾见到全面的概括和描述,有的只是从数学角度的抽象说明,如动态和静态的显著差别就是把路阻、流量的二维问题变成了路阻、流量、时间的三维问题。为了深入掌握动态交通流分配的思想和设计合理分配的算法,应该对此有一个全面的阐述。概括而言,体现在以下几个方面。

① 动在交通流中是随着时间的推移,在所选的路径上沿着各个路段逐渐向终点运动的,既不是瞬间布满各路段,也不是在各路段上"原地踏步"不动。

② 动在路段阻抗是真动而不是"伪动"。无论是静态还是动态分配,路阻随流量变化是最起码的要求。但在静态分配的"容量限制分配、动态多路径分配"等方法中所说的动态,不妨称之为"伪动",因为它们某时刻用来计算路段路阻的流量可能不是真正存在于该路段上的流量,这时某路段上的流量只是那些经过该路段的"原地踏步"的流量的算术相加,结果可能夸大了路段的路阻、也可能缩小了路段的路阻。而真正的动态,因为考虑了时间因素,就如同有一个时钟一样,当计算 k 时刻一个路段的路阻时,在路段上的流量可能有 $k-1$ 时刻、$k-2$ 时刻甚至 $k-3$ 时刻的由上游路段正好运动到此的流量,这时得到的各个路段的路阻才是接近实际的。

③ 动在交通需求是时变的。这实际是第一点的引申,因为流量随时间推移而不是原地踏步,即 $\dfrac{\mathrm{d}x_a^n(t)}{\mathrm{d}t}\neq 0$,路段上的流量随时间形成高峰、平峰等动态特征的分布形态,动态交通需求的时变性最终反映为路段上的交通量是时变的,路段上的阻抗又是随交通量变化的,即也反映为路段阻抗是时变的。

3. 动态交通流分配的基本概念

1)动态用户最优(DUO)和动态系统最优(DSO)

对动态交通流分配问题的研究,根据分配中路径选择准则的不同,整体上分为两类,一类是动态用户最优模型 DUO(Dynamic User Optimum),另一类是动态系统最优模型 DSO(Dynamic System Optimum)。前者是从路网中每个用户的角度考虑的,追求的是每个用户出行的走行时间最少或费用最低;后者是从路网系统角度考虑的,寻求整个系统总的出行时间最少或费用最低。

与静态交通流分配理论中用户平衡（UE）和系统平衡（SO）都有基于 Wardrop 原理的严谨理论定义所不同，动态交通流分配理论的研究还处于不断发展和完善的进程中，所以对动态用户最优和动态系统最优，还没有一致统一的定义。一般的解释为：动态用户最优（DUO）就是指路网中任意时刻，任何 OD 对之间被使用的路径上的当前瞬态行驶费用相等，且等于最小费用的状态。显然，根据该定义来分配，并不一定要求同一时刻从同一节点进入网络的车辆到达终点时花费相等的时间（这是静态分配的思想），它只是要求在同一个节点—终点对之间正在被使用的所有路径上瞬时的行驶费用相等。

动态系统最优（DSO）就是指在所研究的时段内，出行者各瞬时通过所选择的出行路径相互配合，使得系统的总费用最小。

可见动态系统最优是从规划者意愿出发的，是一种设计原则，动态用户最优则更接近现实，能够评价交通管理和控制的效果，在实际中的应用更广一些。

2）路段流出函数模型

路段流出函数是动态交通流分配理论中的关键和特殊之处。在静态交通流分配中没有出现路段流出函数的概念，因为静态分配中认为沿一条路径上分配的交通量同时存在于该路径的所有路段上，也就没有流出的提法。而在动态交通流分配中流出函数是反映交通拥挤，抓住网络动态本质特性的关键。在动态分配中，出行者路径选择原则确定后，其路段流入率自然确定，而对于流出函数，根据目前各种文献中的研究，人们提出了多种模型。无论哪种模型，基本的原则是路段流出函数的建立应该确保车辆按照所给出的路段走行时间走完该路段。试想如果一辆车在 t 时刻进入某路段，那么 t 加上该路段走行时间的时刻应该离开该路段，如果路段流出模型没有达到这一要求，那么它就是不完善的，将陷入自相矛盾的境地。

另外在建立路段流出函数模型时，还要考虑到 Carey（1992）提出的 FIFO（First-In-First-Out，先进先出）原则，即从平均意义上讲，先进入路段的车辆先离开该路段。现实生活中，在大约相同时刻进入同一路段的不同类型车辆一般会以大致相同的速度行驶。虽然个别车辆可能有超车现象，但建立模型时我们可以假设不论其出行终点如何，同时进入路段的车辆均以相同的速度行驶，花费相同的时间，这实质就是 FIFO 规则的具体表现形式。在分配算法的设计中，可以使用车辆在每一时间步长中移动的距离作为约束以保证 FIFO 原则得到满足。

3）路段阻抗特性模型

在静态交通流分配中，路段阻抗特性函数通过交通量和走行时间或费用的关系来反映，它是描述交通流平衡的基础内容之一，静态平衡分配要求阻抗函数为单调递增的函数。由于静态交通流分配以交通规划设计为主要研究目标，其重点不是描述交通拥挤，所以对阻抗的估计精度要求相对来说并不过高。但是在动态分配情形下，提高阻抗函数的预测精度则是一个基本的要求。

在建立阻抗特性模型时，要注意到动态交通流分配中采用的状态变量不是静态交通流分配中的交通量，而是某时刻路段上的交通负荷，即这一时刻路段上存在的车辆数。因为在动态情形下，用交通量无法描述路段的动态交通特征，交通量是单位时间内通过某道路断面的车辆数，是一个时间观测量，其值是在某一点观测到的，适用于静态描述；而交通负荷是指某一时刻一个路段上存在的车辆数，它是一个空间观测量，适用于动态描述。

4. 动态系统最优和用户最优分配模型

1）动态交通流分配模型的有关变量和参数的定义

$G(N，A)$——交通网络，为有向连同图。

N——网络节点集，包括起点集、终点集和中间点集 3 个子集。一般用 k 表示起点或中间点，用 n 表示终点。

A——有向弧集，即路段集，路网中任意路段用 a 表示。

$A(K)$——所有以节点 K 为起端的弧段集合。

$B(K)$——所有以节点 K 为终端的弧段集合。

$[0，T]$——规划时间段，可以取离散值或连续值。

$x_a(t)$——t 时刻路段 a 上存在的车辆数，即交通负荷。

$x_a^n(t)$——t 时刻路段 a 上以 n 为终点的行驶车辆数。

$u_a(t)$——t 时刻路段 a 上车辆流入率。

$u_a^n(t)$——t 时刻路段 a 上以 n 为终点的车辆流入率。

$v_a(t)$——t 时刻路段 a 上车辆流出率，一般假定车辆流出率函数已知。

$g_a(x_a(t))$——路段 a 的路段流出率函数。

$v_a^n(t)$——t 时刻路段 a 上以 n 为终点的车辆流出率。

$q_{k,n}(t)$——t 时刻产生的由起点 k 到终点 n 的交通需求，一般假定为已知。

$Q_{k,n}(t)$——整个规划时段 $[0，T]$ 内由起点 k 到终点 n 的交通需求。

$c_a(x_a(t))$——路段 a 的阻抗函数，一般为路段行驶时间函数。

上述各变量中，都是基于连续时间表述的。如果基于离散时间表述，则可以将固定时段 $[0，T]$ 等分为 T 份，则相应地用"i 时段"（$i=1，2，\cdots，T$）代替"t 时刻"表述即可，如 $x_a^n(i)$ 表示 i 时段路段 a 上以 n 为终点的行驶车辆数，其他变量的描述以此类推。

前提假设：为使动态交通流分配问题便于求解，通常在建立模型时对动态交通流分配模型作如下一些假设：

① 路网拓扑空间结构 $G(N，A)$ 已知；

② 路网特性、路段行驶时间函数、路段流出率函数均已知；

③ 动态的时变交通需求已知；

④ 车辆的产生与吸引只发生在节点处，路段之中不吸引和产生车辆。

2）动态系统最优分配模型

动态系统最优（DSO）是车辆路径诱导系统的基础，也是动态用户最优模型的基础。一般而言，交通管理和控制的目标有：① 使系统总走行时间最少；② 使系统总费用最少；③ 使系统总延误时间最少；④ 使系统平均拥挤度最少。根据不同的目标可以建立不同的动态用户最优模型，在这里只给出根据目标① 建立的模型作为参考。模型如下：

$$\min J = \sum_{a \in A} \int_0^T x_a(t) \, \mathrm{d}t \tag{5-67}$$

使得：

① 路段状态方程：

$$\frac{\mathrm{d}x_a^n(t)}{\mathrm{d}t} = u_a^n(t) - v_a^n(t) \tag{5-68}$$

② 节点流量平衡方程：

$$\sum_{a \in A(k)} u_a^n(t) = q_{k,n}(t) + \sum_{a \in B(k)} v_a^n(t) \qquad k \neq n \tag{5-69}$$

$$\sum_{a \in A(n)} u_a^n(t) = 0 \tag{5-70}$$

③ 路段流出率函数：

$$v_a^n(t) = \frac{x_a^n(t)}{c_a(t)} \tag{5-71}$$

④ 非负约束：

$$x_a^n(0) = 0; \; x_a^n(t) \geqslant 0; u_a^n(t) \geqslant 0 \tag{5-72}$$

模型中：$\forall a \in A$，$\forall n \in N$，$\forall k \in N$，$\forall t \in [0, \, T]$。

上述模型是应用最优控制理论建立的，能够用于多个 OD 对的交通网络，模型中 $x_a^n(t)$ 是状态变量，而 $u_a^n(t)$ 是控制变量。模型的最优解利用 Pontryyagin 最小值原理获得。

对于上述模型的求解，虽然有许多求解连续性最优控制问题的算法，但是应用它们来直接求解动态系统最优模型十分困难。一般将模型在时间上离散化，来求解模型的离散形式，此时模型可看作离散时间系统的最优控制模型，也可以看作一个数学规划模型。求解算法如果从不同的侧重点出发，将会形成不同的模型算法。

3）动态用户最优分配模型

随着动态交通流分配理论研究的深入，动态用户最优（DUO）分配模型的研究得到了加强。在数学规划和最优控制理论的建模领域，初期的研究中，更多的学者将注意力集中到动态系统最优分配模型上，其中的部分原因是动态系统最优分配不必对出行者的路径选择行为进行假设，因而动态系统最优模型的建立显得相对容易。动态用户最优分配模型的建立是基于对出行者路径选择行为正确假定的基础之上，力图再现网络上交通流的实际瞬时分布形态，因此也更为重要。

对动态用户最优定义的不同，将会构造出不同的动态用户最优分配模型。在这里仅仅作为示例，给出一个基于最优控制理论的动态用户最优的模型，模型中采用 Wie 的关于动态用户最优的定义。

模型中与动态系统最优不同的是，将路段流入率 $u_a^n(t)$、路段流出率 $v_a^n(t)$ 作为控制变量，$x_a^n(t)$ 作为状态变量。具体模型形式如下：

$$\min J = \sum_{a \in A} \int_0^T \int_0^{v_a(t)} c_a(x_a(t), \omega) \mathrm{d}\omega \mathrm{d}t \qquad (5-73)$$

使得：

① 路段状态方程：

$$\frac{\mathrm{d}x_a^n(t)}{\mathrm{d}t} = u_a^n(t) - v_a^n(t) \qquad (5-74)$$

② 节点流量平衡方程：

$$\sum_{a \in A(k)} u_a^n(t) = q_{k,n}(t) + \sum_{a \in B(l)} v_a^n(t) \qquad k \neq n \qquad (5-75)$$

$$\sum_{a \in A(n)} u_a^n(t) = 0 \qquad (5-76)$$

③ 路段流出率函数：

$$x_a^n(t) = \int_t^{t + \bar{\tau}_a(t)} v_a^n(\omega) \mathrm{d}\omega \qquad (5-77)$$

其中，$\bar{\tau}_a(t)$ 是路段实际走行时间的估计值。

④ 非负约束：

$$x_a^n(0) = 0; x_a^n(t) \geqslant 0; u_a^n(t) \geqslant 0; v_a^n(t) \geqslant 0 \qquad (5-78)$$

模型中：$\forall a \in A$，$\forall n \in N$，$\forall k \in N$，$\forall t \in [0, T]$。

对于上述问题的求解同样需要首先将模型离散化，得到离散时间系统的最优控制模型，该离散时间形式可以看作一个非线性规划问题，可以应用 Frank-Wolfe 方法来求解。在具体算法设计中，可以将估计路段实际走行时间的"类似对角化技术"过程作为外层循环，将 Frank-Wolfe 迭代过程作为内层循环。同样，有关动态用户最优模型的合理可行的、能够应用于实际大规模路网的算法的研究，目前还是理论界积极探讨、摸索的问题。

5.4 典型城市交通规划软件

20世纪50年代，美国联邦公路局（FHWA）的前身 Bureau of Public Roads 首次将计算机引入交通需求预测的辅助计算。经过三代的改进，该系统被成功移植到 IBM 360 计算机上，定名为 PLANPAC/BACKPAC，但 PLANPAC/BACKPAC 系统最初设计只能够对公路系统进行分析和预测。

在20世纪70年代初期，美国城市公共运输局（Urban Mass Transportation Administration）设计开发了城市运输规划系统（Urban Transportation Planning System，UTPS），该系统初期主要用来进行公交系统规划。随后，UTPS 也增加了对城市道路系统的规划分析功能，从而具备了对道路和公共交通网络进行分析和预测的能力。与大多数该时代开发的软件系统相似，UTPS 能够实现的分析、预测功能及其计算能力都十分有限，进行一次四阶段交通需求预测的分析通常要耗时好几天。尽管这样，UTPS 直至 20 世纪 90 年代初期仍然是各大都市圈规划委员会（Metropolitan Planning Organization）使用的最主要的规划辅助软件。

随着计算机技术的不断发展及微型计算机的普及，20 世纪 80 年代涌现出了多个交通需求预测商业软件。其中最早出现的是由 COMSIS 公司开发的 MINUTP 交通需求预测系统。MINUTP 在功能上与 FHWA 开发的 PLANPAC 相似，其特点是能够运行在使用 MS-DOS 操作系统的 PC 平台上。该时期还有诸如 TRANPLAN 和 QRS－Ⅱ 等交通需求预测系统，它们与MINUTP 相似，都缺乏图形用户界面而只能利用 DOS 命令行进行操作。

伴随着 Windows 操作系统的普及，交通需求预测软件系统在 20 世纪 90 年代中后期有了快速的发展。从这一时期开始，交通需求预测软件系统不仅能够对传统的四阶段模型进行数值计算，结合了地理信息系统（Geographic Information System）的交通需求预测软件系统能够从人口特征、经济特征、土地利用形态、网络结构等多方面更加全面和直观地对交通需求进行预测和分析。在这些交通需求分析软件中，以 Cube、Emme、TransCAD 和 VISUM 等为代表的主流软件系统已经被各个国家的规划和研究机构所广泛使用。本节也将根据软件厂商提供的信息和部分使用报告对上述 4 个常用软件系统进行介绍①。

5.4.1 Cube

Cube 是 Citilab 公司开发的涵盖交通规划、交通系统分析等内容的综合型交通规划软件平台，该平台能够对包含城市道路系统、区域公路系统、长距离旅客运输、货物运输、多方式交通出行、OD 估计及空气质量等进行分析并辅助规划设计。Cube 软件平台由统一的用户交互端 Cube Base 与多个用户自主订制 Cube 组件组成。统一的 Cube Base 用户交互端使用户能够快速地熟悉软件的操作流程和方式，并有助于提高用户在学习新增功能时的效率。此外，该系统还能够对用户数据进行有效组织，避免了用户数据在不同组件之间的相互转换和重复存储。

Cube 软件平台的另一优势是 Citilab 与 ESRI 公司联合开发的 Cube 地理信息组件，该组件在功能上完全能够与目前主流的地理信息系统软件 ArcGIS 进行连通和交互。

此外，Cube 软件平台还能够对多个已有的交通软件模型进行支持，包括 FHWA 早期开发的 UTPS 系统和 20 世纪 80 年代被广泛使用的 Tranplan 和 MINUTP。用户能够根据自身需要，在 Cube Base 的基础上订制所需的软件模块，包括能够进行交通需求和土地利用预测的TP+、Tranplan、TRIPS 和 MINUTP 等。

Cube 的其他关键模块还包括进行旅客客流预测的 Cube Voyage 模块；进行货物运输预测的 Cube Cargo 模块；进行土地利用分析的 Cube Land 模块；进行 OD 矩阵估计的 Cube Analyst

---

① 由于上述交通规划软件的不同版本均有功能上的变化，以及笔者对软件掌握程度的局限，下面的介绍和对比分析难免存在限制。实际使用时，软件的具体功能以厂商公布为准。

模块；进行微观交通仿真的 Cube Dynasim 模块；进行交通对空气质量影响预测的 Cube Polar 模块；以及进行图表和报告输出的 Cube Report 等模块。如前所述，上述模块均能够根据用户的实际需求进行增减。

　　Cube 软件系统的主要功能如下，其操作界面如图 5-18 所示。

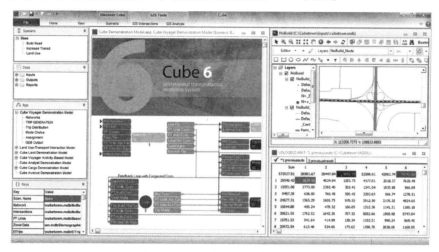

图 5-18　Cube 软件系统操作界面

1. 交通需求预测模型

（1）出行生成模型

Cube 能够利用回归模型、交叉分类模型、出行生成率模型对出行生成量进行预测。此外，Cube 还能够进行基于行为或离散选择的出行生成量预测。

（2）出行分布模型

Cube 能够利用重力模型、增长率模型等对出行分布量进行预测。与出行生成阶段类似，Cube 也能够进行基于行为或离散选择的出行分布量预测。

（3）方式划分模型

Cube 能够利用命令语言实现各类 Logit 模型对方式划分量的预测。

（4）交通流分配模型

Cube 能够利用全有全无模型、容量限制模型、增量分配模型、随机分配模型、用户平衡模型、系统最优模型、基于交叉口的容量限制模型及动态交通流分配模型进行交通流分配的预测。

　　此外，Cube 还能够针对道路收费、高乘用车道（High Occupancy Vehicle Lane）、高乘用收费（High Occupancy Toll）等交通管理措施进行预测分析。

2. 地理信息系统的支持

Cube 的 GIS 功能直接来源于目前的主流商用 GIS 软件 ArcGIS，因此该软件有着非常强大的 GIS 功能。

3. 公交规划

Cube 能够针对公交系统进行基于系统层面、线路层面、时刻表层面的多线路公交分配预测。此外，Cube 还能够针对公交系统进行基于离散选择的多线路换乘预测和分析。

4. 软件容量限制

无限制。

5. 与其他软件平台的兼容性

Cube 缺乏与其他常用交通规划软件的接口，但能够通过将其数据导出为 dBASE、XLS、CSV、ASCII、Shape 等格式与其他平台进行共享。在与微观交通模型进行整合方面，Cube 软件系统里包括的 Cube Dynasim 模块能够实现宏观模型至微观模型的转换。

5.4.2 Emme

Emme 交通需求预测软件系统最初由加拿大的蒙特利尔大学交通研究中心开发，后为 INRO 咨询公司继承，并成为该公司的支柱产品之一。该软件为用户提供了一套内容丰富、可进行多种选择的交通需求分析及网络分析与评价模型。作为较早进入市场的交通规划软件系统，该软件也是本章介绍的 4 个交通规划软件系统中最早被引进国内的。

目前的 Emme 交通需求预测软件系统是基于在北美地区被广泛使用的 Emme/2 衍生而来的。在最新的 Emme 3 版本中，软件系统在操作界面、路网编辑工具、图形分析工具、GIS 整合等功能上得到了进一步的拓展。在交通需求分析建模方面，最新版的 Emme 提供了矩阵计算器和矩阵配平工具，从而形成了一个综合的分析架构。该系统能够进行任何基于小区的出行需求预测模型，从经典的四阶段模型到基于需求的多方式分配模型，以及基于出行链的需求分析模型。Emme 还能够采用开放式的模块化建模工具，用户能方便地选择已有的模型或根据需要来建立特殊的模块。

Emme 软件系统为用户提供了一个标准化、模块化的操作流程，以方便用户进行交通需求预测建模、分析和评估，该流程的构成如图 5-19 所示。

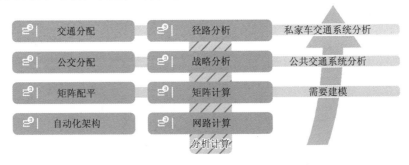

图 5-19　Emme 模块化分析流程图

Emme 软件系统的主要功能如下，其操作界面如图 5-20 所示。

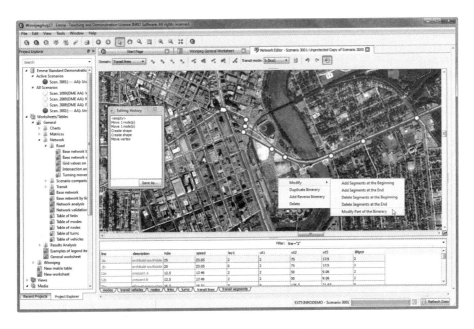

图 5-20 Emme 软件系统操作界面

1. 交通需求预测模型

（1）出行生成模型

Emme 能够通过自带的矩阵计算器利用回归分析、出行率或交叉分类模型，或根据交通与土地利用的关系自定义模型对交通生成量进行预测。

（2）出行分布模型

Emme 能够利用重力模型、Fratar 模型或熵模型对出行分布量进行预测，并能够通过自带的矩阵配平功能结合实测 OD 矩阵对预测模型进行标定和修正。

（3）方式划分模型

Emme 能够利用 Logit 模型或巢式 Logit 模型进行方式划分量预测。

（4）交通流分配模型

Emme 将交通流分配预测分为标准交通流分配、并行标准交通流分配和基于路径的交通流分配 3 种类型。具体能够利用全有全无模型、容量限制模型、增量分配模型、随机分配模型、平衡分配模型、基于交叉口的容量限制模型及动态交通流分配模型进行交通流分配的预测。

2. 地理信息系统的支持

与 Cube 类似，Emme 能够与 ArcGIS 完美结合，并可直接在软件系统中添加 ArcGIS 图层，有着非常强大的 GIS 功能。

3. 公交规划

Emme 提供了标准公交分配、时刻表公交分配和非集计公交分配 3 种模式进行公交需求预测。它可以全面评价与其相关的诸如发车频率、时刻表、车辆容量、服务水平、费用等公交政策对公交需求的影响。此外，Emme 还提供了公交策略分析功能作为公交分配功能的补充。该功能能够使用多个策略集关键词和操作符来进行公交策略分析，如推算距离矩阵、选定路段或选定路线分析、站到站的出行矩阵和线到线换乘矩阵计算。

4. 软件容量限制

INRO 公司根据用户的实际使用需求，从交通小区、节点、路段、转向和公交线路等几个方面划分出不同的规模进行销售，用户需要根据自己的实际需求进行购买。用户也能够在对软件规模的需求发生变动后，通过补全差价进行升级。

5. 与其他软件平台的兼容性

Emme 缺乏与其他常用交通规划软件的接口，但能够通过将其数据导出为 ASCII，dBASE，Shape 等格式与其他平台进行共享。在与微观交通模型进行整合方面，Emme 软件支持通过一定的数据转换与 Aimsun 或 Synchro 进行连接。

5.4.3 TransCAD

美国 Caliper 公司开发的 TransCAD 是第一个供交通专业人员使用的地理信息系统，它能够用来存储、显示、管理和分析交通数据。经过 25 年的发展，Caliper 在 2012 年 8 月发布了最新 6.0 版本的 TransCAD。与其他交通需求预测软件系统不同，TransCAD 在设计初期首先考虑的就是交通与地理信息系统的结合，这也就使得 TransCAD 具有以下 3 个特点：

① 面向交通运输领域设计的地理信息平台；

② 将可视化分析应用贯穿在交通规划各个阶段中；

③ 随软件附带大量交通分析所需的基础数据。

TransCAD 的所有功能都能够通过图形用户界面或脚本语言两种方式实现，这种模式能够从原始数据和建模过程两方面让用户更为全面和准确地了解自己的研究对象，也能够允许用户不需要另外学习编程语言，便能够进行交通建模分析。

在众多的交通需求预测软件系统中，TransCAD 提供了最为全面的交通需求预测模型和方法。这其中不仅包括标准的四阶段模型及其常用变形，还提供了诸如快速反应模型、非集计模型、出行链模型和微观仿真等模型。此外，TransCAD 也是时效性最高的交通需求预测软件系统之一。Caliper 也将 HCM 2010 中关于信号控制、无信号控制交叉口和环岛通行能力计算的内容添加进最新版的 TransCAD 中。

TransCAD 软件系统的主要功能如下，其操作界面如图 5-21 所示。

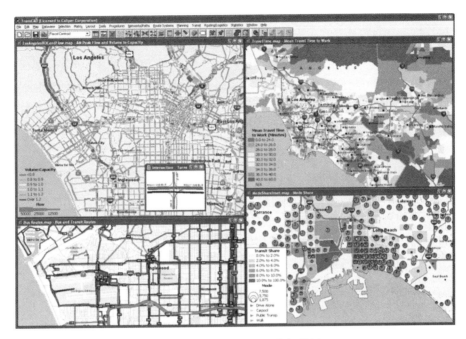

图 5-21　TransCAD 软件系统操作界面

1. 交通需求预测模型

（1）出行生成模型

TransCAD 能够利用回归模型、出行率、交叉分类模型及根据 ITE 的交通生成率手册进行出行生成量预测。

（2）出行分布模型

TransCAD 能够利用重力模型、Fratar 模型、讫点选择模型和三维平衡模型对出行分布量进行预测。

（3）方式划分模型

TransCAD 支持多种基于 Logit 模型的方式划分量预测。

（4）交通流分配模型

TransCAD 能够利用全有全无模型、容量限制模型、增量分配模型、随机分配模型、用户平衡模型、系统最优模型、基于交叉口的容量限制模型及动态交通流分配模型进行交通流分配的预测。

此外，TransCAD 还能够针对 HOV、HOT 等交通管理措施，及考虑交叉口延误及信号控制延误等内容对交通需求的影响进行预测分析。

2. 地理信息系统的支持

TransCAD 基于 GIS 进行设计的先天特性使其能够支持目前绝大多数的商用 GIS 软件平

台，这其中就包括 ArcGIS、ArcView、MapInfo 和 MAPTITUDE 等。此外，TransCAD 还能够提供包括相交道路和立交在内的高级编辑功能。

3. 公交规划

TransCAD 能够进行基于网络层面、线路层面、时刻表层面的及多线路的公交分配预测。此外，TransCAD 还能够根据公交线路能力进行随机平衡分配预测。

4. 软件容量限制

无限制。

5. 与其他软件平台的兼容性

TransCAD 具有很强的数据输入/输出功能，基于 Tranplan、MINUTP、TP+、Emme/2 和 Tmodel 开发的模型都能够很容易地导入 TransCAD 中，Cube 和 VISUM 所建立的模型也能够通过一定的处理导入 TransCAD。在与微观交通模型进行整合方面，TransCAD 能与 Caliper 公司开发的 TransModeler 软件进行无缝连接。

5.4.4 VISUM

VISUM 是一款适用于交通规划、交通需求建模及其网络数据管理的综合性、具有高度灵活性的交通需求预测软件系统。该软件由德国 PTV 公司开发，目前广泛应用于全球的交通规划模型及城市交通管理领域。在多模式分析的基础上设计的 VISUM 把各种交通方式（如小汽车、小汽车乘客、货车、公共汽车、轨道交通、行人、自行车）都融入一个统一的网络模型中。

VISUM 软件系统由需求模型、路网模型和影响模型组成。其中，需求模型包括需求计算的相关资料，即出行产生和吸引的土地利用资料、不同需求成分集和出行生成率。需求模型采用基于起讫点的方法或采用活动链的方法，通过各类型需求的交通方式来计算出行需求。路网模型是一个包含私人交通和公共交通系统相关信息的多方式交通网络。它由交通小区、节点、公共交通停靠站、路段以及与时刻表一致的公交线路组成。影响模型可以分析和评估综合交通系统产生的一系列影响结果。

与其他交通需求预测软件系统相比，VISUM 在针对交叉口和信号控制系统分析方面具有较大的优势。VISUM 首先能够根据单个交叉口渠化信息及信号灯配时方案，并根据 HCM 2000 或 HCM 2010，计算交叉口延误及服务水平。此外，VISUM 还能够根据分配结果，对现有交叉口的信号灯配时方案进行周期时间的优化及绿灯时间的优化计算。VISUM 还提供了与 Synchro 类似的直接在时空图中对交叉口相位差进行调整的功能，能够便捷和直观地帮助用户对某一路段整体的信号控制情况进行调整。

VISUM 软件系统的主要功能如下，其操作界面如图 5-22 所示。

1. 交通需求预测模型

（1）出行生成模型

VISUM 能够利用回归模型、出行率、交叉分类模型及基于活动的模型对交通生成量进

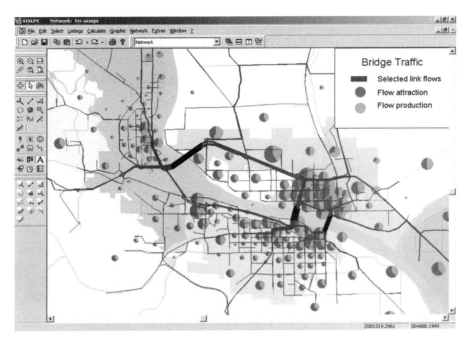

图 5-22　VISUM 软件系统操作界面

行预测。

（2）出行分布模型

VISUM 在利用 Fratar 模型和重力模型进行出行分布量预测的基础上，还能够实现基于出行链的出行分布量预测。

（3）方式划分模型

VISUM 在进行 Logit 方式划分预测的基础上，也允许用户使用自主的方式划分模型。

（4）交通流分配模型

VISUM 能够利用全有全无模型、容量限制模型、增量分配模型、随机分配模型、用户平衡模型、系统最优模型、基于交叉口的容量限制模型及动态交通流分配模型进行交通流分配的预测。VISUM 还能够利用双准则用户平衡模型对收费道路进行交通流分配预测。

2. 地理信息系统的支持

VISUM 通过 GIS-Interface Shape 接口能够将 VISUM 的数据与 ESRI 进行双向导入导出操作。VISUM 还提供了 GIS 中的 Buffer 功能，来对路网对象进行处理计算，比如计算和显示公交站点覆盖面积等功能。

3. 公交规划

VISUM 具有强大的公交规划功能，VISUM 能够对公交线网规划、公交枢纽换乘客流、票价影响、成本效益分析、车辆配置计划等多方面内容进行分析。对于复杂的换乘枢纽，VISUM 还可以计算各个车辆班次之间的换乘客流。

4. 软件容量限制

PTV 公司根据用户的实际使用需求，从交通小区、交叉口、路段、线路等几个方面划分出不同的规模进行销售，用户需要根据自己的实际需求进行购买。

5. 与其他软件平台的兼容性

VISUM 有着较好的对各种交通模型相关数据的兼容性及对交通规划模型应用的扩展性，VISUM 目前能够导入包括 TransCAD、Emme、Cube、SATURN、Synchro 等交通规划软件所建立的模型。在与微观交通模型进行整合方面，VISUM 能与 PTV 公司开发的 VISSIM 软件进行无缝连接。

通过对上述 4 个主流交通需求预测软件系统的介绍能够发现：

① 目前主流交通需求预测软件系统在传统的交通需求核心分析功能上，已经演化成为包含土地利用、环境分析、地理信息、成本效益等在内的交通综合分析平台；

② 上述提及的软件系统在需求预测模型和方法的选用上基本类似，均能够满足用户进行交通规划的常规需要；

③ 上述提及的软件系统均能够支持高级用户通过 API 等编程接口实现自主二次开发；

④ 各软件厂商均投入大量资源来提高用户交互效率，降低操作的复杂度，并与地理信息系统有较好的整合；

⑤ 除 INRO 外，其他 3 个软件厂商均在自己的宏观交通分析软件系统中开发了相应的微观交通分析软件系统，从而在很大程度上扩展了软件的使用范围。

表 5-29 主流交通需求预测软件平台功能对比对上述 4 个软件系统进行了汇总分析。

表 5-29　主流交通需求预测软件平台功能对比

软件系统		Cube	Emme	TransCAD	VISUM
交通需求预测模型	出行生成模型[a]	1、2、3，基于行为或离散选择模型	1、2、3，与土地利用的关系自定义模型	1、2、3，ITE 交通生成率	1、2、3，基于活动的模型
	出行分布模型[b]	1、2，基于行为或离散选择模型	1、2	1、2，讫点选择模型和三维平衡模型	1、2，基于出行链的分布模型
	方式划分模型	各类 Logit 模型	Logit 模型或巢式 Logit 模型	各类 Logit 模型	Logit 模型或自定义模型
	交通流分配模型[c]	1、2、3、4、5、6、7、8，考虑道路收费，HOV，HOT 的交通流分配模型	1、2、3、4、5、6、7、8，标准交通流分配、并行标准交通流分配和基于路径的交通流分配模型	1、2、3、4、5、6、7、8，考虑 HOV、HOT，或考虑交叉口延误、信号控制延误的交通流分配模型	1、2、3、4、5、6、7、8，双准则用户平衡模型

续表

软件系统	Cube	Emme	TransCAD	VISUM
地理信息系统支持	支持 ArcGIS	支持 ArcGIS	兼容 ArcGIS、ArcView、MapInfo 和 MAPTITUDE 等	通过 GIS–Interface Shape 接口连接 ESRI
公交规划[d]	1,2,3,4,基于离散选择的多线路换乘预测	1,2,3,4,标准公交分配、时刻表公交分配和非集计公交分配	1,2,3,4,考虑公交线路能力的随机平衡分配	1,2,3,4
软件容量限制	无限制	基于用户定制	无限制	基于用户定制
分布式处理能力	支持	支持	不支持	不支持
软件包特征	模块化	非模块化	非模块化	模块化

接口	与其他规划软件的接口	没有接口	没有固定的接口,但所有模型数据均可通过一定的数据格式与其他规划软件共享	可以直接打开 Emme、MINUTP、TP+、TranPLAN 等交通规划软件的文件,实现数据共享与转换	与常用的交通规划软件,如 TransCAD、Emme、CUBE 有接口
	与微观仿真软件的接口	Cube Dynasim	Aimsun、Synchro	TransModeler	VISSIM

路网表现能力	节点属性	属性固定,不能添加或删除属性字段;提供 9 种交叉口类型	可自由编辑节点属性,并可以添加自定义属性	点地理文件,可添加或删除属性字段;无法编辑该节点交叉口类型	预设属性,用户可根据需要添加;可确定交叉口控制类型
	路段属性	属性固定;绘制路网时运用其属性粘贴功能可以较快地设置同类型路段属性	可自由编辑路段属性,并可以添加自定义属性	线地理文件,可随意添加或删除属性字段;可以在路网属性表中进行属性的设置	预设属性,可添加;路段属性的设置只需要选择路段类型
	转弯惩罚	提供节点转弯惩罚的设置;不提供调头惩罚	可自由编辑转弯惩罚函数并添加到模型中	3 种类型:通用、连线、专用转弯惩罚	提供同类型转弯惩罚和单节点转弯惩罚

注:

a. 出行生成模型包含:1. 回归模型;2. 出行率模型;3. 交叉分类模型。

b. 出行分布模型包括:1. 增长率模型;2. 重力模型。

c. 交通流分配模型包括:1. 全有全无模型;2. 容量限制模型;3. 增量分配模型;4. 随机分配模型;5. 用户平衡模型;6. 系统最优模型;7. 基于交叉口的容量限制模型;8. 动态交通流分配模型。

d. 公交规划模型:1. 基于网络的;2 基于线路的;3. 基于时刻表的;4. 多线路的公交预测

交通需求预测是城市交通规划的核心内容之一，本章从传统的四阶段交通需求预测方法入手，着重介绍了交通需求的产生机理、发生和吸引交通量预测、分布交通量预测、交通方式划分、交通流分配四阶段常用的模型及方法。此外，作为四阶段需求预测方法的拓展，本章还介绍了弹性需求模型、组合预测模型及动态交通流分配等新产生的需求预测方法。最后，本章对目前常用的交通需求预测软件平台功能进行了对比分析，为读者选择适当的软件工具来辅助交通需求预测给出了指导。

复习思考题

1. 什么是交通需求预测？
2. 交通需求预测的四阶段方法主要包含哪几部分内容？
3. 什么是生成交通量预测？它和发生与吸引交通量预测的关系是什么？
4. 何谓总量控制？如何调整才能使 OD 表中的出行发生量与吸引量相等？
5. 何谓原单位法？在出行生成预测中应如何确定未来的原单位？利用附近城市的居民出行调查数据，求生成原单位。
6. 试用表 5-30 中的出行发出量 O_i、出行吸引量 D_j 和常住人口（分男女性别），计算将来的出行生成量、出行发生量及出行吸引量。

表 5-30　各小区的现状出行发生量、出行吸引量和常住人口

小　区	1	2	3
现状男性的出行发生量/（万出行数/日）	15.0	27.0	14.0
现状女性的出行发生量/（万出行数/日）	13.0	24.0	12.0
现状男性的出行吸引量/（万出行数/日）	15.0	26.0	15.0
现状女性的出行吸引量/（万出行数/日）	13.0	24.0	12.0
现状男性的常住人口/人	5.6	10.2	5.0
现状女性的常住人口/人	4.4	9.8	5.0
将来男性的常住人口/人	7.9	18.1	7.2
将来女性的常住人口/人	7.1	17.9	6.8
现状出行发生量/（万行数/日）	38.3	91.7	36.5
现状出行吸引量/（万行数/日）	38.3	90.2	38.0

7. 交通的分布预测主要有哪些模型？它们都具有怎样的特点？
8. 交通的分布预测在交通规划中的地位和作用如何？
9. 试用平均增长系数法、底特律法和佛尼斯法，分别求表 5-31 将来 OD 分布交通量

（单位：万次）。设定收敛标准为 $\varepsilon = 3\%$。

表5-31　现状OD表　　　　　　　　　　　　　　　　单位：万次

O \ D	1	2	3	现状值	将来值
1	4	2	2	8	16
2	2	8	4	14	28
3	2	4	4	10	40
现状值	8	14	10	32	
将来值	16	28	40		84

10. 增长系数法与重力模型法各有什么优缺点？

11. 试叙述重力模型的基本形式及其分类。

12. 试叙述集计分析与非集计分析的区别。

13. 交通流分配的含义及其作用是什么？

14. 进行交通流分配时所需要的基本数据有哪些？

15. 试解释交通阻抗的含义。

16. 试说明 Wardrop 第一原理和第二原理的含义，以及它们的区别和联系。

17. 根据本书的介绍，试比较分析非平衡分配方法中各方法的异同。

第6章

城市交通系统规划

城市交通系统规划包括承接交通与土地利用、交通网络布局规划与设计和交通需求预测等内容，对城市道路交通系统、城市公共交通系统和城市交通枢纽系统等进行具体规划。

6.1 概　　述

城市和城市交通系统互为因素而发展。城市交通系统的发展伴随着城市的发展而发展，随着城市化进程的加快，城市交通系统的发展也逐渐被提高到一个新的发展高度。

6.1.1 城市交通系统发展历程

在人类把车辆作为交通工具之前，公众出行以步行为主，或以骑牲畜、乘轿等代步。货物转移多靠肩挑或利用简单的运送工具运输。车辆出现后，马车很快成为城市交通工具的主体。1819年巴黎市街上首次出现了为城市公众租乘服务的公共马车，从此产生了城市公共交通，开创了城市交通的新纪元。

城市交通的特征尽管因各城市的规模、性质、结构、地理位置和政治经济地位的差异而有所不同，但是它们具有的主要特点则是相同的。① 城市交通的重点是客运；② 早晚上下班时间是城市客运高峰；③ 每个城市的客流形成都有自身的规律；④ 城市客运量大小与各城市的总体规划和布局有直接关系。

第二次世界大战结束后，以轿车、摩托车、自行车为工具的私人交通得到迅速发展。它们方便了人们出行，机动灵活，行止随意，可以"从门到门"。但是这些自用交通工具载量小，运送效率低，道路利用率不高。私人交通工具发展的结果，给城市交通带来了一系列的问题，主要是：① 交通拥挤和道路交通拥堵，城市中的平均车速日益下降；② 交通事故增加；③ 噪声和空气污染日趋严重；④ 能源消耗量猛增；⑤ 停放车场地严重不足。为了克服这些矛盾，一些工业发达的国家，曾致力于道路系统的改善：加宽地面道路，修建高架路和快速路，开辟地下交通。此外，在交通管理、交通控制系统方面采用了计算机等新技术。这些措施虽然提高了道路通过能力，但是仍解决不了有增无减的私人交通流所造成的道路交通拥堵问题。货运交通存在的问题虽不如客运交通突出，但也受到了交通拥堵的影响，出现了紧张局面。人们从教训中得到了一条宝贵的经验：解决大、中型城市的交通问题，应该特别重视优先发展城市公共交通和货物专业运输；私人交通和非专业的货物运输只能作为公共交通和专业运输的辅助方式，应适当地控制其发展，从而使城市交通更加灵活方便，这是经济合理地解决大中型城市道路交通拥堵问题的出路。

中小城市中一般以公共汽车、有轨电车、无轨电车等为主要客运工具。在现代大城市中，快速有轨电车、地下铁道等逐渐发展成为城市交通的骨干。公共交通工具有载量大，运送效率高，能源消耗低，相对污染小和运输成本低等优点。在交通干线上这些优点尤其明显。在中国的一些城市中，有些机关团体的自备客车参与了本单位职工上下班的接送运输，它在客观上已经成为城市公共交通中的一支辅助力量。

6.1.2 城市交通系统分类

随着城市的发展和城镇化进程的加快，城市交通已经发展为综合交通。城市综合交通涵盖了存在于城市中及与城市有关的各种交通形式。从地域关系上，城市综合交通大致分为城市对外交通和城市交通两大部分。

城市对外交通，泛指本城市与其他城市间的交通，及城市行政区范围内的城区与周围城镇、乡村间的交通。其主要交通形式有公路交通、铁路交通、航空交通、水运交通和管道交通等。

城市交通是指城市（城区）内的交通，包括城市道路交通、城市轨道交通和城市水上交通等。其中，以城市道路交通和城市轨道交通为主体。

从形式上，城市综合交通可以分为地上交通、地下交通、路面交通、轨道交通和水上交通等，这些交通方式又通过站点或交通枢纽实现客流换乘和货物联运。

从运输性质上，城市综合交通又可以分为客运交通和货运交通两大类型。

城市综合交通又可以按交通性质与交通方式进行分类。各类城市对外交通的规划决定于相关的行业规划和城镇体系规划；各类城市交通又与城市的运输系统、道路系统和城市交通管理系统密切相关。

6.2 城市道路系统规划

城市道路系统是指城市范围内由连接城市各部分的不同功能等级的道路、各种形式的交叉口、广场等设施以一定方式组成的有机整体，是承担客、运交通的主要空间。城市道路系统既是各种功能用地的"骨架"，又是城市进行生产和生活活动的"动脉"，同时，也是绿化、排水、防灾、通风、采光及其他基础设施的主要空间。

6.2.1 城市道路系统功能及道路网布局形式

1. 城市道路系统功能

城市道路系统是多功能的，主要功能如图 6-1 所示。

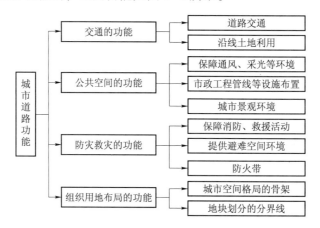

图 6-1 城市道路系统功能

① 交通的功能。所谓交通功能，包含通行能力和进入功能两方面，是城市道路最基本的功能。城市道路不仅能提供各种交通方式，如机动车、非机动车、步行等方式在其上通过，而且能提供各种交通主体（人或物）向道路沿线的用地、建筑物和设施等的出入功能，同时也包含各种交通方式在道路上的临时停车、上下乘客等功能。

② 公共空间的功能。城市道路是公共资源，其公共空间的功能主要体现在 3 个方面。第一，城市道路提供了建筑物之间的通风、采光需要的空间。第二，为城市其他设施提供了空间的功能。城市中一些必要的市政管线，如排水管道、雨污水管道、燃气、供热等市政设施，其对城市的服务与道路系统相似，为了节约空间，这些管线往往利用道路上方及地下的空间来敷设。第三，美化城市和展示城市文化风貌的功能。

③ 防灾救灾的功能。城市道路在防灾救灾中也承担着主要作用。发生地震等灾害时，具有一定宽度的道路能作为避难道路、防火带、消防和救援通道。

④ 组织用地布局的功能。城市主干路是构成城市用地布局的主骨架，其他低等级道路是组织居住区、居民小区和街坊等用地的分界线。

城市道路所具有的多重功能之间有时是相互矛盾的，因此，在规划过程中，需按功能的主次进行协调，发挥其最大效益。

2. 城市道路系统分类

《城市道路交通规划设计规范》（GB 50220—1995）将城市道路划分为快速路、主干路、次干路和支路 4 类，如图 6-2 所示。

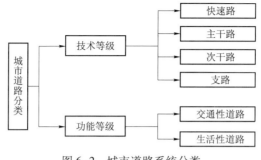

图 6-2　城市道路系统分类

1）城市快速路

城市快速路是城市中为联系各组团中的中、长距离快速机动车交通服务的道路，属全市性交通干道。

快速路作为城市内部机动车交通的主要动脉，应当与对外公路之间建立便捷的联系。城市快速路一般在大城市中设置，尤其是呈带状或组团式布局结构的大城市。城市快速路设置应当与用地布局进行协调，尽量避免快速路两侧设置吸引人流和车流较大的公共建筑。城市快速路规划的一般要求如下：

① 规划人口在 200 万以上的大城市和长度超过 30 km 带形城市应设置快速路；

② 快速路应与其他干路构成系统，与城市对外公路有便捷的联系；

③ 机动车道应设置中央隔离带；

④ 快速路上的机动车两侧不应设置非机动车道；

⑤ 与快速路交汇的道路数量应严格设置非机动车道；

⑥ 快速路两侧不应设置公共建筑出入口，快速路穿过人流集中的地区，应设置人行天桥或地道。

2）城市主干路

城市主干路是城市中为相邻组团之间、与市中心区之间的中距离常速交通服务，是城市道路网的骨架，与快速路共同承担城市的主要客货交通出行。大城市主干路多以交通功能为主，可以划分为以货运和客运为主的交通性主干路，也可以根据功能需要设置为生活性景观大道。一般要求如下：

① 主干路上的机动车与非机动车应分道行驶；

② 交叉口之间分隔机动车和非机动车的分隔带宜连续；

③ 主干路两侧不宜设置公共建筑物出入口。

3）城市次干路

城市次干路是城市中为各组团内部服务的主要干道，是车流、人流主要的交通集散道路。次干路两侧可设置公共建筑物，并可设置机动车和非机动车的停车场、公共交通站点和出租汽车服务站。

4) 城市支路

城市支路是次干路与街坊内部道路的连接线，是城市道路的微循环系统，直接为用地服务，是以生活性服务功能为主的道路。支路规划一般应符合以下要求：

① 支路应与次干路和居住区、工业区、市中心区、市政公用设施用地、交通设施用地等内部道路相连接；

② 支路应与平行快速路的道路相接，但不得与快速路直接相接，在快速路两侧的支路需要连接时，应采用分离式立体交叉跨过或穿过快速路；

③ 支路应满足公共交通线路行驶的要求。

不同功能道路的可达性和机动性关系如图 6-3 所示。

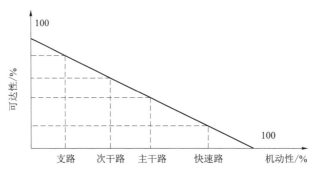

图 6-3　不同功能道路的可达性和机动性的关系

6.2.2　城市道路系统规划的基本原则

1. 与城市用地布局规划相协调

城市用地布局利用城市道路系统将各个部分用地相衔接，构成一个有机的整体，两者之间的关系是相互依存、相互支撑的。一方面，城市道路系统规划应当以合理的城市用地功能布局为前提，另一方面，城市用地布局规划也应该充分考虑城市道路系统的需求，两者之间紧密结合，才能获得合理的规划方案。

城市道路系统在城市用地布局方面主要发挥以下 3 个方面的作用：一是分隔用地的界限；二是联系用地的通道；三是组织景观的廊道。

2. 与城市交通需求特征相匹配

城市交通需求明确了城市客货运出行的总量和时空分布等特征。城市道路系统的主要服务对象就是城市交通需求所产生的客货运出行。按照供需关系理论，两者之间必须相互匹配，否则将出现城市道路系统供应不足或者浪费等现象。

城市道路系统规划应当主要考虑以下 3 个方面的交通需求特征：一是交通出行总量；二是交通出行结构划分；三是交通出行时空分布。

3. 与地形、地貌、地物等相适应

在确定道路系统规划线位和红线宽度的过程中，应当综合考虑地形、地貌、地物等方面的因素，坚持节约用地和工程投资等原则，尤其是在地形起伏较大的丘陵地区和山区。同时，道路系统规划还应当注意所经过地段的工程地质条件，尽量避免地质和水文地质不良的地段。再有，城市道路系统规划，尤其是在原有城市建设用地上，还应考虑既有建筑、河流、文物保护等现状地物条件。

4. 与城市空间景观环境相融合

城市道路系统规划应当充分考虑城市空间景观环境和城市面貌的要求，主要体现在以下 3 个方面：一是有利于城市通风，通常应平行于夏季风主导方向；二是有利于降低交通噪声，通常应当控制过境车辆进入市区、增加道路绿化空间等；三是有利于城市面貌营造，应当协调沿街建筑与道路红线宽度之间比例关系，根据城市特点设置反映城市面貌的景观干道等。

5. 与市政工程管线布置相结合

城市公共事业和市政工程管线，如供水管、雨水管、污水管、电力电缆、供热管道、燃气管道及地上架空线、交通设施等都需要布置在道路空间内。因此，城市道路系统规划应当考虑上述设施布置所需的用地空间，同时还要考虑道路与市政工程管线之间的纵向空间关系。

城市道路系统规划还应当与人防工程规划相结合，以利于战备、防灾疏散。

6.2.3　城市道路系统规划编制程序

城市道路系统规划根据规划阶段和深度的不同，分为城市道路网系统规划和城市道路规划设计两项内容。

1. 城市道路网系统规划

城市道路网系统规划是城市总体规划的重要组成部分，规划编制工作不仅仅是一项单独的专项规划，而是应当与城市用地功能、绿地系统、市政走廊、河湖水系等多专业的专项规划统筹协调、同步开展。

城市道路网系统规划的主要任务是制订城市道路网的发展目标、发展策略，确定近远期道路网体系结构、布局和规模，确定具体道路的功能、规模、总体要求，提出建设时序、实施政策建议等。通常情况下，规划编制程序如下。

1）现状基础资料收集

① 地形图、影像图、航拍图等工作底图：根据工作范围和深度不同，图纸比例分别为 1∶25 000、1∶10 000、1∶2 000。

② 社会经济发展资料：包括规划期限、性质、人口规模、经济水平等。

③ 交通设施调查：包括既有道路、交叉口、停车场、公交场站等。

④ 交通特征调查：包括车辆保有量、客货运出行总量、客货运出行时空分布、交通量等。

⑤ 土地使用情况：包括现状用地权属、现状建筑强度、规划用地方案。

2）现状问题分析

包括现状城市道路系统与现状用地布局之间的关系，现状道路建设与既有规划之间的关系，现状道路建设与规划用地初步方案之间的关系，既有规划道路实施情况等。

3）交通需求分析

一是车辆保有量预测，二是交通量增长预测，三是交通出行总量预测，四是交通出行分布预测，五是交通出行方式预测，六是道路交通流分配与分析。

4）城市道路网系统初步方案规划

城市道路网系统规划方案编制应当坚持现状问题和规划目标双重导向。一方面，要考虑现状问题的解决；另一方面，也要综合考虑未来城市用地布局初步方案和交通需求特征。也就是说，应该通过对现状问题的分析，发现问题的症结，然后结合城市规划发展策略，制定规划原则和指导思想，并基于现状地形、地貌、土地使用等条件，编制道路网系统规划方案。一般情况下，规划方案编制经历以下4个阶段：一是初步规划方案编制；二是规划方案优化调整；三是最终规划方案确定；四是近期建设规划方案建议。

5）城市道路网系统规划方案指标评价

① 道路网系统规划技术指标：人均道路用地面积、道路用地面积、道路总长度、道路网密度、道路红线宽度、交叉口间距、网络容量、连通度、负荷度等。

② 道路网系统规划综合评价：包括技术性能评价、经济效益评价和社会环境影响评价。

6）编制城市道路网系统规划方案成果

编制城市道路网系统规划方案成果包括：规划文本和说明，规划图纸。

城市道路网系统规划编制流程如图6-4所示。

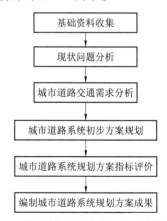

图6-4　城市道路网系统规划编制流程图

2. 城市道路规划设计

1）规划目的与分类

城市道路规划设计的主要目的是：确定道路等级、建设规模、规划性质、线位、红线宽度、横断面形式、控制点坐标、交通设施布局、交通组织方案等内容，处理好与相关专业规划的衔接，为道路工程设计方案提供技术支撑。

城市道路规划设计包括规划方案和规划条件两类。一般情况下，城市道路中，城市快速路、城市主干路应编制规划方案，城市次干路、城市支路及小城镇的主干路、次干路应编制规划条件。在特定情况下，城市次干路、城市支路，小城镇的主干路、次干路，根据边路的性质、重要程度和特殊性等方面因素，也可以编制规划方案。

2）规划内容

城市道路规划设计的成果由规划说明书和图纸两部分组成。

规划说明书：主要内容包括概述、现状概况、规划依据、规划原理与指导思想，周围道路网规划、道路两侧土地使用规划、道路功能定位、规划道路主要技术指标、道路规划线位、跨河桥规划、隧道规划、道路及桥梁、隧道标准横断面规划、相交道路规划、交叉口规划、轨道交通规划、其他交通设施规划设计要求、相关河道规划、相关变电站和高压走廊规划、其他市政设施规划、问题和建设等内容。除了上述的内容外，规划方案中还应增加以下内容：立交规划、交通枢纽等重大交通设施规划、交通需求分析等。

图纸：主要包括规划道路位置示意图，规划道路周围道路网规划图，规划道路周围土地使用规划图，道路、跨河桥、隧道规划标准断面图，其内容和深度与规划条件中的图纸内容和深度相同。除了上述图纸外，规划方案中还应增加道路规划方案平面图。

城市道路规划设计的一般工作程序如下：首先，对规划道路沿线及周边一带区域有详细的现场踏勘；其次，调查和收集相关的交通、用地及社会经济基础资料；再次，研究并提出道路规划线位、红线宽度、横断面布置等方案和要求；最后，对规划道路在设计阶段及实施阶段应注意的事项或要求提出意见和建议，如图 6-5 所示。

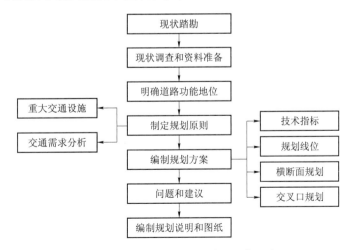

图 6-5　城市道路规划设计的工作程序

6.3 城市公共交通系统规划

城市公共交通系统是城市客运交通系统的重要组成部分，是城市中供公众乘用、经济方便的各种交通方式组成的有机整体。本节将讲述城市公共交通系统分类、城市轨道交通规划、城市道路公交规划、公交枢纽规划、其他公交系统等内容。

6.3.1 城市公共交通分类

《城市公共交通分类标准》（CJJ/T 114—2007）中，将城市公共交通系统分成大类、中类和小类 3 个层次。该标准根据系统形式、载客工具类型和客运能力，将城市公共交通分为城市道路公共交通、城市轨道交通、城市水上公共交通、城市其他公共交通 4 大类。

1. 城市道路公共交通

行驶在城市地区各级道路上的公共客运交通方式，统称为城市道路公共交通。城市道路公共交通分为常规公共汽车、快速公共汽车系统、无轨电车和出租汽车等。

常规公共汽车系统是指具有固定的行车线路和车站，按班次运行，并由具备商业运营条件的适当类型公共汽车及其他辅助设施配置而成的公共客运交通系统。快速公共汽车系统是由公共汽车专用线路或通道、服务设施较完善的车站、高新技术装备的车辆和各种智能交通技术措施组成的客运系统，具有快捷舒适的服务水平，是新兴的大容量快速公共汽车系统。无轨电车有固定的行车路线和车站，通常由外界架空输电线供电（也可由高能蓄电池供电），是无专用轨道的电动公交客运车辆。出租汽车是按照乘客和用户意愿提供直接的、个性化的客运服务，并且按照行驶里程和时间收费的客车。

2. 城市轨道交通

城市轨道交通为采用轨道结构进行承重和导向的车辆运输系统，依据城市综合交通规划的要求，设置全封闭或部分封闭的专用轨道线路，以列车或单车形式，运送相当规模客流量的公共交通方式。城市轨道交通包括地铁系统、轻轨系统、单轨系统、有轨电车、磁浮系统、自动导向轨道系统和市郊铁路等。

① 地铁是一种大运量的轨道运输系统，在地下空间修筑的隧道中运行，当条件允许时，采用钢轮钢轨体系，标准轨距为 1 435 mm，主要在大城市也可穿出地面，在地上或高架桥上运行。按照选用车型的不同，又可分为常规地铁和小断面地铁；根据线路客运规模的不同，又可分为高运量地铁和大运量地铁。

② 轻轨系统是一种中运量的轨道运输系统，采用钢轮钢轨体系，标准轨距为 1 435 mm，主要在城市地面或高架桥上运行，线路采用地面专用轨道或高架轨道，遇繁华街区，也可进入地下或与地铁接轨。轻轨车辆包括 C 型车辆（国内轨道交通车辆基本形式之一）、直线电机车辆等。

③ 有轨电车是一种低运量的城市轨道交通，电车轨道主要铺设在城市道路路面上，车辆与其他地面交通混合运行，根据道路条件，又可区分为 3 种情况：混合车道；半封闭专用车道（在道路平交道口处，采用优先通行信号）；全封闭专用车道（在道路平交叉口处，采用立体交叉方式通过）。

④ 磁浮系统，是指在常温条件下利用电导磁力悬浮技术使列车上浮，车厢不需要车轮、车轴、齿轮传动机构和架空输电线网，列车运行方式为悬浮状态，采用直线电机驱动行驶，现行标准轨距为 2 800 mm，主要在高架桥上运行，特殊地段也可在地面或地下隧道中运行。悬浮列车按运行速度高低可以分为：高速磁浮列车和中低速磁浮列车两种类型。高速磁浮列车时速可达 400 ～ 500 km/h，适用于远距离城际间交通；中低速磁浮列车时速可达 100 ～ 150 km/h，适用于大城市内、近距离城市间及旅游景区的交通连接。

⑤ 自动导向轨道系统，是一种车辆采用橡胶轮胎在专用轨道上运行的中运量旅客运输系统，其列车沿着特制的导向装置行驶，车辆运行和车站管理采用计算机控制，可实现全自动化和无人驾驶技术，通常在繁华市区线路采用地下隧道，市区边缘或郊外宜采用高架结构。自动导向轨道系统适用于城市机场专用线或城市中客流相对集中的点对点运营线路，必要时中间可设少量停靠站。

⑥ 市郊铁路系统是一种大运量的轨道交通系统，客运量可达 20 万～ 45 万人次/日。市郊铁路适用于城市区域内重要功能区之间中长距离的客运交通。市郊列车，主要在地面或高架桥上运行，必要时也可采用隧道运行。当采用钢轮钢轨体系时，标准轨距亦为 1 435 mm，由于线路较长，站间距相应较大，必要时可不设中间车站，因而可选用最高运行速度在 120 km/h 以上的快速专用车辆，也可选用中低速磁浮列车。

3. 城市水上公共交通

城市水上公共交通是航行在城市及周边地区范围水域上的公共交通方式，是城市公共交通的重要组成部分，其主要运行方式有 3 种：连接被水域阻断的两岸接驳交通；与两岸平行航行，有固定站点码头的客运交通；旅客观光交通，均为城市地面交通的补充。城市水上公共交通分为城市客渡和城市车渡。城市客渡是城市公共客运交通的主题，有固定的运营航线和规范的客运码头，是供乘客出行的交通工具。城市车渡则是指在江河、海峡等两岸之间，用机动船运载车辆以连接两岸交通的轮渡设施。

4. 城市其他公共交通

城市其他公共交通还包括客运索道、客运缆车、客运扶梯和客运电梯等。

6.3.2　城市道路公交规划

城市道路公共交通系统主要包括常规公共交通、快速公交系统（BRT 系统）、出租车、新型公共交通系统等。

1. 常规公共线网规划

1）线路布设（从环路、平行布设、纵向布设视角叙述）

公共交通线网是由多条公共交通线路所组成的线路网络。线路形态是指线网在整体上所表现出来的网络特征。一般地，公共交通线网形态包含放射形、环形、混合型等几种类型。

2）线路类型

公共交通线路具有不同的分类。

（1）根据性质定位划分

根据在城市客运交通中的性质定位及客流特征，可以分为骨干线路、区域线路、接驳线路。

骨干线路指的是在城市常规公交线网中起到骨干运输功能的线路，服务于主要公交客流点，属于等级较高的线路，承担中长距离的客流。在有轨道交通的城市中，骨干线路可作为城市轨道交通的补充，在无轨道交通的城市中，骨干线路作为城市公共客运交通的主要运输路线。由于线路等级相对较高，因而对其设计指标（如运营速度、路权等级、准点性）的要求也比较高。

区域线路指的是城市客运体系中地区级的线路，作为地区公共交通的主体，可连接区域内各个客流集散点至城市轨道交通或者公交骨干线路。区域线路作为地区公交主体，要求覆盖范围较广，密度较高，承担中短距离的出行。

接驳线路主要为城市轨道交通或者地面骨干公交提供接驳服务，将大型商业中心、住宅区、公共活动中心的主要客流连接至公共交通站点，提供短途客流接送服务，其主要作用是提高公共交通系统的覆盖范围，减少步行至公交的距离，提高公交服务水平。

（2）根据运营时间划分

根据运营时间可分为全日线、高峰线、夜班线。

全日线是指运营时间从早晨至深夜的公交线路，是公共交通的主要线路类型，承担大部分公共交通的客运任务。

高峰线是指运营时间在高峰时间的公交线路。主要为居民上下班的通勤出行服务，服务对象主要是大型居住区和工业区等主要客流集散点。

夜班线是指运营时间在夜间的公交线路，主要连接火车站、码头、工厂、住宅、医院等地点，满足乘客上夜班、旅客乘车乘船、居民就医等夜间乘车需要，作为公共交通线路在夜间服务的延伸。

（3）根据车辆类型分类

根据车辆类型，可分为电车线路和汽车线路。

电车线路指的是车辆类型选用电车的公交线路。电车具有良好的启动、加速等性能，具有操作简便、噪声小、无污染、能耗少的特点，使用于人流、车流干扰较多、交叉口较多的城市中心密集地区。但是，电车由于需要电力线路供电，行驶线路相对比较固定，缺乏灵活性，其电车的供电系统也会对城市景观造成一定影响。

汽车线路指的是车辆类型选用汽车的公交线路。汽车具有灵活机动的性能，可以在任何有道路的区域行驶，线路走向调整也比较容易，因而汽车线路是公共交通的主要组成部分。在中心地区，汽车与电车系统共同组成公交线网。在城市外围地区的线路，则主要是由汽车线路组成，连接起城市中心地区与城市外围新城或卫星城、乡镇、村、农场等。

3）服务水平

（1）线网指标

① 线网密度。线网密度（δ）是指公共交通线路长度（L）与城市用地面积（F）之比，即

$$\delta = L/F \tag{6-1}$$

式中，L 以 km 为单位，F 以 km^2 为单位。

线网密度是反映公共交通供给能力、服务水平和覆盖范围的重要指标之一。

② 线路长度。线路长度指的是一条公共交通线路的长度，线路长度不宜过长也不宜过短。经验表明，线路长度与城市用地的面积、形状、范围、乘客的平均乘距有关，应该根据城市用地及乘客平均乘距来合理确定。

③ 线路条数。线路条数指的是线网中线路的总条数。线路条数与线网密度关系密切，需要考虑乘客需求、运行需求、公交企业成本等因素来确定。

④ 线路非直线系数。线路非直线系数指的是公共交通线路的实际走行长度与起终点的空间直线距离之间的比值；也有的计算方法考虑了与道路条件的结合，线路非直线系数指的是实际走行长度与起终点的最短道路长度之间的比值。

⑤ 线路站间距。线路站间距指的是线路车站之间的距离，影响线路的覆盖水平、运营速度，需要根据乘客需求、运营组织、道路条件来综合确定。

⑥ 站点覆盖率。站点覆盖率指的是站点周边一定距离内所覆盖的面积与研究范围的面积之间的比值，覆盖率越高，说明公共交通的服务水平越高。

（2）运能配置

运能指的是一条公共交通线路运输乘客的能力。运能配备是保证和提高营运服务质量的重要物质基础。

① 运能指标。运能指标主要有以下几个。

● 车辆数，是指用于运营的全部车辆数，不包括教练车、修理车等非营运车辆。

● 客位数，是指运营车辆所提供的最大运输客位总数（定员数），包括车辆设置的固定座位数（不包括司售人员座位）和有效站立面积人数的总和。

● 行驶里程，是指运营车辆在全部工作日内所行驶的里程总和，包括营运里程和空驶里程，但不包括进出保养场或修理厂及试车的里程。

● 客位公里，是指运营车辆的最大客位数与行驶里程的乘积的综合。

● 里程利用率，是指载客里程与总行驶里程之间的比值。

● 行车速度，是指对车辆配备有决定作用，并且关系到行车安全、服务质量和企业的

运营成本。一般行车速度有以下 5 种：车辆设计速度，是指根据车辆的动力、结构而提出的设计制造要求，没有交通障碍下所能达到的最高行车速度。线路许可速度，是指根据安全行车要求而确定的最大许可速度，一般依据道路条件和交通组织情况而确定。行驶平均速度，是指线路两个停靠站之间的平均速度，是线路长度与全线行驶时间之比，不包括中途站上下客和终点站调头时间、遇红灯等候时间。运送车速，是指车辆运送乘客的速度，即线路长度与包括中途上下乘客停车时间在内的全线行驶时间之比。营运车速，是指营业线路上值勤时间内每小时平均行程。值勤时间包括除遇红灯停车时间之外的所有行驶时间。

- 行车频率，是指单位时间内通过线路某一断面或停靠站的车辆数。
- 线路每公里平均车辆数，是指线路的总车辆数与线路长度之间的比值，反映了线路的运营能力和最大负荷水平。

② 运能估算方法。按照服务标准估算并配备运能，是线路长远规划的重要内容。合理地配备运能需要有准确的估算。运能的估算应考虑行车速度、车辆频率、线路负荷水平因素的要求。运能估算方法有高峰小时客运量算法、全日客运周转量估算法、高峰时段车间隔估算法、公共汽车核定运能估算法等。

- 高峰小时客运量算法，是指以高峰小时单向高断面的客运来估算全日车辆数的方法，其计算公式为：

$$N = \frac{\dfrac{P}{D}\alpha \cdot \beta \cdot \gamma}{C \cdot \eta \cdot \mu} \tag{6-2}$$

式中：N 是车辆数；P 是全年总乘次；D 是全年总天数；α 是季节系数；β 是高峰小时乘次占全日比重；γ 是高峰小时高单向断面满载系数；C 是额定车容量。公式中包含 1 个常数、6 个变量共 7 个参数，其中，车容量是常数，其余 6 个变量需要通过相关的调查资料来推算。

- 全日客运周转量估算法，是指以全日客运周转量来估算全日车辆数的方法，其计算公式为：

$$N = \frac{\dfrac{P}{D} \cdot L_a \cdot \alpha}{K \cdot M \cdot C} \tag{6-3}$$

式中：N 是车辆数；P 是全年总乘次；D 是全年总天数；L_a 是人均乘距；α 是季节系数；K 是车日公里；M 是全日满载率；C 是额定车容量。公式中包含 1 个常数和 5 个变量共 6 个参数，其中，车容量是常数，其余 5 个变量需要通过相关的调查资料来推算。该方法与高峰小时客运量算法有一定的内在联系，高峰小时满载率与全日满载率基本呈线性关系。

- 高峰时段车间隔估算法。高峰时段车间隔估算法根据高峰时段服务水平要求的车间隔来计算配车数，其计算公式为：

$$N = 2\frac{L}{v} \cdot \frac{60}{H} \cdot \sigma \tag{6-4}$$

式中：N 是车辆数；L 是线路长度（km）；v 是运营速度（km/h）；H 是高峰期间发车间隔

（min）；σ 是备车系数。其中，备车系数是车辆实际利用率的倒数。市内线路一般的服务水平取值为：线路速度 $15 \sim 22$ km/h，高峰平均发车间隔为 5 min，平均线路服务时间为 14 h。

　　● 公共汽车核定运能估算法。是指根据公共汽车核定运能估算规划年份运能，其计算公式为：

$$N = \frac{P}{D \cdot Q} \tag{6-5}$$

式中：N 是车辆数；P 是全年总换乘次数；D 是全年总天数；Q 是核定运能。

　　其中，核定运能指每天每车平均服务人次，是考虑了车辆利用率、客流波动、运营速度、服务时间、拥挤程度等因素的综合指标，是决定公共交通系统运能供给和服务水平的关键指标。

　　4）规划原则

　　（1）线网结构规划

　　公共交通线网结构主要有放射形、棋盘形、环形等类型，类型的选择需要综合考虑城市功能布局与发展方向、客运交通需求特征、道路网条件等因素。

　　① 城市功能布局与发展方向。城市功能布局与发展方向决定了公共交通线网的基本形态，从而影响线网结构的基本形式。选择线网结构时，需要从城市各个功能区的布局模式出发，并考虑城市发展方向来综合确定。

　　② 客运交通需求特征。线网结构规划需要分析城市客运的交通需求特征，包括主要客运走廊、重要的客流集散点，从而合理划分网络的功能层次，均衡线网的布局，方便大部分客流的出行。

　　③ 道路网条件。公共交通线网大多数依赖于道路网系统，线网结构选择时也需要考虑路网的形态、公交交通线网在道路上布设条件的可见性。

　　（2）线网密度规划

　　线网密度反映了公共交通线网的服务水平，需要考虑线网覆盖范围、客流需求、道路条件等因素来综合确定。

　　① 覆盖范围。线网密度的规划需要考虑公共交通线网一定距离内的覆盖范围，从而推算出整个公共交通线网密度指标。

　　② 客流需求。根据研究范围内的客流需求总量、线网的总体平均负荷强度，也能估算出线网密度的指标。线网布设的目的是为乘客提供公共交通服务设施，客流的规模和方向是线网规划的重要依据。一般在市中心区，建设密度高，客流大，线网密度相对高一些；而在外围边缘地区，线网密度则可相对低一些。

　　③ 道路条件。由于公共交通线网的基础是道路网，线网密度的确定也需要考虑道路条件。再密的线网，若没有布设条件就不具可行性。但是，在城市改造或扩建过程中，公交线网布设的适宜密度可以要求对道路进行必要的扩建或新建。

　　（3）线路规划

　　公共交通要为乘客提供良好的、方便的乘车服务，公交线网的规划设计尤为重要。线网结构界定了公共交通线网整体上的基本形态、覆盖范围及强度，线路规划则是根据线网结构和布局的要求，对单条线路的公共交通线路走向、运营能力和服务水平、质量进行研究和确定。

① 线路布局原则。

• 适应城市发展。城市中建设用地范围的扩展和城市人口的不断增加，需要公共交通的支撑和引导，公共交通线路布设要适应城市的建设和发展。

• 满足乘客要求。不同乘客有不同的要求，线路布设时需要使得线路走向与主要客流走廊和方向相一致，各个重要客流集散点之间有公共交通线路连接，尤其要考虑乘客的通勤出行需求。

• 选择最佳方案。公共交通线路的走向不仅受到道路条件的制约，还受到其他影响因素的限制，需要在调查的基础上，深入分析研究并反复权衡，考虑城市发展需求、乘客出行需要等因素来综合选择出最佳方案。

② 运能估算原则。

• 尽可能满足高峰小时最高断面客运量的需求。高峰小时客运需求是全日客运需求的瓶颈，满足了高峰小时客运需求，全日的高峰小时就都可以满足。

• 根据运输需求的增长逐步提高服务水平的供给，尽量避免高峰小时高断面的乘车拥挤，从而改善乘车条件。

• 尽量保证基本的行车间距，避免乘客在车站等候过长的时间。

（4）站点规划

① 乘客需求。站点规划需要考虑乘客的出行需求，包括商业区、居住区、公共活动中心等主要的客流集散点、线路与线路之间的换乘点。另外，还需要尽可能地缩短乘客的步行时间，乘客步行时间的计算公式为：

$$T=2\left(\frac{L}{4}+Y\right)\Big/ v \tag{6-6}$$

式中，Y 是目的地至线路的平均距离，由线网密度决定；L 是平均站距；v 是步行速度。

② 站间距要求。站点规划需要考虑站间距的要求。站间距需要均衡运行速度和覆盖范围来确定。站间距越小，覆盖范围越大，但运营速度越低；反之站间距越大，运营速度越高，但覆盖范围越小。通常在客流密集地区站间距相对短一些，在外围客流较少地区则相对大一些。

③ 设站条件。站点规划还需要考虑设站条件，既要方便乘客上下车和换乘，又要避免乘客的上下车影响交通安全和畅通。

（5）车辆选型

车辆选型是公共交通线网规划的一个重要组成部分。为适应城市道路、满足乘客需求的增长，便于线路运营和管理，需要从全局出发，综合权衡各个影响因素，找出车型车种的合理构成。在线路车辆选型时，需要考虑以下一些因素。

① 速度要求。车辆选型时需要首先考虑各个交通线路对运营速度的要求，从而确定车辆类型。车辆的设计速度、线路的站间距直接影响线路的运营速度，从而影响线路所提供的服务水平。

② 客流要求。不同地区的不同客流特征需要不同类型的车辆与之相适应。例如，对平均出行距离短，上下车频率高，对环境要求高的市中心区密集地区就需要启动快、加减速性能好、环境污染少的电车；而对平均出行距离较长、出行时间长的郊区城镇，就需要速度快、适合长距离行驶的汽车等。

③ 道路条件。要考虑道路设置公交线路的可行性，保证道路的通行和行驶安全。例如，在人口密集度高、道路条件差的地区，比较适合机动性较强的汽车，公交车辆的长度和发展频率也要受到一定的限制。

④ 投资要求。根据投资的可能性，尽可能选择现代化的交通工具逐步代替落后的交通工具，选择投资少、见效快的车种车型。

⑤ 管理要求。车辆选型还要考虑公交车辆停放、维修和管理的需求。例如，在城市用地紧张、停车场和保养场相对不足的情况下，可考虑多选择大容量车辆，从而减少一些用地需求来缓和矛盾。

2. 常规公交场站规划

1）规划目的

城市常规公交场站规划设计的主要目的是：确定公交场站的功能、建筑规模、用地面积、建筑高度、容积率、绿地率、空地率、建筑密度等规划设计指标，完成平面布局、外部交通等规划设计条件，为公交场站工程设计提供技术支持。

城市常规公交场站规划设计应结合城市规划合理布局，集约用地，做到保障城市公共交通畅通安全、使用方便、技术先进、经济合理。

2）常规公交场站概念及分类

常规公交场站指的是为常规公交系统提供乘客上下车与线路换乘、公交车停放、维修与保养、线路运营调度指挥等服务功能的交通场站设施。根据服务对象和服务性质，常规公交场站一般可分为一般公交中间站、公交首末站、公交枢纽站、公交停车保养场等几类场站设施。

（1）一般公交中间站

一般公交中间站指的是提供公交车辆停靠和乘客上下车功能的公交车站。一般公交中间站通常包括路边停靠公交站和港湾式停靠公交站。一般公交中间站应考虑乘客上下车、公交换乘的方便性以及公交车辆停靠、进出的便利性，应该设置在公交线路沿途所经过的各个主要客流集散点上。站台长度通常由停靠线路数量和高峰时期所停靠的车辆数来确定。

（2）公交首末站

公交首末站指的是除了提供乘客服务功能之外，还提供公交线路运营所需车辆停放、调度等功能的起点或者终点车站。根据《城市公共交通站、场、厂设计规范》（CJJ 15—1987）的规定，公交首末站的规模按公交线路所配置的运营车辆总数来确定。一般配置车辆总数

（折算为标准车）大于 50 辆的为大型站；介于 26 ～ 50 辆之间的为中型站；等于或小于 25 辆的为小型站。

根据服务线路数和服务功能，公交首末站包括一般公交首末站、服务性公交首末站、公交枢纽站、公交总站等。一般公交首末站指的是为 1 ～ 2 条线路服务的公交首站或者末站。服务性公交首末站是将车辆掉头与停放、乘客上下车、旅客候车、车辆调度等多种设备整合在一起的小型公交站，通常为 2 ～ 4 条线路提供服务。

（3）公交枢纽站

公交枢纽站一般指在多条公交线路交汇处，或者公交线路与其他重要交通设施的交汇处设置的公交站。通常为 3 条以上主要公交线路服务的首末站，一般至少设置 4 条发车通道，其中至少一条要加宽作为超车通道，还应提供调度室、用餐与停车区及其他辅助设施。公交总站指的是包括客运服务、与其他交通方式换乘、车辆管理指挥、停车维修保养等功能的大型公交综合场站。一个公交总站一般应包括至少 8 条发车港湾通道，其中至少 2 条通道应加宽以便让始发车超越停车，另外，还应该提供车辆停放区、调度区等其他配套设施。

（4）公交停车场、保养场

停车场的主要功能是为线路运营车辆下班后提供合理的停放空间、场地和必要设施，并按规定对车辆进行低级保养和重点小修作业。保养场的功能主要是承担营运车辆的高级保养任务及相应的配件加工、修制和修车材料、燃料的储存、发放等。

3）公交场站规划的主要原则和内容

（1）规划原理

根据《城市公共交通站、场、厂设计规范》（CJJ 15—1987）的规定，城市公共交通站、场、厂的设计应结合规划合理布局，计划用地，做到保障城市公共交通畅通安全、使用方便、技术先进、经济合理。

① 一般中间站的规划。一般公交中间站主要设置于线路中间，规划时主要内容包括站址的选择和站距的设置。中间站应沿道路布置，站址宜选在能按要求完成车辆的停和通两项任务的地方，应结合公共交通线路沿途所经过的各种客流集散点来设置。中间站的站距要合理选择，平均站距宜在 500 ～ 600 m。市中心站距宜选择下限值；城市边缘地区和郊区的站距宜选择上限值；百万人口以上的特大城市，站距可大于上限值。

② 公交首末站的规划。公交首末站是为线路运营服务的主要场站设施，需要占用一定规模的用地，规划时主要涉及场站规模和站址选择。

公交首末站宜设置在城市各主要客流集散点附近并且比较开阔的地方。这些主要客流集散点一般都在几种公交线路的交叉点上，如火车站、码头、大型商场、分区中心、公园、体育馆、剧院等。在这种情况下，不宜一条线路单独设置公交首末站，而宜设置几条线路公用的交通枢纽站。

公交首末站的规模根据其所承担的服务功能来确定。根据规范，公交首末站的规模按线路所配营运车辆总数来确定。首末站的规划用地面积宜按每辆标准车用地 90 ～ 100 m² 计算。若线路所配营运车辆少于 10 辆或者所规划用地属于不够正方或地貌高低错落等利用率不高的情况之一时，宜乘以 1.5 以上的用地系数。

③ 公交停车场、保养场的规划。根据规范，公交停车场的总平面设置为场前区、停车坪、生产和生活区 4 个部分，共同构成一个有机整体。各部分平面设计的主要要求如下。

● 场前区由调度室、车辆进出口、门卫等机构和设施构成，要求有安全、宽敞、视野开阔的进出口和通道。

● 停车坪的设计应采用混凝土刚性结构，有良好的雨水、污水排放系统，排水明沟与污水管不得连通，坪的排水坡度（纵、横坡）不大于 0.5 %。停车坪应有宽度适宜的停车带、停车通道，并在路面采用画线标志指示停车位置和通道宽度。在北方（黄河以北），停车坪上必须有热水加注装置，有条件宜建成封闭式停车库。

● 生产区的平面布局必须包括低保修工间及其辅助工间、动力及能源供给工间两个组成部分，两部分的设计应符合工业厂房设计标准和规范要求。

● 生活区的平面布局包括办公楼、教育用房、文化娱乐和会议用房、食堂、保健站、浴室、集体宿舍、厕所等，其设计需结合本身的特点，参照执行有关标准。全场必须搞好绿化。

根据规范，公交保养场的平面布置应遵循以下原则。

● 保养场平面布置应有明显的功能分区，把功能相近、生产（工作）性质相同、动力需要和防火、卫生等要求类似的车间、办公室、设备、设施布置在同一功能分区内。尤其是保养车间及其附属的辅助车间必须按照工艺路线要求布置在相邻近的建筑物里，建筑物之间既有防火等合理的间隔，又要有顺畅而方便的联系。

● 保养场的办公及生活性建筑宜布置在场前区，其建筑样式、风格、色彩等与所在街景的美学特点要相和谐。场区的道路应不小于 7 m，人行道不小于 1 m；场区还必须按《城市公共汽车技术条件》（GB 4992—1985）要求设置符合标准的试车跑道，还应有一定数量（不小于 50 辆运营车）的机动停车坪。

● 保养场的配电房、锅炉房、空压机房、乙炔发生站等动力设施应在全场的负荷中心处。锅炉房应位于全场的下风处，近旁还应有便于堆放、装卸煤炭的场地。保养场进出应有供机动车用的、宽度不小于 12 m 的铁栅主大门，主大门两旁应有宽度不小于 3 m 的人员出入门，同时还应在适当处设置紧急出入门。

（2）规划内容

城市常规公交场站规划设计的主要内容如图 6-6 所示。

● 规划背景，主要说明公交场站规划的原因或者必要性，规划的位置、用地范围等背景资料。

● 现状分析，分析公交场站周边现状公交设施、现状道路设施、周边用地等情况。

● 公交场站的功能定位分析，分析公交场站的功能、配置、建筑规模等。

● 公交场站的规划设计条件分析，根据公交场站的功能定位，提出规划设计的要求和指标。规划指标包括用地面积、建筑高度、容积率、绿地率、空地率、建筑密度等。规划设计要求包括功能布局设计、交通组织设计、市政设施规划设计等要求。

- 公交场站平面布局的分析，分析公交场站的公交线路走向、车辆进出口位置、公交车上下客站台的平面布局形式和安排，作为下一步方案设计的参考。
- 外部条件分析，根据公交场站位置、范围及功能，分析公交场站范围外部的交通、用地等方面的相关规划条件。
- 结论及建议，总结规划的内容，并提出下一步工作的方向和建议。

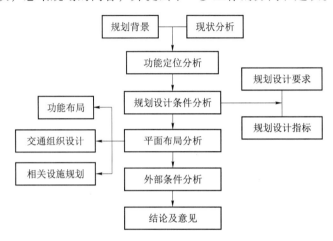

图 6-6　城市常规公交场站规划设计的主要内容

3. BRT 系统规划

1）概念

BRT 是英文 Bus Rapid Transit 的简称，中文称为快速公交系统，它将轨道交通系统的服务特性和常规系统的灵活性整合在一起，是介于轨道交通模式和常规公交模式之间的一种快速公交交通方式。国内外对 BRT 的含义有多种解释。一般来说，BRT 系统指的是利用先进的汽车技术、智能交通系统、运营组织管理技术，开辟了专用道路空间，改进公共汽车的线路、车站等基础设施，提高公共交通系统的运输能力、运输速度、舒适程度、环保和外观效果，达到轨道交通系统中轻轨系统的服务水平的一种快速公共汽车交通系统。

2）BRT 系统的组成部分

虽然 BRT 系统在具体实施上有一定的灵活性，但是 BRT 系统的组成部分一般都包含道路空间、车辆、车站、运营组织管理技术、智能交通系统技术等几个部分。

（1）道路空间

道路空间的使用形式既影响到 BRT 的运营速度、运营可靠性、运输能力等服务水平特性，也会影响到 BRT 系统的实施条件、拆迁费用。从道路使用权的角度，可以将 BRT 系统使用道路空间的形式分为 3 个等级：全封闭专用道、半封闭专用道、混合车道。全封闭专用道指的是封闭 BRT 使用的道路空间，与其他车辆的行驶空间之间完全隔离，存在交叉的地方，采用立体方式（包括高架或地下敷设方式）通过。半封闭专用道指的是封闭 BRT 使用的道路空间，与其他车辆的行驶空间之间完全隔离，但是在交叉口地方，利用信号优先技术，使 BRT 车辆优先通过。混合车道指的是 BRT 车辆与其他车辆具有同等道路使用权，可同时在同一车道上行驶。在车道设置形式上，有路中专用车道形式、路侧专用车道形式，路侧专用车道行驶又可分为两侧布置形式和单侧布置形式。路中专用车道形式指的是将 BRT 线路的上下行双线集中地布置在道路中央的布置形式。路侧两侧专用车道形式指的是将 BRT 线路的上下行双线分开，分别设置于道路外侧两侧的布置形式。路侧单侧布置专用车道形式指的是将 BRT 线路的上下行双线集中设置于道路外侧一侧的布置形式。图 6-7 为路中专用车道形式，图 6-8 为路侧两侧专用车道形式，图 6-9 为路侧单侧专用车道形式。

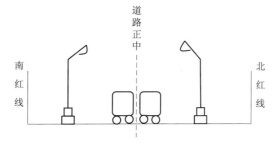

图 6-7　路中专用车道形式

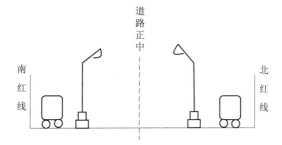

图 6-8　路侧两侧专用车道形式

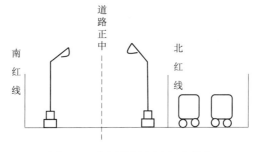

图 6-9　路侧单侧专用车道形式

（2）车辆

BRT系统的车辆的性能直接影响BRT系统的运输功能，运营速度、运营可靠性、环保性能影响到城市景观和乘客的舒适度。与常规公交相比，通常BRT车辆车身长度更长，具有更多的车门，因而BRT车辆具有更大的运输能力、更快的运营速度，乘客乘坐的舒适度更高，并且车辆的安全性和可靠性更高。车辆动力系统可以选择电力或者其他能源驱动系统，从而提高车辆的性能。

（3）车站

BRT系统的车站是提供乘客上下车的设施，是BRT系统的重要组成部分，车站的设置影响系统的运营速度、服务水平，其建筑形式影响城市整体景观。车站按照功能可以分为中间站、换乘终点站。中间站提供乘客上下车的功能；换乘站除提供乘客上下车的功能，还提供与其他公交线路换乘的功能；终点站则指的是处于线路终点最后一站的车站，除了乘客上下车功能外，通常还提供票务管理、线路调度等功能。

与常规公交车相比，BRT系统的车站具有以下一些特点：① 规模更大，站台长度更长，具有更大的车站通行能力；② 通常采用提高站台高度或者采用低地板车辆，方便乘客水平上下车，从而节省上下车时间，提高乘客上下车的方便程度；③ 根据需求，有的车站采用车外购票系统，使乘客在进入车站前完成购票，提高乘客上下车速度，节省等候时间；④ 车站具有乘客信息服务系统，可向乘客提供更多的服务信息，如车辆的运营时刻表、线路上下车运营的动态情况等信息，从而提高服务质量。

（4）运营组织管理技术

BRT系统具有先进的监控、调度、信号等控制系统和运营组织管理技术来控制车辆的发车频率、运行时间和行驶位置。监控系统使得运营管理者可针对道路条件和乘客的具体出行需求来控制车辆的运行状况，提高线路运营的效率。调度系统可以向驾驶人员提供指示信息，提高车辆运营的可靠性、车辆间距的合理性，从而保障乘客出行的安全性和准时性。信号控制系统控制线路的通行许可权，在道路使用权与其他车辆发生交叉的地方保证BRT系统车辆的优选通行权，有利于保证BRT系统服务的规律性、准时性，提高BRT系统的吸引力。

（5）智能交通系统技术

BRT系统中通常采用先进的智能交通系统技术，对运营车辆采取有效控制。例如，通过GPS等定位系统实现车辆的自动定位系统进行车辆的动态调度，应用辅助驾驶系统技术保持车辆的平稳、快速、安全运行，采用交通感应系统实现信号优先控制，通过广播和无线网络等媒介向乘客提供公交信息服务系统、电子收费系统等，提高BRT系统的运营效率和服务水平。

3）BRT线网规划

（1）规划内容

BRT线网规划的研究内容主要包括BRT系统在城市公共交通系统中的功能定位、公共交通需求预测和分析、BRT 系统的网络布局规划、线路走向规划、车站规划及相关设施规划等内容。

（2）功能定位

确定 BRT 系统在城市公共客运交通系统中的功能定位，以及 BRT 与城市轨道交通系统、常规公交系统等其他系统之间的相互关系。

通常 BRT 系统在城市公共客运交通系统中的功能定位有以下几种。

① BRT 系统作为城市公共交通系统的骨干运输方式。城市公共交通系统以 BRT 系统为主导型的快速大容量客运交通系统，服务于主要客运交通走廊，作为城市公共交通客运的骨干运输方式。

② BRT 系统作为城市轨道交通系统的补充或者延伸方式。城市公共客运交通系统是以城市轨道交通系统为主导型的快速大容量客运系统，在城市轨道交通系统没有覆盖的地区，BRT 系统作为城市轨道交通系统覆盖范围和运输能力的补充，在客流强度不高的城市外围或者郊区，BRT 系统作为城市轨道交通系统在外围的一种延伸方式。另外，BRT 系统还可以作为城市轨道交通系统的交通衔接方式，起到连接轨道交通线路或者接驳大运量轨道交通系统客流的作用。

③ BRT 系统作为远期轨道交通系统的过渡方式。对于近期没有大容量客流出行需求，远期又需要预留条件的客运交通走廊，BRT 可以作为远期轨道交通系统的一种近期过渡交通方式，既满足近期客流的出行要求，又为远期预留轨道交通的建设条件。

（3）公共交通需求预测和分析

在 BRT 线网规划之前，需要分析和预测研究范围内的客运交通需求，作为规划的依据。公共交通需求预测时，一般采用传统的四阶段预测模型，从城市综合交通规划出发，首先通过调查预测出全方式的居民出行需求、出行分布量、出行交通方式、公共交通客运量的总量和分布情况，进而分析客运交通出行的主要集散点和主要的城市公共交通客运走廊，作为下一步 BRT 系统规划的定量依据之一。

（4）网络布局规划

在客运交通走廊和客流集散点分析的基础上，结合 BRT 系统在公共交通客运系统中的功能定位，根据道路的布局形态和项目实施条件，规划出 BRT 网络布局，安排出各条线路的具体走向，并做网络方案评价以进行优化，直到最后得到推荐方案。

（5）线路走向规划

根据线路布局模式和线路的功能定位，以及可利用的道路资源条件和主要的服务对象、与其他交通方式的结合，规划线路的具体走向，并且在工程项目可实施性上考虑线路服务水平（包括线路的运营速度、运输能力等）、线路的路权、线路在道路断面上的位置安排。

（6）车站规划

根据线路客流特征和服务水平确定车站间距，将车站位置与服务对象相结合。根据客流需求和实施条件，规划车站的平面布置形式。车站的平面布置形式根据 BRT 车站与道路断面的关系，可以分为中央岛式站台、中央侧式站台、路侧侧式站台。中央岛式站台指的是将站台设置于道路中央，线路双向公用岛式站台，通过人行天桥、过街通道或者人行斑马线与道路外侧相连接。中央侧式站台指的是将站台设置于道路中央，线路两外侧各设置一个侧式站台，通过人行天桥、过街通道或者人行斑马线与道路外侧相连接。路侧侧式站台指的是将站台设置于道路外侧的形式，包括道路单侧布置形式和道路两侧布置形式。

（7）BRT 系统场站设施规划

BRT 系统是一个综合的先进的公共交通系统。如前面所述，BRT 系统中不仅包括道路空间、线路车站等基础设施，还包括 BRT 系统的停车保养场、供电和通信等基本运营设备系统、运营调度系统、信号控制系统、乘客信息服务系统、车辆定位系统等智能交通系统。其中，停车保养场是为 BRT 车辆提供停放、维修、保养的专门场所。BRT 系统相关场站设施的服务功能、选址位置、用地规模也需要在做 BRT 系统规划时做出安排，其规划用地规模根据所承担的功能来确定。例如，BRT 系统停车保养场的规划用地规模通常根据其所承担的停放车辆数、保养车辆数、保养级别和保养周期等因素来确定。

4. 公交专用道规划

1）概念

公交专用道指的是为了体现公交优先，在道路上专门开辟出的只允许公交车辆行驶的车道。

2）设置标准

根据 2004 年公安部发布的《公交专用车道设置》（GA/T 507—2004）标准件如下。

城市主干路满足下列全部条件时应设置公交专用车道：① 路段单向机动车道 3 车道以上（含 3 车道），或单向机动车道路总幅宽不小于 11 m；② 路段单向公交客运量大于 6 000 人次/高峰小时，或公交车流量大于 150 辆/高峰小时；③ 路段平均每车道断面流量大于 500 辆/高峰小时。

城市主干路满足下列条件之一时宜设置公交专用车道：① 路段单向机动车道 4 车道以上（含 4 车道），断面单向公交车流量大于 90 辆/高峰小时；② 路段单向机动车道 3 车道，单向公交客运量大于 4 000 人次/高峰小时，且公交车流量大于 100 辆/高峰小时；③ 路段单向机动车道 2 车道，单向公交客运量大于 6 000 人次/高峰小时，且公交车流量大于 150 辆/高峰小时。

公交专用道的宽度要求为：路段上公交专用车道宽度应不大于 3.75 m，不小于 3.25 m，交叉口处专用车道宽度应不小于 3.0 m。

3）设置方法

① 在路段的设置方法有"外侧式"和"内侧式"的设置方法。公交专用车道设置在机动车道行驶方向最右侧时，称为"外侧式"，公交专用车道设置在机动车道行驶方向最左侧时，称为"内侧式"。

② 在交叉口的设置方法分为两种情况：一种为在进口道的设置方法，一种为在出口道

的设置方法。在进口道设置公交专用道时，公交专用车道直接设置到停车线（公交专用车道线终止于导向车道线），应终止于行驶方向第一组导向预示箭头。在出口道设置公交专用道时，公交专用车道的起点距对向车道停车线的距离应大于相交道路转向车变换车道的距离，应不小于 30 m；若两路口间路段长度较短（不足 150 m），可不设公交专用车道。

5. 出租车规划

出租车指的是具有专门司机驾驶、面向公众乘客出租服务的、根据车上的计程器计算里程来进行计价的汽车运输交通工具。出租车载客量不多，一般最多有 4 个座位。出租车没有固定的行驶线路，只为个体乘客服务，服务对象是公众乘客而不是车辆所有者。

出租车是城市公共交通系统的重要组成部分，相对于其他公共交通工具（如轨道交通、常规公交）而言，可达性较高，能够为公众乘客提供方便、灵活、门到门的个性服务，可以弥补其他公共交通工具未能覆盖的地区，以及其他交通工具未能服务的出行时间。出租车作为相对高舒适度的出行方式，仅对个体乘客服务，一般中间无停靠站，与常规公交相比较交通费用较高，更加偏向服务高收入人群和工作外出、购物等出行目的。2008 年北京市登记运营的出租车总计为 6.66 万辆，完成 6.9 亿人次的服务。

作为一种辅助公共交通系统，出租车在城市综合交通特性中的功能定位主要有以下两方面：

① 作为没有小汽车或者需要临时使用个体交通的公共乘客的一种替代小汽车的交通工具；

② 作为轨道交通、常规公交等其他交通系统的接驳交通工具。

出租车规划要考虑 3 个方面的内容。

① 出租车总体规模的预测。根据交通出行需求预测和综合交通体系中功能定位的要求，预测出出租车的数量，既要满足公共乘客的要求，又要避免过多的出租车带来的车辆使用率低和城市交通拥挤问题。

② 出租车停靠站的规划。在道路交通、公交枢纽、重要活动场所规划出租车停靠站，方便公共乘客对出租车的使用，避免对其他公交系统的干扰和影响。

③ 出租车使用管理规划。规划出租车在道路交通上或者进出出租车停靠站的交通组织以及对公共乘客使用出租车的管理。

6. 导向公共汽车规划

导向公共汽车指的是在车辆的两个前轮后侧各装有一个水平方向的导向轮，以构成车辆行驶的导向装置，使得车辆可以沿着导向道行驶的公共汽车。导向道类似于轨道交通中的轨道，是专门给导向公共汽车行驶的通道，由导轨和轨枕组成，导轨与路面呈"L"形竖向立在车轮两侧，与导向轮相接触，起到挡住车辆的作用，并且能使得车辆沿着导轨行驶。

世界上拥有导向公共汽车的城市不多，运营导向公共汽车比较成功的城市是澳大利亚的阿德莱德市。该市 1987 年建成了一条连接市中心和居住区的长度约为 12 km 的公共汽车导向道。

6.3.3 城市轨道交通规划

1. 城市轨道交通线网规划

城市轨道交通线网是指由多条轨道交通线路通过换乘车站衔接组合而形成的网络系统。根据《城市轨道交通线网规划编制标准》（GB/T 50346—2009），城市轨道交通线网规划的主要任务是：依据城市综合交通规划提出的城市轨道交通发展目标和原则要求，确定城市轨道交通线网的规划布局，提出城市轨道交通建设用地的规划控制要求。

城市轨道交通线网规划的原则主要有：① 城市轨道交通线网规划应与城市总体规划相协调；② 轨道交通线网规模与城市经济、交通需求相适应；③ 城市轨道交通线网规划应考虑主要客运交通走廊、主要客流集散点；④ 城市轨道交通线网规划应具有协调轨道交通、缓解拥堵和交通导向的功能；⑤ 城市轨道交通线网规划应考虑工程的可实施性；⑥ 城市轨道交通线网规划应考虑运营的经济合理性；⑦ 提出轨道交通线网规划应考虑与其他交通系统相协调。

城市轨道交通线网规划包括以下内容：① 分析城市交通现状，预测城市客运交通需求；② 论证城市轨道交通建设的必要性；③ 分析城市轨道交通发展目标和要求；④ 研究确定城市轨道交通运输网的规模；⑤ 研究城市轨道交通线网结构，确定城市轨道交通线网规划方案；⑥ 对城市轨道交通线网规划方案进行综合评价；⑦ 分析提出城市轨道交通车辆基地的规模，确定车辆基地规划布局；⑧ 提出城市轨道交通建设用地规划控制要求。

线网规划应包括线网结构和线网方案两个研究阶段。线网结构研究的主要任务是确定轨道交通线网的基本构架；线网方案研究的主要任务是确定轨道交通线网的规划布局原则，确定各条线路的铺设方式。

1）城市轨道交通发展条件

增加国务院《关于加强城市快速轨道交通建设管理的通知》（国办发〔2003〕81号）。

2）线网合理规模的确定

轨道交通线网规模是线网规划的一个宏观约束性指标，其指标主要有轨道交通线网总长度、线网密度、总车站数等。轨道交通线网总长度指的是研究范围内所有路线长度总和，直接反映了线网规模，一定程度上反映了总投资量、运输能力、总体效益等。线网密度是衡量轨道交通服务水平的一个主要指标，指的是研究范围内单位人口或者单位面积上线路长度的总和。总车站数指的是研究范围内所有的线路上的车站个数的总和。

确定城市轨道交通的合理规模要考虑多种因素，首先要考虑城市性质和特征，考虑用以支撑城市交通的载体道路设施条件、交通的需求和发展。线网规模体现了一个城市轨道交通方式的供给水平。由于交通需求和交通供给是动态的平衡过程，因此规模也是相对的。线网规模是否真正合理，最终应进行需求和供给的动态检验。

确定线网规模的主要原则有：① 满足未来城市交通出行需求；② 满足城市发展目标和环境目标要求；③ 与城市发展规模和规划布局相吻合；④ 借鉴国内外轨道交通建设发展经

验；⑤ 留有适度发展余地，具有一定发展弹性。

目前，测算城市轨道交通线网规模常用的方法有3种，即出行需求分析法、服务水平类比分析法和回归分析法。出行需求分析法，是通过轨道交通供需平衡分析而进行测算的方法；服务水平类比分析法是通过类比同类城市轨道交通线网规模技术指标而综合分析测算的方法；回归分析法是通过相关因素的回归分析而测算的一种方法。

3）功能定位于层次的划分

轨道交通线网规划应该首先确定研究范围内包括铁路、区域轨道交通、城市轨道交通等各种轨道交通不同的服务对象和功能定位。对于线网规模较大的大城市轨道交通线网，应结合社会经济发展要求、城市总体规划、城市综合交通规划等上位规划，划分出城市轨道交通线网的层次，明确各个层次线网的功能定位和服务水平，如交通出行方式比例、旅行速度、站点覆盖率等指标。

（1）功能定位

交通是城市的命脉，交通是城市社会活动和经济发展赖以生存的基础。现代化大城市需要建立方便、快捷和高效的交通运输体系，而这一系统又离不开大运量的轨道交通。

轨道交通具有快捷、准时、大运量、舒适性高的特点，在出行中主要承担中长距离的交通出行。伴随着城市用地功能的调整和城市建设规划的实施，人们的活动范围和出行距离都将呈现扩大趋势，而伴随着城市经济实力的增强和城市人口的增加，城市客运交通出行也将呈快速增长态势。城市交通需求的迅速增加和城市客运交通能力增长的相对滞后，使城市道路上的交通拥挤状态日益严重，常规交通方式已难以满足居民出行需求。随着社会经济的发展和人民生活水平的提高，人们越来越重视交通出行，特别是中长距离交通出行的快捷性和舒适性。轨道交通具有快速、准时、大运量、舒适性高的特点，当轨道交通网络基本形成后，轨道交通出行时间的可达性将大大提高，越来越多的中远途交通出行将选择轨道交通。

由于轨道交通在交通运输中具有明显的优势，一条线路的建设可以带动沿线地区迅速发展，从长远意义上讲，轨道交通具有引导城市发展的作用。利用轨道交通引导城市可持续发展是当今城市规划的理念。在调整城市空间结构和促进城市合理布局方面应积极发挥轨道交通的引导作用，轨道交通线网同城市郊区和城镇要形成有力支持，促进城市空间发展规划的实现。

（2）层次划分

从广义上说，轨道交通可分为铁路运输系统、市郊铁路运输系统和以地铁为主、辅以轻轨组成中心城轨道交通运输系统。铁路运输系统包括城际铁路、高速铁路及铁路干线运输网络，主要承担对外与其他大城市的轨道运输服务。作为城市（内部的）轨道交通系统则包含以下两个层次：第一个层次是中心城轨道交通线网，主要承担城市中心地区，包括与城市郊区之间的交通运输服务；第二个层次是市郊铁路线网，主要承担市域地区新城与市中心地区之间的交通运输服务。

不同形式的城市轨道交通具有不同的使用功能，各有不同的适用范围，它们在系统制式、敷设方式和运营组织等方面也存在一定差异。在轨道交通系统的发展中，应该根据城市地区发展的需要来选择与之相适应的轨道交通类型，明确轨道交通功能定位，满足不同主体需要。例如，地铁服务于中心城、土地高密度开发地区的繁忙客运交通走廊，轻轨服务于次繁忙客运交通走廊，市郊铁路服务于中心城与新城以及新城之间的交通运输联系。各种层次、各个类型的轨道交通特性清晰、层次分明、功能明确，与各种类型土地利用方式相适应，并且在各种线路服务的一体化上（如票制的协同、换乘的衔接等）从以人为本的角度加以考虑，才能发挥轨道交通系统整体的效率，促进轨道交通与城市的相互协调发展。

对于一个城市而言，城市不同地区的客流特征和规模不同，对轨道交通提出的服务水平要求也不一样，需要不同层次的轨道交通来支持。按照服务水平和客流特征，大城市的轨道交通系统主要可以分为多个层次的线网系统，主要包括以下 3 种。

① 中心城轨道交通系统。中心城轨道交通系统具有车站间距密集、覆盖范围大的特点，时速为 35 km/h，服务于人口密集、社会活动频繁的中心城区，服务对象是中心城各个功能区之间的客流，为市中心区内部的主要客流集散点的出行服务。按照系统模式来分，主要有地铁运输系统、轻轨运输系统。地铁属于大容量轨道系统，适用于每小时单向 3 万～6 万人次的客运交通走廊，主要服务于主城区发展密度大、客流高的走廊；轻轨属于中容量轨道交通系统，适用于每小时单向 1 万～3 万人次客流运输走廊，主要服务于主城区中等发展密度和客流走廊，或者主要服务新城区。

② 轨道交通区域快线系统。和中心区地铁系统相比，轨道交通区域快线需要具有列车运营速度快、站间距大、服务出行距离长、停车少的特点，区域快线系统一般都穿越城市中心区，服务于主要出行之间的直达服务，用于支持中心区与郊区、郊区与郊区的交通联系，服务对象是中心区与郊区、郊区与郊区之间的客流。

③ 市郊铁路运输系统。市郊铁路具有客运能力大、车站间距大、运营速度高的特点，在较近郊区时速为 45～50 km/h，在较远郊区时速约 100 km/h，服务于人口密度相对稀疏的郊区，服务对象是中心城与郊区城镇的客流、各个郊区城镇之间长距离大运量的客流运输，功能定位是为中心城区与郊区城镇、各个城镇之间的中长距离居民出行通过快速、舒适、安全、准时的轨道交通运输服务，适用每小时单向 1.5 万～6 万人次的客流运输走廊。

4）线网结构

城市轨道交通线网结构指的是线路网络的形态结构，线网结构影响着城市发展形态、线网运营效率、工程造价。线网结构研究应该在分析城市发展形态、城市用地功能布局、城市主要客运交通走廊、客运交通枢纽及客运集散中心、线网功能层次和定位的基础上来确定。

线网结构需要确定线网的基本构架，为线网方案奠定基础，从而指导各条线路的规划。城市轨道交通线网结构的基本类型可以归纳为 3 种：棋盘式线网结构、放射线式线网结构、环线加放射线式线网结构。一般的城市轨道交通线网结构大都可以由这 3 种类型或者它们的组合类型组成。

（1）棋盘式线网结构

棋盘式线网结构由若干条（至少4条）纵横线路相互平行（或近似平行）布置而成，形状如同一个棋盘，如图6-10所示。日本大阪和墨西哥两个城市的地铁网就采用这种线网结构。棋盘式线网结构的优点是在纵横两个方向上都能提供较大的客流输送能力，线网布线和换乘节点分布均匀，工程易于实施。缺点是平行线间的换乘至少需要两次，并且由郊区到市中心区的出行不便。

棋盘式线网结构的线路和站点分布比较均匀，各个区域的交通可达性相差不多，因而城市空间结构容易形成均匀分布的形态，不容易形成明显的市中心。当线路分布比较均匀和松散时，城市居民分布均匀，空间比较开阔，但是容易导致城市用地效率减低，城市空间比较单调，适合于人口分布均匀、没有明显市中心的城市。

（2）放射线式线网结构

放射线式线网结构一般指以城市中心区为中心，线路向外径向布置，呈现向外放射发展，如图6-11所示。哥本哈根采用的就是一种放射线式线网结构。放射线式线网结构的优点是郊区各个方向到市中心的出行方便，符合城市发展从中心区到边缘区土地利用强度逐渐递减的趋势。缺点是各个郊区之间的联系需要到市中心区换乘。

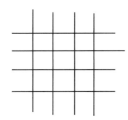

图6-10 棋盘式线网结构

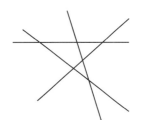

图6-11 放射线式线网结构

放射线式线网结构方便了郊区到市中心的出行，采用这种结构的城市，沿着不同的发展轴向外发展，而市中心逐渐形成高密度高强度的面状城市开发，形成一个强大密集的市中心，有利于节约土地资源，防止城市向周围"摊大饼"式发展。放射线式线网结构一般会造成城市单中心的空间结构，但是当城市规模扩大到一定程度以后，这样的城市空间结构会造成中心人口过于密集、交通过渡拥挤、出行距离大、中心地价过高、郊区与郊区间联系不方便的缺点。因而这样的线网结构适用于具有明显市中心、城市规模中等、郊区客流不大的城市。

（3）环线加放射线式线网结构

环线加放射线式线网结构在放射线式线网结构的基础上增加环线的设置，以加强各条放射线之间的联系。如图6-12所示。世界特大城市的轨道交通线网大多采

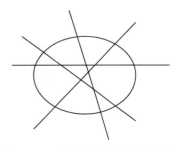

图6-12 环线加放射线式线网结构

用这种线网结构，如伦敦、巴黎、莫斯科、东京等。环线加放射线式线网结构具有放射线式的优点，又克服了它的缺点，既方便了不同方向线路的换乘又减少了市中心的干扰和压力，但是环线的客流规模需要达到一定的集散量，它的设置才能取得较好的效果，因而需要根据城市自身特点具体研究。

采用环线加放射线式线网结构的城市易形成高密度的市中心和向城市四周伸展的发展轴，同时在市中心外围环线和放射线交叉形成的换乘枢纽形成城市的副中心，促进城市空间结构从单中心向多中心转变的发展模式。这种线网结构适合于发展主、次多中心的特大城市。

5）线网方案构架

线网方案构架的主要任务是在确定线网合理规模、功能定位和系统层次、分析网络结构的基础上研究城市发展现状及规划的背景资料、主要交通走廊、客流集散点、建设条件，提出线网规划的多个方案。

影响轨道交通线网方案构架的因素主要有城市规划和社会经济发展战略及目标、城市综合交通规划、城市轨道交通现状情况等。在进行线网方案构架时，应综合考虑各种影响因素，采用定量和定性相结合的方法，从点、线、面多个层次来系统性地分析和研究。

城市轨道交通是一种运输能力大、运输速度快、资源节约型的客运交通方式，在城市综合交通系统中的功能定位应该是作为城市客运交通系统的骨干运输方式。城市轨道交通线网构架时，应该从整体到局部统筹综合考虑城市主要的客流集散点、主要的客运交通走廊、城市的重要功能区。

线网方案构架时，从点、线、面的分析过程如下。

① 点的分析：城市重要客流集散点分析。通过现场调研、实地勘察、广泛收集相关资料，主要针对研究范围内城市的主要客流集散点、重点功能地区和建设地区、重要交通枢纽来展开分析，分析各个重点地区、交通枢纽、客流集散中心的现状及规划情况、相互间的关联情况，分析城市轨道交通与它们的相互关系，使得城市轨道交通既能更好地服务重要地区，又能实现城市轨道交通系统平稳有序发展，从而促进二者相互协调。

② 线的分析：城市重要客流走廊分析。在分析重要客运交通走廊的基础上，研究线网各个可能路径走向的必要性、可行性、优劣性。首先，结合城市发展现状、规划背景资料，利用交通预测模型，从各条线路可能路径走向的角度，分析线路沿线现状及规划土地使用性质等情况。其次，从线路的工程实施难点、现状及规划设计条件角度，分析线路可能路径走向的可行性。最后，在可能作为轨道交通走向的走廊较多的情况下，从线路建设必要性、沿线情况、工程实施难易等影响因素，综合判断线路各个可能路径走向的优劣性，从几个不同的比选方案形成最终的推荐方案。

③ 面的分析：轨道交通线网的整体形态分析。根据城市发展的空间结构和形态、土地使用功能布局、人口就业整体分布等背景资料，从轨道交通线网的整体形态出发，分析城市发展及规划的情况、城市交通远景发展战略规划，分析各种网络形态的优缺点以及城市空间

形态发展的协调性，研究线网整体形态与城市发展的互动关系，从整个线网的角度，形成线网的基本形态，划分线网形态层次，安排线网内各条线路的功能定位。

6）方案比选与评价

线网规划的最终目标是要形成一个最优的线网规划方案，它的形成过程需要经过初始方案形成、方案比选与评价、推荐方案形成3个阶段。其中，方案比选与评价的主要任务是根据影响因素，进行定量分析和测试，采用一定的评价体系和评价方案，评判预选出几个初始规划方案，分析其服务水平、服务效果，选择出其中的最优方案，作为推荐方案。

轨道交通线网方案的评价涉及众多因素，是一个需要定量和定性分析相结合的多目标决策问题。轨道交通线网方案评价的一般过程为：首先分析轨道交通线网规划的目标，从而确定方案的评价准则；其次建立反映线网各项内容优劣程度的评价指标体系，分析各项评价指标在线网方案评价时的权重系数；然后根据所建立的评价指标体系和各指标的权重系数分别计算多种预选方案的评价分数值；最后采用规划方案的综合评价方法，如层次分析法、模糊综合评价法、专家打分法等，来综合评判多个预选可行方案，根据各个方案的评价分数值大小，选出最优推荐方案。

（1）评价准则

总体来说，一个合理的轨道交通线网方案应该与城市发展规划相协调、合理线网功能结构、较好的实施条件、具有较好的服务水平和较高的线网运营效果、能否采用较小的经济费用带来良好的社会效益。在建设轨道交通线网的评价准则时应该包括前述的各项内容。

在与城市发展规划相协调方面，应该判别线网是否与城市空间形态发展相适应，能否满足合理城市空间布局规划条件下的交通需求发展，能否引导城市用地的合理发展，线网规模和覆盖范围是否合理等目标。在线网服务水平和运营效果上，判别线网是否具有较好的客运效果，能够高效地满足客运交通出行需求。在社会效益上，判别是否能够有效改善城市交通、节省公共交通的出行时间、引导地区的发展。

（2）评价指标体系

建立评价指标系统的主要任务是在评价准则的基础上，提出反映方案优劣程度的评价指标。在评价指标体系上，各个研究单位在评价方案时所采用的评价指标各有不同。

（3）综合评价方法

综合评价方法主要任务是根据所建立的评价指标体系，采用定性分析和定量分析相结合的多目标决策方法，将多个评价指标转化为一个能够反映情况的指标来进行评价，分析各个预选方案的各项指标，技术得出各个预选方案的综合评价值，作为方案优劣程度的判断依据。

目前，常用的评价方法主要有专家打分法、层次分析法、模糊综合评价法等。

2. 城市轨道交通线路规划设计

1）规划目的

城市轨道交通线路规划设计的主要目的是：依据上位规划和沿线现状条件等多方面要

求，协调沿线土地利用、建筑物开发、市政基础设施等方面内容，并结合客流预测分析结果，优化轨道交通线路和场站布局方案，以及交通接驳设施方案，为轨道交通线路工程可行性研究、工程方案设计等提供技术支撑。

城市轨道交通线路规划设计通常包含线位及站点布局优化、线路沿线土地使用和交通设施优化调整、车站和场站设施详细设计三阶段。

2）规划内容

城市轨道交通线路规划设计的主要内容如图 6-13 所示。

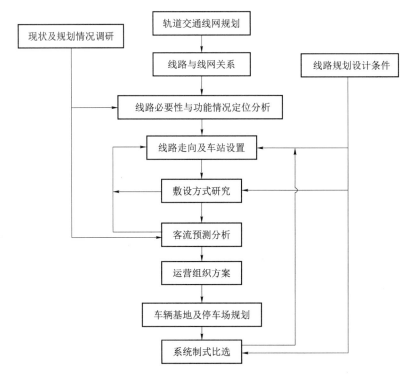

图 6-13　城市轨道交通线路规划设计的主要内容

① 线路必要性及功能定位。论证城市轨道交通线路建设的必要性及其在线网中的功能定位，分析快速路所经过地区的现状及规划情况、交通条件状况，在此基础上说明线路建设的意义、必要性，论证线路的功能定位。

② 与线网关系。首先说明轨道交通线网的远景线网规划及近期建设规划。在轨道交通线网规划的指导下，分析具体线路与线网中相关线路的关系。

③ 沿线规划设计条件。分析线路沿线的用地、交通、市政等方面的规划设计条件。

④ 线路走向。对比预选的几条线路走向方案，提出推荐方案。

⑤ 车站设置。根据规划建设条件、线路功能定位、线路的技术标准，提出线路上车站

设置上的分布、站点布设位置。

⑥ 敷设方案研究。轨道交通线路一般有地面线、地下线、高架线等敷设方式。线路敷设方式研究，需求根据建设条件和对周边的影响，提出线路各段的敷设方案。

⑦ 客流预测及运营方案。通过调查，根据线路方案和沿线用地现状及规划情况预测各段交通线路的客流量，根据客流预测结果，分析运营方案、车站设计、车辆配置、运营速度等。

⑧ 车辆基地及停车场。根据线路运营要求，车辆基地、停车场等具体规模要求，通过综合比选各个方案，提出选址、用地规划。

⑨ 系统制式比选。提出线路形态制式的选择原则，对比各种系统制式的特点、适用范围、对线路的适应条件，分析各种系统制式的优缺点，经过优化比选，提出推荐的系统制式方案。

3. 车辆基地、联络线及其他配套设施规划

1）车辆基地

车辆基地是保证城市轨道交通正常运营的后勤基地，通常包括车辆停放、检修、维修、物资总库、培训设施和必要的生活设施等。车辆基地规划是车辆基地和联络线用地控制规划的主要依据。车辆基地规划的主要内容应包括车辆基地的类型、分工、布局、选址及规模等。

（1）概念

轨道交通车辆段是停放和管理地铁车辆的场所，担负着一条或几条线路地铁车辆的停放、检查、维修、清洁整备等工作。除一般意义上的列车停车库及停车场、车辆检修车间、设备维修车间的厂房以外，根据运营管理模式，有的轨道交通车辆段还负责乘务人员的组织管理、出乘、换班等业务工作，因此还要有乘务值班室、乘务员公寓等设施。

按照《地铁设计规范》（GB 50157—2003）的规定，轨道交通车辆段根据功能可分为检修车辆段（简称车辆段）和运用停车场（简称停车场）；根据其检修作业范围可分为架（厂）修段和定修段。独立设置的停车场应隶属于相关车辆段。

（2）主要功能

通常情况下，轨道交通车辆段的主要功能有以下几点：

① 列车的停放、调车编组、日常检查、一般故障处理和清扫洗刷、定期消毒；

② 车辆的修理——月修、定修、架修与临修；

③ 地铁车辆的技术改造或厂修；

④ 车辆上其他电气设施、设备的维修管理；

⑤ 乘务人员组织管理、出乘计划的编制、备乘换班的业务工作。

根据铁路线路的情况，有时可以另外设置仅用于停车和日常检查维修作业的停车场或检车区，管理上一般附属于主要车辆段，规模较小，其功能主要有：

① 列车的停放、调车编组、日常检查、一般故障处理和清扫；

② 车辆的修理——月修与临修；

③ 可另设工区管理乘务人员出乘、备乘倒班；

④ 其所谓定修段的功能介于车辆段和停车场之间。

（3）必备设施

车辆段的必备设施主要有以下几个方面。

① 车辆段应有一个足够大的停车场地，确保能够停放管辖线路的回段车辆。车辆段的位置应保证列车能够安全、便捷地进入正线运行，并应尽量避免车辆段出入线坡度过大、过长。

② 车辆段内需设检修车间，检修车间的工作地点为架、定修库和月修库；列检作业在列检库或停车库进行；架、定修库内要有桥式起重机和驾车设备、车轮旋削机床，必要时应设不落轮车轮旋床；架、定修库内应有转向架、电机、电器、制动机维修间，应设转向架等设备清扫装置、单独设立的喷漆库。段内还应该有车轮配件的仓库。

③ 根据运营管理模式的要求，多数运营单位在段内设运用车间，车间下辖乘务队、运转值班室、信号楼、乘务员备乘休息室等。

④ 段内应该设备维修车间，负责段内的动力设施及通用设备维修。

⑤ 为保持车辆整洁，应有车辆清洁设备和专用的车辆清扫线。

⑥ 车辆段内一般还应有为该地铁线路供电、信号、工务和站场建筑服务的维修管理单位。

⑦ 段内应有机关办公楼与其他服务设施，如培训场地、食堂、会议厅等。

（4）规模

一般情况下，一条地铁应设一个车辆段。线路比较长或一个段的规模受到限制、停放车辆面积受到限制，也可以再另设一个级别低一些的车辆段或检车区。此外，也有两条以上线路共用一个车辆段的情况。

车辆段的规模大小主要由该线路所有运营列车数决定，其次由车辆的技术状况、修车时间间隔大小、维修的范围而决定其维修的规模。一个城市首建的轨道交通车辆段一般功能较为完善，并应有地面铁路与之相同。为车辆段服务的变电站、通信、信号、工务也需要一定的建筑设施。

在车辆段的建设过程中，常常以车辆段为主体，根据段址区域地形条件，设置供电、工务、通信、信号的工区或段区，成为一个地铁综合基地。但是，并不是所有的车辆段都应有这样的功能。另外，员工培训、生活服务设施应根据车辆段及辅助机构定员而定。

2）联络线规划

联络线是连接两条独立运营线路的辅助线路，是保障运营组织所必需的车流、物流运转通道。

（1）概念

轨道交通联络线是连接两条独立运营线的辅助线路，其主要功能是发挥轨道交通路网的作用，使各轨道交通线路之间建立一定的联系，保证运营组织所必需的车流、物流顺畅的运转通道。根据联络线的主要功能和作用，联络线规划主要依托的条件有两个：各线路拟安排的车辆段基地选址位置、网络上的车辆大修基地布局。

（2）用途

① 车辆跨线运营。城市轨道交通服务于旅客运输，轨道交通线路沿城市主要交通走廊布设是线网规划的原则之一。我国现行设计规范规定：每条线路应按独立运行设计。另外为提高线路运营能力，轨道交通线路通常很少安排有车辆技术作业。因此，目前国内各城市轨道交通线路均没有车辆跨线运行（国外有些城市轨道交通线路为提高运输效率和服务水平，通过联络线实现车辆过轨跨线运营）。

② 借用车辆段，实现一段新建线路的先期运营。在新线建设时，受分期实施的影响，一般是先建设一段投入运营后，再建设第二段线路，而往往一期工程是选择该线路客运需求较大的线路中间段，而车辆段受用地条件限制，一般选择在线路两端的某一地区。当工程采用分期建设时，很有可能不能同时修建该线路的车辆段，为使线路达到先期运营的目的，可以利用联络线，使用其他线路的车辆段。

③ 不同线路间调转运营车辆。各轨道交通线路配属的运营车辆数理论上是根据线路运输能力计算得出的，但是实际运营过程中车辆保有量是随不同时期的客运需求、运营商的经济实力、运营管理水平和车辆状况等多方面因素影响的变量。因此，在各轨道交通线路之间设置联络线作为调转运营车辆的通道成为必需。

④ 运营车辆维修。根据规范规定，每条线路宜设一个车辆段，承担车辆定、架修以下修程；车辆的厂修和车辆段内设备的大修由车辆厂承担。当城市范围内规定交通线路数远大于车辆厂数量时，通往车辆厂的线路将成为其他线路去车辆厂的通道，此时通往车辆厂的线路与其他线路，以及其他线路之间必须设置联络线，以保证车辆送修途径的通畅。另外，当两条线路共用一个车辆段完成存车或修车任务时，与车辆段没有直通的线路必须设置联络线与直通线路沟通。

⑤ 向新建线路运送物料。轨道交通是大多数人认可的现代化城市交通工具。但是在轨道交通建设的过程中，特别是在市中心繁华闹市主要街道上占地施工，往往造成空气污染、噪声扰民、道路拥堵、交通不畅等严重负面影响。特别是有些大型设备，难以通过车站出入口进入车站备间，因此选用既有线路及联络线作为通道，向在建设线路运送物料设备等将是较理想的选择。

⑥ 有助于提高车辆段的专业水平。车辆段一般为每条运营线路配备一处，集车辆停放、检修、段修为一体，车辆段的这种设备管理、配备模式，从成本核算上讲，是不经济的。未来的车辆段功能可以简化、集中，这就需要联络线来满足两条或多条线之间的车辆停放、检修和段修功能的发挥，提高车辆段的专业水平。

⑦ 线路之间车辆救援。联络线除在正常条件下完成以上任务外，在非常情况出现时将成为两条独立运营的轨道交通线路之间车辆救援、撤出和转移的通道。联络线作为路网的冗

余措施，对保证轨道交通运营安全、提高系统可靠性具有重要意义。

3）其他配套设施

轨道交通系统其他配套设施主要包括运营控制中心、风亭和冷却塔、接驳设施等。

（1）运营控制中心

为确保地铁列车安全、可靠和高效地运行，对地铁运营过程实施全面的集中监控和管理，应建立运营控制中心（OCC）。

随着地铁现代化和自动化技术的发展，以及运营管理水平的不断提高，地铁运营过程中被监控对象之间的关系越来越复杂，运营过程中的监视、控制、操作和管理渐趋集中，运营的安全性、可靠性越来越受到重视。为了确保地铁列车和各系统安全、可靠和高效地运行，方便运营操作人员对运营过程实施全面的集中监控和管理，需要建立一个具有适当环境、条件及规模的地铁运营指挥、调度和控制的运营控制中心，简称控制中心。

控制中心是对地铁全线所有运行车辆、车站和区间进行总的监视、控制、协调、指挥、调度和管理的中心，应满足运营的各种功能要求。控制中心可以是单条地铁线路的控制中心，也可以是多条地铁线路的控制中心。

控制中心按功能可划分为运营操作区、设备区、运营管理区及维修区。运营操作区应靠近设备区，设备区和维修区应相邻设置。运营操作区应靠近设备区，以便减少管线敷设的距离；设备区和维修区应相邻设置。各功能区的划分应结合实际的运作模式和管理模式设置。

（2）风亭和冷却塔

地下车站按通风、空调工艺要求设活塞风井、进风井和排风井。在满足功能的前提下，根据地面建筑的现状或规划要求，风井可集中或分散布置。

地面风亭的设置应尽量与地面建筑相结合。对于单建的风亭，如城市环境有特殊要求时，可采用敞口低风井，风井底部应有排水设施，风口最低高度应满足防淹要求，应绿化。开口处应有安全装置，风井的周边应绿化。

单建或与建筑物合建的风亭，其口部到其他建筑物距离应不小于5 m。当风亭设于路边时，风亭开口底距地面的高度应不小于2 m。

对于采用集中式空调系统的地下车站设在冷却塔，其造型、色彩、位置应该尽量符合城市规划、景观及环保要求。对于有特殊要求的地段，冷却塔可采用下沉或全地下式，但必须满足工艺的要求。

（3）接驳设施

轨道交通并不是一种全覆盖的交通方式，其服务范围不能覆盖全部地区。在轨道交通无法覆盖地区的出行只能通过其他的交通方式来实现，因而很大一部分乘客的出行不能只通过轨道交通来完成，通常还需要与其他交通出行方式相结合。这样的话，轨道交通系统就需要与其他交通方式相互衔接，才能发挥轨道交通的作用，在进行轨道交通规划时就要做好轨道交通与其他交通方式的接驳设施规划。通常有步行接驳设施、地面公交接驳设施、小汽车接驳设施、自行车接驳设施、与铁路和机场等城市对外交通的接驳设施等。

6.3.4　城市其他公交系统

城市其他公共交通还包括客运轮渡、客运索道和缆车、客运电梯和扶梯等。

1. 客运轮渡

轮渡指的是在水深不易造桥的江河、海峡等两岸间，用机动船运载旅客和车辆，以连接两岸的设施，是一种水上公共客运交通方式。轮渡一般作为设置于被江河分离的城市两边或者海边城市与海上岛屿之间的交通联系，通过轮船实现乘客或者货物等的过江或过海运输。

客运轮渡具有固定的线路，主要弥补过江或者过海的公共交通的不足，其线路的规划应该与道路交通系统、公共交通系统相结合。为保持公共交通出行的连续性，客运轮渡两端应有相应的交通接驳设施与之衔接。

2. 客运索道和缆车

客运索道指的是由驱动电机和钢索牵引的吊箱，以架空钢索为轨道的客运方式，是一种主要用在山地城市、跨水域城市克服天然障碍的短途客运，一般不大于 2 km。客运索道系统主要由支撑架、承载架、牵引索、驱动机、载人吊箱、站台建筑、运行控制设备和通信设施等组成。

客运缆车指的是山区城市的不同高度之间，沿坡面铺设钢轨和牵引钢索，车厢以钢轨承重和导向，并由钢索牵引运行的客运方式，适用于需要克服地域高差较大的短途客运交通线路及山区旅游地区等。客运缆车系统主要由车站建筑、轨道基础设施、轨道结构、牵引钢索、导向轮、驱动系统、行车控制系统、通信设施和载人车辆组成。

3. 客运电梯和扶梯

客运电梯指的是在山地或建筑物不同高度之间，由电动机和钢索牵引的轿厢，沿垂直导轨往前运行的客运系统。客运电梯线路一般为直达，必要时也设置中途站。客运扶梯指的是在山地或建筑物内不同高度之间，由驱动电机和齿链牵引的梯级和扶手带，沿坡面连续运行的客运系统。一条线路有两部客运扶梯并列相向运行。当线路长度大于 100 m 时，应该考虑分段设置，客运扶梯线路的角度一般不大于 30°。当扶梯上无乘客时，客运扶梯应能够自动减速运行。

6.4　城市交通枢纽系统规划

城市交通枢纽是综合运输体系的重要组成部分。综合运输体系的运转是通过多种运输方式之间的协作来完成的，没有任何一个子系统能独立完成全部的运输任务。2013 年 3 月 7 日，国家发展和改革委员会颁发了《促进综合交通枢纽发展的指导意见》，要求加快转变交通运输发展方式，以一体化为主线，创新体制、机制，统一规划、同步建设、协调管理，促进各种运输方式在区域间、城市间、城乡间、城市内的有效衔接，以提高枢纽运营效率，实现各种运输方式在综合交通枢纽上的便捷换乘、高效换装，为构建综合交通运输体系奠定坚实基础。

目前，为使各种运输方式联合运输系统高效运转，解决不同运输方式在枢纽规划、建设与运营管理等方面出现的缺乏统一规划、条块分割、重复建设乃至相互矛盾等问题，迫切需要研究有利于城市综合运输体系发展与完善的枢纽建设问题，提出交通枢纽发展、布局规划与评价的新思路。

6.4.1 城市交通枢纽系统介绍

1. 城市交通枢纽的概念

不同的国家、地区及不同的运输方式对枢纽的认识是不同的。一般意义上认为，城市交通枢纽是指在城市内部的两条或者两条以上交通运输线路的交汇、衔接处，是具有运输组织与管理、中转换乘及换装、装卸存储、信息流通和辅助服务等功能的综合性设施。

建立和完善城市交通枢纽体系的主要目的可归纳为尽量降低居民出行的时间与费用，加快货物流通和周转的速度，同时平衡客货交通运营的成本。

2. 城市交通枢纽的功能

城市交通枢纽是城市交通运输体系的重要组成部分，是不同运输方式的交通网络相邻路径的交汇点，是由若干种运输所连接的固定设备和移动设备组成的整体，共同承担着枢纽所在区域的直通作业、中转作业、枢纽作业、枢纽地方作业以及城市对外交通的相关作业等功能。具体体现在以下几个方面。

① 交通枢纽是多种运输方式的交汇点，是大宗客货流中转、换乘、换装与集散的场所，是各种运输方式衔接和联运的主要基地。

② 交通枢纽是同一种运输方式多条干线相互衔接，进行客货中转及对营运车辆、船舶、飞机等进行技术作业和调节的重要基地。

③ 从旅客到达枢纽到离开枢纽的一段时间内，为他们提供舒适的候车（船、机）环境，包括餐饮、住宿、娱乐服务；提供货物堆放、存储场所，包括包装、处理等服务；办理运输手续、货物称重、路线选择、路单填写和收费；旅客购票、检票；运输工具的停放、技术维修和调度。

④ 交通枢纽大多依托于一个城市，对城市的形成和发展有着很大的作用，是城市实现内外联系的桥梁和纽带。

从交通枢纽在运输全过程中所承担的主要作业任务来看，它的基本功能是保证 4 种主流作业：直通作业、中转作业、枢纽地方作业以及城市对外联系的相关作业。其中，综合交通枢纽是同时承担着几种运输方式的主枢纽功能的节点，是运输方式的生产运输基地和综合交通运输网络中客货集散、转运及过境的场所，具有运输组织与管理、中转换乘换装、装卸存储、多式联运、信息流通和辅助服务几大功能，对所在区域的综合交通运输网络的高效运转具有重要的作用。

在很多国家都出现了一批以转换交通方式为主的客运枢纽。这类客运枢纽配套设施齐全，服务水平高，而且这类换乘客运枢纽已不只是一个单纯的交通枢纽，多是集商业、办公、居住等诸多功能为一体的区域地区中心。在国内，北京、上海等大中城市也都有相关的客运换乘枢纽的规划设计，就是为了发挥换乘枢纽节点和内外交通衔接作用，带动周边地区的发展，降低市民的出行成本。

3. 城市交通枢纽的分类

城市交通是由多种方式构成的，可分为对内交通和对外交通两方面，对内交通的主要交通方式有地下铁道、轻轨、公共汽车、出租车、小公共汽车、轮渡等。这些交通工具自成体系，各自都有独立的网络，但是在为城市提供交通方面又与周围环境结合，合为一体，目标一致，相互开放协调。一个优质的城市交通网络不仅在于线路的合理设计，更重要的则体现在各种交通工具之间的密切衔接、交通流畅通。交通枢纽就是将具有多层次性、多样化的城市交通线路衔接在一起，成为一个交通体系的关键节点。按照不同的衔接线路和提供不同的中转换乘功能，可以分为多种类型的城市交通枢纽。

按交通方式分，可以分为轨道交通枢纽、公交枢纽、停车换乘枢纽。轨道交通枢纽是以轨道交通为交通工具，实现轨道交通不同线路之间的换乘点。公交枢纽则是连接不同公交线路，提供乘客在不同公交线路之间换乘的公交节点。而停车换乘枢纽是为方便换乘、吸引个体交通向公共交通转移，在中心城边缘主要交通走廊设置的"停车—换乘"枢纽设施。

按客货运类别分，可以分为客运交通枢纽和货运交通枢纽。客运交通枢纽仅为客流提供换乘、直达服务。货运交通枢纽则是为货物在城市中的位移提供中转、直达、换装等功能的货物集散中心。

按交通功能分，可以分为城市对外交通枢纽，其功能是将城市公共交通与铁路、水路、航空、长途汽车交通连接起来，使乘客顺利地完成一次旅行。这种枢纽的定位，都以相对运量大的那种交通方式的站点为依据。市内交通枢纽，其功能是沟通市内各分区间的交通。为特定设施服务的枢纽，其功能是为体育场、全市性公园等大型公共活动的场所的观众、游人的集散服务。

6.4.2 城市交通枢纽规划原则

城市交通枢纽系统的建设离不开科学完善的规划，规划的原则主要是根据近期城市交通的需求和远期城市交通发展（城市总体规划）的需要，进行交通枢纽的选址、规模确定、方案比选，建成后评价等。通过对城市交通枢纽的规划，在交通状况、路网建设、交通构成发生变化后，尽量保证城市客运交通体系仍可满足近期和远期城市居民的出行需求，保证其内部的车流、人流协调畅通，方便乘客在各种交通方式间的换乘，提高交通枢纽的整体运行效率，这是一个很值得研究的课题。

1. 影响因素

影响城市客运交通枢纽规划设计的主要因素有客流量、交通方式、出行换乘、换乘步行距离和时间、商业战略等。

1）城市的发展形态

任何一个城市都有自己的布局形式，即发展形态。城市的形态直接影响到城市出入口的规划设计，而城市出入口又是城市对外交通枢纽的重要选点。因此，城市的发展形态是影响城市客运交通枢纽规划布局的因素。举例说明，如同心圆式的团状发展形态，如南京市建成区的形态是以市中心、居住区为核心，有规则地或不均衡地向外逐步发展。城市的客流量可能均匀地分向在城市各条道路上，路网多为方格网形式或环形加放射式，出入口道路多沿城市外围均匀向四面八方延伸。因此，城市对外交通枢纽，或担负城乡间客运换乘的枢纽也沿城市周边布置。

2）城市功能

城市总体规划规定了城市性质、城市功能分区、城市发展和经济发展方向。城市客运交通枢纽的布设，应以城市居民工做出行、经济活动、文化体育活动、对外交通的需求为根据。因此，城市的功能影响着枢纽的定位。

3）客流集散点的客流分布及强度

交通枢纽应该布置在客流集散量大的地点，一般指换乘客流量、城市居民出行调查得到的流量、流向分布、出行结构及各区域中心的客流集散强度等资料，是枢纽规划设计的基础资料。交通枢纽内部各种交通方式间的换乘客流量是确定交通枢纽规模、功能与布局的主要依据。衔接客流量是指枢纽内各种交通方式的旅客集散量及相应总和，某种交通方式的衔接客流量的分布是指枢纽内换乘其他交通方式的旅客数及相应比例。

4）公共交通系统中的交通方式构成

各种交通方式由于运输能力和适宜的运输距离的差异，具有不同的适用范围。如何衔接好各种交通方式，适应不同城市不同分区的交通需求，充分发挥各类交通方式的适应性，决定了枢纽的设计原则和目标，也决定了其建筑形式和规模。

5）公共交通管理

公共交通的管理体制和管理水平，如车辆归属哪个公司、票价、票制、线路类别等，对乘客、枢纽平面布置、规模大小等都会产生影响。

6）道路状况

道路网的形式，路网密度，快速路、主干路、此干路的长度及比例，道路网的发展规划，直接涉及客运交通枢纽的选址、规模和布局。

7）出行换乘

城市居民出行目的的不同决定了换乘枢纽存在的必要性，尤其是在使用公共交通的出行中，出行目的的不同决定了乘客对公共交通服务的特定换乘要求，公交运营的特点也决定了线路之间不可避免地要求设置换乘站。因此，换乘的需要是城市公共交通区别于私人交通的一个重要特征，也是私人交通向公共交通转换的必要手段。

8）换乘步行距离和时间

换乘步行距离和时间主要由枢纽的空间布局决定，它对乘客的出行心理及选择出行方式有重要的影响，是衡量换乘连续性、通畅性、枢纽规划的紧凑性的第一指标。

9）商业战略

在枢纽规划建设的同时进行商业开发，有利于回收资金提高经济效益，但对其开发的性质、规模应具体分析，严格控制。因为商业服务必然吸引更多的人流，引起人流停滞，从而有可能影响枢纽换乘功能的发挥。因此，要做好必要的预测和规划。

10）政治因素

在保密单位及高级外事部门附近，不宜设置交通枢纽。因迎宾或其他政治需要，对枢纽或与其连接的干道做某些处理，也是在情理之中的。因此，政治因素对枢纽选址、交通组织也有影响。

2. 基本原则

规划建设城市交通枢纽首先要考虑换乘协调，体现"以人为本"的原则，即保证人流在枢纽内换乘的安全性、连续性、便捷性、舒适性和客运设备的适应性。在交通枢纽内，各种接驳方式都有其存在的合理性，要组织好换乘交通，保证各交通系统间的衔接协调，必须遵循以下原则。

1）换乘过程的连续性

旅客完成各种交通方式间的搭乘转换，应该是一个完整连续的过程。换乘的连续性是组成换乘交通最基本的要求和条件。枢纽的位置应为旅客提供方便的最佳交通工具及最佳交通线路的机会，这样才能保证出行连续，减少延误。

2）客运设备的适应性

保证各交通方式的客运设备（包括各种交通工具的数量、客运站和枢纽中的站屋、站台、广场、人行通道、乘降设备、停车设施等）的运输能力相互适应和协调。

3）客流过程的通畅性

使乘客尽可能均匀地分布在换乘过程的每一个环节上，不要在任一环节滞留、集聚，保证换乘过程的紧凑和通畅。

4）换乘的舒适性和安全性

安全是对乘客的尊重，是规划建设交通枢纽注重的首要原则。换乘过程的舒适、安全，不仅对乘客个人的生理、心理产生影响，同时也可能对社会产生意想不到的影响。过分拥挤和无安全感会给乘客造成旅途疲劳，心理压力大，情绪烦躁，从而影响到乘客的工作、学习和生活等各个方面。

3. 规划方法

1）交通分析为主导

以交通模型为基础、交通预测为核心的交通规划方法，是交通枢纽规划的基本方法。城市交通枢纽规划要从某一城市具体的综合交通规划入手，以交通引导枢纽的土地利用和方案规划。

2）定性分析和定量分析相结合

交通枢纽规划不仅涉及交通方面的专业知识，同时也需要具有历史、建筑、美术等多方面的专业知识，既有专业性，又有综合性。枢纽规划的技术路线和方法可以有较强的适应性，但根据枢纽的换乘对象不同、地点不同，枢纽的规划思想会有较大差别，既有规律性，又有不稳定性，既有数据计算，又要有经验判断。所以，在交通枢纽规划时，应采用定性分析和定量分析相结合、专家经验和数理论证（模型预测）相结合的系统分析方法。

3）静态和动态相结合

交通规划实际是交通需求和交通供给这一对矛盾因素的动态平衡过程，交通枢纽规划也是针对这一动态过程的规划。因为交通枢纽规划与地区发展密切相关，也要侧重远景年的长远规划，在这一过程中有许多因素影响。在利用交通模型预测时，要充分估计到不定因素的影响和客流自然调节平衡的可能性，要注重各种因素的不确定性，应考虑进行多动态的层次分析。虽然因素分析及预测主要相对于远景年的，但其中仍然存在规律性，这为静态前提下的宏观分析计算提供了可能。因此，在规划方法上应注意静态和动态相结合。

4）枢纽规划与远景方案相结合

枢纽规划的主要目的是勾画远景，可操作性是规划成败的关键，要考虑设计的阶段性和连续性。因此，必须进行科学的近期实施规划，并使近期实施与远期规划之间有科学合理的过渡和延伸，才能确保远景规划的实现。另一方面，近期的交通治理或工程建设，都应在远景规划指导下进行，脱离远景目标的建设往往是没有生命力的。

4. 关键要点

1）始终坚持"以人为本"的原则

除了要保证交通枢纽内乘客在各种交通方式之间换乘的安全性、连续性、便捷性和舒适性外，也需要考虑乘客到达、离开交通枢纽时的安全性与便捷性。

2）合理组织交通流

交通枢纽内、外的交通流包括人流、非机动车流（自行车、三轮车）和机动车流（小汽车、出租车、公交车），每一类交通流各有特点。在进行城市交通枢纽规划时，应考虑如何协调交通枢纽内部与外部道路的交通流，合理组织枢纽内部的交通流运行，才能提高交通枢纽的整体运行效率。

3）多方式的换乘问题

交通枢纽的主要功能是组织换乘交通，使乘客通过各种交通方式间的换乘顺利到达目的地。规划交通枢纽时，充分考虑各种接驳方式的合理性，保证各交通系统间的协调衔接。根据乘客的需要来组织换乘交通，尽量减少乘客在各种交通方式间换乘所用的时间。

4）配套设施的配置问题

根据城市交通枢纽交通功能、服务区域和规模的不同，在进行交通枢纽规划时，需要配置不同的配套设施。无论是哪种交通枢纽，都需要配置清晰明了的指示标志，特别是对于大型交通枢纽。外部标志标识交通枢纽的具体位置，指引乘客方便找到交通枢纽；内部标志标识各类设施所在的位置，以及各种交通方式的行走路线等。如果是长途汽车、火车站等枢纽，需要配备供旅客休息的场所；在公交中转站枢纽，最好有提示牌（电子、书面或人工咨询）告知乘客到达目的地的乘车线路。

6.4.3 城市客运交通枢纽规划

城市交通枢纽是城市客、货流集散和转运的地方，可以分为城市客运交通枢纽、城市货运交通枢纽和设施性交通枢纽。城市客运交通枢纽是城市交通运输体系的重要组成部分，是城市客流集散的中心点，承担着城市日常客流的换乘功能和直通功能，是满足城市客流方向多样性、复杂性需求的换乘中心。

城市客运交通枢纽往往地处城市中心发达地区，交通设施规划的好坏直接影响着城市经济的发展。但是长期以来，各种运输方式只重视运输线路（道路、轨道交通等）的规划建设，对综合运输网络的结合部系统统筹规划与建设重视不够，枢纽布局不尽合理，与城市土地开发衔接不够紧密，造成客、货集散与中转不方便、不流畅，使我国大部分城市客运交通换乘效率低下，换乘时间远高于国外发达国家的大城市，城市客运交通枢纽往往成为客运交通的瓶颈。另一方面，交通枢纽建设过于单一化，在城市交通规划文件中，往往只重视建设综合大型交通枢纽，而忽视对城市客运交通枢纽体系的建设，使得枢纽对城市交通压力的缓解作用不能发挥，即客运交通枢纽真正的作用不能体现。

1. 城市客运交通枢纽介绍

城市客运交通枢纽包括作为内外衔接系统的铁路车站、公路长途汽车站、港口码头和机场，也包括作为城市内部交通系统的公交枢纽、交叉路口、轨道交通车站等。城市客运系统是城市交通系统的核心，城市客运交通不仅要保障完成日益增加的客运任务，还要满足乘客对于交通舒适度和速度的要求。城市交通枢纽的功能设置及其交通流组织是实现这些要求最重要的保证。交通枢纽包含多种交通方式，以北京西直门交通枢纽为例，其组成如图6-14所示。城市居民的出行，往往是多种交通方式的组合过程。客运交通枢纽是不同客运交通方式的衔接点，是乘客集散、转换交通方式和线路的场所。因此，各种交通方式之间换乘的组织，体现着城市客运交通体系的水平。

2. 城市交通客运枢纽布局规划原则

城市交通枢纽布局规划属于长期发展规划，它对交通枢纽的建设、营运、管理起宏观指导作用。枢纽的布局必须服从社会经济发展的战略目标，符合规划城市地区的总体规划和生产力分布格局，满足社会经济发展产生的运输需求。布局必须充分适应城市综合运输发展的需要，考虑多条运输线路之间，特别是各种运输方式之间的衔接，实现信息互通、能力匹配，使交通枢纽保持连续、高效运转，提高综合运输效益。

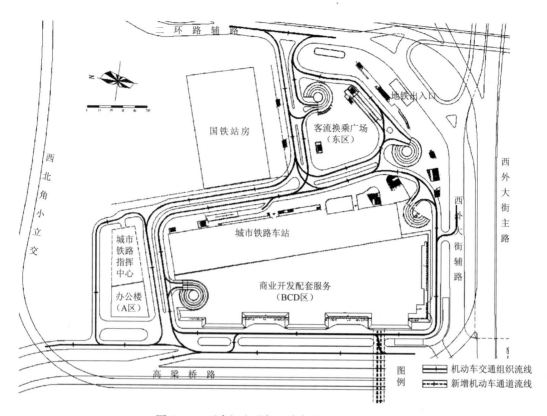

图 6-14　西直门交通枢纽内部交通组织平面图

　　由于客运与货运在运输特征上的差别，因此城市交通枢纽的布局又可以分为客运枢纽的布局选址和货运枢纽的布局选址。城市客运交通枢纽必须依托于所在城市的综合交通网络，所以城市客运交通枢纽规划是在城市社会经济发展规划、城市总体规划及土地利用规划等上级规划基础上进行的专门规划。城市客运交通枢纽的建设，会影响其所在城市的综合交通网络，改变其原有的最优平衡状态。因此，客运交通枢纽规划在城市综合交通规划中具有重要的地位。

　　城市客运交通枢纽的布局规划是根据对社会经济发展和交通需求的预测结果，利用交通规划和网络优化理论，对所规划的交通枢纽的场站数量、大小和位置进行优化，同时调整枢纽内部及相互间关系，以实现整个交通枢纽系统的运输效率最大化。其主要内容涉及社会、经济与交通运输的调查与分析，发展预测，交通枢纽场站布局优化，枢纽系统设计，社会经济评价等工作。

3. 客运交通枢纽布局的层次化

　　城市客运交通枢纽层次化结构的布局是对城市客运交通枢纽布局规划提出的一种规划指

导思想，是对现有规划方法的一种补充。在现有规划模型的基础之上加入城市开发模式的考虑因素，把交通枢纽的布局更好地与城市发展结合起来，更能为各项城市活动提供便捷、舒适的运输服务。城市客运交通枢纽的层次化布局可以分为两个阶段：一是宏观总体布局阶段，主要是根据未来城市布局结构和空间结构，从宏观层面上进行抽象性的布局；二是微观选址布局阶段，其内容就是在得到第一阶段所描绘的枢纽布局的框架下，利用现有规划模型进行具体的选址。具体如表6-1所示。

表6-1　具有层次化结构的城市客运交通枢纽的布局

不同阶段	解决的问题	考虑因素
宏观布局阶段	功能区枢纽的等级、实现枢纽的层级结构划分	城市布局形态和空间结构、城市交通规划目标、城市客运交通枢纽等级标准
微观选址布局阶段	具体建设位置、与线网的衔接	功能分析、覆盖区域的人口、环境等

对城市客运交通枢纽进行层次化布局有以下几点意义。

① 层次化布局从系统、全局、整体的角度出发，对整个交通体系优化配置，可以发挥城市交通系统中各运输方式的作用，做到互相补充、互相协调。完善轨道交通与其他交通方式的换乘衔接使得出行者可以在轨道交通枢纽通过换乘，方便地到达自己的目的地；在各中心区设置明显、重要节点也可以为居民出行提供方便、快捷的换乘；吸引居民从其他的交通方式，特别是私人的交通方式，转移到公共交通，保证有足够的客源维持轨道交通的正常、良好运营、发展，从而节约整个城市活动的运输费用。

② 城市客运交通枢纽的层次化布局以最大化发挥客运枢纽的外部性，增加城市土地开发潜力为原则，进行宏观性布局，确定客运枢纽在城市各个功能区的等级，再在功能区内利用已有的枢纽布局规划模型进行选址。城市客运交通枢纽的宏观布局阶段仅为概念性布局，不依赖于一定的线网，只根据城市的经济发展来布局，故可以将交通体系中的节点作为一个单独的规划方面，与交通线网规划既相互依赖又相互独立，在城市交通规划中做到既重视线路又重视节点的规划，两者兼顾。

③ 层次化布局是在考虑城市未来发展规划的基础之上对城市交通枢纽的统筹规划，可以把城市客运交通枢纽给城市带来的外部性收益发挥到最大限度。在城市各功能区的中心点设置城市客运交通枢纽可以巩固该功能区的城市地位，为功能区发挥更大的聚集效应，建设多中心城市形态。

6.4.4　城市货运交通枢纽规划

城市货运交通枢纽是以城市为依托，与陆路、水路、航空等交通方式相配套，具有对跨省市货物运输进行集散、中转、存储、配送等功能，是装备先进、管理科学、信息灵通、功能齐全的运输综合设施，它起到类似集散点的作用。既可将进入城市的货物化整为零，分送到市内各点，也可将运往外地的货物集零为整，发往外省市，同时还可开展多方式联运，提高运输效率。现在常常提及的货物流通中心也可称为货运交通枢纽。现代化、专用化、综合服务将是今后货物流通中心的主要发展方向。

1. 城市货运交通枢纽功能

① 运输功能：依靠运输工具，克服产地与需求点之间的空间距离，实现货物的空间转移，创造产品的空间效益。

② 存储功能：克服供需在时间上的矛盾，保证货源稳定，包括长时期存储和暂时性存储。

③ 搬运功能：搬运主要是指货物装卸与保管之间的环节，依靠改进装卸、搬运技术，来提高其经济效益。改善装卸作业的代表性方式是托盘化和集装箱化。

④ 包装功能：按单位分装产品，有工业包装与商业包装之别，前者为运输服务，后者为销售服务。扩大集装单元包装，以利用运输和存储。

⑤ 信息处理功能：信息处理功能贯穿于货物流通活动的全过程，是货物流通系统内部与外部联系的一个环节，也是使货物实现现代化、合理化、效率化、系统化的重要保证，包括系统设计、订货业务、配载发送、信息传递等。

2. 城市货运交通枢纽的分类

1）按服务范围和性质分类

① 地区性货物流通中心，通常布设在城市外围，每处占地 $50 \sim 60 \ hm^2$；

② 生产性货物流通中心，这种中心应明确服务范围，其服务半径一般为 $6 \sim 8 \ km$，每处占地 $6 \sim 10 \ hm^2$；

③ 生活性货物流通中心，一般以行政区来划分服务范围。由于城区用地紧张，其服务范围不宜过大，一般服务半径为 $2 \sim 3 \ km$，每处占地 $3 \sim 5 \ hm^2$。

2）按使用特性分类

可分为：① 普通货物流通中心；② 特殊货物流通中心，主要承运危险货物、易腐物、液体货物、鲜活货物等；③ 综合货物流通中心，设有客货综合站、零担集装箱综合站。

3）按功能分类

可分为：① 集货中心；② 分货中心；③ 配送中心；④ 转运中心；⑤ 存储加工中心。

4）按日处理货物量分类

① A 级流通中心，日理货量大于 $700 \ t$，流通大厅面积大于 $4\,900 \ m^2$；

② B 级流通中心，日理货量 $400 \sim 700 \ t$，流通大厅面积为 $2\,800 \sim 4\,900 \ m^2$；

③ C 级流通中心，日理货量 $200 \sim 400 \ t$，流通大厅面积 $700 \sim 2\,800 \ m^2$；

④ D 级流通中心，日理货量小于 $200 \ t$，流通大厅面积小于 $700 \ m^2$。

大中城市货物流通中心的数量一般不宜少于 3 处，地区性的可少一些，生产性和生活性的可多一些。这样，可避免由于货物流通中心数量太少或服务内容过于集中而造成货运交通流量分布不合理，出现货运迂回、空驶里程和货运费用增加等现象。

3. 货运交通枢纽的布置

货运交通枢纽包括城市仓库、铁路货站、公路运输货站、水运货运码头、市内汽车运输站场，也就是市内和城市对外的仓储、转运的枢纽，是城市主要货流重要的出行发生源。一般来说，城市在发展过程中，虽然各种货运交通枢纽是各自自然发展形成的，在城市的空间分布比较零散，而且由于城市的不断发展，也会存在大型仓储设备被包围在市区内部乃至中心的状况，但是在布局上仍然有一定的规律。比如，仓储设施一般是靠近转运设施布置的。在城市道路系统规划中，应注意使货运交通枢纽尽可能与交通性的货运干道有良好的联系，尽可能在城市中结合转运枢纽布置若干个集中的货运交通枢纽。这种综合性的货运交通枢纽，在日本称为流通中心。

4. 货运交通枢纽规划布局原则

1）均衡布设

根据货物的基本流向，将货物流通中心均匀地布设在城市各方向的出入干道附近。

2）交通方便

货物流通中心应具有良好的外部道路条件，同时应考虑与其他运输方式进行转换，使联运方便。如在港口码头、火车站、高速公路、航运枢纽附近建立货物流通中心。

3）协调发展

货物流通中心的规划，应与城市发展规划协调。货物流通中心的用地与城市规划用地性质不发生大的矛盾，规划方案对一定时期的国民经济发展有适应能力，为中心的发展留有一定的用地。

4）保护环境

货物流通中心聚集有大量货运汽车，汽车产生的尾气和噪声对环境造成危害；流通中心进行货物加工，也会对环境产生一定污染。因此，在规划货物流通中心时，应充分考虑环境保护问题。

5）节省投资

货物流通中心的布设，应充分考虑用地的既有条件和可利用的建筑、设备。经过经济分析，决定方案的取舍，避免造成资金浪费。

■ 复习思考题

1. 城市交通系统包括哪些？
2. 城市道路网系统规划应考虑的因素有哪些？

3. 城市道路网系统规划的内容有哪些?

4. 请谈谈城市道路网系统规划的含义。

5. 城市公共交通系统分为哪几大类?

6. 简述地面常规公共线网形态分类及其特点。

7. 城市交通枢纽系统分为哪几类?进行交通枢纽系统规划的意义有哪些?

8. 城市交通客运枢纽系统规划有哪些方法?

第 7 章

城市停车规划

7.1 概　　述

7.1.1 城市停车问题概述

我国快速的城市化和机动化导致城市停车问题严重。

停车是完成车辆出行的必要环节，是为了实现车辆出行而采取的必要手段，车辆停放是城市交通过程中不可分割的组成部分。与车辆出行相呼应，车辆的停放被称为静态交通。对于城市车辆来说，有行驶必有停放，每一次出行的每个端点，都存在着车辆停放问题。

城市停车问题是城市发展过程中出现的交通问题，也可以说是城市现代化过程必然出现的问题。从总体上看，城市停车问题主要表现为停车需求与停车场供应不足的矛盾和停车空间扩展与城市用地不足的矛盾。具体表现为停车场的缺乏，乱停、乱放及占道现象愈演愈烈，不仅降低了道路上车辆的行驶速度及道路通行能力，减少了道路网容量，降低了人们出行的便利程度，而且妨碍市容美观，还恶化了城市环境，直接影响了城市居民的工作和日常生活。

城市中机动车辆增多，停车需求随之增长，在研究两者的关系时，应当考虑 3 种情况：一是大部分车辆的停放时间比行驶时间长得多，也就是说，城市中的车辆大部分处于停放状态；二是不论采取何种停放方式，都需要占用一定的空间，即停车车位和进出车位的行车通道所需要的空间，这个空间的面积比车辆本身的水平投影面积要大 2～3 倍；第三是每一辆车需要的停放空间不止一处，因为车辆在其出行端点均需要停车空间。以上 3 种现象的综合表现就是城市停车场的增长常常落后于车辆的增长，城市停车问题的解决经常处于比较被动的局面。

因此，解决我国城市的停车问题，必须从根本上提高对城市停车问题的认识，关注城市静态交通的组织建设，深入做好停车问题的调查和停车问题的机理分析，科学做好城市停车规划。

7.1.2　停车场的定义及分类

停车场是指供各种车辆（包括机动车和非机动车）停放的场所。城市停车场是城市交通基础设施的重要组成部分，作为停车场基本单位的停车泊位是一种典型的时空资源，其使用与服务能力大小可以用"泊位·小时"单位来度量。停车场作为一种时空资源，具有以下 3 个特性：一是空间上的不可运输性，体现在无法实行空间上的调节，如不能把城市边缘地区过剩的停车泊位输送到中心区使用；二是时间上的不可存储性，表现在非高峰时段容量过剩，高峰时段容量不足；三是作为社会资源的有限性，一辆车至少要占用一个停车位，车辆在其出行端点均需要停车空间，停车位的总需求是"刚性"的。

城市停车场可以从不同角度进行分类，不同分类方法将从不同侧面反映城市停车场的结构和作用。

① 按停车场的服务对象，可分为专用停车场、配建停车场和公共停车场 3 种。

专用停车场是指专业运输部门或企事业单位所属建设的停车场，仅供有关单位内部自有的车辆停放。

配建停车场是大型公用设施或建筑物配套建设的停车场，主要为与该设施业务活动相关的出行者提供停车服务。

公共停车场是为从事各种活动的出行者提供公共停车服务的停车场所，服务范围最大，通常设置在城市商业活动中心、文化娱乐中心、医院、城市出入口及公共交通换乘枢纽附近。

② 按停放车辆的性质，可以分为机动车停车场和非机动车停车场。

机动车停车场是供机动车辆停放的场地，包括机动车停放维修场地。

非机动车停车场是供各类型非机动车停放的场地，主要指自行车停车场。

③ 按车辆停放的位置，可分为路内停车场和路外停车场两种，其中路内停车场又包括路上停车场和路边停车场。

路内停车场是指道路用地控制线（红线）内划定的供车辆停放的场地。路上停车场是指在城市道路行车带的两侧或一侧划出若干段带状路面供车辆停放的场所。路边停车场是指在道路行车带的两边或一边的路缘外侧（包括在路肩、绿化带、人行道、高架桥及立交桥底）所布置的一些带状停放车辆的场所。通常情况下，将路内停车统称为路边停车。

路外停车场位于城市道路用地的控制线以外专门开辟兴建的停车场、停车库、停车楼等，通常由专用的通道与城市道路系统相联系。

④ 按停车场的建造类型，主要可以分为地面停车场、地下停车库、地上停车楼 3 种

类型。

地面停车场又称平面停车场，主要由出入口通道、停车坪和其他附属设施组成，具有布局灵活、停车方便、管理简单和成本低廉等特点，是最为常见的停车场形式。

地下停车库指建在地下的具有一层或多层的停车场，结合城市规划和人防工程设施，在不同地区的公园、绿地、道路、广场及建筑物下面修建，它能缓解城市用地紧张的矛盾，提高土地的使用价值，但需要照明、空调、排水等系统维护费用，成本费用较高。

地上停车楼是指专门为停车车辆而修建的固定建筑物或利用大型建筑屋顶作为车辆停放的场所。停车楼又可以分为坡道式和机械式两类：坡道式停车楼是驾驶员驾驶车辆通过坡道进出停车楼，车辆出入便利迅速；机械式停车楼是利用升降机及其传送带等机械将车辆运送到停放位置，占地面积少，空间利用率非常高。

⑤ 按停车场的管理方式，可分为免费停车场、限时停车场、限时免费停车场和收费停车场4类。

免费停车场多见于平面停车场，如住宅区或商业区的路边停车场，大型公用设施和商店、饭店宾馆、办公大楼等的配建停车场。通常这种停车场的泊位周转率较高，停车时间较短。由于免费停车，可能会使停车者的时间观念淡化，延长不必要的停车时间，降低车位使用率。

限时停车场指为提高停车场的泊位周转率，限制车辆的停泊时间，并且辅以适当的超时处罚措施的停车场。这种停车场通常设置时间限制装置，由停车者自行启动，交通警察或值勤人员监督执行。

限时免费停车场指不超过限定时间的停车，可以享有免费的优惠，超过限定时间，则要支付一定的停车费用。这种停车场既能保持较高的利用率，又能保持较高的车位周转率。

收费停车场是指使用者无论停车时间长短，都要交纳一定的停车费用的停车场。通常采取两种收费方式，即计时收费和不计时收费。前者每车位的收费标准随停车时间的长短而变化；后者不论停车时间长短，每车的收费标准相同。

7.1.3 城市停车规划

停车规划是指确定停车场建设目标，并制定达到该目标的步骤、方针及方法的过程。停车规划是城市交通规划的组成部分之一，在城市总体交通规划和分区规划过程中，停车规划的范围主要是公交公司、运输公司、出租汽车公司等运输部门的专用停车场，以及城市出入口、外围道路、市中心区、商业区、体育场（馆）、机场、车站、码头等处的公共停车场。停车规划就是对这些停车场的定点位置、规划容量、占地面积等进行科学论证、合理布设，以便城市规划管理部门对这些停车场的规划用地进行控制；同时，提出更具体的布置要求和技术经济指标，做出具体规划，确定用地的控制性指标，为工程设计提供依据。对于配建停车场，为了实现私有车辆具有相应的夜间停车位，通过配建指标的形式进行约束。

城市停车规划的思路可归纳为以下几个方面。

① 停车调查与分析。对现状停车设施进行调查，收集停车特征及停车者行为等信息；分析停车设施现状及停车行为特征，作为停车规划的依据。

② 确定区域停车发展策略。区域停车发展策略应针对所在区域的特点，不同的区域应采取差别化的对策，其停车规划的重点在于城市中心区、老城区、商业区、文化活动中心、交通枢纽等。

③ 停车需求分析。根据区域停车发展策略，在综合调查与分析的基础上，进行交通小区的停车需求预测。通过总体规划阶段停车需求预测，确定用地平衡中的停车用地规模；通过局部分区规划阶段停车需求预测，确定局部地区的详细停车需求。

④ 确定公共停车场的布局选址。以需求预测结果为依据，确定满足一定需求比例下研究区域的停车设施布局规划，对公共停车场进行布局规划，确定路外公共停车场及路内公共停车场的选址、规模。

⑤ 配建停车场指标的确定。对配建停车场进行规划设施，确定本地区配建停车场指标。停车问题的解决不应仅从停车环节的角度考虑，而是与城市交通乃至整个城市规划都有着密切的联系。停车规划应与城市社会经济发展水平、城市规模、城市性质、机动车拥有水平相适应；与城市总体规划、详细规划相协调；与城市交通规划相一致。

7.2 停车调查与停车行为分析

停车调查是采用交通调查与分析的若干手段，测定停车设施现状及需求量的若干参数，以便掌握规划区现有停车设施供应特征、停车需求特性、分布规律及驾车者的行为规律。停车调查是城市停车规划的前期准备工作之一，是为城市停车规划提供实际参考资料和数据的基础工作。

通常，通过停车调查需要掌握以下几个方面的状况：① 停车设施供应利用特性；② 停车特性指标；③ 停车行为及停车意识等。

7.2.1 停车调查的主要内容与方法

一般地，停车调查包括空间上的停车设施供应调查、时间上的车辆停放特征调查和停车者行为调查 3 个方面。

1. 停车设施供应调查

1）调查内容

停车设施供应调查包括路内和路外停车场（库）的位置、停车诱导设施、容量及其他相应的特征资料。具体包括以下几个方面。

① 地点与位置：路内部分应注明道路的具体路段地名、部位（车行道、人行道）和路

侧（东、南、西、北、中）；路外停车设施应用具体编号和示意图表示停车车位的分布区域、数量。

② 停车场容量：路内停车容量应指法定的车位容量，即指公安具体管理部门画线或标志指定允许停车的范围；路外停车场（库）容量则指能实际使用的车位数。

③ 停车时间限制或营业时间。

④ 管理经营，包括归属、管理情况。

⑤ 收费标准。

2）调查方法

① 表格法：将调查得到的停车设施的特征数据填入专用表格，这种方法可以清楚地看到停车场的供应配置情况。

② 图示法：在调查前应有一张 1∶2 000 左右的地形图，将停车场的位置、停车位数量及相应的停车设施在图上标注出来。此法可以对停车场设施信息进行直观表示。

2. 车辆停放特征调查

1）调查内容

对车辆停放特征如停放时间、停车数量、停车周转率等指标进行调查。

2）调查方法

① 人工实地调查法：直接派人员在停车场地对停车情况进行观测记录。调查员在调查区间内边巡回行走，边记录停放车辆的数量和停车方式、车型分类特征等。

② 航测照片方法：对于地面停车场，通过对比两张不同的空中摄影照片来进行停车车辆调查的技术。

3. 停车者行为调查

停车行为是出行行为的重要组成部分，它主要指驾车者对停车地点的搜寻和选择行为。它与驾车者个人的社会经济特性、出行目的及停车设施的特性等因素密切相关。

1）调查内容

包括停车目的、从车辆停放地点至出行目的地的距离、出发地点、目的地、对停车收费与管理的意见、给定管理措施和政策条件下停车者的反应等。

2）调查方法

停车行为调查一般采取观测调查和问询调查结合的形式。具体的调查方法可采取向停车者提问、当面填写问卷；向停车者发放问卷，由停车者填写后邮寄回收问卷；向停车者发放明信片，由停车者填写后采取邮寄回收等方法来获得等。

停车调查的方式多种多样，可以将以上几部分调查的内容进行合并设计询问调查表进行调查，表 7-1 是停车询问调查样表，可以作为停车调查时的参考。

表 7-1 停车询问调查表

调查时间：	调查地点：	调查员：	调查停车场类型：

A. 准备停放时间：（　　）小时（　　）分

B. 停车目的	F. 您选择停车场考虑的首要因素：
（1）上班（　　）　　（2）公务（　　）	（1）停车后步行到目的地距离　　　　　　　　（　　）
（2）文娱（　　）　　（4）回程（　　）	（2）停车场收费标准　　　　　　　　　　　　（　　）
（5）购物（　　）　　（6）餐饮（　　）	（3）车辆停放的安全性　　　　　　　　　　　（　　）
（7）旅游（　　）　　（8）其他（　　）	（4）违章罚款严格程度　　　　　　　　　　　（　　）
	（5）停车场使用的方便程度　　　　　　　　　（　　）
	（6）其他　　　　　　　　　　　　　　　　　（　　）

C. 停车步行距离：	G. 您有由于违章停车收到处罚的经历吗？
（1）<50 m（　　）　　（2）50～100 m（　　）	（1）有（　　）　　　　　　（2）没有（　　）
（3）100～150 m（　　）　（4）150～200 m（　　）	
（5）200～300 m（　　）　（6）>300 m（　　）	

D. 您能容忍的步行距离：	H. 如果有被违章停车处罚，违章停车的原因：
（1）<50 m（　　）　　（2）50～100 m（　　）	（1）不知道违章（　　）　　（2）停放点太远（　　）
（3）100～150 m（　　）　（4）150～200 m（　　）	（4）停车收费（　　）　　　（3）不便装卸（　　）
（5）200～300 m（　　）　（6）>300 m（　　）	（5）短时间停放（　　）　　（6）其他（　　）

E. 停车费用有谁由谁支付？	I. 是否希望有停车诱导信息？
（1）自己（　　）　　　　（2）单位报销（　　）	（1）希望（　　）　　　　　（2）无所谓（　　）

J. 您对停车管理有何意见和建议：

7.2.2　停车指标

（1）停车供应

在给定停车设施区域内按规范可能提供的最大停放车位数（或面积）。停车供应的计量在调查中用实际可停车数表示。

（2）停车设施容量 C

停车设施容量是指停车区域或停车场有效面积上可用于停放车辆的最大泊位数。对于路内停车，允许路段的停车能力 C 为：

$$C = L_p / L \tag{7-1}$$

式中：L_p 为允许停车路段长度；L 为每辆车的停车占地长度。

对于某一地区来说，停车能力 C 为：

$$C = \sum_{k=1}^{K} C_k \tag{7-2}$$

式中：C_k 为第 k 个停车场的停车容量；K 为该地区停车场的数量。

（3）停车需求

在给定停车区域内特定时间间隔的停放吸引量。一般用代表日的高峰期间停放数表示。

（4）停车目的

车主在出行中停放车辆后的活动目的，如上班、上学、购物、业务、娱乐、回家等。

（5）步行距离 L_n

停放存放后至出行目的地的实际步行距离。步行距离可反映停放设施布局的合理程度。对于泊车者来说，能承受的步行距离有一定的范围。

（6）实际停车数 N（辆）

在一定时间（时段）内实际停放车辆数量，不重复记录同一辆车。

（7）停车时间

车辆在停放设施内实际的停放时间。

平均停车时间 $\bar{t}$ 是指在某一停车设施上，全部实际停放车辆的停放时间的平均值。它是衡量停车设施处的交通负荷与周转效率的基本指标之一。

$$\bar{t} = \sum_{i=1}^{N} t_i / N \tag{7-3}$$

式中：t_i 为第 i 辆车停车时间（min）；N 为实际停车数。

（8）累计停车数 N_t（辆）

一定时间间隔，调查点或区域内累计停放次数（辆次）。不考虑一辆车是否被观测记录过，只是简单地将每次观测到车辆数相加。

一般来讲，同一区域内，停车设施的容量越大，累计停放数越大；在城市中心区，位于或靠近中心区繁华地段的停车设施累计停放数大于周边非繁华地段的累计停放数，并且随离中心区距离的增加而下降。

（9）泊位周转率 f_n

泊位周转率是指单位停车泊位在工作时间内的平均停车次数，反映停车设施的利用程度。通过车辆占用停车泊位的频繁程度来反映停车泊位的空间利用效率。国内外的研究资料表明，路内限时停车场的泊位周转率最高，其次为路内不限时停车点、路外停车场和路外停车库。

$$f_n = N_t / C \tag{7-4}$$

式中：N_t 为累计停车数；C 为停车场的最大泊车位数。

一个周转率高、高峰停放饱和度低的停车场，说明其泊位的时间利用比较均衡，运营良好；而一个周转率低、高峰停放饱和度高的停车场，其车辆停放集中于高峰时段，造成高峰时段的停车紧张，非高峰时段又有大量的空闲车位情况，停车场使用不均衡，利用率低。

（10）停车密度

停车密度是停车负荷的基本度量单位，分为停车时间密度和停车空间密度。停车时间密度是指某一停车设施的停车吸引量或某一区域内所有停车设施的停车吸引量随时间变化的程度，一般高峰时段停车密度最高；停车空间密度是指在同一时间段内，不同停车设施的停车吸引量的变化情况，它反映不同停车设施在某一时间段内对停车吸引的强弱程度。

（11）停车指数（饱和度、占有率）

某一时刻（时段）累计停车数与停车设施容量之比，它反映停车场地拥挤程度。高峰停车指数 γ（高峰饱和度）是指某一停车设施在高峰时段内累计停车量与该停车设施容量之比，它反映了高峰时间停车的拥挤程度。停放指数应介于 $0 \sim 1$ 之间，但实际上，部分路内停车的高峰饱和度大于 1，说明存在违章停车。

$$\gamma = n_1/C \tag{7-5}$$

式中：γ 为高峰停放指数；n_1 为高峰时段停车数量；C 为停车场的最大泊车位数。

（12）利用率 g_n

停车利用率反映了单位停车泊位在一定时间段内的使用效率。

$$g_n = \sum_{i=1}^{N} t_i \bigg/ (C \cdot T) \tag{7-6}$$

式中：g_n 为停车设施利用率（％）；T 为调查时间长度（min）；t_i，N，C 含义同上。

7.2.3 停车行为分析

停车行为过程与停车者获得停车场相关信息的完整性有直接关系，停车者获取信息的不同，停车者寻找、选择停车场的基本过程也不同。

在停车场的寻找和选择过程中，当停车者完全没有停车信息时，该过程是最为复杂的；而当出发前或行驶途中获取完全停车信息后，该过程变得最为简单。同时由于停车者获得了停车场的完全信息，在路上寻找停车场时间及停车入库等待时间也会相应减少，大大缩减了车辆在道路上的行驶时间，有利于交通秩序的好转。

影响停车行为的因素较多，本书在国内外学者研究成果的基础上，总结出以下几点影响停车行为的因素。

1）停车后步行距离

步行距离是指车辆停放处至目的地的实际步行距离，停车后的步行距离是停车者优先考虑的问题之一。停车者的步行距离因其出行目的和停车时间长短而异，停车时间越长，停车者愿意付出的步行距离越长。对国外停车者的调查结果表明，停车者有时宁愿用步行距离来交换停车费用，即停车者愿意将车停在距离目的地较远但停车费用较便宜的停车场。

由于停车行为的这一特点，可以根据价格杠杆来平衡不同地点的停车场的利用率。例如，距离重点地区、重要设施较近的停车场的收费可以高一些，距离重要设施较远的停车场的收费可以低一些。

2）停车费率

停车费率是影响停车行为的重要因素之一。根据停车费用支付者的不同，停车者对停车费率的敏感程度也有所不同。当停车者为停车费用支付者时，停车者对停车费用最为敏感。通常，在其他条件相同时，停车费用越高，选择来此停车的车辆越少，该停车场的利用率越低。

在我国私家车数量与日俱增的今天，私家车的出行比率呈逐渐上升的趋势，控制重要地区的停车费率对调节停车供需关系有很大作用。

3）车辆停放的安全性

车辆停放的安全性也是停车者考虑的重要因素之一。车主考虑车辆停放的安全性一方面是车辆在停车过程中是否发生丢失的情况，另一方面是车辆在停放过程中是否会被他人恶意划伤。对于安全性较好的停车场，其对停车者的吸引力也会较大。

4）停车场使用的方便程度

停车场的使用方便程度可由从抵达停车场的难易程度（道路的拥挤状况），到达停车场后入库等待时间（及时入库可能性），以及入库后存取车方便程度等因素构成。一般停车场周边道路条件较低、交通比较拥挤时，选择该停车场的车辆也会较少；平均存取车时间及平均排队长度较长的停车场，表明该停车场服务水平较低，停车场的利用率较低。停车者希望选择等待时间较少、存取车方便的停车场。

5）停车信息

调查表明，超过81%的被访者在寻找停车场时，希望获得关于停车场的信息。在希望获得的信息中最为希望获得的信息是停车场是否有空位和到达停车场的道路交通信息。超过80%的被访者表示会利用停车场信息，可以认为停车场诱导信息对于停车者的停车行为具有重要的影响。

6）其他因素

除上述几个主要影响停车行为的因素以外，停车者的特性、停车场的特性、使用车辆的特性等所包含的因素都会对停车行为产生一定的影响。例如，停车者的特性包括停车者的职业、收入、待办事项的紧急程度等；停车场的特性包括收费方式（自动、人工）、停车场的大小、停车周转率等；以及使用车辆的特性包括车辆的新旧、价格、私人车辆、公务车辆等。这些因素和上述因素相互作用，对停车者的选择行为产生影响。

7.3　城市停车需求预测

城市停车需求预测是城市停车设施系统规划的重要内容，也是制定停车设施建设方案的重要基础。进行停车需求预测要求对停车系统的现状进行全面分析研究，掌握其发展的内在规律，并运用科学的方法正确预测停车需求的发展趋向。停车需求分析技术方法主要是采用定量分析的手段，通过对停车调查数据的分析，计算停车特性的参数，建立停车预测模型，预测未来停车设施的数量和分布，为停车设施规划提供依据。

7.3.1 城市停车需求影响因素分析

停车需求预测是对停车设施进行选址和泊位建设的依据，因此首先要对影响城市停车设施需求量的各个因素进行研究。从城市土地的总体利用水平反映出对停车需求量的影响以及土地利用与停车需求关系等方面分析，停车需求影响因素有以下几个方面。

1. 土地利用状况及未来发展规划

土地利用是在城市的社会历史发展过程中逐渐形成的，它一方面受土地自然因素的影响，另一方面也与社会、经济、文化活动等密切相关，因此可以说城市中任何一种土地利用都可以视为产生停车需求的源点。不同功能、性质和开发强度的土地共同组成了城市生产力的布局和结构体系，在这一体系中，不同的土地利用进行的社会、经济、文化活动的性质和频繁程度不同，表现出的停车需求也有很大的差异。

2. 机动车保有量及出行水平

城市机动车保有数量是产生车辆出行和停车需求的必要条件，从静态的角度看，车辆增长（尤其是客车增长）直接导致了停车需求的增加，这主要是因为车辆的停放时间一般比行驶时间长得多。统计结果表明：每增加一辆注册车辆，将增加 1.2 ～ 1.5 个停车泊位需求。从动态角度看，除了车辆拥有停车泊位外，车辆使用过程中还会产生停车需求。一般来说，车辆出行水平越高，区域内平均机动车流量就越大，这样不仅影响该地区停车设施的总需求量，而且影响停车设施的高峰小时需求量。机动车拥有量与停车需求关系如图 7-1 所示。

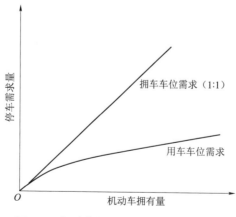

图 7-1　机动车拥有量与停车需求关系图

3. 人口及社会经济发展水平

人口状况是城市规模大小的直接体现，城市总人口的变化意味着消费量的变化和使用交通工具的机会变化，停车需求量也随之改变。一个城市的社会经济发展水平决定了人们对交通工具、设施的需求程度及交通出行的频繁程度，而且这些量也与停车需求量有着密切的联系。通常人们的出行需求与经济发展水平成正比，因此停车需求也和经济发展水平成正比。国内外不同城市的发展历程表明，经济发展程度越高，停车设施需求量越大，对停车问题的解决也就越迫切。

4. 交通政策

政策是交通决策中最大的影响因素，政策管理的实施层次不同，对交通产生的影响范围和程度也不同。宏观政策主要对地方的具体政策产生影响，主要考虑具体的交通需求管理政策对交通出行的影响。影响交通需求的政策包括：鼓励公共交通政策、控制停车泊位供给与严格收费等政策，这些政策在某些城市的实施中取得了不错的效果，如：北京的"公交优先"政策降低了公交车的票价，改善了公交车的服务水平，进而在一定程度上改变了公交车的出行比例，影响私家车的使用情况，进而影响了停车需求；英国伦敦的拥挤收费方案，使得市财政增加了可观的收入，交通拥堵状况得到了极大的改善，并且公交出行比例增加，公交营运速度和可靠性提高。

5. 停放成本

停放成本和停车选择密切相关，较高的停车成本会降低停车需求。不同设施、不同地点的停放成本不同，地上空间的停车成本与地下空间停车成本也不相同，自然会影响停车需求的分布，主要包括停车货币成本、停车费货币成本、停放成本与停车需求方面的关系。

停车成本影响出行行为选择，从而影响停车需求。较低的停车成本会诱增车辆使用并增加停车需求，较高的停车成本会引导放弃车辆使用，达到降低需求的目的。停车成本与停车需求的负相关关系如图7-2所示。

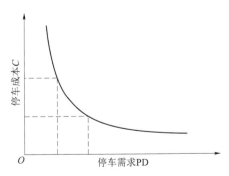

图7-2　停车成本与停车需求的负相关关系图

停车成本的构成包括货币成本与非货币成本两大部分。其中，货币成本指停车收费（包括车位空间占有费、停车保管费与其他可能的税费等），违章停车的货币成本指停车罚款、拖车费用等（应除去逃避处罚的机会比例）；非货币成本包括停车者找寻泊位的时间、绕行时间、停车后的步行时间等时间成本，违章停车还包括拖车后的取车时间及其他可能的非货币损失等。

6. 平均步行时间

平均步行时间直接反映了停车设施的方便程度，也关系到停车设施的利用效率，对于泊车者来说，能承受的步行距离有一定的范围。

7. 机动车的出行目的

由于机动车出行目的不同，其对停车泊位需求的特征也往往不同。调查结果反映，上班、上学等刚性出行目的的停车时间长，停车点较为固定，产生的需求较为稳定；业务、生活、娱乐、餐饮等弹性出行目的的停车时间较短，选择停放位置灵活性高，需求产生的时间、地点和强度变化不定，具有一定的不稳定性。从出行目的变化看，今后弹性目的出行比例将增长到50%以上，其中选择机动车出行的弹性目的比例将更高。

8. 泊位的使用率与周转率

泊位利用效率的高低，直接关系到同样数量的停车需求所需要的停车泊位数量多少。一般地，车辆出行目的的变化、停车收费水平的高低对泊位周转率的变化影响最大；而停车泊位的开放程度和信息化、智能化水平则影响泊位的使用率水平。

7.3.2 城市停车需求预测方法

停车需求预测分析目的是要为确定停车泊位供给规模提供依据。停车需求量预测准确与否，对停车规划的影响巨大。综观国内外现有停车需求预测方法，主要有人口规模预测法、机动车保有量预测法、以停车生成为核心的用地分析法、以停车和车辆出行关系为核心的出行吸引预测法、概率分布模型、相关回归分析等预测方法。

1. 总量预测法

1）人口规模预测法

城市的公共停车设施用地面积与城市人口有关，根据我国《城市道路交通规划设计规范》，城市公共停车场分为机动车公共停车场和非机动车公共停车场，其用地总面积按规划城市人口每人 $0.8 \sim 1.0$ m^2 计算，其中机动车停车场占 80% $\sim$ 85%。

$$F = P \cdot b \tag{7-7}$$

式中：F 为规划期末城市所需的总停车面积（m^2）；P 为规划期末城市的人口数量（人）；b 为人均所需的停车面积（m^2/人）。一般取 $0.8 \sim 1.0$ m^2/人（客运车辆比例大，经济发展水平高，过境交通比重大的地区取大值，反之取小值）。

2）机动车拥有量预测法

$$F = m \cdot n \cdot a \tag{7-8}$$

式中：F 为规划期末城市所需的公共停车总面积（m^2）；m 为规划期末城市的机动车拥有量（辆）；n 为使用公共停车场车辆占机动车拥有量的百分比，一般取 15% $\sim$ 20%（客运车辆比较大、经济发展水平高、过境交通比重大的地区取大值，相反取低值）；a 为小型汽车的单位停车面积，一般按平均 $25 \sim 30 \text{ m}^2$ 计算。

2. 以停车生成为核心的用地分析法

1）停车生成率模型

停车生成率指单位土地利用指标所需的停车泊位需求数。该模型建立在土地利用性质与停车需求生成率之间关系的基础上，它的基本思路是将区域内各种不同土地利用性质的地块看作停车吸引源，而区域总的停车需求量等于这些单个地块吸引量之和。目前很多城市的停车规划中都采用该模型，尤其计算大型公用建筑的配建停车泊位时尤为实用。模型的表达式为：

$$P_{di} = \sum_{j=1}^{m} (R_{dij})(L_{dij}) \quad (i = 1,2,\cdots,n) \tag{7-9}$$

式中：P_{di} 为第 d 年第 i 区高峰时间停车需求量（泊位数）；R_{dij} 为第 d 年第 i 区第 j 类用地单位停车需求生成率；L_{dij} 为第 d 年第 i 区第 j 类土地使用量（面积或雇员数）；n 为用地分类数；m 为小区的数量。

该模型对研究区域中的每一类型用地均可以得到详细的统计参数，但需要进行详细的停车特性调查，工作量大；而且由于建模的基础是单一用地类型，因此在研究土地使用类型多而且混合的城市区域时，回归数据易受其他因素干扰；该模型对于规划年份各种用地使用类型的停车生成率难以把握，因此预测周期不宜过长。

2）用地与交通影响模型

该模型建立在城市区域的停车需求与该区域的经济活动特性和交通特性密切相关的基础之上，通过对停车特征调查和土地利用性质调查，从机动车保有量、土地利用等的现状及其变化趋势入手，确定它们与停车需求的关系，进而来分析现状停车需求及预测未来的停车需求。模型表达式为：

$$P_d = f(x_i) \cdot f(y_i) \tag{7-10}$$

式中：P_d 为预测年各区域内的日停车需求量（标准泊位/日）；$f(x_i)$ 为日停车需求的地区特征参数，即不同区域土地利用特征所产生的日停车需求，它反映了预测区域内土地利用的性质、规模与日停车需求之间的关系；x_i 为第 i 类型土地利用的规模，通常采用不同类型用地的建筑面积表示（100 m^2）；$f(y_i)$ 为日停车需求的交通影响函数，它反映了交通量的不断增长对停车需求的影响情况；y_i 为区域内的交通量的平均增长率（%）。

该模型是停车生成率模型的扩展，既具备了生成率模型的特点，又将停车生成率与道路交通量相结合，较好地兼顾了停车与土地利用和交通的关系，分析与预测的结果更为合理。

3）静态交通发生率模型

该模型与停车生成率模型相似，也建立在停车需求与土地利用性质的关系基础上。静态交通发生率的定义是某种用地功能指标（100 工作岗位或 100 居住人口）所产生的全日停放车辆数。

由于综合性功能区的停车需求是土地、人口、职工岗位和交通 OD 分布等诸多因素交互影响的结果，如果仅采用传统的预测模式，分别调查确定停车发生（吸引）率则难度较大，而且精度未必可靠。静态交通发生率模型无须进行分门别类的详细调查和统计回归分析，只需通过分小区调查现状基本日停放车辆数和各类用地的工作岗位数，大大减少了工作量。模型的表达式如下：

$$P_j = f(L_{ij}) = \sum_i a_i L_{ij} \tag{7-11}$$

式中：P_j 为预测年第 j 分区基本日停车需求量（标准车位）；L_{ij} 为预测年第 j 分区第 i 类土地利用指标（人）；a_i 为预测年第 j 分区第 i 类土地利用指标（人）。

对于 n 个小区、m 种用地分类的情况，上式可以表示为

$$P = \begin{bmatrix} P_1 \\ P_2 \\ \vdots \\ P_n \end{bmatrix}^{\mathrm{T}} = \begin{bmatrix} a_1 & a_2 & \cdots & a_m \end{bmatrix} \begin{bmatrix} L_{11} & \cdots & \cdots & L_{1n} \\ \vdots & \ddots & & \vdots \\ \vdots & & \ddots & \vdots \\ L_{m1} & \cdots & \cdots & L_{mn} \end{bmatrix} \tag{7-12}$$

该模型的优点是停车需求的计算可以采用研究区域内用地性质相近、规模相当、用地功能比重相对独立的组合大样本作为建模抽样的基础，既避免了调查的困难，又提高了典型资料的使用率；对研究区域不仅可以得到总停车需求，还能按土地使用功能比重计算出每一土地使用的停车产生，适用性很强。但是，对静态交通发生率的计算从数学上看是一种总误差最小的最优解，与实际值存在一定的误差，对于区域用地功能中所占比重小的用地，误差较大。

4）商业用地停车分析模型

这种方法基于停车需求与用地性质、雇员数量之间的关系来对以商业为主的地区，进行规划年的停车需求预测。基本假设为：长时间的停车需求是由雇员上班引起的，而短时间停车是由在该地区进行的商业活动引起的。该模型是 1984 年由美国 H. S. Levinson 提出并在NewHaven 城区的总体交通规划研究中的停车需求预测上进行了应用。具体的模型为

$$d_i = A_{\mathrm{L}} \cdot \left(e_i \bigg/ \sum_{j=1}^n e_j \right) + A_{\mathrm{S}} \cdot \left(F_i \bigg/ \sum_{j=1}^n F_j \right) \tag{7-13}$$

式中：d_i 为第 i 区高峰停车需求（泊位数）；A_{L} 和 A_{S} 分别为长时间和短时间停车总累计停车数；e_i 和 e_j 分别为第 i 区和第 j 区的雇员数；F_i 和 F_j 分别为第 i 区和第 j 区零售及服务业的建筑面积（m²）；n 为停车小区数。

这种模型对数据的要求简单，但对建筑面积和雇员数的准确性要求较高。该模型适用于用地较为单一、以商业服务为主的城区，而对于用地十分复杂的大城市总体停车需求分析和预测精度较差。

3. 以停车和车辆出行关系为核心的出行吸引预测模型

停车需求的生成与地区的经济社会强度有关，而社会经济强度又与该地区吸引的出行车次多少有密切关系。出行吸引模型的原理是建立高峰小时停车需求泊位数与区域机动车出行吸引量之间的关系。模型建立的基础条件是开展城市综合交通规划调查，根据各交通小区的车辆出行分布模型和各小区的停放吸引量建立数学模型，由此推算获得停车车次的预测资料。

1）香港模式

香港于 1995 年 12 月完成了香港停车泊位需求研究（Parking Demand Study）的最终报告，内容涉及全香港各种车辆的停车需求。为了适应当前政府的政策，停车需求研究尽可能地利用现有数据，特别是综合运输（CTS）的研究、出行特性研究（TCS）和货物运输研究（FTS），以及最新的规划数据。在预测时采用了出行吸引模型，其预测流程如图 7-3 所示。

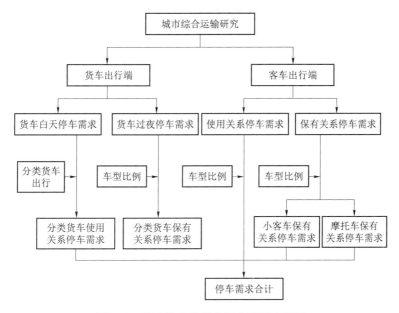

图 7-3 香港模式的停车需求预测流程图

香港模式的停车需求模型根据停车特征调查，确定一天内分出行目的进出各类建筑物的车辆总数与高峰停车需求的关系；根据城市交通规划或其他专项交通研究预测未来 OD 资料，得出不同目的的机动车 D 点吸引量（目的地小区的出行吸引量）。在假定未来停车特征与现状停车特征基本不变的前提下，推算出机动车高峰停车需求量。在考虑停车发生时刻分布、停车时间分布之后，求出规划区域的停车需求量。

停车模型由 4 个主要的子模型组成：

① 私人汽车（拥有关系）停车需求模型；

② 私人汽车（使用关系）停车需求模型；

③ 货车白天停车需求模型；

④ 货车过夜停车需求模型。

前 3 个子模型的建模方法是从城市综合运输研究模型的全日机动车出行量转化为全日停车需求的时间分布曲线；后一个子模型为回归模型，建立在用地类型与全日机动车出行和最大累计停放量之间的回归关系上。

2) 中规院模式

中国城市规划设计研究院（简称中规院）提出的停车需求模型也是以停车需求与出行的关系为基础，模型以停车特征参数和机动车 D 点吸引量为影响分析结果的最重要因素，其预测步骤如图 7-4 所示。

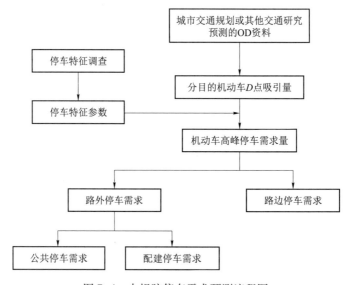

图 7-4 中规院停车需求预测流程图

停车特征参数和机动车 D 点吸引量的数据来源分别是停车特征调查和交通需求模型中的机动车 OD 资料，其中机动车 D 点吸引量主要承接城市交通规划的结果，而停车特征数据必须通过停车调查获得。模型的基本形式如下：

$$p_i = [N_i + (D_{i1} \cdot f(s) - O_{i1})] + (D_{i2} \cdot f(s) - O_{i2}) \tag{7-14}$$

式中：p_i 为 i 小区高峰停车需求（泊位）；N_i 为 i 小区初始停车量，即夜间停车量（泊位）；D_{i1} 为 i 小区高峰时段前累计交通吸引量（车次）；O_{i1} 为 i 小区高峰时段前累计交通发生量（车次）；D_{i2} 为 i 小区高峰时段末累计交通吸引量（车次）；O_{i2} 为 i 小区高峰时段末累计交通发生量（车次）；$f(s)$ 为 i 小区机动车停车生成率。

该类模型的特点是：以车辆出行作为停车需求生成的基础，较好地考虑了停车的交通特性；模型需要估计城市各分区所吸引的以机动车为交通工具的出行端点数，该数据的获取需做城市总体交通规划或抽样率较高的大规模的城市居民出行调查。随着经济发展及其他因素的变化，停车生成与车辆出行之间关系的现状和未来会有很大不同，因此用该类模型进行预测的预测期不宜过长。

4. 概率分布模型

概率分布模型是基于交通产生角度建立的停车需求预测模型。该模型假设：城市商业活动中心（Active Center）的综合规模越大、功能越齐全、交通越便利，就越能吸引人们的出行。

具体而言，影响区域商业中心出行吸引量的重要因素有研究区域商业中心的规模、交通条件、城市人口规模及分布、城市汽车出行比重等。为此，定义商业中心可达性为商业中心综合规模大小和交通条件程度的函数，用 $\dfrac{D_t}{f(d_{it})}$ 表示，其中 D_t 为商业中心的综合规模指数，$f(d_{it})$ 为交通小区 i 到商业中心 t 的交通阻抗。

区域商业中心综合指数可衡量其吸引力的强度，但这一指标无法直接计算，研究表明，该指数与商业中心的建筑面积、营业面积的相关系数高达 0.9 以上，因此可用建筑面积或营业面积代替 D_t 作为衡量商业中心吸引力大小的指标。

对于研究区域交通条件的好坏可以用交通阻抗的高低来表示，类似于动态交通需求预测中重力模型的形式，交通阻抗可表达为 $f(d_{it})=d_{it}^a$，其中 d_{it}^a 为从交通小区 i 到商业中心 t 的平均出行时间，a 为待定系数。

对于交通小区 i，商业中心 f 的可达性为 $\dfrac{m_t}{d_{it}^a}$，则交通小区居民前往商业中心的概率可表达为：

$$\log P_{it} = A + B \cdot \log \frac{m_t}{d_{it}^a} \qquad (7-15)$$

式中：P_{it} 为第 i 小区车辆出行至商业中心 t 的概率；m_t 为商业中心 t 的用地指标；d_{it}^a 为交通小区 i 到商业中心 t 的平均出行时间。

定义 T_i 为交通小区 i 车辆的日出行量，则商业中心 t 所能吸引到的出行总量即为城市所有小区前往该商业中心的出行分布量之和，表示为：

$$U_t = \sum_{i=1}^{n} T_i P_{it} \qquad (7-16)$$

式中，U_t 为商业中心 t 所吸引的机动车停车需求量。

停车设施概率分布模型适用于呈多核发展的城市或研究区域内有多个中心商业区的土地利用状况下的停车需求量预测。该模型充分考虑了土地使用的集约度及区位的价值因素，模型的使用和参数标定建立在详细的土地利用和交通出行调查的基础上。如果没有大规模交通调查或停车调查资料相配合，难以使用该模型求解。

5. 相关分析模型

相关分析模型是建立停车需求量与城市经济活动及土地使用变量之间的函数关系。该模型根据若干年所有变量的资料，用回归分析计算出其回归系数值，通过统计检验后，采用线性趋势预测方法预测各影响因素的未来值，代入回归式中，求得未来高峰时间的停车需求量。

1）美国 HBR 模型

该模型是美国道路研究协会发表的研究成果，旨在建立停车需求量与城市经济活动及土地使用变量之间的函数关系，突出了城市内人口、建筑面积、职工岗位数等对停车设施需求影响较大的参数，所需数据大多为社会经济数据，比较容易取得；但由于对停车需求预测是基于各因素的预测数据，各因素的预测数据本身已有一定的预测误差，因此该模型不宜进行长期预测。对于土地使用复杂的区域，由于相关变量较多，模型精度也会受到相应的影响。

典型的相关分析模型为：

$$P_i = a_0 + a_1 X_{1i} + a_2 X_{2i} + a_3 X_{3i} + a_4 X_{4i} + a_5 X_{5i} \qquad (7-17)$$

式中：P_i 为预测年第 i 区的高峰停车需求量（标准泊位）；X_{1i} 为预测年第 i 区的工作岗位数；X_{2i} 为预测年第 i 区的人口数；X_{3i} 为预测年第 i 区的建筑面积；X_{4i} 为预测年第 i 区的零售服务人员；X_{5i} 为预测年第 i 区的小汽车拥有量；a_i 为回归系数（$i=0$，1，…，5）。

2）交通量—交通需求模型

该模型建立的基本思路是任何地区的停车需求必然是到达该地区行驶车辆被吸引的结果，停车需求泊位数为通过该地区流量的某一百分比。如果该地区用地功能较为均衡、稳定，则预测结果较为可靠。上海市在研究停车需求和交通吸引量间的关系中发现，两者通过对数回归后结果较为准确，公式如下：

一元回归：

$$\log(P_{id}) = A_0 + A_1 \log(V_i) \qquad (7-18)$$

二元回归：

$$\log(P_{id}) = A_0 + A_1 \log(V_{ip}) + A_2 \log(V_{iw}) \qquad (7-19)$$

式中：P_{id} 为预测年第 i 区机动车实际日停车需求量（泊位）；V_i 为预测年第 i 区机动车日出行吸引量；V_{ip} 为预测年第 i 区客车日出行吸引量；V_{iw} 为预测年第 i 区货车日出行吸引量；A_0，A_1，A_2 为回归系数。

根据对城市机动车 OD 矩阵的调查分析，分别计算出规划年客、货车的出行发生、吸引量，在此基础上可以回归分析出基本年和预测年该区域的停车需求量。在使用该模型的过程中应注意：① 应将规划年区域交通吸引量分车型换算成标准车作为模型的自变量；② 由于城市内出租车和公交车辆几乎不占用停车泊位，因此在停车需求预测计算时需考虑对这些因素的折减系数。

交通量—停车需求模型适用于对城市规划区域进行宏观的停车需求分析，与动态交通的预测方法结合，不仅可以计算出停车需求，而且可以得到研究区域内机动车出行的停车率。美国联邦公路局对 67 个城市的调查结果表明，百万以上大城市的机动车停放率为 20%～27%，上海市综合交通规划的研究分析结果是市区内机动车停放率为 10%～15%。

该模型以车辆的出行行为作为停车需求生成的基础，较好地考虑了停车的交通特性，得到的结果更合理。适用于对城市规划区域进行宏观的停车需求分析，可用于预测近期停车需求，较适合于区域用地功能较为均衡、稳定的情况。该模型的不足在于无法具体得到区域内每一种土地使用的停车设施需求量，因此通常作为验证其他预测模型计算结果的有效方法。

7.3.3　城市停车需求预测模型评价

通过对各种停车需求预测模型进行比较和评价，得出各种模型的特点和适应性，如表 7-2 所示。

表 7-2　停车需求预测模型比较

模型分类		数据要求	优点	局限性	适用范围
总量预测	人口规模法	规划年末城市人口规模	从总体规划的角度考虑停车需求强度和规模，较为理想化地解决城市的停车需求	规划供给量过大，近期建设完成的难度很大	适用于总量预测
	机动车保有量法	规划年末城市机动车保有量	较合理地考虑了当前停车需求状况，确定的停车供给较符合停车需求的实际状况	在规范上并无明确指标，只是根据国内外的停车研究成果	适用于总量预测
用地分析	生成率模型	停车特性、土地使用特性及规划	直观、数据要求单一，较容易获得	对样本数量要求较高，否则预测偏差较大	空间上，适用于分区预测；时间上适用于近期预测
	用地交通影响分析模型	停车特性、土地使用特性及规划、未来干道交通量及机动车保有量	将停车生成率与道路交通量相结合，预测结果可信度高	模型中的交通影响函数较难确定，影响预测精度	空间上，可用于分区预测，也可用于整体预测；时间上，适用于近期预测
	商业用地模型	累计停车数、雇员数、各类用地的建筑面积	对数据要求简单、成本较低	预测精度较低	实质上也是一种总量预测法，适用于总量预测

续表

模型分类		数据要求	优点	局限性	适用范围
出行吸引	香港模式	停车特性、未来 OD 资料	模型以车辆出行作为停车需求生成的基础，较好地考虑了停车的交通特性	需做过城市总体交通规划或抽样率较高的大规模城市居民出行调查；停车生成与车辆出行之间关系的现状和未来会有很大不同	空间上，可用于分区预测，也可用于整体预测；时间上，适用于近期和中长期预测
	中规院法	详细分时段 OD 资料			
概率分布	概率分布	土地使用特性、出行时间	模型充分考虑了土地使用的集约度及区位的价值因素	如果没有大规模交通调查或停车调查资料相配合，难以使用该模型求解	适用于呈多核发展城市或研究区域内有多个中心商业区的土地利用状况下的预测
相关分析	美国 HRB 模型	停车需求、人口、机动车保有量、就业岗位数等历史数据	模型所需数据大多为社会经济数据，较易取得	我国对于停车方面的研究起步较晚，很难取得停车需求的历史数据	空间上，适用于较大范围整体预测；时间上适用于近期预测
	交通量-交通需求模型	区域停车特性和到达交通量的历史数据	基本思路和出行模型相似。但对 OD 的数据太大低于出行模型	较适合于区域用地功能较为均衡和稳定的情况	实质上也是一种回归模型，可以用于预测近期停车需求

综观现有的停车需求预测方法，基于相关预测原理的方法占大多数，各种方法各有优缺点和适用性。总体上，适用于中长期预测的方法不多，各种预测用于远期预测都存在可信性问题，如用地分析法基于土地利用现状调查，对未来的发展预测比较困难，出行吸引法基于现状停车特性和未来 OD 资料，由于影响交通的因素很多，出行 OD 量及分布的远期预测的可靠性也难以把握。

停车需求预测的方法有很多种，除了上面介绍的方法外，还有类比法和趋势外推法等。类比法是指利用其他相似城市的数据推算本地区的停车需求，趋势外推法则是利用历史数据根据趋势推算本地区的停车需求，由于本书篇幅有限，不一一赘述。停车需求预测是对停车设施进行选址和泊位建设的依据，因此，预测城市停车需求时，应结合城市实际情况，合理选择方法，确定停车需求，下面将以保定市城市停车需求预测为例介绍总量预测法在停车需求预测中的应用。

7.3.4 城市停车需求预测应用案例

下面以保定市城市停车需求预测为例介绍总量预测法在停车需求预测中的应用。

1. 人口规模法

根据《保定市城市总体规划》和《保定市城市综合交通规划报告》关于人口的预测结果，确定未来保定市区人口规模情况如表 7-3 所示。

表 7-3 保定市市区人口预测表

年份/年	城市人口/万
2012	152.1
2020	205

采用人口规模法对保定市未来年的停车需求进行预测，人均所需的停车面积按 0.8 ～ 1.0 m² 计算（此处取 0.8 m²），标准小汽车的单位停车面积按平均 25 m² 计算（此处取 25 m²），使用公共停车场车辆占总数的百分比一般取 15% ～ 20%（客运车辆比较大、经济发展水平高、过境交通比重大的地区取大值，相反取低值）。参照其他城市计算方法预测，预测结果如表 7-4 所示。

表 7-4 人口规模预测结果表

年份	停车指标	总停车泊位	公共停车泊位方案 1	公共停车泊位方案 2	公共停车泊位方案 3
2012	停车面积/万 m²	121.7	18.3	21.9	24.3
	停车泊位/个	48 672	7 301	8 761	9 734
2020	停车面积/万 m²	164	24.6	29.5	32.8
	停车泊位/个	65 600	9 840	11 808	13 120

说明：公共停车泊位方案 1、2、3，表示公共停车场泊位数占总停车泊位数的比例分别采用了 15%、18%、20%。

2. 汽车拥有量法

根据《保定市城市综合交通规划报告》关于小型汽车保有量的预测结果，确定未来保定市区小型汽车保有量的规模情况如表 7-5 所示。

表 7-5 保定市市区小型汽车保有量预测表

年份/年	小型汽车/万辆
2012	17.47
2020	30.14

根据汽车拥有量预测法公式（7-8）计算可得，其中，参数取值同上。运用汽车拥有量

法，采取与人口规模法相同的参数，得到规划年的预测结果如表 7-6 所示。

表 7-6 机动车规模预测结果表

年份	停车指标	总停车泊位	公共停车泊位方案 1	公共停车泊位方案 2	公共停车泊位方案 3
2012	停车面积/万 m²	436.7	65.5	78.6	87.3
	停车泊位/个	174 690	26 204	31 444	34 938
2020	停车面积/万 m²	753.6	113	135.6	150.7
	停车泊位/个	301 424	45 214	54 256	60 285

说明：公共停车泊位方案 1、2、3，表示公共停车场泊位数占总停车泊位数的比例分别采用了 15%、18%、20%。

3. 需求预测结果

根据上述两种方法作出的预测值存在很大差别，考虑到随着未来保定市经济的快速增长，汽车保有量将会有明显的增加，而预测的市区人口规模增长的变化浮动不是很大，所以根据人口规模所做的停车需求预测结果与实际增长情况存在较大差异，因此，对上述两种方法所做的预测值分配一定的权重系数（人口规模法预测结果的权重确定为 0.15，机动车拥有量法预测结果的权重确定为 0.85），由两种方法计算的结果校核，得到最终的停车需求预测结果如表 7-7 所示。

表 7-7 总泊位预测表

年份	停车指标	总停车泊位	公共停车泊位方案 1	公共停车泊位方案 2	公共停车泊位方案 3
2012	停车面积/万 m²	389.5	58.4	70.1	77.9
	停车泊位/个	155 788	23 368	28 042	31 158
2020	停车面积/万 m²	665.1	99.8	119.7	133
	停车泊位/个	266 050	39 908	47 889	53 210

说明：公共停车泊位方案 1、2、3，表示公共停车场泊位数占总停车泊位数的比例分别采用了 15%、18%、20%。

7.4 社会公共停车场规划

社会公共停车场规划，以城市停车总体规划的目标和停车者的行为决策为基础，以满足停车设施服务的指标为目的；既要考虑各类型停车设施的分配比例，又要考虑具体一个停车设施的规模与选址，还要结合周围用地进行城市设计。无论是对于城市功能的整体发挥，还是对城市景观的影响，都是非常重要的。

7.4.1 社会公共停车场布局规划

停车场的规划布局是在停车需求预测和分析的基础上，根据城市总体规划和区域详细规划对停车场的类型、地址及泊位进行布局，然后再对新的停车系统进行评价。

它主要包括下列方面的内容：① 合理确定停车设施的类型；② 合理确定停车设施的位置；③ 合理确定停车设施的容量。

合理确定停车场的类型就是指在规划区域内哪些停车需求该由专用及配建停车场承担，哪些该由社会停车场承担；合理确定停车场的位置就是指在实际情况允许的条件下，尽量使得停车场到各停车生成点的距离最短。

1. 社会公共停车场规划的研究对象

如上述章节所述，按停车场的位置分类，停车场规划分为路外停车场规划和路内停车场规划，路外停车场又分为配建停车场和社会停车场两部分。配建停车场主要指住宅区或企事业单位根据基本需求进行配建的那部分停车场；社会公共停车场不仅包括向所有车辆开放的路外社会公共停车场、路内停车场，也包括车站、机场及各种大型商用建筑或企事业单位配建的公用停车泊位部分。

而一定意义上建筑物配建停车场与社会公共停车场在服务对象上既有针对性又相辅相成，所以本节主要研究的为公共停车场，其涵盖了建筑物配建停车场和社会公共停车场。

2. 城市停车布局规划的影响因素

1）汽车的可达性

汽车的可达性是指汽车到达（距离）停车场地的难易程度。车辆的可达性主要由停车场出入口的设置决定，不同道路等级、不同交通流状况对停车场的出入口有较大的影响。停车设施只有具有较高的汽车可达性，才可能获得较高的利用率和较显著的社会经济效益。停车场设在不同等级道路上，其汽车可达性有较大的差异。

2）服务半径

即停车者从停车场到目的地之间的距离，反映了停车者对停车设施到达其目的地便捷程度的要求，停车场应尽可能地建立在停车发生源集中并可望使停车者下车的步行距离最短的地方。泊者一般只能接受一定长度内的步行距离，步行距离过大将明显地影响停车设施的利用率。国内外研究表明，停车者的步行时间以 5 ～ 6 min、距离为 300 m 为宜。

3）建设费用

停车场的土地开发费用（建设费用）包括征购土地费、拆迁费、建造费及环保等的总费用。它是公共停车场规划布局的重要因素之一，特别是对于用地紧张、建设费较高的中心区尤其重要。它和停车场的使用效率一起，在很大程度上决定着停车场的社会经济效益。

4）总体规划的协调与城市规划的协调性

停车场选址应该考虑其规划范围内未来停车发生源在位置和数量上的变化，以及城市道路的新建和改造。并且为了提高停车场的利用率，最大限度地满足停车需求，应尽量均匀地布置停车场，使规划的停车场在已有停车场的服务半径之外，做到规划的连续性、协调性。

5）路网状况及周边路外停车设施建设状况

路内停车场的规划设置，主要是解决短时停车需求，提供短时停车服务及弥补路外停车供应不足。路内停车规划应根据路内停车规划区域内不同时段可以提供的相应服务水平来确定路内停车泊位。路内停车的规划设置要以行车顺畅为原则，以该地区路外公共停车场及建筑物配建停车场泊位不足为前提，与城市交通发展战略、城市交通规划及停车管理政策相符合，与城市风貌、历史、文化传统、环保相适应。

6）停车场的收费

停车场的管理制度和收费不同，也会对停车吸引和停车场的选址有影响。

除此之外，影响停车场布局规划的其他因素有：城市总体规划、城市土地利用、城市交通分布、机动车保有量等。在进行停车布局规划时，要严格按照城市用地控制，包括禁止建设区、限制建设区和适合建设区，进行规划管理。

7.4.2　路外公共停车场选址规划

路外公共停车场是城市的一项重要基础设施，它与配建停车场、路内停车场一起构成城市停车设施的综合体系。

1. 路外公共停车场选址原则

对机动车出行者而言，选择停车场的原则是尽量靠近其出行目的地，而且停车费用较少。路外公共停车场的建设不仅考虑运营后的经济效益，还应考虑是否有充足的用地，因而路外公共停车场的选址就成为非常关键的环节。决定停车场选址的主要因素是城市总体规划和用地的可能性，还有停车场的合理服务半径。其主要选址原则体现在以下几个方面。

① 路外公共停车场的服务半径一般不超过 300 m，中心区不超过 200 m，即下车后平均步行时间 5～6 min。路外公共停车场离主要服务对象太远，不利于吸引车辆的使用停放。

② 单处路外公共停车场的容量一般不超过 200 个泊位，布局尽量小而分散。

③ 形式因地制宜，减少拆迁，如可以通过让建筑物退后道路红线，留出空地设置小型路外公共停车场，另外用地紧缺地区积极采用立体停车形式。

④ 路外公共停车场位置靠近主要城市道路，避免选择偏僻街区，以利于车辆使用，同时停车场出入口尽可能远离交叉路口。

⑤ 路外公共停车场选址时，考虑周边建筑物配建停车场、路内停车场泊位供给情况。

⑥ 配合旧城改造，结合公共绿地、城市广场等，设置路外公共地下停车库。

路外公共停车场对社会开放，与配建停车场相比，周转快、利用率高，可节省用地；与路内停车相比，较少或不影响动态交通，但需要额外的建设与管理费用。路外公共停车场通常设置在城市交通繁忙的中心地带，以及交通枢纽、城市出入口，可根据用地建车场或多层车库。

2. 路外公共停车场选址规划

前面从定性方面阐述了路外公共停车场的布局规划方法，下面将从定量方面进行分析研究。停车发生源的规模决定公共停车场建设的规模，而停车发生源的分布及步行距离等决定停车场建设的位置。下面以它们为定量因素，研究公共停车场布局规划模型。选址规划要以满足停车设施服务的多个指标为目的，以有限的区域资源条件为约束，是一个多指标、多约束的综合系统工程问题。

国外已有的对公共停车场布局规划的研究中，涉及具体选址规划的模型研究不多。日本曾提出在总供给和总需求均给定的情况下，停车后步行距离之和为最小的停车场选址方法；另外日本强调对于停车场布局规划而言，集计模型可能会出现差错，建议更多地使用非集计模型，即基于出行者个人微观行为的概率类模型。国内对停车场规划模型的研究发表的文献很多，归纳起来大致有概率分布模型、约束型与非约束型模型、停车需求分布最大熵模型和多目标对比系数模型。

1）概率分布模型

该模型从概率选址的角度出发，其假设前提为：每个停车者首先考虑停泊最易进入的停车场地，如无法停泊，则考虑下一个最易进入的场地；如仍无法接受，则继续下去，直至获得一个可接受的场地为止。

将区域内所有停车场按顺序排列，最易进入的编号为1，次易进入的编号为2，依次类推，可以用一组整数1，2，…，m 来表示区域内的停车场地。假设停车者在停车时接受第一个场地的概率为 p，则拒绝的概率为 $1-p$，如果拒绝第一个停车场，则以同样的方式考虑第二个停车场，不断重复此过程，直至选中某场地为止。

选中第 m 个停车场的概率为：

$$p(m) = p(1-p)^{m-1} \qquad (7-20)$$

若有 N 辆车有停车意向，则进入第 m 个停车场地的车辆数为：

$$N = p(1-p)^{m-1} \qquad (7-21)$$

前 m 个停车场地都未被选中的概率为：

$$p_a(m) = (1-p)^m \qquad (7-22)$$

选中前 m 个停车场中一个的概率为：

$$p_b(m) = 1-(1-p)^m \qquad (7-23)$$

在实际中，可能是一批停车场处于同一个被选择层次，因此将上述思路推广，假设在中心商业区，到商业区中心点距离为 r 处的停车场密度为 $D(r)$，如图7-5所示，而且假设 r 越小，停车者越优先选择该处的停车场，且选择概率为 p。则：

半径 r 内的停车场数为：

$$m(r) = \int_0^r D(r) 2\pi r \mathrm{d}r \qquad (7-24)$$

停车者进入半径为 r 区域内的停车概率为：

$$p(r) = 1 - (1-p)^{m(r)} \qquad (7-25)$$

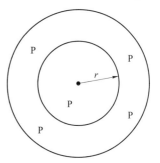

图7-5 概率分布模型示意图
P—停车场

如区域停车需求总量为 N，则分布在半径为 r 区域内的停车需求量为：

$$N(r) = N[1-(1-p)^{m(r)}] \qquad (7-26)$$

该公式表明，$m(r)$ 个停车场应拥有 $N(r)$ 个泊位数才能满足要求，而停车需求的变化率为：

$$n(r) = \frac{\mathrm{d}N(r)}{\mathrm{d}r} = (1-p)^{m(r)} \ln\left(\frac{1}{1-p}\right) D(r) 2\pi r N \qquad (7-27)$$

即愿意在距离商业区中心 r 处停车的停车者为 $n(r)$。

概率模型形式简单，主要用于停车需求分布的计算，是停车设施选址规划分析的基础，但在实际中使用不多，主要原因是：该模型将每个停车者的停车意向都表达为概率 p，而且顺序选择，并未考虑选择停车场的随机性；模型假设距离区域中心距离越短就越容易进入，而停车者在实际停车时更多考虑的是距离目的地最近的停车场。

2）约束型与非约束型模型

（1）约束型模型

约束型模型是在有限的停车场位置中，考虑步行距离、停车场泊位供给及建造形式等多个目标的影响，在约束条件下实现整体的优化，即满足"总步行距离 T 最短，总建造成本 C 最低，总泊位供给 H 最大"。模型的目标向量为 $G_2 = (T, C, H)$，决策变量为 A_{ij}，$i \in n$，$j \in m$。目标函数为：

$$\begin{cases} T = \min\left(\sum_{i=1}^{n} \sum_{j=1}^{m} t_{ij} A_{ij} \right) \\ C = \min\left(\sum_{j=1}^{m} (B_j p_j \lambda_k + p_j E_k) \right) \\ H = \max\left(\sum_{j=1}^{m} p_j \right) \end{cases} \qquad (7-28)$$

约束条件如下：

$$\begin{cases} \sum_{i=1}^{n} A_{ij} = p_j \\ \sum_{j=1}^{m} A_{ij} = d_i \\ \sum_{j=1}^{m} (B_j p_j \lambda_k + p_j E_k) \leqslant C_{\max} \\ \sum_{j=1}^{m} p_j \geqslant H_{\min} \\ P_{\min} \leqslant p_j \leqslant p_{\max} \\ A_{ij} \geqslant 0, i = 1,2,\cdots,n; j = 1,2,\cdots,m \end{cases} \qquad (7-29)$$

式中：T 为区域内停车者步行至目的地的总步行距离；C 为规划区域假设总投资；H 为规划

停车场泊位总量；p_j为第j个停车场的泊位供给量；d_i为第i个功能小区的停车需求量；A_{ij}为第i个需求点到第j个停车场的停车数量；p_{min}，p_{max}为每一停车场建造泊位数的下限和上限；t_{ij}为第i个需求点到第j个停车场的距离；B_j为第i个停车场规划位置的土地单位造价，$j=1,2,\cdots,m$；E_k为第k种停车场建造形式的泊位单位造价；λ_k为第k种停车场建造形式每泊位占用的土地面积系数；C_{max}为总投资上限额，$C \leqslant C_{max}$；H_{min}为规划部门给出一个泊位总量的最低满意值，$H \geqslant H_{min}$。

该模型旨在找出目标向量的非劣解集，将求出规划区域内最优停车场建设的数目及各个停车场的泊位供给量。

（2）无约束型模型

无约束选址模型是用于解决不给出任何位置限制的停车场规划，该模型适用于对区域土地使用较少或是新兴城市中的停车设施选址。由于各种土地使用尚未进行或正在进行，为停车设施的选址提供了更自由的空间，理论上将获得比约束型模型更好的选址效果。

无约束选址模型的目标与约束型模型相同，也是"总步行距离T最短，总建造成本C最低，总泊位供给H最大"。但是规划停车场的位置坐标也是决策变量，模型解集中既有停车场位置坐标解集，又有规划停车场的最优数目和各停车场的泊位供给量。

3）停车需求分布最大熵模型

模型建立的思路是：在区域内划分更小的交通小区，以每个交通小区作为一个停车生成源。同样，将区域内停车设施作为停车的吸引源，各小区生成的停放车需求全部分配在该区域的停车设施内。以上假设可表达为：

$$\begin{cases} \sum_i Q_{ij} = A_j \\ \sum_j Q_{ij} = D_i \\ \sum_i \sum_j Q_{ij} = \sum_i D_i = \sum_j A_j = G \end{cases} \tag{7-30}$$

式中：i，j为停车生成源的交通小区和吸引源的停车设施编号；Q_{ij}为由i小区生成并停放于设施j中的车辆数；D_i为第i小区生成的停车需求数；A_j为停车设施j处的停放车辆数。

在由停车生成点（交通小区）、停车设施、道路网络、停放车辆等组成的系统中，停车分布矩阵$\{Q_{ij}\}$可作为随机变量的集合，任何特殊的分布矩阵只是该对称系统中的一个状态。由此可定义该系统的熵，然后在关于该系统的约束下，求解使系统熵为最大的状态，即为所需预测的分布。

4）多目标对比系数模型

多目标对比系数法的原理主要是通过多目标决策分析来解决停车设施的多个选址的选优问题。

假设对区域停车设施的选址规划有n个目标（影响因素）$a_1,a_2,\cdots,a_n$，记$N=\{1,2,\cdots,n\}$，拟订了m个决策方案（备选停车场地址）$x_1,x_2,\cdots,x_m$，记$M=\{1,2,\cdots,m\}$，

方案 x_j 对于目标 a_i 的取值记为 $a_i(x_j)$，称为目标函数。目标函数 $a_i(x_j)$ 越大，则方案 x_j 在目标 a_i 下越优。目标函数对于某一指定的目标具有对比性，即对任意的 k，$s \in M$，存在 $i \in N$ 使得 $a_i(x_k)$ 与 $a_i(x_s)$ 可比，在指定目标 a_i 下，有：

优选原则 I：如果 $a_i(x_k)>a_i(x_s)$，则 $x_k>x_s$，即在目标 a_i 下，方案 x_k 优于 x_s。

对比系数选址的最终目的，是要在多个目标共同制约下，多个方案进行综合比较，从中选出一个满意方案或者对多个方案进行选优排序。为此，定义一个综合对比系数 f_j，使：

$$f_j = \sum_{i \in N} f_{ij}, j \in M \tag{7-31}$$

式中

$$\begin{cases} f_{ij} = \dfrac{a_i(x_j) - D_i}{E_i} \\ D_i = \min\{a_i(x_j)\} \\ E_i = \max\{a_i(x_k) - a_i(x_s)\}, k, s \in N \end{cases} \tag{7-32}$$

以上定义的对比系数 f_j 综合反映了 x_j 在多个目标下的优劣性，通过比较 f_j 的大小，可以得到多个方案的优选序列。此时，若记 $U = \{a_i \mid i \in N\}$ 为目标集合，则在多目标 U 下有：

优选原则 II：对于任意 k，$s \in M$，若存在 $f_k>f_s$，则 $x_k>x_s$，或记 $f_k = \max\{f_j\}$，$j \in m$，则 x_k 为多目标对比下的最优方案。

由于在实际问题中通常要考虑多个目标的权重，此时综合对比系数 f_j 的定义可改写为：

$$f_j = \sum_{i \in N} (W_i \cdot f_{ij}), j \in M \tag{7-33}$$

式中，f_{ij} 意义同前，W_i 为目标 a_i 的权重，且满足归一化（即 $0 \leqslant W_i \leqslant 1$，$W_i$ 的和为 1）。

应用多目标对比系数法进行停车设施的选址规划，其具体步骤可表示为：

① 针对区域停车场实际背景，确定多目标函数值 $a_i(x_j)$，如停车者至目的地步行距离、汽车可达性、投资费用等；

② 对任意目标 a_i，$i \in N$，计算 E_i；

③ 对任意目标 a_i，$i \in N$，任意方案 x_j，$j \in M$，计算 f_{ij}；

④ 对任意方案 x_j，$j \in M$，计算对比系数 f_j；

⑤ 依据优选准则 II，对多个停车场选址规划方案进行选优排序，或从中选定一个满意方案。

7.4.3　路内公共停车场规划

路边停车场是优缺点都比较突出的停车设施，它是停车系统中不可或缺的一部分，在整个城市停车系统中的功能定位应为"路外停车场的补充和配合"。决定其发挥优势还是暴露缺点的关键因素之一就是能否对其进行科学的规划和设置。科学规划和设置路边停车场的内容包括确定路边停车合理的规模、停车的路段位置和时间、不同的停车泊位布置方式等。

1. 路内公共停车场规划原则

路内公共停车场是在路外公共停车场设置的基础上进行规划设置的，路内公共停车场设置必须控制适当的停车供需关系，使道路交通与停放车拥挤保持在一个合适的水平上，使停车容量与路网交通容量保持平衡。设置路内停车场应遵循以下原则。

① 在城市快速路和主干路上禁止设置路内停车场，路边停车泊位主要设置在支路、交通负荷较小的次干路及有隔离带的非机动车道上。次干路与支路路宽在 10 m 以上，道路交通高峰饱和度低于 0.8 时，容许设置路内停车场，但必须以行车顺畅为原则，以路外公共停车泊位不足为前提。

② 路边停车应与路外停车相协调。规划路边停车必须以路外公共停车泊位不足为前提，要考虑路外停车设施的供给水平及管理现状（如收费水平等），保证规划的路边停车设施不会影响到路外停车设施的运营，保证充分发挥路外停车设施的主导作用。在设置有路外公共停车设施的周围服务半径 200～300 m 范围内，原则上禁止设立路内停车设施，已经设置的应逐步予以清除。

③ 为避免造成道路交叉口的交通混乱，路内停车的设置应尽可能地远离交叉路口，交通量较大的道路上应避免停车左转出入，高峰时段内禁止左转。路边停车泊位与交叉口的距离以不妨碍行车视距为设置原则，建议与相交的城市主、次干路缘石延长线的距离不小于 20 m，与相交的支路缘石延长线的距离不小于 10 m。单向交通出口方向，可以根据具体情况适当缩短与交叉口的距离。

④ 路内停车场的设置应因地制宜。一些非机动车流量小的道路，交通量一般较小，道路利用率低，可研究开辟路内停车场；在交通管理规定机动车单向行驶的道路交通组织较为方便，可设置一定的停车泊位；在道路广场周围、城市高架道路、匝道下净空允许时，可设置规模适合的地面停车。在城市步行街、公交专用道和自行车专用道等道路上，不得布设路内公共停车场。停车场布局应尽量小而分散，推荐每个停车设施泊位量不大于 30 个为宜。

⑤ 路边停车要考虑设置的定量依据，要满足最小道路宽度、交通障碍率和设置后道路的服务水平的要求。

⑥ 设置应给重要建筑物、停车库等的出入口留出足够的空间。在消防栓、人行横道、停车标志、让路标志、公交车站、信号灯等前后一定距离内不应设置路边停车位；在城市步行街、公交专用道和自行车专用道等道路上，不得设置路边停车位；在桥梁和隧道内应禁止设置路边停车位。

⑦ 路边停车规划必须符合城市交通发展战略、城市交通规划及停车管理政策的要求。

⑧ 路边停车应与城市风貌、历史、文化传统、环保要求相适应。

⑨ 路边停车设施的设置应以现状为基础，中心区内原则上不再增加新的路内停车设施。

2. 路内公共停车场设置条件

路边停车场的设置是在道路通行能力有富余的情况下，设置路边停车场必须考虑：设置停车位后道路能否承担现有交通负荷及路边停放车辆会对沿线动态交通产生怎样的影响。对于设置停车位后道路能否承担现有交通负荷问题，一般不考虑划出停车泊位后交通量的变化，而以现有交通量为准，如果道路宽度变窄，通行能力仍有富余，则可以设置路边停车场。

设置路边停车场的道路应满足的条件如表 7-8 所示。

表 7-8　路边停车场道路最小宽度条件

道路类别		道路宽度	路边停车设置
道路	双向道路	12 m 以上	可双侧停车
		8～12 m	单侧停车
		不足 8 m	禁止停车
	单行道路	9 m 以上	可双侧停车
		6～9 m	单侧停车
		不足 6 m	禁止停车
里弄		9 m 以上	可双侧停车
		6～9 m	单侧停车
		不足 6 m	禁止停车

在容许利用中央分隔带设置停车位时，要求分隔带宽度不能小于 5 m。一般来说，路边停车还要求道路服务水平要好，即对饱和度有限制，通常采用经验或目测方法，只要不是拥堵路段且满足设置宽度要求条件就可以设置路边停车场。同时路边停车场服务半径不大于 300 m，车位距目的地过远会使停车泊位利用率明显下降。

路边停车场设置对道路的服务水平的要求如表 7-9 所示。道路服务水平不满足表 7-9 的条件时，不应在路边设置停车场。

表 7-9　容许设置路边停车场的道路服务水平

服务水平	交通流情况			交通流量/容量（V/C）	路边停车设置
	交通状况	平均车速/（km/h）	高峰小时系数		
A	自由流	≥50	PHF≤0.7	V/C≤0.6	容许路边停车
B	稳定流	≥40	0.7<PHF≤0.8	0.6<V/C≤0.7	容许路边停车
C	稳定流	≥30	0.8<PHF≤0.85	0.7<V/C≤0.8	容许路边停车
D	接近稳定流	≥25	0.85<PHF≤0.9	0.8<V/C≤0.9	禁止路边停车
E	不稳定流	25 左右	0.9<PHF≤0.95	0.9<V/C≤1.0	禁止路边停车
F	强迫流	<25	—	—	禁止路边停车

数据来源：城市道路路边停车设置方法研究。

道路环境条件不满足表 7-10 的条件时，不应在路边设置停车场。

表 7-10 路边停车场道路环境条件

名　称	允许路边停车道路环境条件
停车区域限制	500 m 半径内无公共停车场，不影响车辆、行人通行，不影响机关、学校等单位人员进出，可安全、有序停放车辆的区域
特殊地带限制	医院、消防队等重点单位车辆进出的街道；非信号控制交叉口、街道转弯处；坡度小于 0.02
负面效应控制	停车不影响周边居民生活，车场有足够的照明条件，有专人负责车位卫生和秩序

7.4.4 P&R 停车换乘规划

广义的 P&R（Park & Ride）是指一次出行过程中为实现低载客率的交通方式向高载客率的交通方式转换所提供的停车设施，这里的转换可以是小汽车、摩托车、自行车、步行方式向地面公交、轨道交通、多人合乘车方式的转换。通常意义上，P&R 是指为实现小汽车方式向公共交通方式转换所提供的停车设施，由两种定义的对比可以看出，后者只是前者所包含的换乘形式之一。本书所讨论的 P&R，采用的是后一种定义，即主要是指在城市中心区以外区域的轨道交通站、地面公交站及高速公路旁设置停车场，低价收费或免费为私人汽车提供停放空间，辅以优惠的公共交通收费政策，引导乘客换乘公共交通进入城市中心区，以减少私人小汽车的使用，缓解中心区域交通压力，最终达到促进城市交通结构优化的目的。

因此，P&R 作为一种换乘设施，也是一种交通管理工具，可用来实现自驾车和公共交通之间的转换。自驾车是一种低容量的交通方式，相反，公共交通则是高容量的交通方式，从而，P&R 设施可以用作低容量向高容量交通方式转换的管理工具。P&R 尤其在道路交通拥堵和目的地停车难的地区容易发挥其优势。

1. P&R 停车换乘停车场分类

从定义上看，停车换乘停车场 P&R 是一种设置在轨道交通站、地面公交站及高速公路旁的停车设施。与通常意义上的城市停车场一样，作为城市交通系统中一项静态交通基础设施，承担着车辆停泊的功能。与城市停车场的分类方法类似，P&R 停车换乘停车场同样可以根据功能和服务对象进行不同的分类。

P&R 系统根据功能不同也可划分为多种类别，国际上按照 P&R 停车设施的功能特点将 P&R 系统划分为非正式 P&R 停车场、联合使用 P&R 停车场、城郊 P&R 专用停车场、公共交通枢纽点 P&R 停车场、特殊区域边缘 P&R 停车场。具体分类特点如表 7-11 所示。

表 7-11　P&R 停车场功能分类列表

类　型	特　点
非正式 P&R 停车场	路内或依附与配建设施停放为主，没有专门的公共停车场；毗邻公交站点或道路主干路节点处停放
联合使用 P&R 停车场	停车换乘不是唯一的停车目的，该停车设施被其他建筑设施（剧院、购物中心等）共享，联合使用，服务于不同的对象
城郊 P&R 专用停车场	以停车换乘为主要目的，吸引周边地区客流换乘公交出行
公共交通枢纽点 P&R 停车场	基于公共交通换乘枢纽点建设，具有更高的停车换乘需求
特殊区域边缘 P&R 停车场	服务于 CBD、机场等地区，更加接近目的地；投资成本高，如果选址不当，其作用具有争议性（拥挤转移、费用转移）

按照 P&R 停车场服务对象分类，具体分类如表 7-12 所示。

表 7-12　P&R 停车场服务对象分类列表

类　型	特　点
轨道 P&R 停车场	位于市郊铁路或者市内地铁首末站处，主要为通勤交通服务，具有较高的停车换乘需求，泊位从几百到几千个，一般利用率在 80% 左右
优先公交 P&R 停车场	设置在公交专用道或者 HOV 系统附近，规模适中，一般在 500 个泊位以上，利用率在 60% 左右
普通公交 P&R 停车场	主要服务于通往 CBD 或者主要就业中心的通勤交通，规模较小，一般在 25 ～ 100 个泊位，多数为免费停车，利用率一般在 50% 左右
合乘车 P&R 停车场	没有固定公交时刻表，只是为轿车或者是客车合乘车主提供一个停车候客的场所。设施形式灵活，以自发形式为主

2. P&R 停车换乘停车场规划原则

对于一般意义上的停车场，其选址问题是一个在停车需求总量和分布量已知的情况下配置停车能力的网络最优化问题，决定停车场选址的主要因素是城市总体规划和用地的可能性。但是，作为小汽车出行者换乘轨道交通而提供停车服务的换乘设施，除了满足停车换乘出行者的出行需求之外，更为重要的功能是引导个体方式向公共交通方式转换，提高公共交通方式分担率，促进城市交通结构的优化。好的规划可能会吸引更多的小汽车出行者到此停车换乘，而不合理的规划不仅是对某一个停车场而言，也是整个停车换乘及整个公共交通系统的损失。因此，合理规划停车换乘设施，不仅对于停车换乘设施自身的规划、建设和运行，而且对于提高整个运输系统的运输效益具有重要的现实意义。

1）最大化停车换乘需求

P&R 设施选址的首要原则是吸引客流最大化。因此，P&R 应当选择卫星城镇、新城的居住密集区等高换乘需求地区，边缘组团和郊区新城的主干路附近。或者选择进城放射性道路和交通走廊规律性拥堵区域，出行者起终点间存在物理障碍地区。由于 P&R 设施主要的服务客源为基于家的工做出行人群，P&R 设施选址过程中还需要充分考虑 HBW 高峰时段发生型。

2）依附于完善的道路及轨道交通网

依附于完善的道路网是指停车换乘设施尽量设在边缘组团和郊区新城的主干路附近，保证出发地与停车换乘场地之间有高速或主干路、城市交通走廊相连，以达到小汽车到达停车场的时间最小化的目的；而依附于完善的轨道交通网是指与停车换乘设施相衔接的轨道交通系统应具有完善的服务水平，包括较高的发车频率、行驶速度及换乘可达性等，这样才能缩短换乘后的出行时间。为了实现停车换乘的出行方便性及快捷性，必须综合考虑各级各类交通网络，进行多层次叠加，选取停车换乘设施的最优点。

3）与周边区域协调一致

停车换乘设施作为大型公共建筑，是城市客流的集散地，公共性强、交通指向集中，而且通常开设在主干路及公交枢纽附近，若设置不合理，会增加出入人流及车流的交汇，给周边路网的交通顺畅产生影响。所以停车换乘设施要与周边用地性质、区域规划方案协调，尽量达到对周边环境及道路交通的影响最小化。

4）最小化投资与风险

为了最小化投资与风险，要根据实际情况选择适当的换乘设施形式，可考虑临时停车设施，或尽量寻求联合使用的机会，或根据停车设施本身具有可扩展性、可改造性的特性对成功的停车场进行扩容改造。

5）与城市停车规划相一致

P&R 停车换乘停车场规划应与城市总体规划、城市交通规划、城市停车规划相协调。P&R 停车场规划是城市停车规划的一部分，P&R 停车场的选址规模需考虑城市路内公共停车场和城市路外公共停车场的选址规模等，与城市社会公共停车场规划一致。

从上述五大原则可以延伸出以下一些具体的指标。

① 与 CBD 或主要活动中心的距离：不少于 6 km，16 km 左右为宜。目的在于减少市中心拥挤，提高公交分担率。

② 避免设施间的相互竞争：两个设施间距离大于 6 km，否则会存在相互争夺客源的情况。

③ CBD 或主要活动中心的道路服务水平：当干道交通的服务水平处于 E 级以下时，出行者更加倾向于换乘公交出行。此刻，设施的换乘需求较高。

④ 到达公交车站的步行距离不超过 400 m 为宜。

⑤ 提供快速、可靠的公交服务：公交发车间隔不超过 15 min 为宜。

⑥ 设置在拥挤路段的上游，达到提高 P&R 的使用效率，缓解交通拥挤的目的。

⑦ 最大化服务区域人口：研究发现，50% 的停车需求来源于以设施为圆心、半径 4 km 范围内的居住人口；90% 的用户在 16 km 以下的出行范围内。

停车换乘的选址规划除了要遵循以上的总体原则，还要选择符合该城市的发展模式。我国特大城市已进入郊区化阶段，但由于资源、人口等多种因素的制约，不能走西方以小汽车为主要交通的郊区化模式，而必然走以快速轨道交通为骨架的交通导向模式。轨道交通作为一种快速、准时的公交方式，对小汽车方式有着较强的吸引力。因此，在我国，基于轨道网的停车换乘设施将是今后停车换乘中的主体部分，承担着衔接区域间大运量长距离的出行交通，停车设施的规划最主要的原则即为靠近轨道交通。

3. P&R 停车换乘停车场规划

P&R 设施的需求量和分布量随选址方案的不同而发生变化。相对于一般意义上的停车场选址而言，P&R 的需求总量和分布量只能是处于相对已知和相对固定的状态。这一特性使得 P&R 设施的布局影响因素错综复杂，除了城市总体规划和用地的可能性对 P&R 设施选址产生影响外，与 P&R 设施相衔接的道路服务水平和公共交通网络特性、目的地的停车供给水平、出行者个体选择行为及相关的停车政策或公交优先政策等因素都会影响设施的位置选择决策。影响 P&R 停车场布局的因素是多方面的，总结起来主要有以下几点。

1）城市人口及土地利用

城市 CBD 外围区域人口密度、岗位分布及土地利用的规模与分布形态对客流的产生及其流向有重要影响，因此有必要仔细分析现状和规划的研究区域的人口分布、土地利用布局及客流集散点分布的形态。

2）设施覆盖区域

覆盖区域表示 P&R 的最大服务范围。超过此界限，出行者所要负担的空间距离费用和时间费用不允许，将放弃该地而选择较近的设施甚至选择其他的出行方式。在国外，覆盖区域内的土地利用指标通常作为停车设施选址规划的一个关键要素来考察。当设施覆盖区域内的人口数或就业岗位数越大，设施的使用效率也就越高。

3）停车换乘点的可达性

换乘设施的可达性即指小汽车到达换乘设施的交通便捷程度。设施的可达性越好，出行者使用的可能性就越大。在设施选址规划时，通常选择靠近城市快速路、主干路或者是高速公路附近的交叉口，出入城市的道路交通条件较好。

4）停车换乘设施与周边区域的协调性

换乘设施要与周边区域协调一致，以达到减少投资并降低投资风险性。换乘停车场的选址要考虑到与周边用地的性质和该地区的未来规划方案，最终要使换乘站的建设达到对周边环境影响最小。

5）公共交通路网结构

换乘枢纽是交通运输网络上的一个节点，必须依附于公共交通网络形式而存在，停车换乘枢纽的布局规划是公共交通线网规划的重要内容之一，因此交通换乘枢纽的规划布局与公交线网的规划是分不开的，两者相互影响。

6）换乘耗时和设施负荷标准

换乘步行距离和时间主要由枢纽的空间布局决定，它对乘客的出行心理及选择出行方式有重要的影响，是衡量换乘连续性、通畅性、协调性的第一指标。设施负荷标准是指枢纽在某级服务水平条件下运营质量必须达到的要求，而运营质量与枢纽内设施资源的配置以及交通衔接换乘的方式有关，因此换乘耗时和设施负荷标准也是换乘枢纽规划布局的重要影响因素。

P&R 停车换乘停车场的选址方法有很多种，其选址规划方法类似路外公共停车场的选址，这里不再重复说明。

7.5 城市配建停车指标规划

配建地下停车场是指大型公用设施或大型建筑配套建设的停车场，主要为本建筑内各单位的就业人员以及与该设施业务活动相关的出行者提供社会停车服务的场所，与地上建筑部分的性质有很大关系。建筑物（包括公共建筑与住宅）配建地下停车场（库）是城市停车设施的主要组成部分。配建地下停车场是城市停车场的主体，在地下停车场中所占比例较大。国内外大城市中心区的停车均受到限制，停车的供需矛盾主要由配建停车设施解决。

7.5.1 城市配建停车指标的影响因素分析

由于配建停车场主要是为主体建筑的停车及主体建筑所吸引的外来车辆服务，一般不对社会开放，因此其配建停车指标主要影响因素与社会公共停车场有所不同，主要有以下几点。

1. 主体建筑物类型

配建停车场的车辆停放特性与其所服务的主体建筑物类型有关，因而分析停车需求应首先确定建筑物的特性。不同类型的建筑物，其对应的用地性质、土地开发强度、出行吸引特性也不相同，从而影响了就业人员及其出行目的的分布，进而决定了建筑物停车需求量和车辆停放特性。

各种类型的建筑物所吸引的机动车出行目的是不同的，因而其配建停车设施的车辆停放特性也有较大的差异。通常，居民交通出行目的分为上班、上学、公务、购物、文体、访友、看病、回程等，其中上班、公务、回程的车辆停放时间较长，车位周转率较低；而购物、文体的停放时间较短，车位周转率较高。

2. 主体建筑物所处区位

区位是指为某种活动所占据的场所在城市中所处的空间位置。城市是人与各种活动的聚集地，各种活动大多有聚集的现象，占据城市中固定的空间位置，形成区位分布。区位是城市土地利用方式和效益的决定性因素，城市中不同区位的土地利用的方式、强度和格局是不一致的。

城市中不同功能和性质的土地利用共同组成了城市生产力的布局和结构体系，在这一体系中，不同区位的土地利用所进行的社会、经济、文化活动的性质和频繁程度不同，表现出的停车需求也有很大的差异。城市建筑物所处区位的不同，由其所产生的停车需求的空间分布特征也存在较大的差异。比如，与其他区域相比，中心区完善的功能、高强度的土地利用和大量的就业岗位，使之成为城市各类活动汇集的焦点，其停车需求远比城市其他区域大，城市的停车问题往往主要集中在中心区的停车问题上。

此外，对于属于同一种类型的多个建筑物，由于其在城市中所处区位的不同，也将会产生不同的停车需求率，故其建筑配建停车指标也会不同。

3. 主体建筑物级别与规模

城市用地（公共建筑物）通常是按城市用地结构的等级序列相应的分级配置的，一般分为3级：① 市级，如市政府，全市性的商业中心、宾馆、博物馆、大剧院、电视台等；② 居住区级，如综合百货商场、街道办事处、派出所、街道医院等；③ 小区级，如幼儿园、中小学，菜市场等。同一类型中不同级别的建筑物，其规模也存在着差异，通常级别越高的其建筑物规模越大。

公共建筑物的这种分级设置对其停车需求水平及车辆停放时空分布的影响较为显著，例如住宅的停车需求受该住宅区居民经济收入和机动车保有量的制约，因而不同级别的住宅其停车需求也不相同。如别墅配建标准可达到一户一位以上，而普通商品房则可按3~5户设置一个停车位；办公建筑的配建停车指标取决于办公楼的性质。一般来说政府级别越高，企业规模越大，其停车需求就越大，配建停车指标也越大。

7.5.2 城市配建停车指标参考指标

配建停车指标是为了保证在建筑物建成后在规划时间内满足由于建筑本身的使用特征吸引的停车需求而提出的建筑物建设管理指标。城市停车供需矛盾的缓解，必须依靠建筑物配建停车设施的大力建设，配建停车场建设的好坏对解决城市停车问题至关重要。国内外每一个成功缓解停车矛盾的城市，其关键的停车策略均离不开对配建需求研究的重视和对配建指标的定期修订。配建指标的制定方法必须与城市的发展模式相协调，不能仅以满足现状或近期的停车需求为目标，而应在深入分析城市不同发展阶段中的配建停车指标影响因素的基础上，提出与城市发展相适应的建筑物停车配建指标制定方法及策略。

近年来，我国很多城市或地区提出了各类建筑配建的停车场车位指标；国家也于1988年在《停车场规划设计规则》（试行）中对停车配建指标做出了要求。但是由于我国正处于城市机动化高速发展的时期，城市规模及发展程度不相同，这些标准或指标不具有普遍的适用性，应当根据各个城市的具体情况，制定适合于本城市的各类标准和指标，对于状况相似城市可以互相参考借鉴。

表7-13是2006年《上海市建筑工程交通设计及停车库（场）设置标准》给出的建筑工程配置停车位指标。

表7-13　上海市建筑配建停车标准

建筑类型		基数单位	配建指标		
			内环内	内外环之间	外环外
住宅	户均建筑面积>150 m²	车位/户	0.8	1.0	1.1
	100 m²<户均建筑面积≤150 m²		0.5	0.6	0.7
	户均建筑面积<100 m²		0.3	0.4	0.5
宾馆	中高档宾馆、旅馆、酒店	车位/客房	0.5		
	一般旅馆、招待所		0.3		
办公楼		车位/100 m² 建筑面积	0.6	1.0	
饭店娱乐	建筑面积≤1 000 m²	车位/100 m² 建筑面积	0.75		
	建筑面积>1 000 m²		1.25		
商业场所	商业	车位/100 m² 建筑面积	0.3	0.5	
	超级市场		0.8	1.2	
医院	门诊部、诊所	车位/100 m² 建筑面积	0.4		
	住院部	车位/床位	0.12		
	疗养院	车位/床位	0.08		
学校		车位/100 m² 办公建筑面积	0.6	1.0	
文体设施	影（剧）院	车位/百座	2.5		
	展览馆	车位/100 m² 建筑面积	0.6		
	体育场 座位数≥15 000	车位/百座	3.5		
	体育场 座位数<15 000		2.0		
	体育场 娱乐性体育设施		10.0		
	体育馆 座位数≥4 000		3.5		
	体育馆 座位数<4 000		2.0		
	体育馆 娱乐性体育设施		10.0		
游览场所	市区	车位/100 m² 建筑面积	0.07		
	郊区（县）	车位/100 m² 建筑面积	0.15		

续表

建筑类型			基数单位	配建指标		
				内环内	内外环之间	外环外
交通枢纽	长途汽车客运站	发车位≤13	车位/年平均日每百位旅客	2.2	2.0	
		20<发车位≤24		2.0	1.8	
		发车位>24		1.6	1.2	
	客运码头		车位/年平均日每百位旅客	3.0		
	火车站		车位/年平均日每百位旅客	1.5		
	轨道交通车站	一般站	车位/远期高峰小时每百位旅客	—		
		换乘站		中环外：0.2		
		枢纽站		中环外：0.3		
	客运机场		车位/高峰日进出港每百位旅客	4.0		
	公交枢纽		车位/高峰日每百位旅客	中环外：0.1		

数据来源：《上海市建筑工程交通设计及停车库（场）设置标准》（2006）.

■ 复习思考题

1. 停车场的分类有哪些？
2. 停车调查与其他城市交通调查有什么不同？
3. 常用的停车指标有哪些？
4. 城市停车需求的影响因素有哪些？
5. 城市停车需求预测的主要方法有哪些？各有什么优缺点？
6. 社会公共停车场规划包括哪些方面？社会公共停车场的规划重点是什么？
7. 设置路内停车场应遵循哪些原则？
8. P&R 停车换乘停车场规划原则有哪些？
9. 简述 P&R 停车换乘停车场的分类。
10. 城市配建停车指标的影响因素有哪些？

第8章

城市对外交通系统规划

8.1 概　　述

8.1.1 城市对外交通的概念及分类

城市对外交通（Intercity Ttransportation）是指以城市为基点，联系城市及其外部空间以进行人与物运送和流通的各类交通系统的总称，包括铁路、公路、水路和航空等。城市对外交通应具有速度快、容量大、费用低、安全性高、低污染、乘坐舒适等特点，但由于这些特点很难完美地体现在某一种交通方式上，各种对外交通方式都有各自的特点和适宜运输的对象。因此只有这几种交通方式相互协作、互为补充、发挥各自的优势，才能构成高效的城市对外交通系统，共同为城市发展服务。

城市对外交通既担负着城市与外部空间的长途运输，同时也担负着城市与郊区之间、城市与卫星城镇之间、工业区与其他对外交通设施之间短途客货运输。根据交通的范围，城市对外交通又可分为市际交通和市域交通。

1. 市际交通

市际交通主要指城市与城市之间的交通，城市是市际交通的终点或交点。市际交通发达，能使城市具有强大的聚散能力。所以它应与市内交通良好、高效衔接，使城市出入口交通畅通，又要避免过境交通穿越城区。

2. 市域交通

市域交通主要指城市行政管辖范围内城市与郊区之间、城市与卫星城镇、乡镇之间联系的交通，它在社会经济发展、科教文化传播方面起到重要作用。加强市域内交通建设，可以促进和带动市域经济发展，也使中心城市发展相得益彰。

8.1.2 城市对外交通与城市发展的关系

城市对外交通是城市形成与发展的重要条件，也是构成城市的重要物质要素。它把城市与外部空间联系起来，促进城市对外的政治、经济、科技和文化的交流，从而带动城市的发展与进步。

（1）城市对外交通的发展直接影响着城市的产生、城市的规模和城市的发展

例如，中国的上海、武汉、青岛、湛江、秦皇岛、广州等城市都是随着内河、海运事业或者铁路建设的发展而成为工业城市和港口城市的；蚌埠、郑州、石家庄、哈尔滨、江西鹰潭等城市，由于位于铁路干线的衔接点或交叉点上，从小城镇迅速发展成为拥有十几万、几十万乃至上百万人口的现代化城市。同时，城市对外交通还要与市内交通相互协调编织成为一张有机结合的城市交通网络，二者紧密衔接和相互配合，使城市的基本功能得到充分的发挥。因此，在城市发展中，对外交通系统的规划和发展对整个城市的工业、居住、环境、经济等方面都会产生直接的影响。

（2）城市对外交通对城市规划的重要影响

城市对外交通对城市规划有重要影响，主要体现在以下几方面。① 影响城市人口和用地规模。城市中从事对外交通运输业的职工，一般城市占劳动人口的 5%～10%，而以交通运输为主要职能的城市，则占 10%～15%。如郑州市铁路枢纽用地占全市总面积 13%。因此在推算城市人口和用地规模时，对外交通运输是一个重要因素。② 影响城市用地布局。对外交通运输设施的布置对城市布局有重要影响，如城市中大量的工业企业、仓库必须接近对外交通线路，而居住区则宜与之保持一定的距离。港口城市的用地发展，往往受到港区和岸线等位置的制约；铁路枢纽城市，铁路干线走向和枢纽布置同城市布局和用地发展又有互相制约的关系。③ 影响城市道路系统。城市的客运站、货运站、港口码头、机场等既是对外交通节点，又是市内大宗客货流的起始点。为了充分发挥运输效率，对外交通运输设施与市内道路系统必须统一规划。④ 影响城市景观。铁路客运站、水运站、航空港等是城市的重要公共建筑和对外窗口，体现城市的面貌。

（3）城市对外交通系统规划及发展的条件

城市对外交通系统的规划及发展，取决于这个城市的地理位置、职能、规模、发展潜力及其在全国或地区交通运输网中的地位。一个职能较为完备的城市，一般都有多种对外交通运输方式，它们按各自的特点和适应性，结成综合交通网络，共同为城市服务。随着经济增长和现代科学技术的进步，各种运输方式和新技术都在不断发展，城市规划和城市建设也要适应各类交通运输的发展要求。

8.1.3 城市对外交通系统的构成

如上所述，城市对外交通方式主要包括铁路、公路、水运和航空，是城市与外部空间进行联系不可缺少的重要方式。航空运输是点上的运输方式，铁路和水运是线上的运输方式，公路运输可以实现面上的运输，独立完成"门到门"运输任务。城市对外交通应妥善处理好各种

交通运输方式之间的关系，针对各自特点，发挥各自长处，实现城市与外部空间的高效连接。

1. 铁路运输的特点

铁路运输是利用铁路线路和运输设备进行的运输生产活动，具有较高的速度、较大的运量、较好的安全性及长途运输效率高等特点。因此，铁路运输在城市对外交通中占有重要地位，是我国城市对外交通的主要运输方式。

① 铁路运输的准时性和连续性强。铁路运输几乎不受气候影响（除特大的台风及雨雪天气），一年四季可以不分昼夜地进行定期的、有规律的、准确的运转。

② 运行速度快。平均速度排第二位，时速一般在 80 ～ 120 km 左右，高速铁路的速度已经超过 300 km/h。

③ 牵引力大，运输能力强。铁路运输采用大功率机车牵引列车运行，不同类型的机车的最大牵引重量可达几千吨甚至上万吨，可以承担长距离、大运量的运输任务。一般每列客车可载 1 800 人左右，一列货物列车一般能运送 3 000 ～ 5 000 t 货物。

④ 铁路运输成本较低，能耗低。虽然铁路运输的成本高于水运和管道运输，但是比公路运输和航空运输成本低得多。铁路运输费用仅为汽车运输费用的几分之一到十几分之一，运输耗油约是汽车运输的 1/20。

⑤ 环境污染小。与其他交通运输方式相比较，铁路运输的污染性较低，对环境和生态平衡的影响程度最小，特别是电气化铁路影响更小。

⑥ 灵活性差。列车须按固定的路线行进，交通运输对象需要在固定的站场进出线路系统，运输中要进行编组、解体、中转和调度等工作，导致总运输时间增加。另外，铁路运输要按区间进行单向和双向运行，运输的组织要求十分严密，必须有很强的时间性。

2. 公路运输的特点

公路是城市道路的延续，公路运输是利用道路和交通工具进行的运输生产活动，使旅客和货物发生位移的陆路运输，主要适用于中短途运输。随着高速公路网的发展，与城市连接的高速公路逐渐成为城市主要对外联系干道。公路运输具有如下的特点。

① 机动灵活。机动灵活是公路运输最大的优点。公路运输在空间上很容易实现"门到门"运输，并且可以根据客户需求随时提供运输服务，能灵活制定运营时间表，运输服务的弹性大。同时能根据客户需求提供个性化服务，最大限度地满足不同性质的货运运输。

② 原始投资少，资金周转快。公路运输与铁路、水路、航空运输方式相比，所需固定设施简单，车辆购置费用一般也比较低，因此投资回收期较短。有关资料表明，在正常经营情况下，公路运输的投资每年可周转 1 ～ 3 次，而铁路运输则需要 3 ～ 4 年才能周转一次。

③ 运输成本高。公路运输的总成本包括固定成本和变动成本两部分。对于运输企业而言，固定成本所占的比例相对较高。由于公路运输的单次运输量较小，相对于铁路运输和水路运输而言，每吨公里的运输成本较高。研究表明，公路运输的成本分别是铁路运输成本的 11.1 ～ 17.5 倍，水路运输成本的 27.7 ～ 43.6 倍，管道运输成本的 13.7 ～ 21.5 倍。

④ 运输能力小。每辆普通载货汽车每次至多仅能运送 50 t 的货物，约为货物列车的 1/100；

长途运输一般也只能运送 50 位左右的旅客，仅相当于铁路普通列车的 1/36 ～ 1/30。此外，由于汽车体积小、载重量不大，运送大件货物较困难。因此，在一般情况下大件货物和长距离运输不太适宜采用公路运输。

⑤ 能耗高。公路运输属于能耗高的一种运输方式。根据相关研究资料，公路运输能耗分别是铁路运输能耗的 10.6 ～ 15.1 倍，沿海运输能耗的 11.2 ～ 15.9 倍，内河运输能耗的 13.5 ～ 19.1 倍，管道运输能耗的 4.8 ～ 6.9 倍，但比航空运输能耗低，只有航空运输能耗的 6.0% ～ 8.7%。

⑥ 环境污染严重。据美国环境保护机构对各种运输方式造成污染的研究分析，公路上的汽车运输对大气污染的贡献最大，由汽车造成的污染，有机化合物污染占 81%，氮氧化物污染占 83%，一氧化碳污染占 94%。

鉴于公路运输的以上特点，公路运输比较适合于内陆地区中短距离的货物运输，以及与铁路、水路进行联运，为铁路、港口集疏运物资。另外，公路运输还可以在农村以及农村与城市之间进行货物的运输，可以在远离铁路的区域从事干线运输。随着高速公路网的修建，公路运输将逐渐形成短、中、长途运输并举的局面。

3. 水路运输的特点

水路运输是在可通航的水域（包括内河和海洋）、利用船舶（或者其他浮运工具）进行的交通生产活动，使旅客和货物发生空间的位置移动。水路运输按其航行的区域可以分为内河运输与海洋运输，海洋运输又可分为沿海运输与远洋运输。水路运输是最经济的运输方式，在我国综合运输网络中占有重要地位。水路运输具有以下特点。

① 运载能力大，成本低，非常适合于大宗货物的运输。用于海洋运输的大型轮船可以运载万吨以上的货物，最大的油轮可以装运 50 万 t。水道的通过能力相对较高，一般一条水道的年货运量远远超过一条铁路。由于运输能力大，能源消耗低，其运输成本较其他各种运输方式低，水路运输成本是铁路运输的 30% 左右，是公路运输的 7% 左右。

② 投资少，建设与维护费用较低。水运主要利用江、河、湖泊和海洋的"天然航道"来进行，运输方便，投资少，只要建立一些停泊码头和装卸设备即可通航。

③ 航道上净空限制小，船舶可以装载运输体积巨大的货物，特别是大宗散货、石油和危险物资等。

④ 运行持续性强，远洋运输是进行远距离国际贸易的主要运输方式，我国 90% 以上的进出口物资是靠远洋运输完成的。

⑤ 水路运输也存在缺点，如速度较低、受气候影响大，另外受航道限制，灵活性较差，需要其他运输方式集散或接运客货。

4. 航空运输的特点

航空运输是利用空中航线和航空器（飞机）进行的交通生产活动，使旅客和货物发生位移。航空运输适合中长距离的旅客运输和时间价值高的小宗货物运输，国际间的旅客运输主要由航空运输完成。航空运输具有以下特点。

① 速度快。"快"是航空运输的最大特点和优势，现代喷气式客机，巡航速度为 800～900 km/h，比汽车、火车快 5～10 倍，比轮船快 20～30 倍。距离越长，航空运输所能节约的时间越多，快速的特点也越显著。

② 机动性大。飞机在空中飞行，受航线条件限制的程度比汽车、火车、轮船小得多。它可以将地面上任何距离的两个地方连接起来，可以定期或不定期飞行。尤其对灾区的救援、供应、边远地区的急救等紧急任务，航空运输已成为必不可少的手段。

③ 舒适、安全。喷气式客机的巡航高度一般在 10 000 m 左右，飞行不受低气流的影响，平稳舒适。现代民航客机的客舱宽畅，噪声小，机内有供膳、视听等设施，旅客乘坐的舒适程度较高。由于科学技术的进步和对民航客机适航性严格的要求，航空运输的安全性比以往已大大提高。

④ 基本建设周期短、投资小。要发展航空运输，从设备条件上讲，只需添置飞机和修建机场，这与修建铁路和公路相比，一般来说建设周期短、占地少、投资省、收效快。据计算，在相距 1 000 km 的两个城市间建立交通线，若载客能力相同，修筑铁路的投资是开辟航线的 1.6 倍，开辟航线只需 2 年。

⑤ 航空运输的载运量小，受气候影响较大。航空运输的主要缺点是飞机机舱容积和载重量都比较小，运载成本和运价比地面运输高。另外飞机受气候影响较大，恶劣天气会影响飞机的正常飞行和准点性。此外，航空运输速度快的优点在短途运输中难以充分发挥。因此，航空运输比较适宜于 500 km 以上的长途客运，以及时间性强的鲜活易腐和附加值高的货物的中长途运输。

8.1.4 城市对外交通系统规划的目标和原则

1. 规划目标

城市对外交通系统规划是城市总体规划的重要组成部分，包括城市规划区内的铁路、公路、港口（海港或河港）、机场等相关系统规划。城市对外交通系统规划应以城市总体规划和区域交通上位规划为原则，根据城市的社会、经济发展情况，把握城市对外交通的发展趋势，预判城市未来对外交通面临的问题，合理确定其在城市中的功能定位和规划布局，以满足交通运输和城市发展的需要。

具体目标包括以下 4 个方面：
① 构筑各种交通方式相对完善、相互协调的城市对外综合交通体系；
② 加强与周边重点城市快速通道的建设，支撑区域城市群一体化发展；
③ 城市客货运输的重要基础设施规划，满足城市社会经济发展的需要；
④ 规划便捷的城市对外出入口，服务城市快进快出的对外交通需求。

2. 规划原则

城市对外交通规划过程中应明确城市对外交通的发展方向，采取有效的规划措施，落实城市总体规划的战略并引导城市发展目标的实现，具体操作过程中要遵循以下基本原则。

① 城市对外交通系统规划应与城市社会经济发展战略目标相一致。加强区域统筹，促进社会、经济、建设和管理的全面、协调、可持续发展，应根据地区国民经济与社会发展规划统筹考虑，相互依托，协调发展。

② 城市对外交通系统规划应以城市总体布局为前提，追求城市发展的整体效益，应加强与城市功能、布局结构相互衔接，协调发展，满足城市规划布局、土地使用对交通运输的发展需求。

③ 城市对外交通规划系统应与区域综合运输体系、城市交通体系相协调。满足城市对外交通与城市交通之间的联系和衔接，保证城市内外交通的连续、协调和共同发展，增强城市交通枢纽的集聚和疏散功能，提高交通运输系统的效能。

④ 城市对外交通设施规模和标准的确定，应以科学的交通预测为依据，满足城市各发展阶段的建设要求，为城市的长远发展留有适当的余地。

⑤ 城市对外交通设施的布局和建设，应贯彻资源节约的原则，节约用地、集约用地和资源共享。

⑥ 城市对外交通设施的布局和建设，应贯彻环境友好的原则，满足环境保护、城市生态和景观建设的要求。

⑦ 对外交通应注意反映城市富有地方特色的面貌，考虑国防上的要求。

8.1.5 城市对外交通系统规划的内容及流程

1. 规划内容

城市对外交通系统规划包括城市规划区内的铁路、公路、港口、机场等相关系统规划，通过合理的规划，使铁路、公路、航空和水运等城市对外交通运输方式互相配合、衔接，形成结构合理、高效便捷的城市对外综合交通网络。规划过程中，要依据城市具体情况，研究城市对外交通线路和运输枢纽的布局，处理好与相关专业规划的协调和衔接，明确对外交通发展的战略目标、体系结构、总布局、功能等级等。

1) 铁路系统规划

城市规划区内的铁路规划，应根据国家铁路网规划、城市总体规划，在城市对外交通系统中统筹规划。

铁路系统规划的内容包括铁路在城市对外交通系统中的地位、规划原则、客货运量预测、线路及站场等铁路设施布局与规模、近远期规划等。特大城市、大城市的铁路枢纽所在城市可在城市总体布局指导下进行铁路专项规划。具体的铁路线路、站场等建设项目，应当在总体规划指导下进行选线、选址规划等。

2) 公路系统规划

为沟通城市或主城区与外界联系的快速干线、一般干线及其相应附属设施均为公路的规划范围。明确规划范围后，根据城市总体规划及结合相关专项规划，按规范和有关规定对公路布局、功能和定位等进行合理规划。公路网规划以出行时间确定合理的通达目标和服务水平，以公路交通流量分布和流向为依据，选择合理的等级结构、路网布局、等级标准，处理好与城市路网的有机衔接。公路客运站场应以城市人口分布和客流吸引强度为依据，选择合理的站场规模和布局，与城市交通特别是城市公交良好衔接。公路货运站应该以城市产业、开发区的布局和物流分布与组织为主要依据进行布局规划。

3）水运系统规划

水运系统规划内容包括水运客货运量预测，航道布局及通航等级规划，岸线利用规划，海港、河港布局规划等。充分利用区域和市域内的水系统资源，考虑物流构成、分布、集散特征和集疏运条件，合理规划航道和港口，要处理好航道、港口与城市用地布局的关系，处理好港口集疏运系统与陆域交通的有机衔接。

4）航空系统规划

航空系统规划的内容包括航空业务量预测、航线规划、机场规模和等级、机场布局规划、机场配套设施规划等。

2. 规划流程

城市对外交通规划涉及公路、铁路、水运及航空4种交通运输方式，应在区域专项规划的基础上开展规划工作，需综合考虑多个专项规划，协调各个规划与城市发展的关系。在具体的规划实践中，规划流程如图8-1所示。

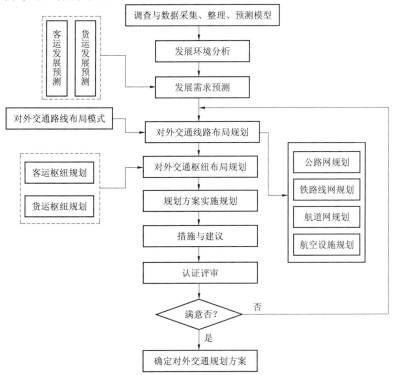

图8-1　城市对外交通系统规划流程图

8.2 公路系统规划

对外公路系统规划是城市对外交通系统规划的主要内容，规划内容包括市域公路网规划、节点城市道路布设及枢纽规划等。

8.2.1 市域公路网规划

1. 规划的范围和原则

市域范围内的公路包含高速公路、国省干线、集散层面的县乡公路。进行市域行政区范围内的公路网规划，其目标是增强城市与区域间的交通联系，提高城市与周边城镇的统筹发展。如果区域骨架层的高速公路网格局已经基本确定，则市域公路网规划中的主要工作是逐步加密干线、支线公路。在规划范围和总体要求上，市域公路网规划较一般的公路网规划具有一定的特殊性，其规划是在城市总体规划和上位公路网规划发生较大调整后进行的。规划范围主要是中心城市、县城、重点城镇节点间的等级公路。

进行市域公路网规划时，要遵循以下原则。

① 以城市规划为依据，与城市总体规划及其上位规划相协调，与市域城镇体系相匹配，符合区域城镇体系及社会经济发展战略。

② 推动综合运输体系协调发展。在进行市域公路网规划时，要统筹考虑各种运输方式的现状和发展趋势，注重公路交通系统与其他交通运输系统的协调，要与其他交通方式的线网、场站等专项规划相结合。

③ 服从国家和省级高速公路、干线公路网规划，遵循国省道、干线等上位规划的要求，充分发挥公路运输机动灵活的优势，形成中心城市向区域辐射的多层次公路网络体系。

④ 切合实际，近远期结合，满足并适度超前交通需求。

由于不同城市和地区的社会经济和自然条件一般存在很大差异，因此，公路网规划一方面要从宏观上进行总体把握，另一方面要结合规划区域的具体情况和要求，从实际出发，因地制宜，做到"近期有计划，远期有设想"，使之在经济上可能，技术上可行，以确保规划公路网达到最佳综合效益。

2. 规划的主要内容

市域公路网由区域性通道、干线、集散连通的道路组成，规划往往包含两个层面，一是近期的改善规划，二是中长期的总体规划。近期方面主要针对现有存在的突出问题进行诊断，提出改善对策和措施，并给出近期建设重点项目。中长期总体规划方面，主要应研究未来公路网的总体规模和布局形态，预测远景道路交通量，提出路网规划远期发展目标，匡算路网总体规模。远景交通量预测主要包含市域内交通量产生、分布和分配模型的建立，是市域公路网规划的一项主要内容，也是路网设计与优化的直接依据。路网总体规模匡算是在需求预测的基础上，结合社会经济发展等方面的要求，测算目标年规划区内的路网规模。布局规划阶段分别从线路和节点两个角度考虑线路的布局方案，针对不同节点的功能、线路布局的影响因素分析，选取合适的布局方法和理论规划整个路网。规划中还应包括路网布局效果的优化和评价内容。市域路网规划流程如图 8-2 所示。

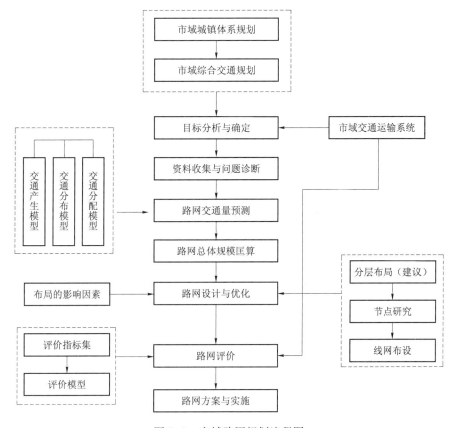

图 8-2　市域路网规划流程图

3. 基础资料收集

1) 社会经济基础资料

社会经济系统是进行运输系统分析的重要因素之一，在进行交通规划时，社会经济现状和规划资料是不可缺少的。社会经济基础资料主要包括：地理和自然条件、行政区划、城镇布局、人口状况、国民收入、产业结构、矿藏分布、旅游资源、文物情况等。这些资料的主要来源一般为国家或地区的统计资料，必要时应进行专项调查加以补充。大多数社会经济资料要求有多年的历史。

除了上述资料外，一般还应收集国家经济建设的方针政策、区域社会经济发展规划、综合运输规划以及有关用地政策、资源政策、人口政策等资料。

2）交通运输基础资料

交通运输基础资料主要包括公路交通基础资料和其他运输方式有关资料。公路交通基础资料主要包括：公路网总里程、公路行政等级和技术等级、起讫点、长度、横断面形式、路面宽度、路面状况、桥梁和隧道情况等。此外，还应包括公路客货运场站和机动车保有量的相关资料。公路交通基础资料主要来源于各地区的公路管理部门。

其他运输方式有关资料一般包括：铁路、航空、水运的客货运输量；铁路枢纽、航空港的分布情况；铁路、航空和水运的发展规划等。

3）公路交通专项调查

公路交通专项调查的主要目的是准确把握规划区域与周边地区、规划区域内部不同地区之间的交通交换量和时空分布规律，并据此预测规划区域未来的交通需求。公路交通专项调查的内容一般包括交通量调查和 OD 调查。交通量调查主要调查公路路段上各种车型的日交通量，调查方法可采用统计资料调查法、实地观测法等；OD 调查主要包括机动流量和流向调查，旅客出行和货物流量和流向调查，以及车载情况、出行方式、出行目的、人员构成和货物构成等内容，调查方法可采用路边询问法、明信片调查法、车辆牌照调查法等。

4. 社会经济及交通需求预测

1）社会经济发展预测

公路是促进区域社会经济发展的重要基础设施，公路的建设应与区域社会经济发展相适应。在进行区域公路网规划时，应首先进行区域社会经济发展预测。

社会经济发展预测是指在国家与地方政府制定的宏观和微观经济政策的指导下，以区域历年的社会经济发展资料为依据，以定性分析判断和定量计算为手段，对区域社会经济的未来发展趋势做出的预测。与公路网规划相关的主要社会经济指标包括：人口、土地面积、社会总产值、工农业总产值、国民收入、国内生产总值、人均国民收入、人均国内生产总值、财政收入与支出、产业结构等。

经济发展预测中需要重点考虑的因素主要有：产业结构、居民消费结构、城市空间结构调整对经济发展的影响等。在预测前需要分析规划区域经济发展的主要特点及存在的主要问题，并分析未来经济发展趋势。经济发展预测可以分为定性预测和定量预测两种方法，为了提高预测质量，通常是将两种预测方法相结合。

2）公路交通需求预测

（1）综合交通运输需求总量预测

综合交通运输需求总量预测一般是根据综合运输系统的特点，综合考虑运输系统内部与外部间的相互关系及政策因素的影响，运用定性与定量相结合的方法进行预测。影响综合交通运输量的因素很多，包括规划区域的城镇空间布局结构、人口分布情况、国民经济发展状况、产业结构调整、居民收入和消费状况、物流行业的发展状况等。在进行综合交通运输量预测前，需要对规划区域内的综合运输发展现状进行分析，包括运输量、线路、枢纽场站等。在此基础上，运用回归分析法、时间序列法、弹性系数法等预测方法对综合运输需求进行预测，并进一步确定公路运输总量。

（2）公路交通量预测

预测规划年公路交通量，是市域公路网规划的基础，也是路网设计与优化的直接依据。目前常用的方法是四阶段法，包含市域内交通量产生、交通分布、交通方式划分和交通流分配，具体方法和原理见第 5 章。

5. 公路网合理发展规模的确定

确定公路网合理发展规模是进行公路网布局规划的基础和依据。确定公路网合理发展规模时，需要考虑交通需求、产业结构和建设成本等几个方面的影响因素。由于规划出发点的不同，公路网发展规模的表示方法存在不同，常用的方法有国土系数法、人口密度法、时间序列分析法、连通度法和国际类比法、回归分析法等。

1）国土系数法

根据"道路密度与人口和面积之积的平方根以及经济指标成正比"的国土系数理论，理想的道路长度可用下式计算：

$$L = \alpha I \sqrt{PA} \tag{8-1}$$

式中：L 为公路网总里程，km；P 为区域人口，万人；A 为区域国土面积，km^2；α 为国土系数；I 为平均国民收入，万元。

2）人口密度法

根据国内外研究得到的路网人口密度理论，即区域内人均道路长度与区域内人均土地面积及人均地区生产总值之间存在一定的关系，即：

$$W = a(L \cdot g)^b + c \tag{8-2}$$

式中：W 为人均道路长度，m/人；L 为人均土地面积，m^2/人；g 为人均地区生产总值，$元^2$/人；a，b，c 为待定系数。

3）时间序列分析法

时间序列分析法也称为趋势外推法，即根据规划区域内的公路里程的发展变化趋势，以时间为自变量建立预测模型，对未来的公路里程进行预测。预测方法主要包括增长率法、移动平均法、指数平滑法、灰色预测法等。

（1）按年平均增长的公路里程计算公式为：

$$L = L_0 + n \cdot \Delta L \tag{8-3}$$

式中：L 为远景公路网总里程，km；L_0 为基年公路网总里程，km；n 为预测年限，a；ΔL 为年平均增长公路里程，km。

（2）按年平均增长率计算公式为：

$$L = L_0 (1 + \gamma)^n \tag{8-4}$$

式中：L 为远景公路网总里程，km；L_0 为基年公路网总里程，km；n 为预测年限，a；γ 为年平均增长率。

4）连通度法

连通度法也称节点模型法，其理论依据是网络几何学。根据网络几何形状结构分析，可以建立确定公路网合理规模的连通度模型如下：

$$L = D_n \cdot \xi \cdot \sqrt{A \cdot N} \tag{8-5}$$

式中：L 为区域公路网总里程，km；A 为区域面积，km^2；N 为区域内节点数；ξ 为区域公路网的变形系数，其值与路线的弯曲情况及节点分布的几何形状有关，可用节点间实际路线距离与直线距离之比表示；D_n 为公路网连通度。

5）国际类比法

社会经济的发展派生了交通需求，同时交通需求又受到社会经济发展水平和发展条件的制约，国际类比法就是基于这种一般规律发展起来的预测方法，是目前银行、许多国际组织和研究机构惯常采用的技术手段，用来推算某国家或地区的交通发展水平。应用国际类比法，首先要搜集各个国家或地区在不同年份的人口规模、人均 GDP、国土面积、公路里程等基础数据；然后对这些数据进行相关性分析及趋势分析，以寻求交通运输发展所遵循的普遍规律；之后利用这种规律来预测规划区域公路网在目标年的合理发展规模。

6）回归分析法

回归分析法是一种基于事物之间的相关关系的数理统计预测方法，通过建立公路网规模和各种主要影响因素的相关关系模型，来预测公路网发展规模。一般来说，影响公路网规模的因素主要有经济发展水平、国土面积、人口规模、交通运输需求等。其中，国土面积通常是确定的，而交通运输需求往往会受到经济发展水平的制约，因此，一般重点分析人口规模及经济发展水平与公路网规模之间的相关关系。

6. 市域公路网布局规划

1）市域公路网的布局形态

市域公路网布局的典型形式主要有方格形、放射形、带状等。

2）公路网节点选择

公路网节点的选择是根据规划区域内各节点的现状情况和未来发展趋势、节点的地位和作用、节点未来交通需求等，确定公路网必须连接的控制点。节点的选择是公路网布局的重要前提，一般情况下，公路网的规划和建设应首先保证大的重要节点之间的联系，再将小的次要的节点与大的节点或运输通道相连接，最终形成公路网络。公路网节点的数量应适当、合理，节点太少会使规划脱离实际，影响公路网的整体功能和综合效益，太多则会使工作过于繁杂。

（1）节点选择的原则

在选择节点前，应根据公路网的特征、地位和作用，结合区域的城镇体系布局和规划用地布局，选择合适的节点作为公路网布局的控制点。

① 对于市域内的干线公路网，一般应遵循以各区县中心、乡镇中心、城市的重要功能

区为节点，强化城市中心区与区县之间、区县与区县之间的相互连接，连接重要的客货运枢纽的原则。选择的节点一般为区县中心、各乡镇、铁路车站、公路客货运枢纽、机场、大型工矿、重要旅游区等。

② 对于县乡公路网，一般应遵循以区县中心、乡镇、行政村为节点，强化区县中心与乡镇、乡镇与乡镇之间相互连接的原则。选择的节点一般为区县中心、各乡镇、行政村、重要的农产品集散地、旅游区、工业园区等。

（2）公路网节点的层次划分

由于不同节点的功能和节点之间的交通需求不同，因此，在确定了路网节点后，需要对节点进行层次划分。一般分为重要节点、较为重要节点和一般节点，也可以根据需要进行更细致的划分。在进行公路网布局时，应首先保障重要节点之间的连接，然后考虑重要节点与一般节点之间、一般节点之间的连接。节点层次划分方法主要有重要度法、动态聚类法、模糊聚类法等。

3）公路网布局方法

公路网布局是根据一定的优化目标和约束条件，在节点选择的基础上，确定不同层次节点之间的空间联系的性质和水平，在区域原有公路网的基础上，通过升级改造原有线路或规划新线、确定各条线路的技术等级等，谋划出新的公路网络空间布局方案。

（1）总量控制法

总量控制法的基本思想是从宏观整体出发，以区域内的道路交通总需求来控制公路网建设总规模，根据区域的社会经济发展和生产力分布特点，来确定路网的总体布局和分期实施方案。该方法的优点是可以科学地把握网络总规模，不依赖 OD 调查；缺点是对线路的布局和优化缺乏合理和有力的分析工具，对过境交通考虑较少。

（2）节点布局法

节点布局法是将路网规划问题分解为路网节点的选择和路网路线的选择两部分，并以路线单位里程重要度最大为优化目标。其基本思路是：第一，根据路网规划性质确定路网节点范围，并用节点的人口、经济指标、公路客货运量等能反映节点功能强弱及地位高低的指标，计算各节点的重要度并进行节点层次划；第二，根据路线所连接的节点的重要度，计算路线重要度；第三，根据重要度最大原则，确定公路网重要度最大树。公路网重要度最大树是规划公路网的骨架，是一树状结构的公路网，而不是网状公路网，它仅仅保证了区域各节点之间的连通。在确定公路网重要度最大树的基础上，以单位里程的线路重要度最大为优化目标，并以预测的未来公路网发展规模为约束条件，加边展开，逐次优化，合理安排各条路线的布局与走向，使公路网由树状向网状扩展完善。该方法的优点是概念明确，计算简单。缺点是定性分析相对较多，无法对线路布局和方案总规模的确定进行优化分析。

（3）交通区位布局法

该法通过对规划区域的经济地理特性、经济发展模式和资源分布、需求情况的分析，找出规划区域内交通产生的高发地带作为交通区位线，即区域交通走廊。该方法的优点是从交通的源头出发，强调交通对经济发展的引导作用，适合于区域的远期交通规划。缺点是对于线路的重要程度只能进行定性描述，无法进行定量分析和优化。

8.2.2 节点城市公路的布设

城市是公路网的节点和枢纽，合理布置城市范围内的公路路线对提高公路运行效率、改善城市内部及对外交通具有十分重要的作用。由于城市的客货运流量、流向决定公路的走向和布置，而客货运流量流向又与城市总体的布局有密切关系，三者是既互相依存又互相制约的统一体。在规划中必须对它们进行综合分析、统一考虑，才能合理布置。

从公路运输灵活方便、能深入现场的特点考虑，公路线路的布置宜深入城市；但从另外的角度考虑，由于汽车运输所产生的噪声、震动、空气污染和交通安全等一系列问题，又会对城镇居民生活造成影响，公路线路的布置又不宜深入城市。因此，在城市内布置公路线路的基本原则就是：一方面要使其能最大限度地为城市生产和生活服务，另一方面要尽量减少对城镇的干扰。

1. 公路与城市连接的基本方式

与城市相关的交通按其性质大致可分为 3 类。① 以城市为起点或终点的交通。这类交通要求线路直接，能深入市区，并与城市干道直接衔接。② 与城市关系不大的过境交通。它通过城市而不进入城市，也可能作短暂的停留，上下少量的货物或旅客。对于这类交通在布置线路时应尽量使它不进入市区，而从城市边缘通过。但必须为其安排好作短暂停留的交通、生活设施。③ 城郊各区之间联系的客货运交通，可由环城干道完成。

基于以上 3 种特性的公路交通，公路线路与节点城市典型的连接方式主要有切线式、环形绕越式和穿越式 3 种，如图 8-3 所示。一般情况下，绕越式路网节点重要度较高，适用于特大型和大型城市。切线式和穿越式路网节点线路顺直，节点重要度一般，适用于中小城市和一般城市。

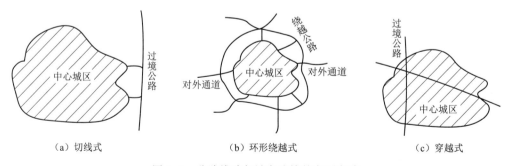

| （a）切线式 | （b）环形绕越式 | （c）穿越式 |

图 8-3 公路线路与城市连接的主要方式

1) 切线式过境方式

切线式过境方式是节点城市发展初期的主要过境方式，切线过境一般从城市边缘经过，客货运量不大，节点过境公路条数较为简单，适用于大多数中心城镇节点，如图 8-4（a）所示。城镇规模扩大后，切线过境段逐渐被城市和街道化，切线公用段上的过境交通与城市交通交织，交通负荷较其他路段大。如切线设置离城镇距离较远，应该设置多条城镇至切线的联络线，如图 8-4（b）所示。

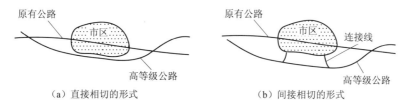

（a）直接相切的形式　　　　　　　（b）间接相切的形式

图 8-4　切线式过境方式

2）环形绕越式过境方式

适用多条高等级公路交汇的特大型和大型城市，过境方式如图 8-5 所示。为避免过境交通对城市内部交通的影响，多条线路过境可形成环形绕越的方式。过境交通在环线上进行中转、衔接，城市对外交通向环线方向开口，解决较大流量下对外交通的瓶颈问题。

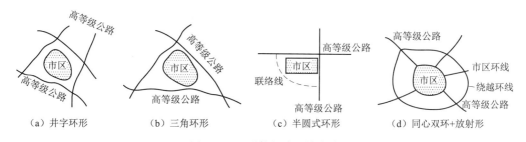

（a）井字环形　　（b）三角环形　　（c）半圆式环形　　（d）同心双环+放射形

图 8-5　环形绕越式过境方式

环形绕越式随着大城市路网节点复杂程度的增强，衍生出"多层同心环+放射线形"、"同心环"和"双心环"等形态结构，其中比较典型的是"多层同心环+放射线形"，在城市外围新建高速公路，过境交通绕越外环，形成多层同心过境环。城市环路数量的增加和外移，内部环路对于过境交通组织的能力下降，对外围周边地区的出行服务和经济带动作用减弱，如北京、上海、成都、广州等城市。双心环是伴随城市新中心的出现或城市地理条件限制而产生的，分散了单中心环线的交通压力。

3）穿越式过境方式

穿越式过境方式可实现区域交通与城市交通间的快速便捷转换，如图 8-6 所示。过境交通与城市内部交通的交叉较多，进出城交通量较大时易造成城市内部交通的干扰。一定程度上穿越城市的交通会对城市环境造成负面影响，因此穿越模式适用于城市密度较低，出入交通量较小的节点城市。

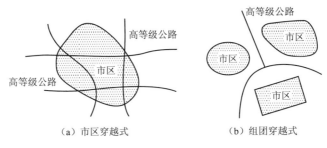

（a）市区穿越式　　　　　（b）组团穿越式

图 8-6　穿越式过境方式

2. 高速公路与城市的连接

高速公路的主要优点是速度高、通行能力大，缺点是工程量大、造价高。在进行城市对外交通总体布局时，应充分考虑高速公路与城市的关系，使高速公路的优势得到充分发挥。高速公路与城市道路的衔接及其在城市中的布置，应遵循"近城不进城，进城不扰民"的原则。具体而言，高速公路的线位应根据城市的性质和规模、交通流与城市的关系等来确定，一般有环形绕行式、切线绕行式、分离式和穿越式 4 种布置方式。

① 环行绕行式。适用于主枢纽的特大城市，当有多条高速公路进入城市时，采用环行绕行方式过境，可拦截、疏解过境交通，如北京市、上海市、广州市。

② 切线绕行式。当有两、三条高速公路进入城市时，采用切线绕行式可减轻过境交通对城市的干扰，如无锡市。

③ 分离式。如果高速公路上行驶的多数车流与城市无关，则高速公路最好远离城市，而采用联络线接入城市，如昆山市、镇江市。

④ 穿越式。高速公路从城市组团之间穿过，高速公路全封闭，或高架或地下穿过城市，过境交通与城市交通基本无干扰，如常州市、苏州市。

此外，还应特别注意高速公路与其他道路和设施的关系，合理确定高速公路的出入口数量、位置与其他道路的衔接方式。高速公路与其他干线道路相交时，必须采用互通式立体交叉，与铁路相交时也必须采用立体交叉。经过大城市的高速公路的布置要与城市快速路网结合考虑，并与之相衔接，也可成为市域公路环线的组成部分。经过小城市的高速公路应远离城市中心，要考虑城市未来的发展，采用互通式立体交叉与入城道路相接。

3. 其他干线公路与城市的连接

其他干线公路是城市中心区与各卫星城及分散式组团之间、各卫星城之间、卫星城与乡镇中心之间的主要联系通道，这类道路可以位于城市建设区外围或边缘，或者与城市建设区主要道路相接，甚至穿越城市建设区。但穿越城市建设区的干线公路一般会对城市产生较大影响，尤其是货运交通穿城而过时，因此一般不予推荐。干线公路与城市的关系应根据干线公路的功能来确定，一般来说，以过境功能为主的公路宜尽量布设在城市建设区外围或边缘，以联络功能及进出城市功能为主的公路应与城市建设区路网实现顺畅衔接。

8.2.3 公路对外交通枢纽的规划

公路交通运输枢纽包括客运枢纽和货运枢纽两种。公路客运枢纽是传统公路客运站在功能上的整合和管理上的优化而形成的客运枢纽，主要提供不同交通方式之间的衔接和客流转换服务。公路货运枢纽是传统公路货运站在规模上的扩大、功能上的提升和管理上的优化而形成的道路货运枢纽，是现代物流体系中不可缺少的物流组织管理节点。

1. 公路客运枢纽的分类及分级

公路客运枢纽是办理旅客和运载工具等到达、中转、发送及相关处理作业所需要的多种运输设施、装备和管理服务的综合体，主要功能是组织客流、车流的集散和中转，并提供相应的信息、作业和服务。公路客运枢纽的实体形式表现为公路客运站。公路客运站场根据经营规模、服务对象、业务涉外状况等可以分为不同的层次。

① 根据客运站场经营规模，可以将客运站场层次分为：一级站、二级站、三级站、四级站和简易级站场。根据我国交通行业标准《汽车客运站级别划分和建设要求》（JT/T 200—2004），二级以上公路客运站分类标准如表 8-3 所示。

表 8-3 二级以上公路客运站分级标准

等级	年平均日旅客发送量/人次	其他条件
一级站	10 000 以上	省（自治区、直辖市）及其所辖市、自治州人民政府和地区行政公署所在地，如无 10 000 人次以上的车站，可将具有代表性的一个车站列为一级车站
二级站	5 000 ～ 10 000	县以上或相当县人民政府所在地，如无 5 000 人次以上的车站，可将具有代表性的一个车站列为二级车站； 国家确定的旅游区和重要边境口岸

② 根据客运站场的服务对象，可将客运站场分为公用型客运站场和自用型客运站场。公用型客运站场指全方位面向社会开放，本身无从事旅客营运的自备运力，专门为运输经营者和运力拥有者提供站务服务的客运站场。自用型客运站场指隶属于旅客运输经营者，主要为本企业营运车辆提供运输服务的客运站场。

③ 根据客运站场业务的涉外状况，可将客运站场分为国际性站场和国内性站场。国际性客运站场主要指位于大陆桥、小陆桥和公路主骨架与通往邻国的干线公路交汇处，处于边境城市、沿海城市和经济特区城市，主要经营跨国道路客运业务。并与周边国家级、省（市）级、地市级、县级站场联网经营跨省、跨区旅客运输业务的客运站场，具备陆港口岸的基本功能。

④ 根据客运站业务参与高速公路旅客运输情况，可将旅客运输站场分为快速客运站场和普通客运站场。快速客运站场是以高速公路的兴起为前提，主要为旅客和经营高速公路快运班线的企业提供优质、高效的站务服务。它作为高速公路网的节点，是快运生产力不可或缺的重要组成部分。

⑤ 按照服务腹地划分，可以分为区域级、市级和组团级客运枢纽。

2. 公路客运枢纽规划原则及基本步骤

1）规划原则

公路客运枢纽作为城市对外客运交通系统中的重要节点，具有联系城市对外交通和市内客运交通、公共交通和私人交通，以及在公共交通内部中转换乘的作用。布局规划方面应以"方便人的出行"为首要目标，考虑城市主要人口分布区、公路客运车辆出入城交通组织等，合理确定站场数量级规模。基本原则包括以下几条：

① 与城市总体布局规划相协调；

② 具有便捷快速的对外交通道路，最大限度地方便旅客到达和离开；

③ 充分利用现有站场资源、节约建设投资；

④ 适应需求、留有余地，有一定的扩大再生产能力；

⑤ 与铁路、轨道交通、公交等客运方式有良好的衔接；

⑥ 减少对环境及周围城市居民的影响。

2）规划步骤

① 明确公路客运枢纽布局目标。公路客运枢纽规划的目标是促进公路旅客运输向组织化、综合化、现代化方向发展。不同的枢纽城市有不同的交通区位条件和经济产业结构。因此，在进行公路客运枢纽规划时应首先明确该枢纽布局的目标。

② 分析影响城市客运站场布局的主要因素。枢纽站场布局规划受到多种因素的影响，包括社会经济发展、城市空间结构、城市道路网规划、对外出入口条件、土地利用规划等，分析这些影响因素对布置合理的客运站场有重大参考价值。

③ 确定公路客运站场的数量与规模。公路客运站场是公路客运枢纽的实体形式，一个公路客运枢纽通常不仅仅是指某一个站场，而是由若干个客运站场组成的客运枢纽体系。进行客运枢纽规划时，应根据预测的规划年公路客运量来确定公路客运站场的数量与规模，并寻求一个经济上最优、满足未来交通需求的客运站场的数量与规模的合理配置方案。

④ 选择站场布局规划的方法。确定了客运站场的数量与规模后，就应该考虑枢纽站场的选址与布局。选择合适的站址和合理的布局方案，通常需要借助一些数学模型来进行定量分析，枢纽选址与布局的定量分析模型有多种，选择适合规划区域、操作上可行、经济效果好的布局规划方法是进行公路客运站场布局规划的关键。

⑤ 布局方案的综合评价。在公路客运站场规划过程中，评价是非常重要的工作，评价结果是方案选择和决策的重要依据。布局方案的综合评价对客运站场的规划具有重要的指导和反馈作用。

3. 公路客运枢纽规模的确定

1）交通需求的预测

运输量、组织量、适站量是客运枢纽规划的主要指标。客运量指标是编制枢纽规划的重要依据，也是分析组织量和适站量的前提。公路客运量应从综合运输的角度，分析各种运输方式的现状、历史和未来趋势的基础上，综合分析社会、经济等因素发展状况，采取定性和定量分析相结合的方法，匡算未来不同阶段客运量增长的比例及公路客运量所占比例，进而得出未来特征年的公路客运量。常用的定量预测模型主要有回归分析法、时间序列法和灰色预测模型等。

组织量是客运量中经过社会组织发生的部分，是城市客运组织水平的整体反映。其数值可通过公路客运量乘以组织率比例得到。我国一般城市目前组织率水平 25%～45%。

适站量是指单位时间由某一客运站发送的旅客人次。适站量是场站建设的重要依据，是公路客运枢纽站场规划的重要环节，是确定站场合理布局、建设规模及安排建设序列的重要依据。适站量预测过大，站场规模大，建成后实际客运量远小于设计发送量，企业效益差，投资回报周期长。反之，站场规模过小，则不能满足城市居民客运出行的需要。我国一般城市目前的适站量水平为 30%～40%。

2）枢纽规模的确定

根据交通运输部（原交通部）2004 年最新颁布的《汽车客运站级别划分和建设要求》（JT/T 200—2004）中对公路汽车客运站占地面积的要求，一级站日平均适站量每 10 000 人次的占地面积为 36 hm²，二级站日平均适站量每 1 万人次的占地面积为 4.0 hm²，三、四、五级车站日平均适站量每 1 万人次的占地面积为 5.0 hm²，据此可以计算特征年客运站场占地总面积。

站场个数的计算式为：

$$N = Q/D \tag{8-6}$$

式中：N 为需要布设的站场个数；Q 为客运适站量，万人次/天；D 为平均客运站的设计能力，万人次/天。

推荐 D 的数值按照 1.0 万～2.2 万人次计算，求出合理的站场个数范围。

4. 客运枢纽选址模型

枢纽站场选址与布局通常采用定量计算模型，早期的方法多为单纯的数学物理模型，如解析重心法、微分法，或者从运输成本的角度进行的分析。随着运筹学的完善和发展，出现了线性规划、整数规划、混合整数规划等交通枢纽站场布局规划的模型和方法。

1）重心法

重心法是一种模拟方法，它将交通运输系统中的交通发生点和吸引点看成分布在某一个平面范围内的物体系统，各点的交通发生、吸引量分别看成该点的重量，物体系统的重心就是枢纽站场设置的最佳点，用求几何重心的方法来确定交通枢纽站场的最佳位置。

设规划区域内有 n 个交通发生点和吸引点，各点的发生量和吸引量为 $W_j (j=1, 2, \cdots, n)$，坐标为 (x_j, y_j) $(j=1, 2, \cdots, n)$。需设置对外客运枢纽的坐标为 (x, y)，枢纽系统的运输费率为 C_j，根据平面物体求重心的方法，对外客运枢纽最佳位置的计算公式如下：

$$\begin{cases} x = \sum_{j=1}^{n} C_j W_j x_j \Big/ \sum_{j=1}^{n} C_j W_j \\ y = \sum_{j=1}^{n} C_j W_j y_j \Big/ \sum_{j=1}^{n} C_j W_j \end{cases} \tag{8-7}$$

重心法的特点是简单，但它将纵向和横向坐标视为独立的变量，是纯粹的数学解析方法。它求解采用的距离是平面上的几何距离，与实际交通系统的情况相去甚远，求出的解往往是不精确的，一般只能作为下一步分析的参考。

2）成本分析法

成本分析法是在已经具有一个站场位置选择集的前提下，以站场系统的总成本最小为目标，通过简单的财务计算，比较选择最佳的位置。该方法假设有 n 个交通发生点，分别具有发生交通量（W_1，W_2，$\cdots$，W_n），而且用一定的准则已经得到 m 个待选站场的位置（P_1，P_2，$\cdots$，P_m），每个站场的建设、运营成本为（R_1，R_2，$\cdots$，R_m）。假设单位人千米的运营费用相同，为 F，其余运输条件相同，各交通发生点到站场的距离用矩阵 $\{d_{ij}\}$（$i=1$，2，$\cdots$，m）表示。则每个待选站点的总费用为：

$$C_i = \sum_{j=1}^{n} d_{ij} F \quad (j = 1, 2, \cdots, m) \tag{8-8}$$

计算出每个站场的总费用，从中选择总运输成本最小的点作为最佳的站场选址。该方法简单易行，在研究站场选址方法的早期也得到了广泛的应用。但它在实际求解的过程中都是以静态的总费用最小为选优目标，运输费用为固定值，没有考虑到实际的路网结构，也没有考虑客流在路段上的相互交织混杂对交通流在路网上分配结果的影响。

3）多元客运站场布局的混合整数规划法

混合整数规划法假定在一个供需平衡的综合交通系统的服务范围内有 m 个发生点 A_i（$i=1$，2，$\cdots$，m），各点的发生量为 a_i；有 n 个吸引点 B_j（$j=1$，2，$\cdots$，n），各点的需求量为 b_j；有 q 个可能设置客运站场的备选场站地址 D_k（$k=1$，2，$\cdots$，q）。发生点发生的交通量可以从设置的场站中中转，也可以直接到达吸引点。假定各备选地址设置站场的基础建设投资、中转费用和运输费率都已知，以总成本最低为目标确定客运场站的最佳方案。其数学模型如下：

$$\min F = \sum_{i=1}^{m} \sum_{k=1}^{n} C_{ik} X_{ik} + \sum_{k=1}^{q} \sum_{j=1}^{n} C_{kj} X_{kj} + \sum_{i=1}^{m} \sum_{j=1}^{n} C_{ij} Z_{ij} + \sum_{k=1}^{q} \left(F_i W_k + C_k \sum_{i=1}^{m} X_{ik} \right) \tag{8-9}$$

约束方程为：

$$\sum_{k=1}^{q} X_{ik} + \sum_{j=1}^{n} Z_{ij} \leqslant a_i (i = 1, 2, \cdots, m) \tag{8-10}$$

$$\sum_{k=1}^{q} Y_{kj} + \sum_{i=1}^{m} Z_{ij} \geqslant b_j (j = 1, 2, \cdots, n) \tag{8-11}$$

$$\sum_{i=1}^{m} X_{ik} = \sum_{j=1}^{n} Y_{ij}(k=1,2,\cdots,q) \qquad (8-12)$$

$$\sum_{i=1}^{m} X_{ik} - MW_k \leqslant 0 \qquad (8-13)$$

其中，$W_k=1$ 表示 k 被选中，W_k 表示 k 被淘汰。X_{ik}，Y_{kj}，$Z_{ij} \geqslant 0$。

式中：X_{ik} 为从发生点 i 到备选站场 k 的交通量；Y_{kj} 为从备选站场 k 到吸引点的 j 的交通量；Z_{ij} 为直接从发生点 i 到达 j 的交通量；W_k 为备选站场 k 是否被选中的决策变量；C_{ik} 为从发生点 i 到备选站场 k 的单位费用；C_{kj} 为从备选站场 k 到吸引点 j 的单位费用；C_{ij} 为直接从发生点 i 到达吸引点 j 的单位费用；F_k 为备选站场 k 选中后的基建投资；C_k 为备选站场 k 中单位交通量的中转费用；M 为大的正数。

混合整数规划模型可以用"分支定界法"求解，求得 X_{ik}，Y_{kj}，Z_{ij} 和 W_k 的值。X_{ik} 表示了站场 k 与发生点的关系，$\sum_{i=1}^{m} X_{ik}$ 决定了该站场的规模，Y_{kj} 表示了站场 k 与吸引点的关系，$\sum_{k=1}^{q} W_k$ 为区域内应布局站场的数目。

4）人机参与枢纽选址法

该方法把整个城市路网当作一个计算网络，网络节点为道路交叉口。计算时，以这些节点为出行起、迄点，将最短路及次短路彼此进行联系。计算结果记录每个节点在此出行需求下的通过次数，通过次数多的节点，位于多条最短路或次短路上，表明在网络中占有优势，通达性较好。在实际中，节点位于多数乘客出行路线之上，宜在其附近设置枢纽或站场。在算法中，节点间距是广义的，可以用两点间出行时间、道路里程及出行费用等指标表示。节点除代表道路交叉口外，还可认为是交叉口周围用地交通生成量和吸引量的集中点，各点间都有交通需求。

由于影响枢纽设置的因素很多，该算法无法对资金、用地、出行模式等这些指标进行分析。另外，算法中出行时间、换乘量的变化也有很大的分析余地。所以，该算法是从交通的观点出发，以选用指标提出枢纽选址范围，经综合其他因素后，以出行通过某节点的次数多少作为枢纽选址的指标，进行选址决策。而实际情况也许并非一定将枢纽设在通过次数最多的节点上，因此称为人机参与枢纽选址方法。

除了以上方法外，目前比较成熟的方法还有 CFLP（Capacitied Facility Location Problem）法、逐次逼近模型法、多阶段综合交通枢纽站场布局规划模型等方法。

5. 公路客运枢纽规划方案的评价

公路客运枢纽规划方案评价是公路客运枢纽总体规划的重要组成部分。评价不同的公路客运枢纽规划方案，对不同的方案从中选取经济性、需求性和适应性最好的枢纽布局方案，是进行公路枢纽规划方案评价的主要目的。公路客运枢纽规划方案的评价是一个受多因素影响的过程，这些影响因素对评价方案的指标有不同程度的影响，一些指标可以通过定量计算得出，而大多数的评价指标则是无法量化的，很难用单一的目标函数或评价准则进行评价。因此，公路枢纽规划的最佳方案的选择是一个多目标决策问题。常用的评价方法有层次分析法、模糊综合评价法、灰色关联系数法、数据包络分析法和物元分析法等综合评价方法等。

1) 层次分析法（AHP）

AHP 法的基本过程是把复杂的问题分解成各个组成元素，按支配关系将这些元素分组、分层，形成有序的递阶层次结构，构造一个各因素相互关联的层次结构。通常把这些因素按照目标层、准则层和方案层进行自顶向下的分类。在此基础上，通过两两比较方式判断各层次中诸元素的重要性，然后综合这些判断计算单准则排序和层次总排序，从而确定诸元素在决策中的权重。这一过程体现了人们决策思维的基本特征，即分解、判断、再综合。层次分析法是目前较为成熟的评价方法。

2) 灰色关联系数法

灰色关联系数法是根据系统内各因素之间发展态势的相似或相异程度，来衡量因素间关联程度的方法。由于灰色关联系数法是按照发展趋势作分析，因此对样本量的多少没有过分要求，也不需要典型的分布规律，而且计算量较小。

3) 模糊综合评价法

模糊综合评价法又叫模糊决策法（Fuzzy Decision Making），它是应用模糊关系合成的原理，从多个因素对被候选枢纽方案进行综合判断的一种方法。该方法是对多种因素影响的枢纽方案做出全面评价的一种十分有效的多因素决策方法，对于项目综合评价中大量指标难以定量化的情况，该方法较适用。

4) 数据包络分析法

数据包络分析（Data Envelopment Analysis，DEA），对同一类型各决策单元的相对有效性进行评价、排序，可利用 DEA "投影原理" 进一步分析各决策单元 DEA 有效的原因及其改进方向，为决策者提供重要的管理决策依据。

8.3 铁路系统规划

铁路是城市对外交通的主要交通方式，城市的大宗物资运输、人们中长距离的出行、城市的工业生产、人民生活都需要铁路运输，铁路运输已经成为城市不可分割的重要组成部分。城市对外铁路系统规划主要内容包括铁路线路规划、铁路线路在城市中的合理布设和铁路车站及枢纽在城市中的合理布设。

8.3.1 铁路运输网络规划

1. 规划原则及基本要求

铁路网（Railway Network）是指在一定空间范围内（全国、地区或国家间），为满足一定历史条件下客货运输需求而建设的相互连接的铁路干线、支线、联络线以及车站和枢纽所构成的网状结构的铁路系统。

城市对外铁路网规划应遵循以下原则。

① 贯彻区域总体发展战略，统筹考虑经济布局、人口和资源分布、国土开发、对外开放、国防建设、经济安全和社会稳定的要求，并体现规划明确的促进区域协调均衡发展的方向。

② 根据城市对外综合交通发展总体要求，铁路线网布局、枢纽建设应与其他交通运输方式优化衔接和协调发展，提高组合效率和整体优势。

③ 增加路网密度，扩大路网覆盖面，繁忙干线实现客货分线，经济发达的人口稠密地区发展城际快速客运系统；加强各大经济区之间的连接、协调点线能力，使客货流主要通道畅通无阻。

④ 节约和集约利用土地，充分利用既有资源，保护生态环境。

对于铁路运输网络规划的若干要求可以归纳为足够的长度、合理的布局、机动的通路、强大的主干、适当的储备、适宜的标准、充分的依据，以满足社会经济发展、运输需求及国防安全等各方面的要求。

2. 铁路运输需求预测

1）预测内容

一般来说，铁路运输需求预测包括社会经济发展预测、交通需求发展预测及铁路建设资金预测三大部分。其中，交通需求发展预测又分综合交通运输发展预测、铁路交通发生预测、铁路交通分布预测、铁路交通量分配预测及铁路行车组织分析 5 个部分。铁路网交通需求预测包括客运交通预测和货运交通预测两大部分。

2）铁路运输需求预测方法

社会经济发展预测，可以采用增长率法和弹性系数法等；铁路建设资金预测则需要综合考虑社会经济发展及国家各项政策来确定，下面主要介绍交通需求发展预测。

（1）交通需求发展预测方法

交通需求发展预测的步骤是：先对客、货运交通生成、运输分布、列车方式进行预测，然后将客、货运列车方式预测的结果汇总，从而进行铁路运输分配预测。交通生成、运输分布、列车方式划分、运输分配四步骤的交通预测程序，即交通预测中普遍采用的四阶段模式。

在铁路网规划过程中，铁路网交通流分配和道路交通流分配方法虽然都遵照系统最优的原则，但是两者之间由于运输组织规律的不一致，配流的约束条件具有本质的差别。一般情况下，在铁路网上当线路 OD 量大小不同时，铁路组织列车的形式会因路网技术站（特别是编组站）的不同布局而千差万别。例如，当两股具有不同发站但到站相同的车流在某个站会合后，就认为是一支车流。因此，对铁路网交通分配预测后要进行铁路行车组织的分析。

（2）交通需求发展预测步骤

① 确定主要研究原则；② 采用多种数理方法和产销平衡法，对研究区域客货运量进行预测；③ 划分 OD 小区；④ 分配 OD 区域客货运量（如 Frator 法）；⑤ 区段客货运量；⑥ 判断网络规划质量。

（3）铁路行车组织及分析

铁路行车组织设计及分析就是要对铁路网分配的交通量从运营角度提出有益的规划方案和扩能措施，并提出完成铁路网分配预测交通量的路网线路等级、正线数目、机车类型、机车交路、技术站分布原则、车流组织原则、路网上编组站布局及分工、车站到发线有效长度、闭塞类型等，用以优化铁路网及技术站布局。铁路行车组织及分析包括：车流组织、车站布局、行车组织、路网及车站作业设计、区间行车指挥、车站作业组织等分析。

3. 铁路运输网络的合理规模的确定

铁路运输网络的规模，取决于铁路运输承担的全社会的客货运输总量以及铁路的运营效率，同时与铁路网的间距等因素有关。对于铁路总长度的预测方法有：

① 按总货周转量推算。方法简单，规划运量、平均运程和平均年货运密度直接影响线路总规模

② 按历年工农业产值与铁路总长度的关系建立回归模型，从而确定铁路运输网络的规模，但是这种方法的缺点是没有考虑到产业结构对铁路运量的影响。

③ 按铁路网距预测。需要按照各地区的发展程度，确定铁路的网距。

综上所述，应以铁路运输承担的全社会客货运输总量为基础，结合各种方法，确定铁路运输网络的合理规模。

8.3.2 铁路线路在城市中的布设

从运输特性上看，铁路是一种集约式的运输方式，其规模效益十分突出。但是由于铁路运输技术的复杂性及设施设备的专业性，铁路运输网布设的灵活性欠佳，铁路线路对城市空间具有一定的分隔效应，给铁路沿线两侧的交通带来不便，给城市生活和发展带来了很大影响。如果规划不当，不但会造成铁路在市区穿越或绕行的问题，也会形成铁路远离城市布置，使铁路与城市联系不便，增加了市内交通运输里程，造成长期性的浪费。因而如何使铁路在城市中的布设既能给城市生产与生活带来方便，又能在充分发挥其运输效能的基础上减少对城市的干扰，是城市铁路系统规划中的重要内容。

1. 铁路线路在城市中布设

由于铁路系统的设施、设备固有的特性，无论把铁路布置在城市边缘，还是布置在市中心或接近市中心，对城市都不可避免地产生一定的干扰，如噪声、空气污染和阻隔城市交通等。因此，为了减少铁路带来的负面影响，在城市中布设铁路线路时，一般应该遵循以下原则：

① 应与城市土地利用规划相协调，尽量不对城市内部空间造成影响；

② 铁路的噪声、振动、空气污染严重，应尽量避开对城市人口居住区、文教区、商业区等人口密集地区；

③ 客运站、货运站、编组站、工业站、维修站等宜设置在城市外围；

④ 线路选线应充分考虑城市地质、水文和地质等因素，尽量避开工程建设条件较差的地区，协调与城市道路、交通和环境的关系，充分利用现有设备，节约投资和用地；

⑤ 综合考虑城市未来的空间发展方向，铁路线路不应成为未来城市空间发展的制约。

为了合理布置铁路线路，减少线路对城市的干扰，一般有以下几方面的措施。

① 铁路线路在城市中的布置，应配合城市规划的功能分区，把铁路线路布置在各分区的边缘，使之不妨碍各区内部的活动。当铁路在市区穿越时，可在铁路两侧地区内各配置独立完善的生活福利和文化设施，以尽量减少跨越铁路的频繁交通，如图 8-7 所示。

② 通过城市的铁路线两侧应植树绿化。这样既可减少铁路对城市的噪声干扰、废气污染及保证行车的安全，还可以改善城市小气候与城市面貌。铁路两旁的树不宜植成密林，不宜太近路轨，距离最好在 10 m 以上，以保证司机和旅客能有开阔的视线。有的城市利用自然地形（如山坡、水面等）做屏障，对减少铁路干扰也能起到良好的作用。

③ 妥善处理铁路线路与城市道路的矛盾。尽量减少铁路线路与城市道路的交叉，在进行城市规划和铁路选线时，综合考虑铁路与城市路网的关系，使它们密切配合。

④ 减少过境列车车流对城市的干扰，主要是对货物运输量的分流。一般采取保留原有的铁路正线，而在穿越市区正线的外围（一般在市区边缘或远离市区）修建迂回线、联络线的办法，以便使与城市无关的直通货流经城市外侧通过，如图 8-8 所示。

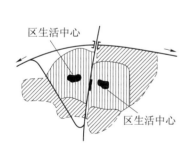

图 8-7　铁路布置和城市分区配合图

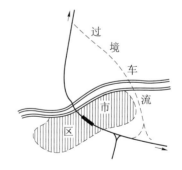

图 8-8　分流与城市无关的车流

⑤ 改造市区原有的铁路线路。对与城市相互严重干扰而无法利用的铁路，必须根据具体情况进行适当的改造。如将市区内严重干扰的线路拆除、外迁或将通过线路、环线改造为尽端线路伸入市区等。图 8-9 为拆除市中心的线路及客运站，正线外移至市区边缘，新建客运站，既有货运站保留成尽端式伸入市区。图 8-10 为结合城市范围扩大，拆除原有环城线，逐步外移，原有车站由环线以尽端式伸入市区。

⑥ 将通过市中心区的铁路线路，包括客运站，修建于地下或与地下铁路网相结合。这是一种完全避免干扰又方便的较理想的方式，但工程艰巨，投资很大。

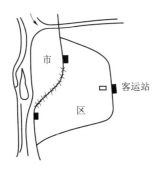

图 8-9　城市铁路改建方式

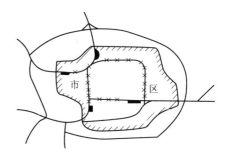

图 8-10　城市铁路改建方式

2. 铁路线路和城市道路系统的配合

1）铁路与城市道路的平行

铁路线路与城市道路系统的关系总体要求是尽可能减少铁路线路与城市道路的交叉点，尽量使铁路线不与城市主要干道相交，道路要在铁路占地最窄的部分穿过。为了满足上述要求，在方格网式道路系统的城市中，铁路在市区内应尽量与城市主干路平行，仅与次要道路相交，如图 8-11 所示。环形放射式道路系统的城市中，铁路线应与干道平行地引入市区。这样既可布置尽端式车站，也可布置通过式车站，切忌道路与车站相交，如图 8-12 所示。

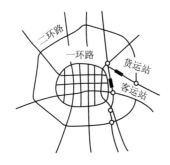

图 8-11　铁路线路与方格网式道路系统

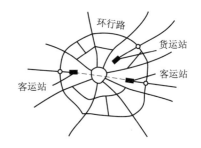

图 8-12　铁路线路与放射式道路系统

2）铁路与城市道路的交叉

铁路与城市道路的交叉有平面交叉和立体交叉两种方式。从便利交通与保证安全的角度看，以立体交叉为好，但建造费用较高。因此，当铁路与城市道路的交叉不可避免时，应合理地选择交叉方式。

① 平面交叉。在交通不繁忙和车辆行驶速度不高的城市道路和铁路交叉处，可采用平面交叉，在设计平交道口时应保证二者都有良好的视距条件，线路中心线的交角应尽可能采

用直角，在任何情况下不得小于45°。道路的平、纵断面设计均应符合工程技术标准的规定，道口应装设自动道口栏杆和音响闪光信号等安全防护设备。

② 立体交叉。立体交叉的设置条件是：一级公路及其他具有重要意义或交通繁忙的公路与铁路交叉；各级公路或道路与有大量调车作业的铁路交叉；公路或城市干道与双线铁路正线或行驶高速列车的铁路交叉；各级公路与较深路堑的铁路交叉等。

8.3.3　铁路车站在城市中的布设

铁路车站是铁路运输的主要设备，在城市范围内主要包括中间站、客运站、货运站、编组站等，是城市客流和货流的产生地和消散地，也是组织城市交通的重要基点。铁路车站的位置决定了铁路正线在城市的走向和专用线的接轨点，特别是客运站、货运站、编组站等对城市的影响更大。正确选择铁路车站的位置是协调铁路与城市的关系、充分发挥铁路与城市功能的关键。一方面要保证车站与各区联系方便，使旅客和货物及时集运和疏散，另一方面又要尽量使集散的交通流不与城市主要交通流发生干扰，车站的布置应力求避免与城市干道交叉。

1. 客运站在城市中的布置

客运站是铁路旅客运输的基本生产单位。客运站的主要任务是组织旅客安全、迅速、准确、方便地上、下车；办理行包、邮件的装卸搬运；组织旅客列车安全正点到发等。客运站与城市居民关系密切，是城市对外交通与市内交通的旅客运输的衔接点和界面，是一个城市的大门。客运站在城市中的布置会影响整个城市的布局，因此必须与城市总体规划良好衔接，最大限度地满足旅客的要求，同时解决好与城市内交通的联系以及形成较好的建筑面貌与环境。

1）客运站的位置

从旅客的情况进行分析，除了直通旅客外，与城市发生关系的旅客主要有到发旅客和中转旅客两类。前者包括以本市为出发点或终到点的本地居民或外地来的旅客，他们希望车站最接近城市，以便以最短时间出发或到站。后者指铁路与公路、水运之间的中转或铁路线路之间的中转旅客，他们要求能近便地到达另外一种交通运输设备（如汽车站、码头）。特别在大城市或旅游城市，大部分中转旅客还要在城市市区作短期停留，所以同样也希望车站接近市区。因此，车站与市中心的距离往往是衡量客运站是否方便旅客的一个标志，因此客运站接近市区便成为客运站位置选择的主要原则之一。

为方便旅客，应慎重考虑和选择客运站的位置。在中、小城市可以位于市区边缘，选择通过式布置形式；在大城市应位于市中心边缘，采用混合式或尽头式布置。一般来说，客运站距市中心2～3 km以内是比较便利的。

2）客运站的数量

对中、小城市来说，一般设一个客运站即可满足铁路运输要求，城市用地过于分散的除外，如秦皇岛市，这样管理与使用都较方便。但是大城市，特别是特大城市，由于用地范围大、旅客多，如果仅设一个客运站，势必导致旅客过于集中，加重市内交通的负担，因而应根据城市旅客的数量及流向情况分设两个甚至两个以上的客运站。

3）客运站与市内交通的关系

铁路客运站是旅客出行的一个中转站，也是对外交通与市内交通的衔接点，旅客要到达最终目的地还必须由市内交通来完成，因此，客运站必须有城市主要干道连接，直接通达市中心及其他联运地点。

4）站前广场

铁路站前广场是铁路与城市交通联系的纽带，是人流、车流的集散地，必须组织好各类交通，避免与车站无关的城市其他交通干扰，使旅客能迅速、安全地集散。站前广场的布置形式有4种：广场位于城市的尽头、位于城市干道一侧、与几条放射状道路相联系的广场、多广场和城市道路相连接等几种形式，如图8-13所示。

① 广场位于城市道路尽头，如图8-13（a）所示。这种广场不受通过车辆和行人的干扰，便于广场上组织城市车辆到发与停留、旅客休息和候车等活动。由于广场只有一条通往城市的道路，集散能力小，是中小城镇常见的布置形式。虽然尽端道路的疏散能力有限，但对中小型客运站还是适用的。在客流集散量大而城市交通运输组织复杂的客运站上不宜采用。

② 广场位于城市干道一侧，如图8-13（b）所示。这种广场便于大量客流集散，集散能力较大，但是广场的人流容易与城市干道的车辆发生交叉干扰，故在设计时要求广场有一定的进深，以便广场的人流和车流与城市通过车辆分隔开。

③ 广场与几条放射状道路相联系，如图8-13（c）所示。其特点是集散能力大。但广场到发的车流和人流需要绕行，增加了广场交通运输组织的难度。

④ 多广场与城市道路连接方式，如图8-13（d）所示。在主站房正面一侧的主广场供小汽车和旅客停留；出站口处设副广场，仅供公共交通车辆到发；子站房一侧设子广场，供旅客和车辆停留。

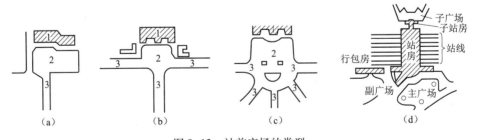

图8-13 站前广场的类型

2. 中间站在城市中的布置

中间站是一种客货合一的车站，遍布全国铁路沿线中、小城镇和农村，为数众多。其主要作业是办理列车的接发、通过和会让，一般服务于中小城镇，设在城市区的中间站又称客货运站。中间站在城市中的布置形式主要取决于货场的位置，根据客站、货站、城市三者的相对位置关系可将中间站归纳为客、货、城同侧；客、货对侧，客、城同侧；客、货对侧，货、城同侧 3 种情况，如图 8-14 所示。

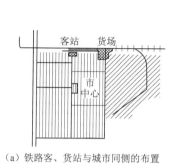
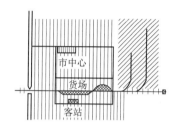

（a）铁路客、货站与城市同侧的布置　　　（b）铁路货站在城市对侧、　　　（c）铁路客站在城市对侧、
　　　　　　　　　　　　　　　　　　　　　　　客站与城市同侧的布置　　　　　　货站与城市同侧的布置

图 8-14　中间站与城市的位置关系

客、货同侧布置的优点是铁路不切割城市，城市使用方便；缺点是客货有一定干扰，对运输量有一定的限制，因而这种布置方式只适用于一定规模的小城市及一定规模的工业区。客、货对侧布置的优点是客货干扰小，发展余地大，但这一布置形式必然造成城市交通跨越铁路的布局，因而在采用这种布置形式时，应使城市布置以一侧为主，货场与城市主要货源、货流来向同侧，尽量减少跨越铁路的交通量，以充分发挥铁路运输的效率。

3. 编组站在城市中的布置

编组站是铁路枢纽的重要组成部分，由于占地广、职工多、对城市干扰大，因此对城市规划有很大的影响。确定编组站在城市中的位置时，首先应满足铁路运输方面的要求。编组站应依据车流的性质、方向设在便于汇集车辆的位置。编组站主要有以下几种布置形式：

① 对于主要为干线运输服务的编组站，应考虑设在主要干线车流走行顺直的地点，以保证大部分车流能以最短的路径迅速通过；

② 对于既是铁路网上重要枢纽，又位于大、中城市，有较多地方工业的运输任务的编组站，不仅要设在主要干线车流走行顺直的地点，并且要尽量靠近服务的地区；

③ 对于一般位于铁路干线尽端的大城市或工业枢纽，主要为地方运输服务的编组站，应设在干线交会处，并尽量靠近主要工业区或装卸作业集中的地方，不可远离城市。

4. 货运站在城市中的位置

货运站是专门办理货物装卸作业、联运或换装的车站。货运站可分为综合性货运站和专业货运站。综合性货运站面对城市多头货主，办理多种不同品类货物的作业；专业货运站专门办理某一种品类货物的作业，如危险品、粮食等。规划货运站在城市中的位置时，既要考虑货物运输经济性要求，同时也要尽可能减少货运站对城市的干扰。城市中货运站的布置一般应遵循以下原则。

① 以发货为主的综合性货运站应伸入市区接近货源或消费区；以中转为主的货运站宜设在郊区，或接近编组站、水陆联运码头；以大宗货物为主的专业性货运站宜设于市区外围，接近其供应的工业区、仓库区；危险品货运站应设在市郊，并避免运输穿越城市。

② 货运站应与市内交通系统紧密配合。

③ 货运站应与编组站联系便捷。

④ 不同类货运站设置应考虑城市自然条件的影响。

⑤ 货运站的用地尺度应适当，并留有发展余地。

货运站在大城市一般以地区综合性货场为主，按地区分布，并考虑与规划区货种特点和专业性货场结合。中等城市货站较少，一般设在城市边缘，在服务地区和性质上有所分工。货运站在城市中的位置如图 8-15 所示。

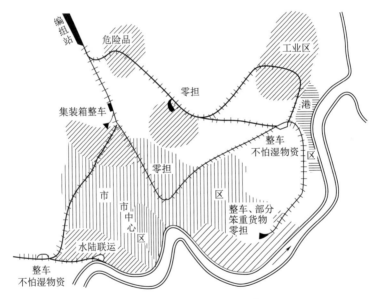

图 8-15　货运站在城市中的位置

5. 铁路枢纽在城市中的布置

铁路枢纽是城市综合运输枢纽的一个重要组成部分，指位于两个或两个以上方向铁路干线、支线交叉或衔接的铁路网点或网端，设有多个专业车站或客货联合站以及相应的联络线、进站线路等，在统一的高度指挥下协同作业，组成的一个整体即是铁路枢纽。铁路枢纽是城市对外综合运输系统中一个重要的组成部分。

铁路枢纽的布置要与城市整体布局相配，不同的铁路枢纽布置形式会给城市规划布局带来不同的影响。但同一布置形式在不同城市并不一定都得到相同的结果。关键在于城市规划与铁路部门的密切配合，统一安排，合理布局。铁路枢纽的布置形式很多，与城市布局的关系也很复杂，在处理两者间的关系时，要进行具体分析。随着城市布局与枢纽形式的不断发展变化，不可能有一个固定不变的模式，但其基本原则应是既考虑枢纽本身运营的需要与发展，又要力求避免干扰城市。铁路枢纽的布局主要有以下几种。

1）边缘一站式

铁路线从城市侧面绕越经过，避开穿过城市中心，铁路客货枢纽集中于一个站并布设在城市边缘，如图 8-16 所示。此种布局模式适用中小城市或铁路网络初始形成阶段的城市，铁路站周边地区是城市未来潜在发展区域。铁路站距城市中心不宜太远，应配置畅达的城市公共交通系统与铁路站相衔接。随着铁路站功能的提高，铁路对城市空间吸引能力增强，将引导城市空间向铁路站方向发展。

2）三角式

铁路线路由穿越式和绕越式共同构成，铁路枢纽呈三角形分布，如图 8-17 所示。穿越城市的铁路从城市内部经过，通常为城市原有铁路线，功能上逐渐演化为以客运为主，城市内的枢纽站适合满足城市内部居民便捷地出行。外围绕越的铁路一般为建设的新线，外围客运站往往结合新城开发而建设，形成大都市多中心组团式的发展格局。穿越加绕越式是一些大中城市通常的布置形式，特别是新一轮铁路建设及城市空间拓展中，这种模式更加适用。

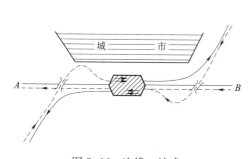

图 8-16　边缘一站式

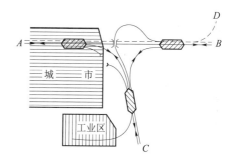

图 8-17　三角式

3）顺列式

顺列式的铁路枢纽布局多出现在带状组团式城市。铁路线路穿越城市内部，城市沿着铁路线带状生长，如图 8-18 所示。这种形式的枢纽是将编组站、客运站在主要车流方向的干线上顺序布置，而将引入线集中于枢纽的两端，这样便于专业站在城市范围的分布，灵活性大，适应性强，但是客、货列车在共同的干线上互有干扰。此种布置形态适用于铁路依赖性很强的城市，城市功能与铁路有较强的相关性。铁路客运枢纽可在城市内部设立多个站，此种模式适合沿铁路发展起来的城市。

4）环形混合式

环形混合式一般是铁路在城市外围形成环线上布设的铁路枢纽，如图 8-19 所示。此种布设适用于铁路线路较为发达、城市空间框架比较明确的情况。形成环线后，铁路对城市内部空间的负面影响较小，同时可沿环线在城市四周设站，城市内部到达枢纽的便捷度较高。

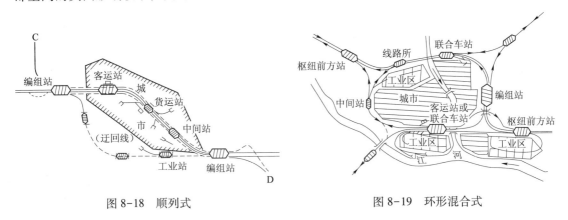

图 8-18　顺列式　　　　　　　　　　图 8-19　环形混合式

5）十字形枢纽

十字形枢纽是在两条干线铁路交叉，干线间直通运量较大的情况下设置，如图 8-20 所示。它往往是由于一站枢纽或顺列式枢纽修建联络线、迁回线发展而成。当两条干线的直通车流较小，且交换车流较少时，在相交处附近设客、货站较有利。城市应位于铁路枢纽的某一象限内，互相干扰小，并有发展余地，跨象限会被铁路分割，造成互相干扰严重。十字形枢纽使客、货列车迂回折返运行，因此，交叉干线上各有大量的直通车车流及较少的转线车流，且有较多而分散的地方车流的城市比较适用。

6）尽端式枢纽

尽端式枢纽的布置要服从枢纽终端的港湾、矿业或工业区的布局。滨海城市尽端枢纽的引入应尽量沿城市内陆的边缘，避免分割城市与海湾的联系，如图 8-21 所示。

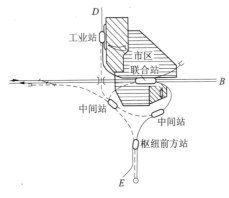

图 8-20　十字形枢纽

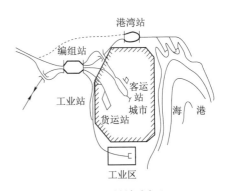

图 8-21　尽端式枢纽

8.4　航空系统规划

　　航空运输是城市对外交通的重要交通输运方式，相对于其他运输方式，航空业的发展给人们的交通出行带来了极大的便利，缩短了时空距离，扩大了交往空间。科学合理地进行航空系统规划，对完善城市综合交通系统，充分发挥航空运输在城市对外交通中的作用，促进城市的发展具有重要的意义。航空系统规划的内容主要包括机场规划、航线规划和机场集疏运系统规划。

8.4.1　机场规划

　　机场规划的主要内容包括机场需求预测及分析、机场规模及等级的确定、机场选址布局及设施布局，其中机场的选址布局规划是最重要的一环，下面就各部分内容分别加以介绍。

1. 机场规划的任务及流程

　　机场规划是规划人员对某个机场为适应未来航空运输需求而做的发展设想，可以是新建机场，也可以是对现有机场某些设施的扩建或改建。机场规划主要确定机场的位置、机场设施的发展规模、总体配置及修建顺序等。

　　机场规划首先要收集规划用的基础信息，包括现有机场的规模和使用情况、空域结构和导航设施、机场周围的环境、已有的机场的地面交通系统、城市发展规则、区域经济规划等。其次，进行机场需求预测，包括预测年旅客运量、飞机运行次数、年货运量、机队组成、出入机场交通量等指标。第三，根据机场需求，确定机场规模和等级。第四，进行机场的选址布局研究。第五，机场设施配置的研究，包括进一步确定飞机场的跑道数、跑道长度、停机坪面积、航站楼面积等。

2. 机场需求预测

　　进行机场规划建设前，首先要对机场未来的客运量、货邮运量等航空业务量做出预测，然后根据预测结果确定机场所需各项设施、规模和等级、合理的建设分期。需求预测是机场规划的基础，预测方法主要有类比法、计量经济法和市场分析法等。

　　1）类比法

　　找出与预测机场周围环境和运输条件相似，而且有较长历史资料的机场作为类比模型，与预测机场进行全面和深入的比较，然后得出预测结论。新建机场的航空业务量可采用类比法进行预测。

　　2）计量经济法

　　在分析航空业务量与影响因素之间相互关系的基础上，推测未来的航空业务量，比较常用的方法如回归预测方法。

　　3）市场分析法

　　把机场影响范围内的人口按工作、职务、收入、学历、年龄等分成不同的类别，并统计出各类人员的数量和乘飞机情况，然后根据各类人员数量的变化趋势及乘飞机情况预测未来的机场客运量。通过调查和预测，可以准确掌握哪类人员乘飞机旅行，哪些人不乘飞机旅行及其原因。这些对航空公司制定航线、航班、票价等经营策略及宣传方针很重要，是一种适合航空公司经营工作的预测方法。

3. 机场规模与等级

1）机场规模确定的影响因素

机场所需的发展规模取决于以下几个因素。

（1）预期使用该机场的飞机性能特性和大小。飞机的性能特性对跑道长度有直接的影响，因此通常需要获取各种类型运输机性能的资料，可以从航空公司的机务工程部门和飞机制造厂商处获得。

（2）机场交通量。交通量及其性质对所需要跑道条数、滑行道的构形和停机坪的大小具有影响。

（3）气象条件。气象条件主要包括风向和温度，风向和大小影响跑道条数及构形。温度影响跑道长度，温度越高，所需跑道长度越长。

（4）机场场址的标高。机场标高越高，跑道长度越长。

2）机场等级划分

机场的定位可以按照机场服务的飞行区、在区域交通运输体系中的地位和作用，以及乘机目的等分类方法进行明确，具体如表8-4所示。

表8-4 机场类别划分

飞行区域	乘机目的	地位与作用
国际机场	始发机场	枢纽机场
国内机场	终点机场	干线机场
	经停机场	干线机场
	中转机场	—

4. 机场选址

机场位置选择包括两层含义：一是从城市布局出发，使机场方便地服务于城市，同时又要使机场对城市的干扰降到最低程度；二是从机场本身技术要求出发，使机场能为飞机安全起降和机场运营管理提供最安全、经济、方便的服务。因而机场位置的选择必须考虑到地形、地貌、工程地质和水文地质、气象条件、噪声干扰、净空限制及城市布局等各方面因素的影响，以使机场的位置有较长远的适应性，最大限度地发挥机场的效益。

1）城市布局方面

从城市布局方面考虑，机场位置选择应考虑以下因素。

（1）机场与城市的距离

从机场为城市服务，更好地发挥航空运输的高速优越性来说，要求机场接近城市；但从机场本身的使用和建设，以及对城市的干扰、安全、净空等方面考虑，机场远离城市较好，因而要妥善处理好这一矛盾。选择机场位置时，应努力争取在满足合理选址的各项条件下，尽量靠近城市。根据国内外机场与城市距离的实例，以及它们之间的运营情况分析，建议机场与城市边缘的距离在 10～30 km 为宜。

（2）尽量减少机场对城市的噪声干扰

飞机起降的噪声对机场周围会产生很大影响，为避免机场飞机起降越过市区上空时产生干扰，机场的位置应设在城市沿主导风向的两侧为宜，即机场跑道轴线方向与城市市区平行且跑道中心线与城市边缘距离在 5 km 以上。如图 8-22 所示，显然位置 a、e、d 是比较合适的，位置 b 对城市干扰较大，应该尽量避免。如果受自然条件影响，无法满足上述要求，也要争取将机场设于离城市较远的郊区，应使机场端净空距离城市市区 10 km 以上，保证其端净空面不要在城市市区范围内，如图 8-22 中位置 c 所示。

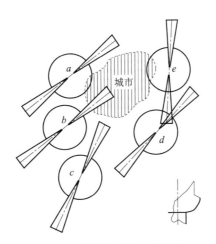

图 8-22　机场在城市中的位置

2）机场自身技术要求

从机场自身技术要求考虑，机场位置选择应考虑以下因素。

（1）机场用地方面

机场用地应尽量平坦，且易于排水；要有良好的工程地质和水文地质条件；机场必须要考虑到将来的发展，既给本身的发展留有余地，又不致成为城市建设发展的障碍。

（2）机场净空限制方面

机场位置选择一方面要有足够的用地面积，同时应保证在净空区内没有障碍物。机场的净空障碍物限制范围尺寸要求可查询民航规范。图 8-23 为机场净空限制范围示意图。

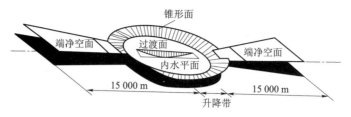

图 8-23　机场净空限制范围示意图

（3）气象条件方面

影响机场位置选择的气象条件除了风向、风速、气温、气压等因素外，还有烟、气、雾、阴霾、雷雨等。烟、气、雾等主要是降低飞行的能见度，雷雨则能影响飞行安全。因而雾、层云、暴雨、暴风、雷电等恶劣气象经常出现的地方不宜选作机场。

（4）机场与地区位置关系方面

当一个城市周围设置几座机场时，邻近的机场之间应保持一定的距离，以避免相互干扰。在城市分布较密集的地区，有些机场的设置是多城公用，在这种情况下，应将机场布置在各城使用均方便的位置。

（5）通信导航方面

为避免机场周围环境对机场的干扰，满足机场通信导航方面的要求，机场位置应与广播电台、高压线、电厂、电气化铁路等干扰源保持一定距离。

（6）生态方面

机场选址应避开大量鸟类群生栖息的生态环境，有大量容易吸引鸟类的植被、食物或掩蔽物的地区不宜选作机场。

5. 机场设施配置

民航运输机场主要由飞行区、旅客航站区、货运区、机务维修设施、供油设施、空中交通管制设施、安全保卫设施、救援和消防设施、行政办公区、地面交通设施及机场空域等组成。机场规划中的机场设施的配置（机场布局）主要包括机场跑道的数目、方向和布置，航站区同跑道的相对位置，滑行道的安排，各种机坪的位置等。

8.4.2　航线布局规划

1. 影响因素

① 航线规划受到国家发展航空运输的总体规划的制约，它必须服务于国家与地区的政治、经济和军事发展战略。

② 航线规划还受到航空企业自身的市场发展战略的驱动，服务于企业的经济利益，包括对市场需求预测、运营分析和航空公司收益等企业的生产状况的分析。

③ 航线布局的自然基础。新航线的开辟必须考虑到航线的地理条件和气象条件，有利

于飞行安全。

④ 对象城市或地区的经济水平。对象城市地区经济的繁荣程度，决定客货运量和航空运输市场的发展规模。

⑤ 运输能力协调。新航线的建设，必须充分考虑到与其他航线的衔接，与地面交通的综合运输能力的协调，确保能及时、方便地集散旅客和货物。

2. 布局方法

首先，要进行需求分析。对客货运输的市场需求进行调查，掌握交通需求在空间上的发生量和吸引量，通过社会调查（SP 调查）分析，预测航空运输方式分担客货运量的比例。根据航空运输方式分担运量的大小，研究航线对象城市机场的规模、跑道等级、通信导航能力、机队运输能力及地面交通能力等因素。

其次，航线设计既要满足社会发展需要，又要充分考虑它的经济效益。对新航线的设计通常采用以下方法。

① 线性规划法。线性规划法是基于运输要求来进行运输方式和航线布局的定量分析和布局优化方法。

② 技术经济分析法。技术经济分析法是把多种初始布局方案可能产生的经济效益进行比较，分析航线布局的经济性。

3. 航线的选择

航班的航线飞行主要有直达航线、间接对飞航线和环形航线，如图 8-24 所示。直达航线是指在始发机场和终点机场之间往返直飞，无经停点，用于运输量较大的城市之间，旅途时间短，成本低，受市场欢迎。间接对飞航线在始发机场和终点机场之间有经停点，回程按原路飞行，用于直飞没有足够的客货运量，通过提供中途机场的停靠，补充载运业务，以降低飞行成本。环形航线通常不按原路返回，其主要原因是由于单向运量不足。

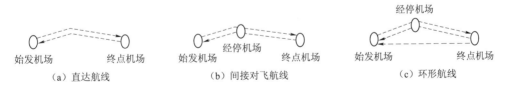

图 8-24　航班的飞行航线示意图

8.4.3　机场集疏运交通网络规划

机场集疏运系统是保证旅客安全、方便、快速集散的重要条件，也是机场正常运行的重要保证。机场集疏运网络主要包括公共交通集疏运网络和道路集疏运网络。

1. 公共交通集疏运网络规划

机场公共交通集疏运网络主要包括城市轨道交通、区域轨道交通、机场巴士线路等几类方式。根据机场的客流规模、交通区位及服务腹地的差异，公共交通网络的体系构成也有所不同，主要有以下3种模式。

1) 机场巴士线路的模式

通常机场与所在城市的机场巴士线路较多，并且与城市主要交通枢纽相衔接。机场巴士线路会沿城市主要入口集中区布设，起始点覆盖铁路客运站、公路客运站及城市公交枢纽。一般城市中，机场巴士是机场的主要公共交通集疏运方式。至于机场与周边城市而言，机场巴士线路往往与该城市的城市候机楼相衔接。在缺乏轨道交通与机场衔接的情况下，机场巴士和城市候机楼是大部分机场的公共交通集疏运采用的模式，如南京禄口机场和成都双流机场等。

2) 城市轨道交通+机场巴士线路的模式

在这种模式下，城市轨道交通为机场在城市的主要集疏运方式，机场巴士作为重要补充。就轨道交通衔接城市状况而言，主要有两类情况：其一，通过城市轨道交通串联各城市对外交通枢纽与空港；其二，通过机场轨道快线连接机场与某一对外交通枢纽（常常是铁路客运站），而其他对外交通枢纽、城市其他地区均通过该铁路客运枢纽与机场连接。这种模式下区域航空客流与城市通勤客流相互影响，增加乘客到达机场的时间并造成换乘不便。如北京首都国际机场，主要依靠机场快轨在东直门交通枢纽与市区的轨道交通系统和公交系统联系。

3) 区域轨道交通+城市轨道交通+机场巴士线路的模式

这种模式的大型机场往往处于一条或几条区域交通走廊的交汇处，如区域轨道交通网络经过机场并设站，区域航空客流不需经过城市内部中转即可实现空铁联运，使空港真正成为区域性的交通枢纽。这种模式是当前大型机场的发展趋势，形成条件是机场所处的位置需要具有区域轨道交通线路（包括高速铁路或者城际轨道等），如上海虹桥机场、巴黎戴高乐机场、德国法兰克福机场等。

2. 道路集疏运网络规划

机场道路集疏运网络主要由高速公路、城市快速道路等组成。从通道数量和规模角度来看，由于机场所在城市往往是机场客流的主要来源，客流量较大且需要具有较好的可靠性。机场与所在城市的快速联系通道一般有2条以上，而周边城市往往也有1～2条快速道路连接至机场。根据机场距离服务城市的空间距离及客运联系强度情况，机场集疏运道路网络的布局模式主要有以下两种模式。

① 建设专用的机场高速公路模式。一般是指从城市主要对外出入口道路或者主要对外交通枢纽处（如铁路客运站）开始建设到机场的专用高速公路。这种模式适用于城市与机场间的交通量较大，采用专路专用，能确保往返机场与城市的交通流不受影响，如成都双流

机场、首都国际机场等。

② 通过机场快速联络线接入区域高速公路的模式。一般是指机场至城市的高速公路除了服务机场的集疏运交通外，还承担了其他区域交通的功能。这种模式能更加充分地发挥高速公路的复合型通道的功能，但是如果交通量过大，则会造成区域交通与机场的集疏运交通相互影响，特别是可能降低机场集疏运交通的服务水平。

8.5 港口系统规划

8.5.1 港口布局规划

港口是水上运输的枢纽和港口城市的门户，是所在城市的一个重要组成部分，也是对外交通的重要通道。港口是展示城市风貌的窗口区域，在扩大对外开放、促进对外贸易、发展国民经济、改善人民生活中起着至关重要的作用。港口按地理位置可以分为海港和内河港，按使用性质可分为综合性商港、专业性商港、专用渔港、工业港和军港等。港口的活动由船舶航行、货物装卸、场库存储及后方集疏运 4 个环节共同完成。

1. 港口与岸线规划

岸线是重要的自然资源，也是港口城市的重要物质基础。在港口规划中，必须根据港口的布局合理分配岸线。第一，根据城市功能要求，选择自然条件最适宜的岸线段，符合城市总体布局，以获得最佳的经济与社会效益；第二，注意岸线各区段之间的功能关系和城市卫生，有污染、易燃易爆工厂、仓库、码头的布置，必须与航道、城市水源、游览区、海滨浴场等保持一定的安全距离；第三，节约使用岸线，远近期规划相结合，为城市和港口的进一步发展留有余地；第四，岸线分配还要对防汛、航运、水利、水产、泥沙运动、河海动力平衡、生态平衡等问题进行综合考虑。

2. 港口与城市用地关系

在港口城市规划中，要合理处理港口布置和城市布局之间的关系。

① 港址必须符合城市总体规划的利益，如不影响城市的交通、尽量留出岸线以供城市居民需要的海（河）滨公园、海（河）滨浴场之用等，做到充分发挥港口对外交通的作用，尽量减少港口对城市生活的干扰。

② 港口建设应与区域交通综合考虑。港口规模的大小与其服务用地范围关系密切。区域交通的发展可有效带动区域经济的发展，从而提供充足的货源。货运港的疏港公路应尽可能连接干线公路，并与城市交通干道相连。客运港要与城市客运交通干道衔接，并与铁路车站、汽车客运站联系方便，利于水陆联运。

③ 港口建设与工业布置紧密配合。由于深水港的建造推动了港口工业的发展，推动深水港的建设是当前港口建设发展的趋势。此外，内河不仅能为工业提供最大价廉的运输能

力，并且为工业和居民提供水源，因此城市工业布局应充分利用这些有利条件，把那些货运量大而污染易于治理的大厂，尽可能地沿通航河道布置。例如，世界上大多数重要工业基地都建设在港口及其附近，主要是因为港口能够通过水运为工业生产提供大量廉价的运输能力。

④ 加强水陆联运的组织。港口是水陆联运的枢纽，是城市对外交通连接市内交通的重要环节。在规划中需要妥善安排水陆联运和水水联运，提高港口的疏运能力。在建设新港或改造老港时，要考虑与公路、铁路、管道的密切配合，特别重视对运量大、成本低的内河运输的利用。

8.5.2 港口集疏运系统规划

1. 港口集疏运系统规划的概念及流程

港口集疏运系统是与港口相互衔接、主要为集中与疏散港口吞吐客、货物服务的交通运输系统。由铁路、公路、城市道路及相应的交接站场组成，是港口与广大腹地相互联系的通道，是港口赖以存在与发展的主要外部条件。

港口集疏运体系通常具有以下基本功能：为港口集结、疏散被运送的货物或旅客；是保持港口畅通、提高港口综合通过能力的必要手段；有机衔接水上运输和陆上运输，是水运系统在陆上的延续和扩展；是水运系统综合能力得以充分发挥的基本保证。任何现代化港口都必须具有完善与畅通的集疏运系统，才能成为综合交通运输网中重要的水陆交通枢纽。港口集疏运系统的具体特征，如集疏运线路数量、运输方式构成和地理分布等，主要取决于港口与腹地运输联系的规模、方向、运距及货种结构。一般与腹地运输联系规模大、方向多、运距长或较长，以及货物种类比较复杂的港口，其集疏运系统的线路往往较多，运输方式结构与分布格局也较复杂；反之亦然。从发展趋势看，一般大型或较大型港口的集疏运系统，均应因地制宜地向多通路、多方向与多种运输方式方向发展。

由于港口集疏运系统属于交通运输系统的一种，港口集疏运系统规划属于交通规划的范畴，所以港口集疏运系统规划应该符合交通规划内涵和基本特征，这里将结合交通规划的概念对港口集疏运系统规划的定义和流程进行描述。

交通规划就是对未来交通需求进行预测，然后根据预测结果，提出适合未来发展需要的交通政策及交通系统建设方案。港口集疏运系统规划即对未来港口集疏运需求进行预测，然后根据预测结果，提出适合未来发展需要的集疏运政策及集疏运系统建设方案。根据交通规划四阶段法，交通规划的流程包括交通发生、交通分布、交通方式划分和交通分配 4 个步骤。根据交通规划四阶段法，港口集疏运系统规划也包括交通发生、交通分布、交通方式划分和交通分配 4 个步骤：交通发生即吞吐量预测和集疏运量的确定；交通分布即集疏运量在港口和货源地（货运目的地）间的分布情况；交通方式划分主要指分布运量在公路、铁路或其他交通运输方式之间的分担；交通流分配即在港口集疏运系统的各公路和铁路上对集疏运量进行分配。

2. 港口铁路

我国幅员辽阔，海港集中在东部地区，腹地纵深大，铁路是我国港口货物集疏运的主要方式。在港口规划设计中，合理配置港口铁路，对扩大港口的通过能力是十分重要的。港口铁路由港外线和港内线组成。港外线包括专用线和港口车站，港内线包括分区车场、联络线、装卸线等。

1) 港口车站

港口车站承担列车到发、编解、选分车组和向分区车场或装卸线取送车辆等作业。港口车站距码头、库场作业区不宜太远，以便于取进车作业。港口车站的规模应根据运量和作业要求确定，一般应具有下列线路：① 接发接轨站列车的到发线，通常是小运转列车，即非正线整列到达；② 按港口各分区车场进行车辆选编的编组线；③ 机车走行线、牵出线、连接线及机务整备线等。由于运量、货种、接轨站与港区位置和管理方式等因素，港口铁路亦可以不设港口车站，其功能由接轨站承担。对货种单一、运量稳定、开行单元列车的专业化港列车不在港内进行解编作业，港口铁路只设空、重车场和装卸线。

2) 分区车场

分区车场主要承担码头装卸线列车的到发、编组和取送作业。根据车流的性质，有条件的亦可编组直达列车。分区车场宜布置在临近泊位或库场装卸线，以便及时供应码头线及仓库线所需的车辆，从而缩短运距，加速车辆周转。划分分区车场时，应使备分区车场的作业量均衡，一般情况宜按一台机车调车作业能力来考虑，同时尽量与港口作业区划分一致。分区车场内线路数量设置应包括：① 到达线，接纳来自港口车站的车组；② 编组线，供分编去往各装卸线的车辆用；③ 集回线，停放各装卸线集回的车辆，以便送往港口车站；④ 机车走行线，机车在车场内的通行线。分区车场线路不必像港口车站那样，各股道功能要很明确，可灵活调度使用。

3) 装卸线

即布置在码头、库场区供停车进行装卸作业的线路，是港口铁路最基本的设备。码头装卸线的布置可采用平行进线、垂直进线或斜交进线的形式，一般码头前沿铁路装卸线最多不超过两条，此外还有一条走行线，以备取送调车之用。一般码头前沿不设供车船直取的码头装卸线，仅在重件码头等有特殊要求时才布置码头前沿装卸线。

3. 港口道路

港口道路包括港外道路及港内道路两部分。前者为库场内的运输道路和连接各作业区及港区主要出入口的道路；而后者则为港区连接公路和城市道路的对外道路。港外道路按港口公路货运量大小分为两类。

Ⅰ类：公路年货运量（双向）等于或大于 20 万 t 的道路。

Ⅱ类：公路年货运量（双向）在 20 万 t 以下的道路。

港内道路按重要性分为以下 3 种：主干路、次干路和辅助道路。主干路是全港（或港区）的主要道路，一般为连接港区主要出入口的道路；次干路指港内码头、库场、生产辅助设施之间交通运输较繁忙的道路；辅助道路是库场引道、消防道路以及车辆和行人均较少的道路。港内道路系统尚应包括停车场、汽车装卸台位等设施。

■ 复习思考题

1. 简述城市对外交通的定义及分类。

2. 简述城市对外交通和城市发展之间的关系。

3. 城市对外交通系统规划的主要内容包括哪些？规划布局的原则是什么？

4. 简述市域公路网规划的主要内容及基本流程。

5. 市域公路网布局规划方法有哪几类？公路网的发展规模如何确定？

6. 简述公路对外客运枢纽布局规划的基本步骤及选址的基本模型。

7. 节点城市与公路连接的基本形式有几种？各有何特点？

8. 铁路线路如何在城市中布设？应遵循什么样的原则？

9. 铁路枢纽在城市中有几种布设方式？各有何特点？

10. 铁路的客运站和编组站如何在城市中布置？

11. 机场集疏运网络主要有几种模式？有何特点？

12. 港口集疏运系统具有哪些功能？如何进行规划？

第 9 章

城市慢行交通系统规划

城市普遍存在着步行、非机动车和机动车三元混合交通流结构，步行及非机动车交通是城市交通体系中不可缺失的重要交通方式，与机动交通对应，可称为慢行交通。慢行交通体现了公平和谐、以人为本和可持续发展的理念。在当前能源供应趋紧、城市交通拥堵加剧的背景下，积极倡导步行及非机动车交通，改善步行及非机动车交通系统环境，对优化城市交通结构，构建可持续发展的城市交通体系具有重要意义。本章主要介绍步行及非机动车交通特征与定位、规划理念与目标、非机动车系统规划、非机动车道规划、换乘规划及步行系统规划等。

9.1 慢行交通的特征与定位

9.1.1 概述

我国《道路交通安全法》定义机动车是指以动力装置驱动或者牵引，上道路行驶、供人员乘用或者用于运送物品以及进行工程专项作业的轮式车辆；非机动车是指以人力或者畜力驱动，上道路行驶的交通工具，以及虽有动力装置驱动但设计最高时速、空车质量、外形尺寸符合有关国家标准的残疾人机动轮椅车、电动自行车等交通工具。

城市普遍存在着步行、非机动车和机动车三元混合交通流结构，步行及非机动车交通，是城市交通体系中不可缺失的重要交通方式，与机动交通对应，可称非机动交通。由于许多大城市的非机动车交通主要是自行车交通，本章介绍的主体是步行及自行车交通。

步行是人类最基本、最原始和最健康的出行方式。纵观人类文明史，交通工具的变革只能提升出行的速度、扩大人类活动的范围，却永不能代替人们行走的需求和愿望。自行车是以汽车为代表的机动化之前的主要代步工具，随着城市交通机动化的发展，自行车作为交通工具在一些城市却逐步淡出，但是在日本、荷兰、丹麦等交通高度机动化的国家里，自行车交通始终扮演着重要的角色，并成为城市亮丽的动态风景线。

步行及自行车交通在出行方式选择中占有相当大的比重，如图 9-1 所示，在国内部分城市的交通结构中，虽然城市机动化发展加速，步行及非机动车交通整体仍维持在较高水平，占 50% 以上，仍然是城市交通体系的重要组成部分，是最基本、大众化的绿色交通方式并将长期存在。

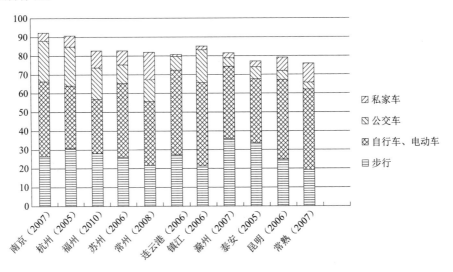

图 9-1 国内部分城市出行方式示意图

数据来源：过秀成. 城市交通规划［M］. 南京：东南大学出版社，2010.

9.1.2 步行交通的特征

步行是城市交通的主要组成部分，作为独立的一种交通方式，满足人们日常生活需要。步行出行比例随出行距离变化明显，一般而言，步行出行基本上集中在 1.5 km 范围内。它也作为其他各种交通方式相互连接的桥梁，如从家走到公交车站及从公交车站走到单位等，换乘时从一个车站走到另一个车站等，是其他方式无法替代并贯穿交通出行的始终。步行也是休闲、健身的一种方式，逐渐成为生活中必不可少的需求。

步行交通出行主要受出行者年龄、出行目的、时耗和距离等方面影响。

1. 年龄

从步行者的年龄分布特征来看，以青少年和老年人居多，步行交通出行方式分担率为 50%，是其最主要的出行方式。这是因为儿童和老年人的出行范围有限，同时他们受身体条件和经济条件的制约，可选择的交通方式较少。步行不需要额外购置交通工具的费用，同时对身体条件要求也低，自然成为儿童和老年人最主要的出行方式。中青年人通勤出行及社会活动较多，出行范围较广，而且他们经济水平较高，身体条件较好，可以选择的出行方式较多，步行交通出行方式分担率相对较低。因此，步行交通系统规划设计过程中必须充分考虑儿童和老年人的出行行为特征，满足不同群体的需要，这样才能提高社会的公平性和包容性。不同城市各年龄组的居民步行交通出行方式分担率如表 9-1 所示。

表 9-1　不同城市各年龄组的居民步行交通出行方式分担率表　单位:%

地区（年份）	0～20 岁	>20～30 岁	>30～40 岁	>40～50 岁	>50～60 岁	>60 岁
眉山（2004）	52.5	32.1	43.0	48.2	58.2	81.1
遵义（2004）	71.65	44.7	58.15	62.42	72.96	87.16
顺德（2005）	20.9	16.5	15.6	19.3	18.7	31.4
邯郸（2002）	34	22.86	20.40	28.20	37.60	68.38

数据来源：郭亮. 城市规划交通学［M］. 南京：东南大学出版社，2010.

2. 出行目的

在步行出行者的出行目的结构中，通勤出行仍然占据很大的比例，步行出行中弹性出行所占的比例也很高，部分城市该比例甚至超过了通勤出行所占比例。如温岭市步行出行者中通勤出行所占比例仅为 8.32%，但文娱活动购物却占了 31.18%，因此，对步行交通系统而言，解决通勤出行并不是唯一的任务，必须注重其他目的的出行。不同城市步行出行者的出行目的结构如图 9-2 所示。

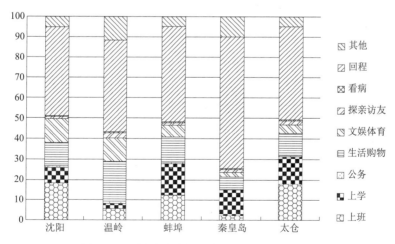

图 9-2　不同城市步行出行者的出行目的结构

数据来源：边扬. 城市步行交通系统规划方法研究［D］. 南京：东南大学，2007.

通勤出行、生活购物、文娱体育共同构成了步行交通出行的主体，在研究步行交通系统时，不能简单地以解决通勤出行问题为首要目标，必须充分考虑步行交通系统在生活、购物、文娱、体育方面担当的重要角色。步行交通系统的规划、运营和管理必须为促进商业活动的繁荣和居民生活氛围营造良好的设施。

3. 出行时耗

步行出行时耗主要是由体力决定的，各城市的平均出行时耗比较一致，大致为 15 ～ 20 min。出行时耗主要分布在 0 ～ 30 min 之内，其中，0 ～ 10 min 的步行出行所占的比例较大，10 ～ 20 min 的步行出行所占的比例也高，30 min 以后，步行出行的比例就非常小。不同城市步行平均出行时耗如表 9-2 所示，不同城市居民步行出行时耗结构如图 9-3 所示。

表 9-2 不同城市步行平均出行时耗

地区（年份）	城区人口/万人	平均出行时耗/min
眉山（2004）	27	17.7
遵义（2004）	64	19.3
顺德（2005）	70	14.7
南昌（2002）	138	19.3
上海（2004）	1710	16.8

数据来源：郭亮. 城市规划交通学 ［M］. 南京：东南大学出版社，2010.

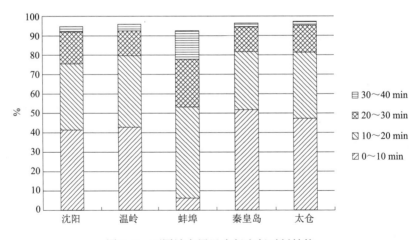

图 9-3 不同城市居民步行出行时耗结构

数据来源：边扬. 城市步行交通系统规划方法研究 ［D］. 南京：东南大学，2007.

4. 出行距离

随着城市建成区面积的扩大，居民出行距离增加，居民为了降低出行耗时，不得不转向机动化出行方式，步行交通出行方式分担率随距离增加总体呈下降趋势。图 9-4 表明出行距离对步行出行方式选择的影响。在小于等于 1 km 的出行范围内，步行交通出行方式分担率在 40%～95% 之间，很多城市的分担率超过 70%；在 1～2 km 的出行范围内，步行交通出行方式分担率下降 15%～70%；在 2～3 km 的出行范围内，步行交通出行方式分担率下降 10%～40%。可见，随着出行距离的增大，步行交通出行方式分担率呈明显的下降趋势。

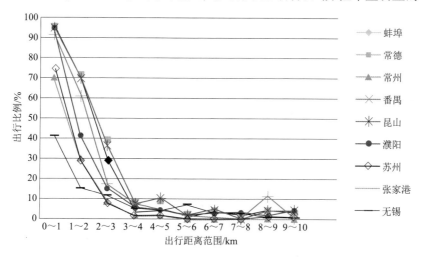

图 9-4　不同距离步行的方式分担率

数据来源：边扬. 城市步行交通系统规划方法研究［D］. 南京：东南大学，2007.

9.1.3　非机动车交通的特征

中国是公认的"自行车王国"，无论是自行车的骑行人数还是自行车的拥有量都居世界首位。自行车一度是中国城市居民出行最主要的交通方式，即使是在机动化迅速发展的今天，自行车交通在我国城市居民出行中仍然占有很高比重。

一个城市的自行车交通是受各种因素影响和制约的。不同类型的城市，其经济发展、城市规模与用地布局、开放程度、公交服务水平等影响自行车交通发展的因素不同，因此自行车发展的趋势也不同。

1. 自然地理条件

由于自行车骑车人是暴露在空气中，靠自身体力行驶的，因而自行车是受自然地理条件限制很大的交通工具。恶劣天气、起伏的地形都不利于自行车交通的发展。不同城市因为气候、地理条件等差异引起的自行车交通发展的差异也是客观存在的。一般说来，地势起伏较大的山地城市、多雨城市不利于自行车交通的大量存在，而地势平坦的城市比较有利于自行车交通的发展。如遵义的自行车出行比重为 0.7%（2004），而平原城市眉山、邯郸分别达到了 21.47%（2004）和 45.81%（2001）。

2. 城市规模

中国特大型、超级特大型城市往往也同时是经济相对比较发达的地区，居民可支配收入水平相应也较高，这必然导致私人小汽车需求的不断增长；城市人口分布集中，用地紧张，将市中心地区的居住人口向城市外围地区疏散是城市今后用地布局的普遍趋势。因此，居民出行距离相对较大，不适合自行车大量存在和发展。轨道交通是特大型、超级特大型城市的公共交通发展方向，这类城市多数都建设了或者规划建设轨道交通，可以预见包括轨道交通在内的公共交通将发展迅速。从这些因素的变化规律可以看出，在中国特大型、超级特大型城市中，自行车的出行方式分担率将大幅下降，稳定在一个比较低的值，自行车将成为人们短距离出行（1～3 km）的重要交通工具，在中长距离出行中，所占比例很小。居民各出行方式分担率表如表 9-3 所示。

表 9-3　居民各出行方式分担率表　　　　　　单位:%

	步行	自行车	公共交通（含轨道交通）	私家车	其他
北京（2000）	33	25.8	23.7	15.6	2.0
北京（2010）	30.4	11.4	32.3	23.8	2.1
上海（1995）	30.4	41.7	17	10.9	
上海（2020）	22	30	38	20	

中国大城市目前普遍的公交服务水平不高，现状较高的自行车方式分担率是不稳定的，随着公交服务水平的不断提高，必然会有很多自行车骑行者向公交出行转移。类似秦皇岛市这样的城市，随着城市经济、城市人口、城市规模、用地布局的不断发展，现状普遍较高的自行车出行方式分担率将会有大幅度的下降，但是相比较于特大型、超级特大型城市而言，短距离出行的比例相对较大，因此，自行车的出行还有一定存在、适度发展的条件。秦皇岛市居民各出行方式分担率如表 9-4 所示。

表 9-4　秦皇岛市居民各出行方式分担率表　　　　　　单位:%

年份	步行	自行车	公共交通（含轨道交通）	私家车	其他
2004	23.76	47.21	10.03	4.72	14.28
2020	28	29	24	12	7

随着社会经济、城市规模、用地布局、公共交通等的不断发展，中国各类城市的自行车交通方式分担率都有下降的趋势。一般说来，经济越发达、城市规模越大、公共交通服务水平越高，其自行车交通的方式分担率就下降得越多越快，最终稳定在较低的值，这部分自行车出行属于出行距离符合自行车的优势出行距离（1～3 km）、出行者偏好自行车的人群，具有一定的稳定性；经济欠发达、城市规模相对不大，公交服务水平相对较低的城市，其自

行车交通的方式分担率就下降得较少较慢，尤其是中小型城市，自行车仍将保持一定的出行比例。湖州市城市居民各出行方式分担率如表9-5所示。

表9-5 湖州市城区居民各出行方式分担率表 单位:%

年份	步行	自行车	公共交通（含轨道交通）	私家车	其他
2004	29.42	35.00	6.61	2.31	26.66
2020	28	23	27	14	8

以上给出了不同类型城市自行车交通发展的一般规律，同一类型的不同城市因其各自的特点，自行车交通发展的趋势也不尽相同。自行车出行的特征、自行车交通优缺点很大程度上影响着人们对自行车交通方式的选择。自行车出行的特征按出行目的、出行时耗、出行距离等归纳如下。

3. 出行目的

大多数城市中，上班出行是自行车出行中比重最大的出行目的。如表9-6所示，除回程外，上班目的的自行车出行最多，分别占26.36%和27.21%，其次为上学出行，分别为17.49%和12.58%，而公务、文体活动、生活购物、探亲访友等弹性出行采用自行车的比重相对很低。上班、上学、回程可作为通勤出行，占自行车出行的大部分，以无锡、苏州的数据为例，分别为90.39%和86.99%。因此，通勤出行是自行车出行最主要的出行目的。

表9-6 不同出行目的自行车出行方式分担率 单位:%

	上班	上学	公务	生活	文体	访亲	看病	回程	其他
无锡（1996）	26.36	17.49	1.20	3.55	0.35	1.11	0.34	46.54	3.06
苏州（2000）	27.21	12.58	1.02	4.76	2.00	1.68	0.45	47.20	3.10

数据来源：单晓峰. 城市自行车交通合理方式分担率及其路段资源配置研究 [D]. 南京：东南大学，2007.

4. 出行时耗

从自行车交通的时耗特征来看，自行车出行所占比例在 10 ~ 20 min 最高，在30%以上，大部分出行时耗在40 min 以内，超过 40 min 以上的自行车出行比例很低，不超过10%。受出行时间支配，自行车比步行的平均出行时耗要长。太短的出行时耗，自行车出行方式会被步行所代替；太长的出行时耗，自行车会被公交或个人机动化交通替代。城市自行车交通出行时耗示意图如图9-5所示。

5. 出行距离

不同交通方式有其不同的优势出行距离，参见图5-7。

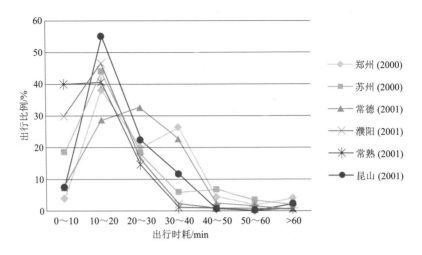

图 9-5　城市自行车交通出行时耗示意图

　　出行距离是影响自行车交通的重要因素。在不同的距离条件下，自行车交通的方式分担率有较大差异。如表 9-7 所示，出行距离分布集中于 0 ～ 4 km，出行距离长短也因城市规模不同有所差异，大城市出行距离长一些，小城市出行距离短一些。一般认为，自行车交通的优势出行距离为 1 ～ 3 km。

表 9-7　上海市自行车出行不同距离分布规律　　　　　　　单位:%

1 km	2 km	3 km	4 km	5 km	6 km	7 km	8 km	9 km	10 km
1.15	24.3	32.7	18.44	6.33	9.7	1.54	3.01	1.12	0.85

9.1.4　非机动交通的定位

　　步行及非机动车交通是城市交通系统的重要组成部分，是组团内出行的主要方式，包括休闲、购物、锻炼出行，也是居民短距离出行的主要方式，同时还是中、长距离出行中与公共交通接驳不可或缺的交通方式。步行及非机动车交通是居民实现日常活动需求的重要方式和城市品位的象征，以出行产生点、出行吸引点、轨道交通（换乘）站点等为中心的步行及非机动车交通圈高品质建设是保障步行及非机动车交通权利，提高交通品质，引导城市交通出行方式结构合理化的重要环节。步行及非机动车交通在城市交通系统中的定位如图 9-6 所示。

　　步行及非机动车交通往往是出行起点始发及出行终点到达的必要方式，在出行中是不可或缺的，特别是随着汽车化时代的到来，人们对休闲、健身等要求越来越高，步行及非机动车交通出行比例始终会维持在相当的水平。

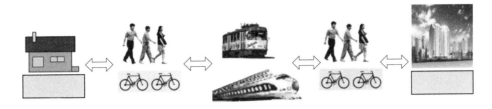

图 9-6 步行及非机动车交通在城市交通系统中的定位

9.2 规划的理念与目标

由于步行及非机动车交通以人的出行为衡量尺度，且几乎不消耗任何能源，对环境几乎没有破坏作用，因此，在能源供应日益趋紧、环保主义逐渐兴起的欧美，步行及非机动车交通开始逐步回归至市民日常出行中。

9.2.1 基本规划理念

1. 新城市主义（New Urbanism）

新城市主义是在美国城市大规模郊区化、传统城市中心衰落、城市环境污染与能源消耗激增、公共空间衰败的背景下提出的，目的是创建一个充满活力、多样性与社区感的以公共交通和步行为主导的城市，如图 9-7 所示。

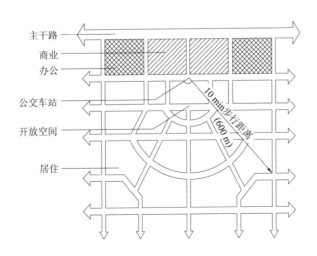

图 9-7 新城市主义 TOD 理念图

2. 交通安宁政策（Traffic Calming）

该政策旨在通过系统的硬设施（如物理措施）及软设施（政策、立法、技术标准等）降低机动车对居民生活质量及环境的负效应，改变鲁莽驾驶为人性化驾驶行为，改变行人及非机动车出行环境，以期达到交通安全性、可居住性和可行走性。

3. 以行人、自行车为导向的城市发展模式

步行及非机动车交通意味着有活力的城市，提倡以行人为导向（Pedestrian Oriented Development，POD）、自行车为导向（Bicycle Oriented Development，BOD）的城市发展模式。城市规划应该以人为本，创造最适合步行、骑行的城市空间，以行人、自行车为导向进行城市设计；而非现在流行的以绿化景观为导向（Green Oriented Development，GOD）或者以小汽车为导向（Car Oriented Development，COD）的城市发展模式。图 9-8 为 COD 模式与POD 模式改造前后对比。

图 9-8　COD 模式与 POD 模式改造前后对比

4. 以人为本，环保运动的兴起

一些欧美国家的大城市，在饱受机动化交通的困扰之后，居民出行开始向步行及非机动车交通回归，其背后隐藏着回归绿色、自然、健康生活理念的思潮。

9.2.2　步行交通规划理念和目标

随着经济水平的提高、居民生活节奏的加快及步行环境的恶化，步行出行比例呈下降趋势，北京市步行出行比例由 2000 年的 33.0% 下降至 2010 年的 30.4%，上海市步行出行比例下降更加明显，由 1998 年的 41.56% 下降至 2005 年的 28.6%。步行交通具有低能耗、低污染、低运输成本、高可达性、高包容性等特点，步行出行方式分担率的下降，不仅会造成道路占有率的增加、环境污染的加剧，还会带来城市空间的冷漠、人际交往的弱化和城市活力的下降。因此，目前许多西方发达国家已经开始认识到步行交通在健康、休闲、资源、社会包容性等方面的优势，掀起了回归步行交通的热潮，很多城市通过立法来保证步行交通发展的资金支持，努力促使步行交通成为合法的交通方式。

1. 步行交通规划的理论与方法

步行交通规划的理念随着社会经济的发展、交通工具的改进而变化。

1）马车时代的步行交通

城市产生初期，少有代步工具，城市道路实际上是一个步行系统。直到 19 世纪中叶，城市街道出现分离行人和车轮交通的人行铺道，继而出现环境舒适的廊街。尤其受公众对公共开放空间和公共步行道的强烈呼吁，在公园设计时，根据不同的交通模式分离道路，每种交通方式都设计了独立的道路网络，如专门的马车道和独立的步行道。

2）雷德伯恩人车分流系统

1920 年雷德伯恩（Radburn）提出了使汽车交通和行人完全分离、并排除过境交通的住宅区规划理论。人车分流系统是使行人和汽车的流线不产生平面交叉，并合理布置住宅、道路及行人空间。该系统要求在外围修建道路，由尽端路延伸至街坊，在住宅围合的中央设置公共空间，用步行专用通道连接公共空间。当步行道不得不穿越车行道时，采用立体交叉。雷德伯恩模式体现了一种新的设计形式，为居住规划和基于分级交通体系的邻里单元布局提供了新的原型，被认为是适应机动化时代发展规划的重要一步。

3）行人优先区

行人优先区要求将市中心一定的区域作为行人优先区，排除汽车交通，改建成适合行人活动的优先区，以恢复其原有的吸引力，在其周围设置停车场，为汽车通行进行局部道路改良，使其能进入市中心。

4）城市步行区

自 1960 年以来，大规模的道路建设、小汽车无限制的发展引发了一系列的城市问题，如机动车与行人的安全、城市中心区的商业功能衰落等。为了应对挑战，城市中的大规模步行化，成为推进人性化城市的重要一步。许多城市经历了商业中心从市区到郊区再返回市区的变化过程，布局形态上从商业干道发展到全封闭或半封闭的步行街，从自发形成的商业街坊发展到多功能的岛式步行商业街，从单一平面的商业购物发展到地上地下空间综合利用的立体化商业综合体。德国步行街建设初期，禁止车辆通行，将机动车转移到附近道路，发展为从城市道路网的合理分布上解决机动车的通行，各类交通在步行区中都能和谐地相处。北美大多数城市中心区以立体分离作为步行街区发展的规划原则，如美国明尼阿波利斯市和加拿大卡尔加里市的天桥步行街区系统、加拿大多伦多市和蒙特利尔市的地下步行街区系统。

5）交通安宁政策

交通安宁的概念来自 1970 年德国大量步行区的建设，旨在通过采取交通和速度管理方法，创立人性化的环境。荷兰的庭院道路是典型的交通安宁政策的实践。在居住区为了减少车对人的干扰，将道路设计成尽端式或将道路两端设计成缩口状，以限制外部交通的通过；或者将车道设计成折线形或蛇形，迫使车辆减速，保证步行者的安全。后来又在居住区限制道路直线段的长度和宽度来限制车速，如设置减速路拱、路边种树，设置路边停车等。

交通安宁政策并不是单一的工程措施，如把道路设计成庭院道路，因为这样仅仅是把机动车交通转移到其他道路上。交通安宁政策是一种规划和交通政策，从狭义角度看，可理解为在某城市区采取措施将机动车的速度限制为 30 km/h 以下，从广义角度看，可理解成综合的交通政策，包括对机动车采取措施限制，降低速度及对步行、自行车和公共交通的鼓励。

6）共享理论

大规模步行化的推进缓解了城市交通压力，改善了城市环境，但也带来了一些负面影响。如步行化并没有消除机动交通，而只是转移到其他地区；纯步行化影响了人们的可达性，削弱了商业的吸引力；机动车与步行道完全分离，也使得机动车道的安全性下降。基于上述原因，1980 年以来人们开始研究共享理论。以人车平等共存的理念取代人车分离的概念。即通过合理的规划设计，为所有道路使用者改善道路环境，使各类交通能够和谐相处，减少各类交通之间的冲突。由于欧美国家的居住人口密度较低，人车共存形式比人车分离更有利于增加公共空间的活力。

2. 我国步行交通现状

长期以来，在道路规划设计和管理有忽视步行交通的倾向，总结起来，大多数城市步行交通存在以下问题。

1）城市道路资源让位于机动交通，步行空间不断遭受挤压

为了缓解机动化给交通系统造成的压力，大部分城市通过加快道路建设、扩大道路供给以适应快速增长的机动车交通需求。由于城市用地空间有限，尤其是在中心城区高土地开发强度、高就业岗位密度、高人口密度的情况下，大规模地新建基础设施已无可能，因此设施的改建也就是道路资源的重新分配成为解决问题的重要手段。在设施的改建过程中，慢行交通无疑成为牺牲对象，人行道和非机动车道被严重压缩，或者直接被挪用为机动车道。受挤压的人行道，使得市民步行毫无舒适性可言，安全性也难以保障。此外，停车供求矛盾也使得占路停车现象极为普遍，尤其是占人行道和非机动车道，挤压甚至阻断了步行空间，严重破坏步行出行条件。

2）忽视步行交通网络规划建设，步行可达性缺乏重视

步行交通之所以不被市民所推崇，其根本的原因在规划层面，缺乏对步行交通重要地位的认知和对步行交通长远发展的考虑，从而导致许多城市在编制城市综合交通规划中对慢行交通规划缺乏重视，忽略了城市中"人"的主体地位，道路网络规划往往以满足"车"的交通需求发展为目标。正是缺乏对步行交通网络的整体规划，使得步行交通在城市片区、街区之间不相连通，在片区、街区内部不成体系，步行交通可达性、便捷性难以保障。

3）步行安全堪忧

步行交通的安全性差，相关道路安全法规缺乏关于车辆礼让行人的引导，驾车人礼让意识淡薄，更重要的是交通设施的建设未能从行人的角度出发，在加重行人心理负担的同时也

增加了车辆威胁行人安全的可能。例如，道路和交叉口设计得非常宽大，路口机动车、非机动车交通非常复杂，但留给行人的过街时间却很短，或未设置行人过街安全岛和有效的防护措施，步行的安全性缺乏基本保障，造成行人过街困难。

4）城市环境质量下降，步行吸引力降低

城市机动化带来的尾气排放加重了城市空气污染，空气质量下降明显。许多城市机动车排放的污染物对城市大气污染"贡献率"达50%以上，甚至达到了污染物排放总量的70%。环境的恶化使得步行吸引力下降，更多的人转向依赖私人小汽车出行，导致更加严重的环境污染和交通拥堵，形成恶性循环。人们对步行交通的认同感逐渐下降，即使在最适合步行的短距离出行中，步行交通的吸引力和竞争力也正逐步下降。例如，乌鲁木齐2006年时耗在10 min以内的出行中步行方式占76%，而2010年降至74%，有相当一部分短距离出行转而选择小汽车、出租车等机动化出行工具。

5）盲目建造立体过街设施，造成行人不便

道路上大量建设人行天桥和地下过道，虽然将人车进行空间上的分离，是为了行人交通的连续性和保证行人安全，但实际上以消耗行人更多的体力和时间价值为代价，来实现道路车辆通行能力的提高。这损害了行人的利益，造成行人特别是残障人士过街不便。

3. 步行交通规划目标

步行交通是绿色的出行方式，是城市交通体系中的基本交通方式，在居民出行中占有较高比例，同时也是其他交通方式衔接必不可少的重要组成。步行环境的安全、宜人且具有连续性及引导性强等特点，才能保证步行者能够自由而不受干扰地行走。安全是步行系统中最基本的要求。人在步行系统中不希望受到其他机动、非机动交通的干扰，即使可能发生冲突，也应尽可能改善以保障其安全。步行交通环境应结合周边环境形成具有鲜明地方特色和艺术氛围的步行环境，能够赏心悦目、心情舒畅完成各种出行目的。步行系统还应连续，不管是位于城市中心区的商业步行街，还是滨江（河）的步行道、广场，甚至作为道路组成部分的人行道，都需要连成一个完成的系统，并通过设施引导标识，以便步行者能够通达、正确地到达任何一处。

步行交通系统由城市交通规划涉及范围的人行道、人行横道、人行天桥、人行地道、步行街区、盲道、无障碍坡道等构成，表现为城市道路上（路段与路口）的行人专用（优先）通道和商业步行街道（区）。广义上的行人交通系统还包括建筑内外的通道、居住小区内的道路、休憩道及与步行相关的环境、辅助、服务等设施。城市步行交通系统在时间、空间和系统设施等多个维度上，应给步行者提供连续、安全、方便的出行环境。

第一个层次从路网入手解决步行交通系统的连续性。依托完善的城市道路网，城市可能形成山系、绿带及河流水系的结构化通廊，要优先发展这些通廊区域，保证步行环境的整体性和连续性。其次，结合城市不同片区的功能，根据步行的适宜尺度范围（一般间距为

1 km 以内）划分步行分区。各步行分区之间出行链距离长，步行不可能完全覆盖，必然涉及其他交通方式。因此，网络层面的步行交通系统规划重点在于步行与其他交通方式的接驳换乘，即需要考虑城市的公共交通规划与路网规划。

第二层次从步行子系统入手，解决广场，对外交通枢纽，商业（市）中心，居住区，商务中心，体育、会展、博览中心，以及步行带系统等步行子系统的规划方法。

第三层次适用于小范围的规划设计，即具体的步行道及各类步行节点的设计，主要是步行街、人行道、人行过街通道、道路路肩、路侧设施等。

9.2.3　非机动车交通理念与目标

自行车交通由于其显著的优点，如占路面积小、节能、有益健康、无污染、价格便宜等，20 世纪 30 至 60 年代在西方国家曾发挥过重要作用，但随着汽车工业的发展、小汽车的普及，自行车使用率普遍下降。经历了机动化带来的交通拥堵、交通事故、环境污染等问题后，欧美国家开始加入发展自行车交通的行列，重新确立自行车在城市交通体系中的地位。

1. 国外自行车交通发展现状

在交通拥挤、污染严重、能源消耗等问题同时威胁着城市可持续发展情况下，许多发达国家都把自行车看作城市的绿色交通工具。既节省能源，减少污染，又比较灵活、便利，备受人们的青睐。因此，自行车越来越多，为了保障骑自行车者的安全，使自行车与机动车分开行驶，在欧美各国都普遍开辟了自行车专用道路。

荷兰自行车拥有量约 1 500 万辆，平均每人一辆，可称谓自行车"王国"。荷兰的自行车交通具有悠久的历史，早在 1890 年，荷兰就建设了世界上第一条自行车专用道路。现有 3 万多 km 的自行车专用道路，占荷兰全国道路总长度的 30.6%，居世界第一。美国加利福尼亚州的戴维斯市被称为"自行车城"。城内人口 3.8 万，有自行车 3 万辆，铺设自行车专用道路 60 多 km，还有地下自行车专用隧道和地下存车库。我国拥有近 1 亿辆自行车，有 15.5 万 km 自行车专用道路，每天有 1 400 多万人骑自行车上班、上学。日本有 5 000 万辆自行车，平均每 2.5 人一辆，设有 2 万 km 自行车专用道路，有许多通勤人员骑自行车转公共交通工具，所以不少火车站均设有自行车存车塔楼。巴黎平日里有 14 万多辆的自行车在街头代步，市内将建 148 km 的自行车专用道，将建 1 万个自行车存车场，目标是每隔百米就有一个自行车停车场。

2. 自行车交通规划模式

1）阿姆斯特丹模式——主要交通出行工具

阿姆斯特丹城市规模仅 219 km²，人口密度约 4 000 人/km²，短距离出行占 70% 以上。阿姆斯特丹实行自行车优先的交通政策，自行车交通功能定位为主要交通出行方式。城区内道路基本都设置了自行车专用通道，自行车交通占全方式客运出行的比例高达 28%。

2）巴黎模式——短距离及与公交系统接驳的辅助交通工具

巴黎城市规模约 672 km^2，人口密度约 1 万人/km^2，出行以中长距离为主。从 2007 年 7 月起，巴黎市政府启动了自行车自助出租服务，鼓励自行车的短距离出行并加强与公交系统的接驳。计划实施后，公交与自行车交通客流明显增加。巴黎自行车交通的功能定位为短距离出行及与公交系统接驳的辅助交通工具，并具有休闲、健身功能。巴黎城区内主要道路上基本都设置了自行车通道，目前自行车交通占全方式客运比例为 5% 左右。

3）香港模式——休闲、健身工具

中国香港城市规模约 1 000 km^2，人口密度高达 2.5 万人/km^2，出行以中长距离为主。由于香港城区内多为山丘地貌，不适合发展自行车交通，因此，在香港城区内的道路上基本没有设置自行车道，自行车交通的功能定位不是交通出行工具，而是作为休闲、健身工具，多在公园里使用。

3. 我国自行车交通现状

1）交通安全问题

交通安全没有保障是目前自行车交通最大的问题。自行车骑行者的交通遵章意识不强，在混合交通状态下，各种车辆之间缺乏协调，经常在非物理分离的状态下相互争抢空间，自行车本身缺乏相应的安全措施。

2）机非混行问题

城市道路设计中，自行车道和人行道附属在机动车道的两侧，机动车道与非机动车道之间通常缺乏隔离设施，再加上部分骑车人不遵守交通规则，导致非机动车与机动车相互干扰严重，机动车速度很低，常出现机动车比自行车慢的现象，既影响了机动车通行能力，又对骑车者造成安全隐患。在平面交叉口处，交通信号不可能兼顾到行人、自行车和机动车的不同速度，机非混行严重，成为我国城市交通中一个突出的问题。另外，有些大城市由于交通阻塞和停车场缺少等原因，城市中的机动车"扩展"到了自行车专用道上，现在的自行车专用道已经承受机动车的动态和静态交通，变为人车混行和混停状态，使人与机动车之间的干扰增大，危险因素增多。

3）停车问题

自行车拥有量大，停车场地相对不足，自行车随意停放，占据大量行人行走空间，对于城市的中心区、商业区等交通繁华街道更是"车满为患"。公交站、地铁站、商场附近等停车需求大的地方缺乏停车场，增加了出行不便。

4. 自行车交通规划的目标

根据城市交通发展状况，合理制定自行车交通规划目标，为自行车交通创造安全、便捷和舒适的交通环境。

1）制定自行车发展的政策和法规，及时做出合理决策，引导自行车交通的有序发展

自行车交通发展策略的制定首先要研究和明确自行车交通目前在整个城市交通中的地位及未来的位置。不同城市，同一城市不同发展时期对自行车交通的发展应制定不同的发展战略。政府应根据自行车交通的发展在城市中的地位和作用进行动态科学的预测，并及时做出权威性决策。制定自行车交通发展的政策和法规，界定自行车使用者的权利和义务，并将自行车道路设置标准纳入新道路设计标准内。完善城市自行车道路系统，合理引导并吸引远距离出行的自行车交通向公交转化，通过实施有效的措施对自行车交通进行科学管理。坚持"以人为本"的理念，充分发挥自行车交通在短距离内点对点的出行优势，合理引导自行车交通的有序发展。

2）创造安全、便捷、连续、舒适、优美的出行环境，优化、整合非机动车网络，方便市民生活

自行车交通作为一种绿色交通，综合交通宁静区、自行车推广运动、新传统邻里的都市设计方法等，成为一个重要的发展领域。未来自行车交通系统不只是生活工具，也是生活空间的一部分。只有建立一个清新宁适的交通环境，人类才能拥有一个更美好的未来。环境问题是新时期城市发展的首要问题，城市交通的发展也必须遵循这一原则，把发展无污染的"绿色交通"作为基本政策和目标。而方便、快捷、无污染的自行车交通，则成为发展"绿色交通"最经济、最直接的方式之一。

3）注重发展自行车交通的同时，应解决好自行车交通和公共交通的关系

自行车交通在一定的交通层次范围内具有公共交通无法取代的优势和适应性。自行车交通应是城市公共交通的合理补充，而不是替代品。在公共交通和自行车交通的平衡失控后，自行车交通长距离出行持续增加，给城市交通带来巨大的压力；加剧机非相互干扰，恶化交通环境，削弱公共交通运营优势，刺激公共交通向私人交通转化，使城市客运交通陷入难以抑制的恶性循环中。因此，宜优先、大力发展公共交通为基础，促进非机动车与城市公共交通系统的衔接，保证良好的换乘环境。

9.3　非机动车系统规划

非机动车系统规划方法需要结合城市道路网规划展开，其特点是在进行非机动车交通预测与分配时都是以全路网为基础的，即规划的是全市性非机动车路网。非机动车系统规划过程应包括的步骤有：交通现状分析、交通调查、预测分析、条件考虑、提出规划构思、评价论证方案、确定方案。自行车系统规划流程如图9-9所示。

9.3.1　交通调查

进行非机动车系统规划时，要对非机动车进行交通调查，并且还要考虑机动车对非机动车的影响调查。因为进行交通规划需要全面了解交通源及交通源之间的交通流的特性，城市

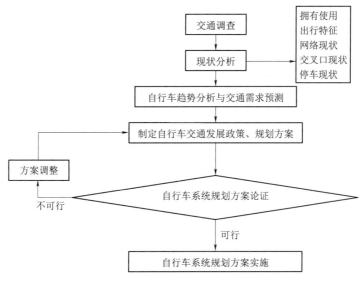

图 9-9 自行车系统规划流程

非机动车系统交通调查的内容包括以下几个方面。

1. 城市道路流量调查

城市道路流量调查是进行现状交通网络评价、道路阻抗函数标定、分析目前路网问题的依据。城市道路流量调查的内容包括：路段机动车流量调查、路段自行车流量调查、交叉口机动车流量调查、交叉口自行车流量调查、交叉口行人流量调查、核查线流量调查等。

2. 自行车出行现状分析

主要包括自行车出行比重、自行车出行时耗分布、自行车出行时空分布等。

3. 自行车路网现状分析

主要包括道路等级、断面形式、几何尺寸、长度、坡度、交通控制方式、交叉口类型、几何形状等。

4. 城市居民出行 OD 调查

城市居民出行 OD 调查是指城市居民出行的起终点的调查。调查内容包括居民基本信息、居民每次出行的信息等。

5. 城市流动人口出行 OD 调查

流动人口是城市总人口中的一个重要组成部分，其出行特征与城市居民出行规律有较大的差异，特别是外来务工人员，骑自行车出行占很大比例，因此有必要作为一个独立的部分进行调查。流动人口出行 OD 调查内容包括：流动人口基本信息、流动人口各次出行的信息等。

6. 城市社会经济情况调查

需要收集的城市社会经济基础资料包括：人口资料、国民经济、产业结构和布局、交通工具的保有量。

7. 土地利用情况调查

城市土地利用与城市交通有着密切的关系。不同性质的土地利用，如居住区、商业区、工业区等有不同的交通特征。自行车的出行与土地利用的关系是城市自行车交通规划进行交通预测的基础。需要收集的土地利用情况资料包括：各交通区主要土地利用类型的面积；如居住区、商业区、工业区、文教卫生区等土地利用类型的面积；全部交通小区或典型交通小区的就业岗位数、就学岗位数和商品销售额。

9.3.2 自行车交通现状分析

对现状的分析评价是分析问题、把握情况的主要工作，同时为理清规划思路提供基础。评价内容包括定性评价与定量评价两个方面。定性分析包括：路网的连通性、功能定位、路段交通的秩序、交通环境的感官效果、道路资源的充分利用情况、交通的便捷性、公共交通的准时性、乘客满意度等。定量评价内容包括：自行车的交通量、速度、行驶时间、机非干扰程度、排队、延误、交通事故的发生等。

9.3.3 自行车发展趋势及交通需求预测

1. 自行车发展趋势

分析自行车交通发展趋势首先根据自行车目前的使用情况为基础，并考虑到影响市区非机动车发展的因素。

① 城市人口数：市区内现状非机动车出行中，市区居民占据了重要部分。

② 用地性质：城市功能是逐步变化的，一般说市区功能是由行政、交通、居住转变成为购物、观光。

③ 绿色交通思想：近年来人们追求良好的交通环境，政府鼓励居民出行利用自行车、公共交通和步行等绿色交通工具代替机动车，以达到环境、能源等方面的改善。

④ 其他：受能源价格、机动车停车价格上涨等因素影响，机动车的使用费用也在上升，加之市区内机动车交通经常发生拥堵，造成机动车出行的时间成本增加。相比之下，自行车作为一种出行成本低、不易发生拥堵的交通方式，在短距离出行中与其他交通方式相比具备一定的竞争力。根据以上分析，城市的自行车交通量并不会因为人们购买力的提高而减少，实际上仍会保持一定的数量。

2. 交通需求预测

交通需求预测根据城市自行车发展趋势进行预测。即根据前面所述内容，并综合未来年总人口、经济发展规律及总体交通出行方式的变化趋势进行修正。

9.3.4　自行车交通规划路网条件

自行车交通路网规划具体内容参见 9.4 节，主要应考虑以下约束。

1. 地理条件

并非所有城市都适合使用自行车。城市的地势高低，年降雨量大小、频率，年气温高低都可以影响居民出行方式的选择，只有满足以上条件才适合建设自行车专用道。

2. 道路设施条件

并非每一条道路都可以选作和改造为自行车线路。道路本身非机动车道的宽度决定是否满足自行车行驶需求。

3. 城市规划条件

城市规划的发展方向给社会、人的活动范围、公共环境的建设带来巨大影响，它为自行车交通路网规划提供了参考信息。

9.3.5　自行车交通路网规划方案

设计自行车交通规划方案时，除了要考虑方便居民的日常自行车交通出行、疏解城市交通、城市规划的协调性、优先解决交通瓶颈地段外，还需要考虑工程投资预算、社会效益规模、路段周边环境等许多因素的影响，从而产生了若干个规划方案。

9.3.6　自行车交通路网规划方案评价

1. 方案评价的原则和思路

自行车交通路网方案的评价应遵循以下原则：

① 保证评价的客观性、真实性；

② 保证方案之间具有可比性，尽量减少描述某方案特性的指标出现在指标集中；

③ 评价指标具有交通特征的代表性；

④ 评价指标体系定性与定量结合，能够综合反映方案的特点。

由于路网规划不仅是为解决城市居民的日常自行车交通出行需求，还需依据城市自行车道工程的功能定位，同时结合市区及道路网发展规划，确定评价的准则为：

准则 1——与城市规划方向一致；

准则 2——方便居民日常自行车交通出行需求，疏解城市交通；

准则 3——以绿色交通理念提倡自行车交通方式，鼓励人们使用自行车；

准则 4——自行车道规划方案的整体性能水平；

准则 5——路网景观设计。

2. 方案评价指标的建立

1）评价指标选择的原则

在规划可行性选址方案的评价比选过程中，依据下述原则进行指标选择。

① 针对性强：每一个评价指标应能独立反映规划方案的某一方面的特征，并与选址方案选优的目标相联系。

② 可量化：即每一个指标都可用拟定的测定度量方法获得，定性指标也应能够分级比较。

③ 客观公正：评价指标应能适用于评判各个选址比较方案，而不是只对一种方案有利而对其他方案不利。

④ 易处理：评价指标的数量在能保证反映比选方案特征的基础上，尽可能地越少越好，过多的指标会使得处理过程复杂。

2）指标选取

通过对国内外自行车道线路方案评价比选的一般思路方法的研究，同时结合实施的目的，依据上述评价指标选择的原则，初步确定可行性研究中规划方案比选所采用的评价指标，如表9-8所示。

表9-8　自行车指标评价系统

评价子系统	评价指标	指标性质	指标类型
日常自行车交通出行需求方便度	自行车道线网用地覆盖率	定量	适中
	交往的增加	定性	正向
充分发挥城市衔接功能	自行车线网重要设施覆盖率	定量	正向
	道路景观条件	定量	正向
绿色交通理念	主次干道路比例	定量	正向
自行车方案整体性能水平良好	自行车道线网连接度	定量	适中
	交叉口综合复杂性系数	定量	逆向
	自行车道线网平均饱和度	定量	适中
与城市规划一致	与道路交通规划的协调性	定性	正向

3）指标定义

（1）自行车道线网用地覆盖率

定义：自行车线网各路段服务两侧城市用地面积与区域面积之比。自行车道线网覆盖率反映自行车道系统解决城市居民日常自行车出行的能力大小。计算公式为：

$$\delta = \sum_i a_i / A \tag{9-1}$$

式中：δ 为自行车线网覆盖率；a_i 为自行车线网中第 i 条路段服务的两侧 300 m 范围城市用

地面积；A 为市区总用地面积。

（2）自行车道线网平均饱和度

定义：自行车道线网中各条路段自行车交通流量与所设置自行车道（路）设计通行能力之比的平均值。自行车道线网平均饱和度是衡量自行车道线网中自行车交通流分布均匀性的指标，是反映自行车道系统运营效率的指标。

$$s = \sum_i V_i \bigg/ \sum_i C_i \qquad (9-2)$$

式中：s 为自行车道线网平均饱和度；V_i 为自行车道线网第 i 路段的预测交通量；C_i 为自行车道线网第 i 路段的路段设计通行能力。

（3）自行车道线网连接度

定义：自行车线网中每个节点所邻接的边数与线网总边数的比值，反映了一个网络的成熟程度，指数值越高，表明路网断头路越少，成网率越高，反之则表明路网成网率越低。

$$J = 2M/N \qquad (9-3)$$

式中：J 为自行车道线网连接度；M 为自行车道线网总的节点数；N 为自行车道线网总边数（路段数）。

值得注意的是，该指标只是从线网整体角度来体现其成熟程度，对于具体交叉口而言，并非连接的边数越多越好。因为连接的边数越多，交叉口越复杂，交通组织越困难。

（4）交叉口平均交通组织复杂性系数

定义：自行车道线网中交叉口交通管理复杂程度的均值，反映了交叉口交通组织的方便性和安全性，避免线网局部处理不佳影响整个网络的运行效率。

$$K = \sum_j K_j \qquad (9-4)$$

式中：K 为自行车道交叉口平均交通组织复杂性系数；K_j 为自行车道交叉口平均交通组织复杂性系数，其值与车流的冲突形式和冲突角度有关。

经过对各种交叉口交通组织复杂性的判断可以看出：自行车交通组织的难易程度主要受交叉口形式（十字形、丁字形、环形）和相交道路等级（主干路、次干路、支路）两个因素的制约。各种交叉口形式和相交道路等级组合的交通组织复杂性系数如表9-9所示。

表 9-9　各种交叉口的交通组织复杂性系数表

交叉口形式	相交道路等级组合			
		主干路	次干路	支路
十字形	主干路	4.095	3.412 5	2.73
	次干路		2.73	2.047 5
	支路			1.365

交叉口形式	相交道路等级组合			
		主干路	次干路	支路
丁字形	主干路	2.73	2.275	1.82
	次干路		1.82	1.365
	支路			0.91
环形		主干路	次干路	支路
	主干路	1.365	1.137 5	0.91
	次干路		0.91	0.682 5
	支路			0.455

（5）交往的增加

定义：自行车道线网所覆盖的有利于促进自行车道使用者交往的场所的数量。首先自行车道线网串联举办各种公众活动的场所、广场、交通枢纽和城市公园，有利于增加使用者之间、与城市其他居民之间的交往，在一定意义上也能引导城市居民使用自行车交通方式，疏解城市交通。其次，如果单纯考核市区人数增加的数量，那么有可能增加的只是对城市走马观花的过客。为此，希望自行车道线网能够行经举办各种公众活动的场所、广场、交通枢纽和城市公园，以达到交往增加的目的。

计算方法：在自行车线路周边 300 m 范围内的举办各种活动的场所、交流广场、交通枢纽和城市公园等场所的数量。

（6）自行车线网重要设施覆盖率

定义：自行车线网影响范围内包含景点与所占区域全部景点的比值，反映线网布局的合理性，也体现是否满足旅游功能。自行车线网重要设施覆盖率越高，游客通过自行车道路所能到达的景点就越多，自行车线网的旅游功能性也就越完善。

计算方法：根据景点的不同类别计算在自行车道线网 300 m 范围内景点的加权值，与所有景点的加权值之比。

（7）道路景观条件

定义：自行车道线网行经路段的景观现状和进一步改造的可能。旅游功能性的自行车道主要目的是更好地开发旅游业，同时改善自行车交通运行环境并吸引更多的人使用自行车，因此其道路景观条件较为重要。

计算方法：依据自行车道线网行经路段的景观现状和改造可能性，并结合道路使用者的心理因素（和平与安宁等）对各条路段景观条件分等级评分，取最终平均分作为方案的道路景观条件的指标值。

（8）与道路交通规划的协调性

定义：自行车道线网行经路段设置自行车道与该路段交通规划、计划之间的协调性。考察自行车道路段与规划的协调性能够有效避免重复建设，促进自行车道线路设置与市区道路交通发展的协调。

计算方法：自行车道线网与道路交通规划的协调性主要从道路规划红线宽度、规划等级及规划自行车道设置情况等几个角度，对各条行经道路进行定性分析并分等级打分，取所有道路得分均值为指标值。

（9）主次干道路比例

定义：自行车道线路行经的道路中，主干路和次干路所占的份额。该项指标表征方案的宣传自行车道、倡导自行车交通方式从而达到保护环境的能力大小。

计算方法：自行车道线路行经的道路中，主干路和次干路里程与自行车道总里程之比。

4）方案综合评价

层次分析法是美国匹兹堡大学于20世纪70年代提出的一种系统分析方法，它是一种将定性分析与定量分析相结合的系统分析方法，是分析多目标、多准则的复杂大系统的有力工具。自行车系统规划作为服务于城市居民的重要举措，其本身是多目标、多功能的，同时这些目标与功能又是多属性的。仅仅依靠所作的部分定性定量分析和逻辑判断来评价各备选方案的优劣，并排出它们的优先顺序是比较困难的。采用层次分析法进行路网规划方案评价，可以将定性分析量化，根据评价尺度确定各个评价指标两两之间的相对重要度，通过综合重要度的计算，对各备选方案进行排序，从而为决策提供依据。具体的层次分析法设计过程可查阅其他参考书。

9.4　非机动车道规划

9.4.1　自行车路网规划基本方法

按照自行车道路在规划范围所处的位置和功能，可将自行车道路分为4级：市级自行车干道、区级自行车道路、区内自行车道路和绿色自行车道路。

1. 市级自行车干道

市级自行车干道是全市自行车路网的骨架，全市性或联系居住区和工业区及其与市中心联系的主要通道，承担着大量的自行车交通。要求快速，干扰小，通行能力大，其路径方向应与自行车出行的主要方向相一致。

2. 区级自行车道路

区级自行车道路是平行主干路或市级自行车干道的次级非机动车道，是联系各交通区的自行车道，以保证居住区、商业服务区和工业区与全市性干道的联系。主要是满足自行车的中、近距离的出行。

3. 区内自行车道路

联系住宅、居住区街道与干线网的通道，是自行车路网系统中最基本的组成部分，在自行车路网系统中起着集散交通的作用，对增强自行车的"达"的作用明显。要求路网密度较大，在生产服务区、生活区深入性较好。

4. 绿色自行车道路

绿色自行车道路是为连接公园绿地及自然生态环境的休闲性自行车道，利用宽度富裕的既有道路或休闲区域通行道路。

自行车各等级道路的交通需求特征如表 9-10 所示。

表 9-10　自行车各等级道路的交通需求特征

自行车道路等级	功能定位	需求分析
市级自行车干道	市级自行车通道	自行车主流向出行
区级自行车道路	联系各交通区的自行车道	自行车的中、近距离出行
区内自行车道路	生活性道路、集散交通	区内生活性交通、自行车出行的集散
绿色自行车道路	倡导自行车健身文化、接触大自然	休闲运动性交通

根据自行车道路划分的不同层次和功能，相互组合形成完整的自行车路网系统。自行车道路网具体规划流程如下：

① 根据预测自行车交通流分布特征，抓住交通的主要流向，确定市级自行车通道的走向及结构，构筑城市自行车道路网络主骨架；

② 根据自行车交通的流量、流向需求，结合城市的用地形态分布及地形条件等，充分利用现有次支路规划区级自行车干道，保证居住区、工业区、商业中心、活动中心等与市级干道的联系；

③ 规划联系住宅、居住区、街道与自行车主次干路网的集散道；

④ 确定市级、区级、区内自行车道的类型、长度、宽度、通行能力、设计车速等技术指标，最后得出规划的自行车道路网络。

9.4.2　各级自行车道的规划原则

非机动车系统规划的基本原则是为近距离出行创造方便、舒适的交通环境，对中长距离的自行车出行进行限制，促进自行车向公共交通转化，并与其他交通方式进行整合，形成合理匹配的运输层次和运输结构。具体原则体现在以下几个方面。

① 分流：减少快速路、机动车流量大的主干路上的非机动车流量，原则上非机动车廊道不设于城市快速路，主要考虑在城市主干路和次干路层面设置；部分快速路和主干路于远期可考虑设置非机车廊道。

② 连通：规划廊道应尽量连续、具有较好的贯通性，使各慢行区连为一体以实现区间

连通。

③ 穿核：非机动车出行大都始于慢行区内高强度开发地域，廊道布置应尽量靠近或穿越核心区域。

④ 取直：骑车者一般都会选择最短路径，不愿意转弯，廊道布置时应尽量顺直。

⑤ 优先：道路路权空间上应予以优先，慢行区之间、非机动车预测流量较大的道路须设置非机动车廊道。

1. 市级自行车干道规划原则

1）分流

分流主干路上的自行车是市级自行车干道的重要功能。市级自行车干道尽可能沿拟实施机动车专用的主干路或交通性次干路平行布局，以最大限度地发挥其分流的作用。

2）联区

满足长距、连续、贯通性好，其穿越干道系统将各自行车交通小区联作一体以实现"区间连通"，其在自行车网中的联区功能类似于城市的快速路。

3）穿核

自行车出行多始于慢行核，市级自行车干道布局时尽可能穿过、擦过、靠近更多的慢行核，使更多的自行车出门就融入自行车系统，最大限度地发挥干道的集散作用。

4）取直

骑车人在骑车过程中都避免过多的转弯或变道，即追求较直的线形。以往分流道路过多地选取离干道较近的道路，致使自行车分流道路比较"曲折"，市级自行车干道应力求布设于直线道路并改建弯曲路段。

5）优先

随着部分道路"非改机"的实施，市级自行车干道将承担中心城较大规模的自行车流，其交通压力会日益凸显，因此规划时就应对其建设质量做出高标准的要求，保证自行车在干道上的优先权。

2. 区级自行车道路规划原则

1）分流

区级自行车道路的分流功能与市级自行车道相似，不同点是区级道路只面向区内。它在自行车网中所承担的"区内畅达"功能，与城市的次干路功能类似。

2）穿核

区级自行车道路主要服务于自行车交通小区内的自行车出行，在分流基础上，应尽可能地穿过或接近更多的慢行核。

3）易达

区级自行车道路既承担了机动车干道网的分流，又起到了连接市级自行车干道的作用，布置上应尽可能靠近机动车干道网并联络市级自行车干道以发挥其局部集散的作用。

3. 区内自行车道路规划原则

1）连通

连通各慢行核是区内自行车道路的重要功能，主要服务于小区内的自行车出行。它在自行车网中所承担的"区内连通"功能，与城市道路网中的支路功能类似。

2）易达

区内自行车道路既承担了自行车干道的分流，又起到了连接自行车干道的作用，布置上应尽可能靠近自行车干道以发挥其局部集散的作用，而其弯曲度与贯通性则无太高要求。

4. 绿色自行车道路规划原则

国外绿色自行车道路的规划多沿河流或绿道布局，其起点和重点多为公园或大型绿地，通过建设自行车休闲道和专用道，将自行车升华到休闲健身的层次。

随着我国大城市居民生活水平的逐步提高，非通勤性交通（以娱乐、休闲为目的）逐渐增加，其中包括自行车出行。自行车旅游休闲社团及各大高校的自行车协会亦纷纷成立，可以在自行车流量较低、车道富裕、风景优美的既有道路上建设一些自行车休闲道，以满足市民自行车休闲健身的需求。近年来，在厦门、广州等城市对绿色自行车道的规划建设也进行了一定的尝试。绿色自行车道路规划的原则主要有以下两个方面。

1）利用既有道路

绿色自行车道路应优先考虑既有路段，选取其道路条件较好（路面较平整、机非分隔）、空间较富裕（宽度足够且机动车流量较少）、路侧景观优美（穿园、沿河）的路段。

2）连接公园绿地

在国外通过绿色自行车道将城市主要景点（多为公园或大型绿地）联系起来，为骑行者至景点旅游休闲提供较为便捷的自行车道路，如哥本哈根的绿色自行车道多沿河流或绿带布局。

9.4.3 非机动车分区原则

随着城市空间结构的拓展，使得居民的出行距离增大，为促进公交优先策略，减少自行车长距离出行，宜采用分区规划方法，发挥自行车短距离出行优势。具体措施就是将全网划分为若干个自行车交通分区，强化自行车交通区内出行，优化区间出行的功能，弱化跨区的自行车交通出行。充分发挥自行车近距离出行的优势，成为公共交通的合理补充，限制中长距离的自行车交通出行。

为达到机非分流及对不同距离出行分别对待的目的，划分非机动车基本"交通单元"，即规划的非机动车分区，将大部分非机动车出行限制在单个单元范围内。其行驶区划分时除考虑均质原则、行政原则和自然屏障外，还应尽可能将 3 km 以下的非机动车出行组织在单个区域范围内。主要划分原则体现在以下几个方面。

1. 边界

分区边界线应选择非机动车难以跨越的屏障阻隔，主要考虑河流、快速路、交通性主干路等。

2. 面积

一般认为，非机动车的合理出行距离不应大于 6 km，则分区内城市建设用地面积的理想值为 28 km² 左右（圆内任意两点间的距离不大于 6 km）。

3. 用地

大型居住区是非机动车出行最主要的发生源，而就业区是主要吸引源，应尽量以大型居住区或就业区为中心划分。

4. 车流

根据非机动车车流分布，预测计算各慢行区内短距离（1～3 km）出行比例，调整分区范围，得到区内非机动车出行比例较大的划分方案。

分区的区位和用地特征不同，非机动车在出行中扮演的角色就不同，非机动车道形态也不相同。总体上，非机动车分区可分为：① 城市中心、副中心及紧邻区连片开发用地；② 外围零散用地。其中，连片开发用地可按 6 km 以上出行比例高、中、低划分为 3 类；外围零散用地可按用地形态划分为外围带状区、外围块状区和外围点状区 3 类，如图 9-10 所示，各个分区的特征如表 9-11 所示。

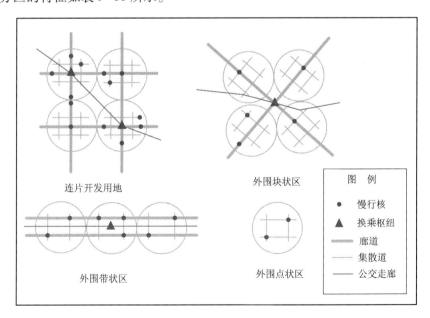

图 9-10　分区形态分析图

表 9-11　分区形态特征分析

分区分类	交通特征分析	交通组织策略	廊道网络形态
连片开发区	用地面积大，开发密度高，用地平衡；非机动车出行距离较短；公交条件好，适合发展非机动车、"非机动车+公交"模式	"成网"，增加廊道的成网性，尽量打通慢行区边界较难穿越的障碍，鼓励非机动车出行	方格网，在非机动车出行距离分布中，6 km 以上比例低的区域宜从疏布置
外围带状区	用地面积中等；非机动车出行距离较长，但易形成客流走廊；公交条件较好，适合发展非机动车、"非机动车+公交"模式	"串点"，廊道串联慢行核与换乘枢纽等控制点，区块内出行以廊道为主，跨区块出行以廊道为公交"喂客"	带状，非机动车、公交复合走廊
外围块状区	面积较大；非机动车出行比例小、距离长，且难以形成客流走廊；公交条件较好，适合发展"非机动车+公交"模式	"强心"，以公交换乘枢纽为中心布设放射状的廊道，鼓励发展"非机动车+公交"模式	放射状，换乘枢纽向周边慢行核辐射
外围点状区	面积小；非机动车出行比例小、距离长；公交条件差，小汽车拥有率高	不鼓励区间非机动车出行	不考虑布设廊道

9.4.4　基于分区的自行车四级道路网

自行车遵循"区内通达、区间连通"的规划原则，即在不同的自行车交通区内规划高密度的自行车路网，保障自行车区内短距离出行及接驳公交，在分区之间规划有限的通道，在保证连通性的同时限制自行车的长距离出行。另外，自行车交通作为休闲运动方式，应遵循亲水、引绿入城的原则，创建绿色生态城市。自行车道的网络定位与路权如表 9-12 所示。

表 9-12　自行车道的网络定位与路权

自行车道路等级	网络定位	自行车路权	道路类型
市级自行车干道	快慢分行、区间连通	相对优先	自行车专用道和有分隔的自行车道
区级自行车道路	区内畅达、连通干道	保证通行	自行车专用道、有分隔的自行车道和划线分隔的自行车道
区内自行车道路	区内连通、衔接区道	通达即可	划线分隔的自行车道和混行的自行车道
绿色自行车道路	休闲主导、连通绿地	机非分离	景点附近、沿山、沿河等有宽度富裕的道路

自行车的路权分配通过其在道路空间资源占有来体现，根据道路类型可分为以下几种。

1. 独立的自行车专用道

独立的自行车专用道不允许机动车辆进入，专供自行车通行。这种自行车道可消除自行车与其他车辆的冲突，多用于自行车干道和各交通区之间的主要通道。设计时，应使其将城市各级中心、大型游览设施及交通枢纽等端点连接起来，线路走向尽可能与城市机动车主要流向相一致，以利于减轻高峰时自行车流对机动车干道的干扰。

2. 实物分隔的自行车道

实物分隔的自行车道用绿化带或护栏与机动车道分开，不允许机动车辆进入，专供非机动车通行。这种自行车道在路段上消除了自行车与其他车辆的冲突，但在交叉口，自行车无法与机动车分开，多用于自行车干道和各交通区之间的主要联系通道。

3. 用划线分隔的自行车道

即与机动车道用划线分隔，布置于机动车道两侧的自行车道。虽然较为经济，但由于自行车与机动车未完全分开，不太安全。但良好的路面标识系统可提高安全度，削弱其不利性。该类自行车道适用于交通量较小的各交通区之间或各交通区内。

4. 混行的自行车道

就是机动车与自行车在同一道路平面内行驶，其间无分隔标志的自行车道。多用于交通量不大的相邻交通区之间的自行车道和居住区街道系统中。这种形式有利于调节不同高峰小时的快慢车流，充分发挥道路利用效率。但其安全性较差，且由于自行车与机动车相互干扰，两者的车速都下降。

9.4.5　自行车路网规划技术指标

1. 路网密度和间距

合理的非机动车道路网系统应有适当的路网密度及道路间距。根据《城市道路交通规划设计规范》，参考国内外其他城市目前的非机动车道路网密度与道路间距指标，不同等级、不同层次的非机动车道路网密度和道路间距建议值如表9-13所示。

表9-13　不同类型非机动车道路网密度和道路间距

道路类型	道路网密度/(km/km²)	道路间距/m
市级自行车干道	2～3	700～1 100
区级自行车道路	3～5	400～600
区内自行车道路	7～15	200～300
绿色自行车道路	—	—

注："—"表示不作具体要求。

规划非机动车道路的主要技术指标包括非机动车道的宽度、设计车速和通行能力。

2. 非机动车道宽度

车道宽度可用式（9-5）计算：

$$b_n = n \times 0.5 + c \tag{9-5}$$

式中：b_n 为 n 条非机动车道的宽度（m）；n 为车道数；c 为非机动车距路缘石或墙壁的安全距离，一般为 $0.5 \sim 1.0$ m。

据《交通工程手册》规定，自行车骑行时左右摆动各为 0.2 m，而自行车的外廓最大尺寸为长 1.9 m、宽 0.6 m，则横向净空应为横向安全间隔 0.6 m 加车辆运行时两侧摆动值各 0.2 m，故总的一条自行车道的宽度为 1.0 m。若有路缘石，其两侧 0.25 m 的路缘带骑行者难以利用，故在车道总宽度中需加上 0.5 m，即一条车道应为 1.5 m，两条车道为 2.5 m，以此类推。自行车宽度范围可参照表 9-14。

表 9-14　自行车宽度范围

道路等级	机非物理分隔	机非标线分隔	人非共板	机非混行
市级自行车干道	5～8	—	5～10	—
区级自行车道路	4～6	3～5	4～8	—
区内自行车道路	—	2.5～4	3～6	5～9
绿色自行车道路	5～10		6～12	

3. 设计车速

非机动车的平均行驶车速一般为 20 km/h 左右，非机动车的设计时速可用下式计算：

$$v = 20 \times \alpha \times \beta \tag{9-6}$$

式中：v 为非机动车的设计时速，单位为 km/h；α 为机非分隔方式修正系数；β 为道路等级修正系数。

独立的自行车专用道设计车速采用 20 km/h，有实体分隔的自行车道采用 20 km/h，用划线分隔的自行车道用 18 km/h，混行自行车道则采用 15 km/h。

4. 通行能力

非机动车道设计通行能力计算公式为：

$$N = \frac{1\,000v}{L_1 + L_2 + L_3 + L_4} \cdot r_1 \cdot r_2 \cdot r_3 \cdot r_4 \cdot r_5 \tag{9-7}$$

式中：N 为一条非机动车道的设计通行能力；v 为非机动车道的设计车速；L_1 为非机动车的长度，取 0.9 m；L_2 为反应时间内车辆行驶的距离，按 $L_2 = vt/3.6$ 计算，t 为反应时间，一般为 $0.5 \sim 1.0$ s，平均用 0.7 s；L_3 为制动距离，按 $L_3 = \dfrac{V_2}{254\,(\varphi \pm i)}$ 计算，φ 为轮胎与地面间的附着系数，一般为 $0.3 \sim 0.6$，平均取 0.5；i 为道路纵坡，对于平原城市，取 $i = 0$；L_4 为安全间距，一般取 $L_4 = 1$ m；r_1 为机非隔离方式修正系数，采取完全隔离时 $r_1 = 1$，多数路段隔离时 $r_1 = 0.9$，少数路段隔离时或划线隔离时 $r_1 = 0.8$，无隔离设施时 $r_1 = 0.7$；r_2 为道路等级修正系数，对于城市快速路或主干路 $r_2 = 0.8$，对于次干路或支路 $r_2 = 0.9$；r_3 为交叉口修正系数，按 $r_3 = \alpha \cdot \beta \cdot \gamma$ 计算，α 为交叉口间距修正系数，β 为过街人流密度修正系数，γ 为红绿灯周期修正系数；r_4 为道路质量修正系数，道路表面平整完好时 $r_4 = 1$，路面崎岖不平或转弯幅度过大时 $r_4 = 0.9$。

路段可能通行能力推荐值，有分隔设施时为 2 100 辆／（h·m）（包括独立自行车专用道），无分隔设施时为 1 800 辆／（h·m）。

不同类型的非机动车道主要技术指标建议值如表 9-15 所示。

表 9-15 不同类型的非机动车道主要技术指标推荐值

	车道宽度（单向）/m	设计时速/(km/h)	通行能力/辆
市级自行车干道	$5 \sim 7$	20	2 500 ~ 4 000
区级自行车道路	$3.5 \sim 6$	20	1 000 ~ 2 500
区内自行车道路	$2.5 \sim 4.5$	$15 \sim 18$	750 ~ 1 000
绿色自行车道路	$5 \sim 12$	—	—

上述 4 种类型的非机动车道断面形式如图 9-11 所示。

（a）市级自行车干道断面示意图

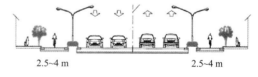

（b）区级自行车道路断面示意图

（c）区内自行车道路断面示意图

（d）绿色自行车道路道断面示意图

图 9-11 各类型非机动车道断面形式

非机动车出行分为交通性和休闲性两类，其出行特征与规划态度如表 9-16 所示。

表9-16 非机动车出行性质分类

出行分类		出行特征	实现方式	规划态度
交通性	单个慢行区内出行	出行距离短，快行网和天然障碍少，非机动车占绝对优势	廊道或者集散道	鼓励
	相邻慢行区间出行	出行距离中等，快行网和天然障碍较少，非机动车具有竞争优势	廊道	某些区域鼓励，某些区域引导换乘公交
	相隔慢行区间出行	出行距离长，快行网和天然障碍多，非机动车劣势	廊道	引导换乘公交
休闲性		车速差异性大，对沿线风景、空气质量要求较高	休闲道	沿河道、风景区布置，连续公园景点、大型绿地

9.5 自行车停车换乘规划

自行车因体积小、省时、经济、方便而作为市民交通的首选工具，这些优点使得城市自行车数量庞大，反而造成了自行车停放难的问题。合理规划、设置自行车停车场，不仅可以有效防止因为自行车乱停而造成街道混乱的现象、提高城市交通形象，还可以推进以自行车为换乘工具的绿色交通发展。

9.5.1 自行车停车设施分类

自行车停车场是指专门供各种自行车存放停驻的露天的或室内的停放场所，一般有自行车停车场、停车楼和临时停放场等。随停车场的分类标准与方法的不同，有很多类别，目前尚无统一的规定，一般可按停车性质、设置地点进行分类。

1. 按停车场的性质分类

自行车停车场按其停车性质的不同，可以分为专用停车场和社会公共停车场两种。

1）专用自行车停车场

专用自行车停车场是指主要供本单位和个人使用的车辆停放场所。这类专用自行车停车场的停车位指标应不小于本单位职工总人数的30%。专用停车场可分为3类。

① 机关和企事业单位办公大楼的停车场，主要是指设在市区各级机关和企业内部供本单位职工停放自行车的内部停车场。

② 学校停车场，主要指大、中、小、专科各类学校校园和宿舍区内，供本校师生使用的停车场。

③ 住宅内部的私人停车场地，包括住宅大院内各户自用、合用的停车场（库）等。

2）公共自行车停车场

公共自行车停车场是指主要为社会车辆提供服务的停车场所，包括为各类转乘换乘出行者提供存放车服务的停车场。公共停车场可以分为以下几类：

① 饮食业停车场，是指各类饭店、酒店、招待所等为顾客提供的停车服务场所；

② 商业场所停车场，主要是指各类商场、市场、百货公司及大型商店等为购货顾客提供的停车场所；

③ 体育场馆停车场，主要是指体育场馆、比赛训练场等为观众与运动员提供的停车服务场所；

④ 影（剧）院停车场，是指影院、剧院、舞厅、夜总会等单位为观众、舞客提供的停车服务场所；

⑤ 展览馆停车场，主要指科技、文化、艺术、历史等新技术、新产品及历史文化的陈列馆、展览馆为参观群众提供的停车服务场所；

⑥ 医院停车场，是指各类医疗机构、康复院所为探视与接送病员的家属、亲友提供的停车服务场所；

⑦ 游览场所停车场，主要是指游览胜地风景区、历史文化古迹等吸引游客很多的游览区，为游览者提供停车服务的场所；

⑧ 车站停车场，主要是火车站、长途汽车站为旅客及接送旅客者提供停车服务的停车场所；

⑨ 港口客运码头停车场，是指港口客运部门为乘客与接送乘客到达与离去者提供停车服务的场所；

⑩ 对外客运枢纽停车场，主要是指火车、轮船、民航、公路的售票处，为购票人设置的停车服务场所。

2. 按设置地点（停车方式）分类

按照设置地点的不同，可以将自行车停车场分为路内停车场、路外停车场两种。

1）路内自行车停车场

路内自行车停车场是指在城市道路的两边或一侧的人行道上划出带状区域供自行车停放的场所。路边停车场车辆存取方便，至目的地的可达性好，但是车辆的安全性较差，干扰了行人的通行，而过多的路边停车场对城市的景观也有一定的影响。

2）路外自行车停车场

路外自行车停车场是位于城市道路系统以外，专门划出场地供自行车进行停放的场所。路外停车场通常投资较大，停车后步行至目的地的距离较远，但是为自行车停车的安全性和维护性提供了保障。路外停车场又可分为自行式和机械式停车场两种。

（1）自行式自行车停车场

自行式自行车停车场是指自行车的存放和取出均由人工（骑车人）进行的停车场。其优点是建设费用少，停车方便、自由；缺点是占地大，单位面积停车少，保持停车秩序、防止偷盗、维护管理较为困难。

自行式自行车停车场包括平面式和多层式。平面式自行车停车场是指自行车存放场仅为平面一层的自行式存放场。多层式自行车停车场是指两层或两层以上的自行式自行车停车场，其优点是占地小，流线比较短、上层下层均可利用，缺点是建设费用高，停车费时长。

（2）机械式自行车停车场

机械式自行车停车场系指具有机械手段放置自行车于固定存放场所的装置，其优点为占地面积少、空间利用率高，适用于市中心商业区及交通站场等高效利用土地的地区，缺点是维修费用高，需设管理人员。

9.5.2 自行车停车规划

自行车停车规划包括以下内容。

1. 自行车停车现状调查分析

主要包括高峰小时停车比例系数、停车周转率、自行车停车时空分布等，弄清问题的性质、大小、地点、严重程度等，通常是对已有停车场或需设停车场所进行观测、调查。

2. 自行车停车需求预测

自行车停车需求预测是自行车停车场规划的重要依据。城市自行车停车设施需求量与城市规模、性质、研究区域的土地开发利用、人口、经济活动、交通特征等因素有关。然后按照预测需求进行规划设计，提出停车设施的建设方案。

自行车停车需求分为两大类，一类是车辆拥有的停车需求，即所谓夜间停车需求，主要为居民夜间停放服务，较易从各区域车辆注册数或居民户数的多少估计出来，大多由单位或小区配建停车场满足；另一类是车辆使用过程的停车需求，主要是由于社会、经济活动所产生的各种出行所形成的，这是我们研究的主体。

自行车停车需求预测的模型很多。常用的预测方法是根据自行车出行 OD 分布数据，得到每日各交通小区自行车停车数，同时参考《城市道路交通规划设计规范》中自行车停车场按城市规划人口每人 $0.1 \sim 0.2 \text{ m}^2$ 的原则，以及考虑日高峰系数在 $1.1 \sim 1.3$ 之间，求得规划年自行车停车需求总量和各区域需求量。

$$P_i = \max\left\{\frac{U_i}{\varphi}, \frac{N_i \cdot \alpha}{\beta} \cdot \gamma\right\} \tag{9-8}$$

式中：U_i 为交通区 i 的交通吸引量；φ 为自行车停车泊位周转率，取 6 次/个；N_i 为交通区 i 的人口数；α 为人均自行车停车场面积，取 0.18 m^2；β 为每个停车位面积，取 1.5 m^2；γ 为高峰小时系数，取 1.2。

在具体规划时，如果要完全满足预测得到的自行车停车需求，可能会遇到用地面积不足、建设费用过大等问题。这就需要强化禁停措施、收费停车、限制服务半径内的人使用自行车等措施，设定自行车停车场供给标准，而不是简单地满足停车需求。

3. 专用自行车停车设施规划

市区尤其是中心区内的商业、集贸、餐饮、公共娱乐中心等公共建筑，往往吸引了大量的自行车停车。然而，由于这些公共建筑往往没有预留足够的自行车专用停车场，大多数停车需求只好以占用门前场地、附近人行道等方式解决，容易导致人行道、自行车道交通混杂，加剧了当地交通的混乱状况。

配建停车场是最直接、最方便的解决手段。为了避免占用道路用地，建议要求城区内部的公共中心、商业中心、集贸市场等人流较多的公共建筑，必须严格执行相应的配建指标，配建相应的自行车专门停车场。

表9-17为国家公安部、建设部等部门对大型城市公共建筑制定的自行车停车位配建标准。

表 9-17　自行车停车位配建标准

建筑物类型	指标单位	公安部、建设部标准	国家规范
办公楼	车位/100 m² 建筑面积	2.0	2.0
商业	车位/100 m² 营业面积	7.5	7.5
影剧院	车位/100 m² 座位	15.0	25.0
展览馆	车位/100 m² 建筑面积	—	1.5
图书馆	车位/100 m² 建筑面积		10.0
餐饮、饭店	车位/100 m² 建筑面积		3.6
宾馆	车位/客房		0.05~0.2
医院	车位/100 m² 建筑面积		1.5~2.5
体育馆	车位/100 m² 座位	20	20
旅游景点	车位/100 m² 游览面积		0.5
火车站	车位/高峰小时每 100 客流量	4.0	4.0
客运码头	车位/高峰小时每 100 客流量		2.0
农贸市场	车位/100 m² 用地面积		15
住宅	车位/户		2.0

4. 公共自行车停车设施布局规划

1）公共自行车停车场的规划原则

自行车停车应该首先考虑到其便利性，并且在不影响城市交通和市容的前提下对其进行规划，应遵循以下原则。

① 自行车停车场地应尽可能分散、多处设置，采用中小型为主，以方便停车。同时，切合实际，充分利用车辆、人流稀少的支路、街巷或宅旁空地。

② 自行车停车场应避免其出口直接对着交通干道或繁忙的交叉口，对于规划较大的停

车场地，尽可能设置两个以上的进出口，停车场内亦应做好交通组织，进出路线应明确划分并尽可能组织单向交通。

③ 停车场的规模宜视需要与实际场地大小确定，停车场地的形状也要因地制宜，不宜硬性规定或机械搬用。固定式车辆停放场地应设置车棚、车架、铺砌地面，半永久式和临时停车场地也应设明显的标志、标线，公布使用规则，以方便停车和交警执法。

④ 对于车站、公交站场等繁忙的交通换乘地点，应按规定设置足够的自行车停车场地，以方便转乘、换乘。

2）公共自行车停车场布局流程

自行车停车场位置的选择非常重要。出行者肯定不愿意将自行车停放在停车场后再步行很长的时间，也就从一个方面造成了"就近停车"的乱停乱放现象。所以，自行车停车场选址最重要的就是其便利性，这就要求停车场在城市应分散多处设置，以方便停放；同时要保证停车后的步行距离，停车场的设置地点与出行目的地之间的距离以不超过 100 m 为宜，特殊情况下也不要超过 150 m。

公共自行车停车场的布局流程如图 9-12 所示。

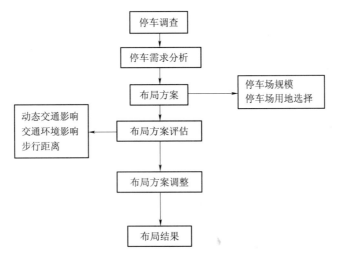

图 9-12 公共自行车停车场的布局流程

在其便利性得到保证的同时，再对停车场具体的设置位置进行考虑。自行车停车场在方便自行车出行者的同时，不能对整个交通环境造成影响，不能干扰正常的车流和人流，所以停车场应避免设在交叉口和主要干道附近，以免进出的自行车对交通流造成阻碍；经济利益也是自行车停车场选址时应该注意的问题，由于自行车停车场设施非常简单，往往所需要投入的只是土地而已。所以，选址时应考虑到土地的开发费用，尽量充分利用空闲土地，以节约土地开发的费用。

9.5.3 自行车与轨道交通换乘设施规划

1. 换乘设施规划必要性

我国城市居民出行主要依靠公共交通和自行车。自行车的短距离出行时间比公交少，但当出现长距离出行时，出行者体力消耗增大，自行车的快速优势也逐渐消失，故出行者选公共交通的可能性就增加。然而，城市交通的组成不可能完全机动化，必须有自行车和步行的辅助和补充。合理的交通方式应是多种交通组合。在近距离鼓励使用自行车，并作为公交尤其是轨道交通集散客流的有效工具。因此，充分发挥两种运输方式的特长，彼此协调，实现有我国特色的"停（自行）车换乘（公共交通）"模式，才是优化城市居民出行比例的有效办法。北京市不同交通方式的出行时间如表9-18所示。

表9-18 北京市不同交通方式的出行时间

出行距离 出行方式	2 km	4 km	6 km	8 km	10 km
自行车（无转乘）	11.0	21.0	31.0	41.0	51.0
公共汽车（无转乘）	16.5	24.0 (21)	32.5 (34)	40.0 (34)	48.0 (40)
公共汽车（一次转乘）	20.0	27.5 (24)	36.0 (32)	43.5 (37)	51.5 (44)
地铁（无转乘）	31.0 (22)	34.0 (25)	37.0 (28)	40.0 (31)	43.0 (34)
地铁（一次转乘）	39.0 (30)	42.0 (33)	40.0 (36)	48.0 (39)	

表9-18括号内说明骑自行车到达汽车站或地铁站，再乘坐公共汽车或地铁要比步行到站节约很多时间。在8～10 km范围内，公共汽车或地铁与自行车联用也可以节省时间。一些调查结果显示，如到公共交通车站的距离大于400 m，人们宁愿骑自行车，不愿步行。在北京，1990年约30%的地铁乘客骑自行车来往地铁站。

这些数据显示了一个重要的结论：不应该把自行车和公共交通作为相互竞争的交通方式来对待。从交通运输管理的角度，应该进一步分析如何把各种交通方式进行组合，以获得最高的效率。

骑乘骑（Bike-and-Ride，简称"B+R"）系统是人们依靠自行车网络，改步行为骑自行车到达公交站或其他快速交通站点，然后把自行车存放于站点，改乘其他快速交通方式到达目的地附近的站点。我们的构建目的就是力争使全部或大部分居民做到从城市任何一点到达另一点都不超出"小于10 min的骑车+乘一次公共交通工具+小于10 min的骑车"这一公交一次到达模式。

公交系统与自行车结合是一个大幅增加客源的有效机制，如果把乘公共交通所需的时间划在预算内，大多数乘客会将它视为可行的选择。例如，一个人可能会接受10 min内到达公交系统车站，同样时间内自行车的里程是步行的5～10倍，因此自行车的使用可使客源面积有效增加25～100倍。而自行车交通与公共交通整合的关键问题就是换乘的问题。

用自行车来换乘轨道交通，在欧洲和日本已有许多实例。我国已建成的地铁出入口附近，人们已自发地停放自行车。随着轨道交通的发展，这一方式将会越来越受到人们的重视。

2. 自行车换乘设施的分类

"B+R" 系统虽然在国内的研究刚刚起步，但在欧美、日本等，其规划实践研究已经较为成熟。借鉴国际大城市自行车换乘设施的分类经验，结合我国大城市特征及停车分区特点，将自行车停换乘设施分为非正式 "B+R" 停车场、联合使用 "B+R" 停车场、"B+R" 专用停车场及轨道换乘中心 "B+R" 停车场。该分类方式体现了不同类型的停车换乘设施其停车场的使用特征是不同的。详细分类说明如表 9-19 所示。

表 9-19　不同类型的停车换乘设施其停车场的使用特征

序号	类型	设施特征
1	非正式 "B+R" 停车场	路内或依附于配建设施停放为主，没有专门的公共停车场，毗邻轨道站点处停放
2	联合使用 "B+R" 停车场	停车换乘不是唯一的停车目的，该停车设施被其他建筑设施（剧院、购物中心等）共享，联合使用
3	"B+R" 专用停车场	以停车换乘为主要目的，吸引周边地区自行车出行者换乘轨道出行
4	轨道换乘中心 "B+R" 停车场	基于轨道交通换乘枢纽点建设（枢纽设施配建），具有更高的停车换乘需求

3. 换乘设施布置

自行车换乘设施应就近布置，以便于停放。按平均步行速度 1.2 m/s 计算，停车场距换乘目的地以 100 m 左右为宜，即步行 2 min 左右。大型换乘中心的停车场，可以考虑布置在其四周，使各方向来车均能就近停放，避免穿越干道和堵塞停车场的出入口。地面自行车停车场宜采取分散布置的方式，方便乘客出入地铁，而地下则宜采取集中放置，便于管理。

自行车交通与轨道交通换乘协调，必须具备下述 3 个条件。

1）换乘过程的连续性

乘客完成轨道交通与自行车之间的换乘，应是一个完整的连续过程，其换乘过程如图 9-13 所示。

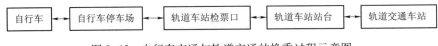

图 9-13　自行车交通与轨道交通的换乘过程示意图

2）客运设备的适应性

协调衔接的第二个条件是各出行环节的客运设备应具有一定的适应性，也就是轨道交通的客运能力、车站站台与自行车换乘设施的容纳能力、车站检票口的通过能力以及自行车的运输能力要相互适应、协调。

3）客流过程的舒畅性

为了保证出行过程的顺畅，避免乘客在各换乘环节上滞留，协调衔接的第三个条件要求乘客通过各换乘环节占用交通衔接设施的服务时间应尽量少。这就要求自行车换乘设施的布置要在轨道车站的附近。

轨道交通换乘枢纽附近设置的自行车存放设施包括：有篷存放点、无篷存放点、专人看守存放点、存车柜及车架等。对于一般的换乘枢纽，可以选择有篷存放的形式；对于停车换乘需求较大，时间较长的换乘站，应选择专人看守的形式，特殊情况下应提供全天看守服务。自行车存放设施不应放置在行人和乘客的活动区域。为方便换乘，距离公交枢纽的范围控制在 30 ～ 50 m 以内，可以采用分散停放的方式。在自行车存放设施和车站之间必须有很好的通道连接。

4. 有效组织"B+R"换乘系统

为了使"B+R"换乘系统能充分发挥作用，需有以下条件支持。

① 要有适宜自行车出行的道路条件，建立连续的自行车道路网络系统。世界一流公交系统所在的城市都拥有完善的自行车网络系统，这并非偶然。例如，波哥大拥有拉丁美洲最大的自行车网络系统，拥有 270 km 长的专用自行车道。同样，库里蒂巴市也做了许多努力来促进自行车的使用。

② 为了鼓励自行车出行者换乘公交，方便居民从出发地到轨道车站存车、换乘，同时也是为了扩大轨道交通的服务半径、减少轨道交通服务的空白区域，轨道站点附近应该设立一定规模的自行车停放场地。有条件的地方可以划出专门的地块来，没条件的地方可以利用附近交通量较少的支路来设置。

③ 有条件的轨道站点附近可提供自行车出租业务，方便居民下公交车后到达目的地。并在短时间内方便地由目的地返回该站点，并由此乘轨道返回出发地。日本和韩国汉城的公交线路上行驶的公共汽车，甚至设计为可搭载自行车以便自行车换乘公交再转乘自行车。这样更缩短了长距离轨道出行的时耗，加强了轨道交通的吸引力。

④ 自行车存放处、出租处均应有数量足够的专业管理人员，以保证换乘的时间效益；有条件的城市可进行自动化管理。

⑤ 吸引自行车换乘公交的前提是轨道网络的发达、便捷、舒适，只有比较完善的轨道交通系统，才能实现自行车到轨道交通的合理换乘。

9.6 步行交通系统规划

9.6.1 步行交通系统规划流程和要点

1. 规划流程

步行交通不仅仅是一种交通方式，也是居民活动的重要组成，对环境体验要求更高。步行交通规划框架包括整体结构、功能引导、设施规划及环境设计4个部分。

整体结构是指对整个城市步行交通的全局性把握，按照不同的方法分区、划分步行廊道、重要的步行休闲观景节点，形成完善的步行交通整体结构。功能引导是指划分步行单元、明确主导功能、交通方式优先策略，综合运用交通规划理论和城市设计理论，提出步行设施规划控制要求与步行环境设计指引，指导具体分区规划。设施规划主要包括步行道、步行过街设施规划、交通宁静措施设施、步行与枢纽一体化设计等。环境设计主要包括沿街界面、空间形态设计、小品设施、地面铺装、指引标识设计等。

在城市总体规划和综合交通规划阶段更注重步行系统整体结构的确立，步行交通专项规划和控制性详细规划阶段以功能引导和定性控制为主，步行交通分区规划和修建性详细规划阶段加入定量控制，以空间形态、指引标识、小品设施为控制重点，注重步行交通品质的提升，也对具体的步行单元展开规划设计。

步行交通系统规划流程如图9-14所示，大体包括：

① 确定规划的目的、对象和标准，根据不同的规划目的和对象确定规划内容和规划方法；

② 城市步行交通系统的相关数据缺乏，使得规划无的放矢或者规划方案无法落到实处，因此，收集步行交通系统相关资料、数据尤为重要；

③ 在分析步行交通发展现状的基础上，提出存在的问题，并预测未来步行交通系统的发展方向，为土地利用布局、道路网布局和步行交通设施的规划设计提供反馈要求；

④ 步行交通系统的规划与居民日常生活息息相关，因此方案的制定需高度重视公众的参与，体现公平、包容的原则；

⑤ 步行交通系统规划方案完成后，需进行步行交通设施的设计，充分体现规划的指导思想和规划原则。

2. 步行交通系统设计原则

1）整体性、系统性原则

步行空间穿插渗透于城市综合开发的各个区段，其规划设计应当纳入整个城市公共空间网络中，建筑、空间环境及步行通道应当融为一个有机的整体，各个构成要素要符合整体设计特征和基调，并应明确主次，使整个体系秩序井然、协调统一。

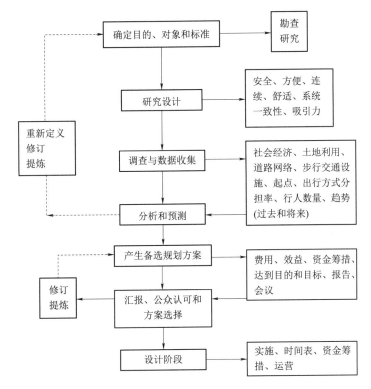

图 9-14　步行交通系统规划流程

2）人本主义原则

人是城市空间的主体，步行空间及其体系应立足于步行及相关活动的需求取向，以人本主义为其设计准绳，立足于人的步行来考虑交通和城市空间的组织，为人创造舒适、方便、亲切的活动场所。

3）文脉主义原则

文脉主义原则体现在对地区文化、原有环境氛围及空间文脉的尊重，这样能充分提高人们对步行空间体系的认知与空间归属感，产生人们在文化层面上的心理共鸣。正如"北京宪章"所说，文化是历史的积淀，存留于城市和建筑之中，融汇在人们的生活中，对城市的建造、市民的观念和行为起着无形的影响，是城市和建筑之魂。

4）尊重生态原则

城市步行空间体系应当因地制宜充分利用自然环境与生态条件，使人工环境与自然景色融为一体而不是肆意进行人工改造。既可以使步行空间体系与其所处城市的地理地域密切结合，也能够为步行者构筑极富化特性的、性格特征鲜明的步行空间。

3. 步行通道系统的组成

步行通道的网络体系表现为市区步行通道系统的整体与其他交通系统的相互联系，以及内部各子系统之间的多层面、多方位组合。

步行通道的部件包括骑楼街、人行道、步行街、广场、人行天桥、人行过街隧道、建筑间的通廊、建筑内的公共走廊、自动扶梯、履带式人行传送带、电梯、楼梯等。附属构件包括城市地图、步行通道指示图、休息桌椅、电话亭、公共厕所、绿化设施、城市雕塑、灯饰、宣传广告栏等。

9.6.2 步行单元划分和规划

步行交通系统是一个面的概念，需要根据步行尺度进行深入规划。

① 步行通廊规划。步行通廊是指在一定区域内较长距离的、有较强连续性的、以独立的步行通道或步行区域为主体的步行系统，是周边区域内居民以步行交通方式出行的主要通道，也作为居民健身、休闲等多种功能于一体的集中区域。

步行通廊应是有较强结构性和功能性的，能够保证行人连续、安全、舒适行走的，贯通步行时间不小于 1 h 的步行系统。

② 步行街区规划。步行街区是指在一定区域内由于大量商业设施的布置、吸引了较为集中的人流的特定区域。该区域内具有较强的人行需求，对于步行系统具有较为集中、密集、多元化要求的区域。步行街区多指以商业步行为中心的城市商业区，面积为 3 ~ 8 km²。一般结合城市商业中心区分布和交通换乘枢纽分布情况，将未来人流高度聚集区域规划为步行街区。

③ 步行单元规划。居民日常的步行活动是有一定范围的，这就是步行单元的概念。步行单元主要指有多种交通方式聚集、高峰小时有较强人流量的、以满足交通性步行需要为主体的步行区域。

在城市不同的功能区，居民步行活动的特点不同，活动范围也不尽相同，各个功能区之间也存在吸引或排斥的关系。国内外有关步行单元划分的标准大致可分为两种：① 按步行的适宜尺度范围来划分，一般间距为 500 ~ 800 m；② 按不同的功能分区来划分，即根据各区域内步行活动的特征对步行单元进行类型划分，如城市中心区、居住区、工业区及其他功能区，分别提出相应的规划控制要求。

步行单元主要集中在交通换乘枢纽等区域，面积在以交通设施为中心的 1 km²。结合交通换乘枢纽、轨道站点、对外交通枢纽等交通站点布局，以及结合区域内交通设施以及与周边商业、建筑等合理布置，根据各步行单元交通设施布局，提出各步行单元规划。

另外，居民的交通性步行活动主要沿城市道路展开，规划综合考虑城市的主次干路、主要的公交通道、主要的公共活动中心、地下公共设施和人口分布等要素确定城市重要的步行通道。重要步行通道主要由城市道路两侧的人行道系统构成，以步行交通、交通换乘和向次级通道疏散为基本功能，因此必须首先保证系统的连续性和畅通性。在具体实施中：① 人行道的通行宽度应不小于 3 m，在绿化带较宽的路段应结合绿地安排休息设施；② 过街通道的设置根据两侧用地功能的不同而采用不同标准，一般路段为 300 ~ 500 m，商业路段间距为 200 ～ 300 m；③ 步行通道应结合重要步行通道的交叉口、人流量大的次级步行通道交叉口、公交车站、BRT 车站和轨道交通车站设置。

9.6.3　商业步行区规划

中心商业区步行交通系统与城市其他区域步行交通系统的不同之处，首先在于具有明确的商业性，步行活动与商业购物活动密切联系，相应的步行通道的设置也应与商业设施相整合；其次，中心商业区的步行系统更重视人在商业区域内逗留时的慢速的非线性活动，而不是在交通廊道中的线性活动；第三，中心商业区一般是城市的核心区域，建筑密集，交通繁忙，人流量和车流量均很大，因此步行交通系统研究中应将步行交通和机动化交通都纳入其中，对两者之间的转换部分进行充分考虑。

1. 中心商业区步行交通系统布局

步行交通系统的布局应结合中心商业区商业用地发展布局和道路系统的格局来确定。

1）中心商业区用地布局

中心商业区的区位分布趋近于城市交通可达性中心，与城市主干路在空间上有密切关系，综观我国城市中心商业区与城市主干路的空间关系，不外乎以下几种情况。

① 中心商业区沿城市主干路两侧延伸。无论是在国外还是在国内，沿城市主干路两侧集中大量的商业设施而形成热闹的中心商业区，都是极为普遍的一种情况，尤其是规模不大的城市中。

② 中心商业区沿城市主干路一侧平行延伸。在城市主干路超过一定宽度或道路上交通过于繁忙的情况下，商业设施沿道路两侧分布显然会给消费者带来很多不便，这使商业较为集中或与市民主要出行方向一致的一侧往往顾客盈门，发展较快，另一侧则相对衰落，久而久之就可能形成沿城市主干路一侧平行发展的中心商业区。

③ 中心商业区在城市主干路一侧纵深发展。棋盘式的城市道路格局在我国十分普遍，主干路与相邻的平行道路之间通常都有若干条起到沟通作用的生活性支路，这些支路往往成为商业设施聚集发展的依托，从而形成向街坊纵深发展的中心商业区。

④ 中心商业区位于城市主干路交叉口的四周或一侧。规模稍大的城市都会形成两条甚至多条主干路的交叉口，这些交叉口成为城市交通最繁忙、人流量最大的地段，商业设施也大多聚集于此，逐渐形成热闹的中心商业区。这种类型从根本上来说是由前三种类型衍生出来的。

实际上，一个城市的中心商业区与主干路在空间上的关系往往是上述几种基本类型的综合。

2）中心商业区步行交通系统的布局

根据中心商业区用地布局、道路系统的格局及重要商业设施的分布特征，中心商业区的步行交通系统布局形式一般有以下几种。

① "鱼骨式"。即以一条核心商业街为主轴，以若干条次要商业街为支脉的步行系统，

主要出入口在核心商业街两端。"鱼骨式"步行系统适用于城市主干路及街区内重要的"沿路两层皮"式的中心商业区的步行化建设。

② 内环式。步行系统的主轴呈"U"形或"口"字形，步行线路是循环式的。这种步行系统比较适合于沿城市主干路一侧或主干路交叉口一侧发展的中心商业区的步行化建设。

③ 内核式。步行系统有多条主轴，在交点上形成步行系统的空间和功能内核，这种形式的步行系统比较适合于"摊大饼"式发展的、内部交通流向复杂的中心商业区的步行化建设。

3）中心商业区步行系统与车行系统的交通组织形式

根据步行交通与车行交通的相对分离程度，中心商业区步行系统与车行系统的交通组织形式可以分为3种。

① 人车完全分离：人车完全分离包括两种形式：平面完全分离和立体完全分离。平面完全分离是指通过在原有的道路系统中辟出专门的步行区域实现的，如商业步行街的开辟，这种没有增加总体的步行空间，只是使不同的交通方式在空间上发生集中；立体空间完全分离是指在原有道路之上再建造一个城市街道平面来达到人车的完全分离，北美许多城市的天桥步行系统即采用了这种形式。

② 人车部分分流：人车部分分流可以分为人车平面部分分流和立体局部分流。人车平面部分分流指在道路横断面上对机动车、非机动车和行人进行分离而形成的人车适当分行又适当混行的交通组织形式。立体局部分流指在人车混行的道路系统的基础上，利用天桥或地下通道等设施，适时适地地将行人流与机动车、非机动车流分离。

③ 人车共享：人车共享是指通过设计使得道路成为步行优先区域，但车辆并不是被限制在区域之外，而是通过街道本身的设计如增加道路弯道、减少道路宽度等措施，使车辆速度降低，从而得以和其他慢行交通方式如步行、自行车等共享街道空间，形成一个"软交通"区域。这种在步行条件下综合机动车交通的概念比起分离型的交通方式有更显著的优点，尽管人车完全分离的区域交通安全的程度更高，并且能为户外逗留及步行交通提供更好的条件，但这种交通综合方式可以促进区域内更广泛的活动的发生，并使不同活动相互启迪，相得益彰。

步行交通与车行交通实行分离或是共享应视不同情况而定。分离的空间如商业步行街和天桥系统可以为人们提供一种相对隔离的具有安全感、内部秩序的通道；而共享的空间则可以使多种活动和多种功能很好地结合，从而在整体上产生积极效果。分离型的步行系统适合交通量大的区域，共享型的步行系统则对于慢速交通和交通流不大的区域较为适合。在商业区中，分离型交通模式比较适合于商业设施集中，并且与主要交通道路联系较弱的区域，而在商业设施较为分散、沿街店面较多的区域宜采用共享型的交通模式。

2. 商业步行街区规划

1）规划原则

中心商业区人流、车流吸引强度大，人、车干扰现象严重，实行道路断面分流无法解决交通问题，而且中心商业区用地、道路网布局及经济效益分析等满足要求的条件下可以考虑设置商业步行街区，具体的规划原则体现为以下几个方面。

① 促进商业活动的繁荣。在一些地区，车行交通的存在使得该空间更加富有生气，能聚集更多的人流，而在步行化后空间变得消极，人流量减少，经济效益下滑，这就违背了商业步行街的设置初衷。商业步行街模式的选择需首先保障经济效益的稳定或提高。

② 满足行人交通需求，提供舒适的步行空间。进行行人流量预测，保证步行街满足行人交通需求。

③ 保证周边道路的正常运行。由于步行街区的建设，将原先通过这条道路的交通负荷转嫁到周边道路，因此在进行商业步行街的规划时，需预先对周边道路网的交通流运行状况进行预测，制定有效的疏导方案，确保交通的正常运行。

④ 使用者能方便地到达商业步行街。合理布局商业步行街周边的公交线路、公交停靠站和停车场，使得使用者换为步行交通方式后能快捷、方便地到达商业步行街。

2）商业步行街区模式的选择

商业步行街是商业区通过限制车辆，建造步行设施等手段来保护步行者安全与舒适的购物街道。一般来说，步行街区的建设模式有全封闭式、限定时间通过的步行区、有限制交通通过的步行区、运转式步行街、大型购物中心。

3）商业步行街区规模

（1）步行街的长度

步行街长度的确定必须充分考虑人在购物时的心理和生理承受能力。步行距离过长会使人感到疲劳，而过短会降低商业街的经济效益。研究表明，行人行走能够忍受的合理距离为 $400 \sim 500$ m，在遮蔽风雨的环境中，合理的步行距离为 750 m，步行时间为 10 min；在室内全天候的步行街中，较有魅力的长度可达 1 500 m，步行时间为 20 min。日本的商业步行街平均长度为 540 m，美国为 670 m，欧洲为 820 m。

从我国实际出发，一般认为商业步行街长度在 500 m 左右为宜。若商业步行街长度过长，可通过设置广场等休闲场所，将商业设施、交通节点和休闲场所之间以步行通道相连，单独的步行通道距离控制在 $200 \sim 300$ m 之内，这样，步行的路程被自然地划分为很轻松就走过的阶段，人们关注从一个广场到另一个广场的运动，而不是步行距离究竟有多长。

（2）步行街的宽度

中心商业区步行街的宽度首先应满足行人的通行需求，在此基础上还要考虑设置绿化带、休息区、小品的宽度，为行人的购物、聊天、休闲和交往提供舒适的空间，具体计算公式为：

$$W_{pm} = W_t + W_r = \frac{V_p w_s}{C_p} + W_r \tag{9-9}$$

式中：W_{pm} 为商业街步行街的宽度；W_t 为行人通行区域的宽度；W_r 为绿化、休憩、小品带的宽度；V_p 为商业步行街区高峰小时行人流量（人/h）；C_p 为一条步行带的通行能力（人/h），一般可取 700 ～ 900 人/h；w_s 为单条步行带宽度（m）。

4）商业步行街步行交通与其他交通的衔接

步行系统与公交系统的有效衔接不仅能提高步行系统的运行效率，而且能提高公交系统的服务水平，增强公交的吸引力。中心商业区外围的公交停靠站的布设应使人们下车后能在尽可能短的时间内进入步行系统。《城市道路交通规划设计规范》（GB 50220—1995）中规定：商业步行区进出口距离公交停靠站的距离不宜大于 100 m，同时由于中心商业区步行系统出入口人流比较集中，为不妨碍人流的疏散和保证步行者的安全，公交停靠站据步行系统出入口的距离不宜小于 50 m。在进行中心商业区停靠站规划时，需充分考虑出行者的心理需求，通过步行系统有效衔接交通节点和商业设施。

9.6.4 步行交通设施规划方法

1. 人行道的规划

正确地规划、设计、建设人行道对行人的移动性、可达性和安全性是十分重要的，对老人、儿童和残疾人尤其如此。

由于我国城市步行出行方式分担率较高，城市道路上一般都有行人存在，因此城市道路两侧都需设置人行道。人行道的规划主要包括人行道的布置形式及人行道的宽度。

1）人行道的布置形式

人行道需要与车行道有明显的区别，以利于各行其道。通常人行道对称布置在车行道的两侧，高出车行道路面 10 ～ 20 cm，以保证安全，有利于向车行道边排水。在车辆交通干扰频繁的干道上，人行道一般放在绿化带和设施带的右侧，使行人离机动车流远一些，少受干扰和废气污染。典型的人行道布置形式如图 9-15 所示。

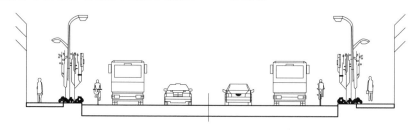

图 9-15　典型的人行道布置形式

随着机动车流量的加大，部分城市出现了将非机动车道划为机动车道，非机动车和行人共用原来的人行道。在这类道路上，非机动车和行人的交通特性相差较大，非机动车与行人的相遇、超越事件较多，给行人造成很大干扰。在中心商业区、商业中心、大型商场、大型公共文化机构集中路段、交通枢纽附近应避免出现这种形式的人行道。

2）人行道宽度

人行道的宽度应结合道路等级和功能、沿街建筑性质、行人交通流的性质、密度和流量，满足通行能力的要求和人行道下埋设的各种地下管线对用地宽度的要求，同时满足行人休憩、交往的需求。

对人行道最小宽度规定最为明确的是北京市市政设计研究总院 1985 年出版的《城市道路设计手册》，其中给出了不同功能性道路的人行道最小宽度，如表 9-20 所示。

表 9-20　不同功能道路人行道最小宽度

道路类型	人行道最小宽度/m
住宅区内部道路	1.5
区间路	1.5～3.0
一般街道及工业区道路	3.0
一般商业性街道	4.5
主次干路商业集中路段及文体场所附近道路	4.5～6.0
大型商场或文娱场所路段及商业特别集中的道路	6.0
火车站、城市交通枢纽及群众聚集较多的道路	4.5～6.0
林荫路	1.5～4.5

在进行道路横断面设计时，道路交通附属设施往往被设计在人行道上，这样带来的结果是人行道宽度被压缩、连续性被破坏。目前仍在使用的《城市道路设计规范》（CJJ 37—1990）不仅对城市道路类型的分类不够精确，人行道最小宽度也不足以保证人行道的有效利用。因此，在进行人行道设计时，应当明确有效宽度的概念，即人行道宽度减去道路交通附属设施的宽度。朱季、程建川对人行道的有效宽度进行了调查，提出了几种道路类型的人行道有效宽度最小值建议，如表 9-21 所示。

表 9-21　几种道路类型的人行道有效宽度最小值建议

道路类型	人行道最小宽度/m
区间路	1.7
一般街道及工业区道路	2.5
主次干路商业集中路段及文体场所附近道路	3.5

2. 行人过街设施

1）行人过街设施类型

行人过街通道的设置，通常考虑行人过街的需求，还要保障道路上机动车和非机动车的正常运行。行人过街通道对机动车和非机动车的影响主要取决于过街设施的类型：安全岛的设置在不增加机动车延误的基础上，使得行人过街更加容易；在无信号控制人行横道处，机动车只需减速让行，在信号控制人行横道处，机动车需停车等待，易造成较大的延误；在人行立交处，机动车和行人完全分离，相互之间没有干扰。只要选择合适的过街设施，就可以满足不同的行人和车行交通需求。过街设施类型的选择如表9-22所示。

表9-22 过街设施类型选择

类型	设施	A	B	C	D	E	F	G
过街辅助设施	平面（标线）安全岛		√		√			
	立体安全岛	√	√	√		√		
行人优先设施	无控人行横道			√	√	√	√	
	信号控制人行横道	√	√		√	√		
立体过街	人行天桥或地道	√	√	√				√

注：安全岛的使用可以缩短过街距离并增加行人过街的安全性，但只有当车道具有足够的宽度且保证安全的情况下才能使用。

A～G类型如表9-23所示。

表9-23 不同道路类型分类情况

类型	设施	四幅路	三幅路	二幅路	一幅路
快速干道	设计车速80 km/h，双向6车道	G			
主干路	设计车速50～60 km/h，双向6车道	A	B		
	设计车速50～60 km/h，双向4车道	A	B	A	
次干路	设计车速40 km/h，双向4车道		B	C	D
支路	设计车速20～30 km/h，双向4车道，其中外侧车道为机非混行车道			E	F

干道过街设施的选型重点取决于道路级别、行人类型、环境条件。道路等级越高，快慢分行的要求越高，越应采用立体过街形式；根据市民过街设施偏好调查，少年愿通过天桥跨越干道，青年、老年则倾向于平面过街。不同环境下过街设施形式可结合行人过街流量灵活组合。

2）过街设施的间距

从行人过街角度出发，可以分为两类，一类是严格限定行人过街通道的道路，这类道路上机动车和非机动车流量较大，横断面形式一般采用四幅路、三幅路或二幅路，道路上设置中央分隔带、机非分隔带（隔离栏），使得行人只能在指定的位置过街，其他位置无法穿越道路；另一类是行人可以在任意位置过街的道路，这类道路采用一幅路的断面形式，机非不隔离，行人可以在任意位置穿越道路，这类道路的机动车流量较小，行人和机动车的冲突不明显。

　　在严格限制行人过街的道路上，行人只能从特定位置过街，这就造成了一定的绕行距离。当绕行距离超过行人可容忍的绕行距离的极限时，行人将翻越隔离强行过街，易引发交通事故，有必要设置行人过街通道，确保行人的绕行距离在可接受的范围之内。在行人可以随意穿越的道路上，由于行人和机动车的干扰频繁，道路的运行秩序混乱，交通效率低下，有必要设置人行横道，使行人在指定位置过街，机动车在行人过街通道外让行，形成良好的交通秩序。但若行人过街通道间距过大，行人绕行距离超过可忍受的极限，行人仍随意过街，干扰仍存在。因此，进行人行过街设施规划时，必须要设置合理的行人过街通道间距，保证过街设施的有效性。

　　过街设施的间距阈值重点取决于 3 个因素：道路等级、用地类型、步行强度。道路等级越低，机动化优先程度越低，步行过街设施间距可适度减小（次干路>Ⅰ级主干路>Ⅱ级主干路>快速路，Ⅰ级主干路生活化程度高于Ⅱ级故采用更大间距）；土地类型越趋近生活化，过街设施间距越小（居住及社会服务用地>商业办公用地>对外交通用地>绿地>工业仓储用地）；步行强度越大，过街设施越应密集布置（高频社区核>高校活力核>低频社区核>商业核）。此外，过街设施距重要节点如公交站、校门、社区及商厦入口的最大距离不宜大于100 m。上海中心城干道过街设施间距阈值如表 9-24 所示。

表 9-24　中心城干道过街设施间距阈值　　　　　　单位：m

道路类型	用地	居住、社会服务		商业、办公		对外交通		绿地		工业仓储
		高强	一般	高强	一般	中心	外围	中心	外围	
次干路	150	200	150	250	250	300	300	400	500	
主干路	Ⅰ级	200	300	200	350	300	350	350	400	600
	Ⅱ级	250	350	250	350	350	400	400	500	600
快速路		300	500	350	500	400	500	500	600	700

　　3）步行立体化

　　为保证步行交通系统的连续性，当道路两侧存在大量人流来往的大型建筑物，可结合实际条件和需要设置人行天桥或过街地道。另外，当行人过街交通及其相交的机动车流饱和度、人均待行区面积同时满足表 9-25 的条件时，也应考虑设置行人过街天桥或地道。

表 9-25　城市主次干路设置行人过街天桥或者地道的基本条件

道路性质	行人过街交通平均饱和度	机动车交通平均饱和度	人均待行区面积
主干路	≥0.85	≥0.7	行人待行区人均空间<0.6 m²/人
次干路	≥0.85	≥0.75	

　　行人立体过街设施是一种重要的交通设施，在城市道路设计中占重要地位。作为立体过

街设施的两种形式，过街天桥和过街地道都能做到人车的彻底分离，但又各有特点，其特点简要对比如表 9-26 所示。

表 9-26　人行天桥和过街地道的特点对比

	人行天桥	过街地道
造价、施工	造价相对较低，工期较短，不影响道路承重能力	造价高，施工影响交通，要考虑道路承重能力
地域区别	暴露在外，雨雪天气多的不适合	不受天气影响，可采用的地区范围广
景观约束	设计不好可能会影响景观，在交叉口处还有可能影响司机视线	在地下，不存在影响景观的问题
引导作用	在视线可及处，对人流的引导作用强	出入口不明显，对于不熟悉地形的人来说，引导作用相对较差

但不合理的人行立体过街设施往往利用率很低，究其原因主要是人行立交设施对于行人来说还是耗费体力及时间，而且人行立交容易破坏城区的景观（人行天桥），或是破坏城区地下的土层结构（地下通道）不易回填，因此在修建立体过街时，要充分考虑实际情况，遵守一定的规划原则，并选择合适的立交形式。

行人立体过街设施的设置原则主要有以下几点。

① 要有系统性。在城市繁华的或是将会变得繁华的地带，首先要考虑把人行立交系统化，这样做既能减少行人的体力、时间的损耗，又减少了资金投入，还给人以一种完整的美感。

② 设置位置要充分考虑当地的实际情况。例如，风景游览区的景观搭配、对于历史景观的保护等，不能有太严重的遮拦；在各种车站、公共活动场所或学校，应考虑多加设置以加快对行人的疏散。

③ 选取合理间隔，使行人过街时间最短。在设置立体过街设施时，还要系统考虑其间隔，以使所设施得到更好的利用。行人立体过街设施间隔，一方面考虑满足行人的过街需求，不至于产生过大的行人绕行；另一方面，又不至于设置过多的行人立体过街设施，避免造成设施限制、资源浪费。

④ 对于人行立交的具体设置形式应根据具体情况决定。游览区有景观遮挡问题，所以应考虑采用地下通道；而地质情况复杂的地段应采用过街天桥，各有利弊。

⑤ 方案比较。在进行行人立体过街设施选址时，要综合考虑多种因素，制订多种方案，在进行多方案比选后，确定一个最佳方案。

复习思考题

1. 简述步行交通的出行特征及其在城市交通中的定位。

2. 简述非机动车交通出行特征及其在城市交通中的定位。

3. 简述步行交通规划理念的演变过程。

4. 简述自行车交通网络的指标及其计算方法。

5. 试说明自行车道路的分类及特点。

6. 试述"B+R"换乘系统的思想。

7. 简述步行交通系统的主要组成及其规划思想。

8. 试通过实地调查，检验某路段行人过街设施的设置是否满足需求。

第 *10* 章

城市交通规划案例

规划理论来自实践，又用于指导实践。在实际的城市交通规划中，交通工程师在城市交通规划理论的指导下，基于城市经济社会发展、总体布局、产业布局和土地利用等的现状和规划情况，形成城市交通发展的规划方案，从而指导城市交通未来的规划建设。本章以城市综合交通规划为实例，巩固前面所学的理论与方法，完成从事实际工程项目和科学研究的必要准备工作。

10.1 概　　述

在第 1 章中，学习了城市交通的定义、构成、特征和作用，以及城市交通规划的概念、分类、内容、过程、发展历史和未来展望等，对城市交通规划理论的基本内容有了比较全面的了解，形成了初步的认识。在第 2 章中，学习了城市交通发展战略，包括城市自然、历史、地理和人文环境，城市空间发展战略与交通发展战略。在第 3 章中，学习了交通与城市土地利用，包括：交通与城市土地利用的关系、城市用地与出行生成率模型，以及城市交通基础设施对交通量的诱增，对城市土地利用与交通之间的密切关系有了基本认识，强调了城市交通规划与土地利用之间的相互作用关系。在第 4 章中，通过对交通网络布局与设计的学习，利用交通网络布局理论与方法、交通网络布局与线路规划、交通网络拓扑建模等构建城市交通规划的基础网络，为后续的城市交通需求预测提供网络支持。在第 5 章中，学习了城市交通需求预测的经典方法及城市交通需求预测的新方法，介绍了城市交通需求预测的案例和城市交通规划的经典软件，为城市交通规划提供了科学根据和工程软件。在第 6 ～ 9 章中，学习了城市交通规划的核心内容，即城市交通系统规划、城市停车规划、城市对外交通系统规划、城市慢行交通系统规划等。在城市交通系统规划中，包括城市综合交通系统规划、城市道路系统规划、城市公共交通系统规划及城市交通枢纽系统规划等；在城市停车规划中，包括城市停车需求预测、社会公共停车场规划、城市配建停车指标规划等；在城市对外交通系统规划中，包括公路系统规划、铁路系统规划、航空系统规划及港口集疏运系统规划等；在城市慢行交通系统规划中，包括非机动车系统规划、非机动车道规划、慢行交通换乘规划及步行系统规划等。

　　然而，每个城市在自然、历史、地理和人文环境等方面都有其自身特点，形成的城市空间发展战略和经济社会发展趋向各不相同，制定的交通发展战略各有侧重，城市发展过程中面临的交通问题各有差异，这就要求交通技术人员根据城市的空间与交通发展特点，在城市交通规划理论的指导下，具体城市具体分析，形成具体的城市交通规划方案。

　　本章以城市综合交通体系规划为例进行介绍。城市综合交通体系规划的地域范围和期限应当与城市总体规划确定的规划编制范围和期限相一致，且同步编制，相互反馈与协调。同时，在编制过程中，应当与区域规划、土地利用总体规划、重大交通基础设施规划等相衔接。

10.2　城市综合交通体系规划案例

　　城市综合交通体系规划是城市总体规划的重要组成部分，是政府实施城市综合交通体系建设，调控交通资源，倡导绿色交通、引导区域交通、城市对外交通、市区交通协调发展，统筹城市交通各子系统关系，支撑城市经济与社会发展的战略性专项规划，是编制城市交通设施单项规划、客货运系统组织规划、近期交通规划、局部地区交通改善规划等专业规划的依据。在城市综合交通体系规划编制过程中，应当以建设集约化城市和节约型社会为目标，遵循资源节约、环境友好、社会公平、城乡协调发展的原则，贯彻优先发展城市公共交通战略，优化交通模式与土地使用的关系，保护自然与文化资源，考虑城市应急交通建设需要，处理好长远发展与近期建设的关系，保障各种交通运输方式协调发展。

　　城市综合交通体系规划的主要内容一般包括：交通调查分析、交通现状问题分析、交通发展战略、交通系统功能组织、交通网络、交通场站、停车系统、近期建设和保障措施等。本节以保定市城市综合交通体系规划为例进行具体介绍，并突出城市交通规划的相关内容，包括中心城区道路网规划、城市轨道交通规划、城市公共交通规划、城市停车规划、城市慢行交通规划、城市对外交通规划、城市交通枢纽规划等。同时考虑到本课程安排不涉及投资估算、资金筹措和经营模式等，因此，对相关内容进行了适当的调整和略减。

10.2.1　规划的背景、指导思想、原则、目标和范围

1. 规划背景

　　为了促进"近畿首善"制度保障保定市的经济、社会的可持续发展，打造"文化名城、山水保定、低碳城市"，提升保定市的品位，保定市制定和修编了《保定市国民经济和社会经济发展规划》和《保定市城市总体规划（2008—2020年）》，明确了保定市在京津冀城

市群和环渤海经济区中的功能定位，并确定了"建设京南近海强市名城"的经济社会发展目标、"一城三星一淀八组团"的土地利用和城镇空间布局结构，制定了"以工强，以文兴，以绿优"、"核心突破，差异发展"、"全面开放，海陆联动"及"承接首都，对接滨海"的发展战略。《保定市中心城市空间发展战略规划》（2010—2030 年）和《保定市北部新城概念性规划》（2050 年）进一步确定了将保定作为组团式中心城市发展的战略，并进行了北部新城的概念性规划。

"支撑"和"引导/拉动"是交通基础设施的两重性。城市综合交通规划是实现城市总体规划支撑保障之一，也是拉动城市总体规划和实现经济社会发展的要求。编制保定市城市交通规划，确定保定市综合交通发展战略和策略，依据经济社会发展和城市总体规划的要求，制定城市道路、城市轨道交通、城市常规公共交通、城市停车、城市慢行交通、城市对外交通、城市交通枢纽等规划，构建保定市现代化的综合交通体系。

2. 规划的指导思想和原则

保定市城市综合交通规划编制的指导思想是：以落实科学发展观为指导、《保定市国民经济和社会经济发展规划》、《保定市城市总体规划》、《保定市中心城市空间发展战略规划》（2010—2030 年）和《保定市北部新城概念性规划》（2050 年）等为基本依据，满足经济社会、城市用地、居民出行和物流等发展的需求，确保综合交通的一体化，构建和谐社会，实现保定市经济社会的又好又快发展。规划编制以上述上位规划为依据，体现以下基本原则。

支撑引导：通过综合交通规划，优先发展交通基础设施，实现交通与土地利用模式的协调和多种交通方式的协调，并合理引导和支撑城乡空间布局结构的形成。

综合协同：通过构建现代化综合交通体系，利用现代化科学技术达到城乡之间、各种交通方式系统的高度协同，实现高品质、低碳化的交通运输系统。

低碳交通：发展以低碳排放公共交通为导向的城市交通，优先发展大容量的公共交通系统，引导城市合理交通方式结构的形成。

动静和谐：在构建现代化交通体系、发展动态交通的同时，大力发展静态交通系统，合理规划各种类型的停车设施，优化静态交通管理。

亲水文化：通过高品质慢行交通系统，凸显"山水保定、直隶文化"的特色，构建令步行者心旷神怡的亲水、具有深厚文化底蕴的优雅步道环境。

3. 规划的范围

规划的范围分为空间范围和时间范围。

规划的空间范围：综合考虑几项上位规划，兼顾保定市中心城市的发展，将本规划的空间范围确定为保定市中心城区及满城、清苑、徐水和安新 4 县。该范围涵盖了中心城区、低碳新城/北部新城、徐水组团、满城组团、清苑组团、安新组团、物流组团和高铁组团。

规划的时间范围：与规划的空间范围的思路相同，确定本项规划的时间范围为：近期 2012 年；中期 2020 年；远期 2030 年。其中，考虑到轨道交通建设的条件和保定市经济社会的发展等因素，将保定市城市轨道交通的规划时间范围确定为中期 2020 年和远期 2030 年。

4. 规划的目标

保定市城市综合交通规划编制的目标是：优化和充实城市综合交通的发展战略和策略，明确城市综合交通规划与京津冀都市群体基础设施建设一体化的规划衔接；建立与中心城区、"一城三星一淀八组团"土地利用和功能布局相协调的综合交通体系，保障城市社会、经济的健康可持续发展；进一步优化中心城区道路网结构，把脉古城区、火车站周边地区等交通拥堵区的交通问题，通过综合交通手段提出解决办法；深化落实道路、公交、停车场等专项交通规划，为基础设施管理工作提供可操作性依据，指导城市交通建设和管理。

通过综合交通体系规划的实施，实现交通与土地利用模式的协调、多种交通方式之间的协调，并合理引导和支撑城乡空间布局结构的形成；构建现代化综合交通体系，利用现代化科学技术达到城乡之间、各种交通方式系统的高度协同，实现高品质、低碳化的交通运输系统；发展以低碳排放公共交通为导向的城市交通，优先发展大容量的公共交通系统，引导城市合理交通方式结构的形成；在构建现代化交通体系、发展动态交通的同时，大力发展静态交通系统，合理规划各种类型的停车设施，优化静态交通管理，实现保定市经济社会又好又快发展。

10.2.2 土地利用和上位规划分析

在明确保定市综合交通体系规划背景、指导思想、原则目标和范围的基础上，收集城市基本概况、社会经济发展现状、道路交通等基础数据，全面分析城市的性质及规模、城市用地布局、空间发展战略、交通区位、经济地理区位、生产总值、产业结构、经济规划、人口发展现状及规划等基础数据，对土地利用和规划进行分析。

1. 城市总体规划

保定市的城市性质为国家历史文化名城，以先进制造业和现代服务业为主的京津冀地区中心城市之一。保定市城市职能分为：① 国家历史文化名城；② 国家低碳产业示范区，京津冀地区重要的现代制造业及高新技术产业基地；③ 承接京津冀地区休闲、观光、度假职能；④ 体现商贸发达、环境宜居的城市职能，承担京津冀地区中心城市。

2. 城市规模规划

《保定市城市总体规划》第 12 条确定的 2020 年保定市域总人口规模为 1 242 万人，其中城镇人口 700 万人左右，城市化水平达到 57% 左右。通过趋势线外推法进行保定市人口数量的预测，预测保定市域人口规模为 2030 年 1 328 万人。根据《保定市城市总体规划》和《保定中心城市空间发展战略规划（2010—2030 年）》的预测，保定市中心城区人口规模为：2020 年 314 万人，2030 年 496 万人。

3. 城市用地空间布局

《保定市城市总体规划》制定了城镇空间布局规划，确定了"一城三星一淀八组团"发展战略。"一城三星一淀"即保定市中心城区，徐水、清苑和满城三个卫星城，以及白洋淀。清苑卫星城位于保定市区南部，距保定市区约 10 km；满城卫星城位于保定市区西北，距保定市区约 17 km；徐水卫星城位于保定市区东北，距保定市区约 23 km。白洋淀位于保定市区的正东，距保定市区约 40 km，为著名的风景旅游区。八组团分别为：中心城区、低碳新城/北部新城、徐水组团、满城组团、清苑组团、安新组团、物流组团和高铁组团。

市中心城区土地利用结构形成"两带两区三组团"的城市用地结构。"两带"：沿乐凯大街、朝阳大街等道路建设成南北发展带；沿七一路、天威路等道路建设成东西发展带。"两区"：京广铁路以西片区和京广铁路以东片区。京广铁路以西片区为市级商业金融、信息服务等综合服务中心，以及高新技术开发区、传统工业区兼有部分生活居住的功能区域；京广铁路以东片区主要为历史文化名城保护和现代文化展示区，兼具承接历史城区商业功能疏解的功能区域。"三组团"：分别为中心城区北部组团、东部组团、南部组团 3 个区域。北部组团主要为金融行政办公、高科技产业、商业服务、公共设施齐全的生活居住等为一体的综合功能组团；南部组团由长城、中兴等城市支柱产业形成以汽车制造为生产主链并向外延伸的产业集群功能组团，并配套相应的生活、居住、公共设施等组团级设施，服务于工业区；东部组团为由教育研发和交通枢纽形成集交通、教育研发、信息流通、商务活动和地方文化展示为一体的现代综合功能组团。

在城市的发展过程中，采用组团布局的发展模式，以防止城市呈蔓延式增长，通过快速交通、生态绿化、自然河流等形成绿色及开敞空间对中心城市的渗透，各个功能组团之间实现空间隔离，将中心城市间隔成上述 8 个组团。保定中心城市建设用地规模预测如表 10-1 所示，用地空间布局如图 10-1 所示。

表 10-1　保定中心城市建设用地规模预测

年　份	2015	2020	2030
中心城区（含高铁组团）/km²	176.5	215	310
徐水组团/km²	15.3	19	28
安新组团/km²	20	25	32
清苑组团/km²	16	21	30
满城组团/km²	17.2	20	26
低碳/北部新城/km²	11	33	68
物流组团/km²	1	8	22
合计/km²	257	341	516

10.2.3　交通现状及存在的问题分析

在实际调查的基础上，收集居民出行特征、道路断面流量、交叉口流量、城市出入口流

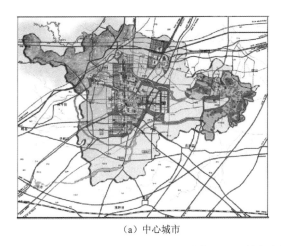
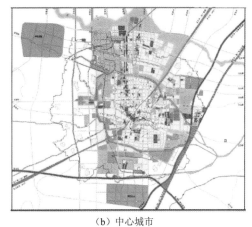

（a）中心城市　　　　　　　　　　　　　　（b）中心城市

图 10-1　保定市用地布局规划

量、道路网布局、交通时空分布等数据，分析城市道路交通基础设施建设现状和流量时空分布特征及其存在的问题。

1. 城市道路

1）路网匹配不合理，功能不明确

保定市现状城市道路网的主、次干路分类不清，道路宽度标准不一。快速路、主干路、次干路和支路的比例为 1∶1.4∶0.9∶2.69。可知，现状城市道路网中，快速路偏多，次干路偏少。

2）在区域上的分布不均衡

从分区路网密度分析来看，保定市旧城区的路网密度较高，南市区及二环、三环之间的道路网密度较低；同时旧城区道路狭窄，交通拥挤，加上较多的东西向交通干道穿越旧城区，使得旧城区交通不堪重负。

3）存在大量的断头路、错岔路

保定市现状城市道路网存在大量的断头路、错岔路，造成某些路段车流量大，某些路口转弯车辆排队较长，增加了道路交通管理的复杂性，并在一定程度上影响了路网结构的完整性，大大损害了路网系统的整体协同效应和灵活的应变能力。

4）路网通行能力不匹配

路口的通行能力与路段的通行能力不相匹配，成为城市道路的卡口地带，交通高峰期间车辆拥挤阻塞现象严重，降低了整个路网的运行效率。

5）支路占道经营严重

支路占道经营现象比较普遍，"微循环"功能差，影响了城市道路网整体功能的发挥，也不利于城市卫生、环境和市容的整洁。

2. 公共交通系统

1）公交系统特征

保定市居民全日出行方式构成中，公共汽车分担比例为 8.48%，如图 10-2 所示，在全国各中小城市中，居民利用公交出行的比例较低。

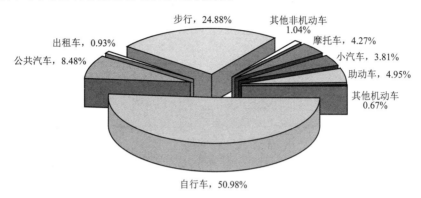

图 10-2　保定市居民出行方式构成图

2）公交存在的问题

① 线网密度低，线路重复系数高，市郊公交联系不够紧密。目前去往满城、徐水的公交车辆均在客运中心发车，并且尚未开通去往白洋淀的公交线路。

② 车场规模偏小，首末站用地缺乏保障，缺少自行车-公交换乘枢纽。保定市目前拥有约 733 辆运营公交车辆，公交停车问题得不到有效保障。首末站点中有相当一部分没有站房及停车场地，难以保证公交正常的运营调度。在布设枢纽站点时，没有充分考虑保定市自行车出行比例高的特性，没有设置公交车-自行车换乘枢纽。

③ 道路交通拥挤严重，公交运行准点率较低。保定市主城区及其相邻区域道路在高峰时段普遍处于拥挤状态，尤其在经过主城区的轴向干道上，如恒祥大街，公交车的优先性得不到有效保障。公交车在这样的交通环境下运行，准点率降低，使得更多居民选择其他交通方式出行，增加了城市交通的压力。

④ 运营车辆不足，车型结构不合理，同人口规模、道路网结构及公交出行需求不相适应。2008 年年底，保定市区人口数为 105.5 万，按 15 标台/万人的拥有水平考虑，同现状人口规模相适应的公交车拥有量应在 1 583 标台左右，而仅有 733 标台。公交车型结构单一，目前全为中大型车辆，没有配置小型车辆。不同区域、不同时段的公交出行需求是不一样的，是有强弱之分的。在适用小型车辆的方向上，使用小公交车，既节约成本，又能满足公交出行的多样化需求。

⑤ 公交发展资金缺乏。公交本身是一个具有社会公益性质的行业，其盈利是微薄的。保定市公交总公司目前经营步履维艰，已经连续多年亏损，在发展资金上，仅依靠公交自身的力量是不够的。公交发展资金的缺乏，在一定程度上制约了公交进一步的发展。

（6）公交服务水平有待提高，站点服务半径覆盖率偏低。保定市居民出行特征调查显示，居民对公交车少、经常脱班、乘公交不方便、票价高的反映最多。公交企业以盈利为目的，忽视了公共交通的社会效益及其对城市发展的作用，当前的公交服务水平和票价抑制了居民公交出行的需求。另外，根据国家规范，公交站点服务面积以 300 m 半径计算，不得小于城市用地面积的 50%；以 500 m 半径计算，不得小于城市用地面积的 90%。与规范相比，保定市公交站点 300 m、500 m 服务半径覆盖率均未达标，部分地区尚存在大片公交盲区，居民乘坐公交不便。图 10-3 为保定市现状公交站点 300 m 和 500 m 服务半径覆盖率图。

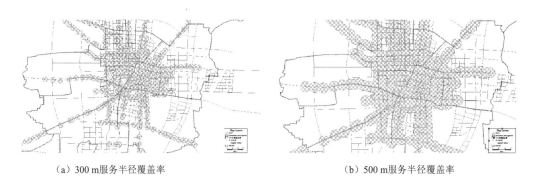

(a) 300 m服务半径覆盖率 　　　　　　　　　　(b) 500 m服务半径覆盖率

图 10-3　保定市公交站点覆盖率图

3. 城市停车

① 停车泊位供应严重不足。保定市区停车需求量远远大于现有停车泊位数量。在车流量比较集中的中心商业区，专业停车场数量极少，大多数公共建筑不能提供停车条件或停车场地被挪作他用。由于对停车场缺少统一规划和建设滞后，停车场总量严重不足，中心区停车困难，有限的道路空间被停车所挤占，降低了道路的通行能力。同时，由于缺乏有效的机动车停车管理机制，地面停车收费低、停车便利，而地下停车收费高、进出不便，使原本为数不多的公共地下停车场呈现出很低的利用率，造成了公共地下停车场（库）利用率低下，也抑制了人们开发建设公共地下停车场的积极性。

② 公共停车场设施简陋、分布不合理、经营状况差。保定市区内向社会开放的公共停车场，部分停车场设施简陋，内部除了画有简单的泊位线、导向箭头外，几乎没有其他任何停车管理设施。公共停车场布局不合理，主要表现为：市中心区设置过少，绝大部分在外环路附近，造成市中心区范围内的停车泊位十分紧张，占用道路停车现象十分普遍。公共停车场的经营状况都比较差，泊位的周转率及利用率偏低，缺乏市场竞争力。

③ 配建停车场指标偏低。保定市配建停车场指标偏低，对本市的道路特点和机动车将来的发展缺乏预见性，明显不能适应现状和未来的交通发展要求。在城市停车设施结构比例中，应以配建停车场为主（70% 左右），社会公共停车场（20% 左右）和路内停车

场（10% 左右）为辅，但保定市目前的配建停车场比例仅为 41.6%，严重偏低。因此，应适当提高配建停车场的比例，增加社会公共停车场数量，特别是针对停车需求较大的城市用地，其配建指标应根据不同的发展阶段相应地确定，并以 5 ～ 7 年为一个周期进行动态调整。

④ 路内停车场比例偏高。保定市区范围内的路内停车场大多位于城市主次干路的非机动车道上，总计 4 500 个停车泊位，占机动车总停车泊位数的 13.16%，远远超出正常的合理比例，极易引起交通阻塞，致使路内停车的劣势强于优势。在保定市道路的局部路段，如恒祥北大街（东风路—五四路段）、长城南大街（天威路—东风路段）等路段内，路内停车带的设置不合理，导致机动车在交通高峰时段内大量占用非机动车道，极大地降低了道路的正常通行能力。

⑤ 停车设施匮乏。由于长期缺乏对停车场和停车泊位配建要求以及存在配建停车泊位的挪用等，造成停车设施供应严重不足。

⑥ 停车管理方面，违章停车现象严重。路边违章停车现象相当严重，特别是环城南路南侧、新北街两侧、三丰路南侧和五一九路南侧等。一些大中型酒店在中午和下午的营业高峰期车位十分紧张，占用道路违章停车现象严重。在医院或大型公共建筑门前，出租车占道停车载客现象也比较严重。违章停车占用了大量道路面积，严重影响了道路的正常交通。

4. 城市慢行交通

城市慢行交通系统由步行系统和非机动车系统两大部分构成。保定市慢行交通系统存在的主要问题包括以下几个方面。

① 慢行交通系统规划滞后，缺乏城市功能的整体性考虑，造成慢行环境景观吸引力弱、步行换乘设施设计不完善、过街设施设计不合理、旧路网中盲道铺设率低等现象。

② 道路断面设置不合理。存在部分道路缺少人行道和人行道宽度不合理的情况，给居民的步行出行造成很大的不便和安全隐患。

③ 管理混乱、占道严重，人行道利用率低。由于大多人行道靠近居民住宅，道路的卫生情况脏、乱、差；同时，人行道经常出现被小汽车、摩托车占用的情况，变成机动车的停车场所，对居民的出行造成不便。

④ 非机动车道未形成网络。只有少数道路设有非机动车专用道，非机动车道连接度较低；同时，次干路机非混行情况较为严重。

5. 城市对外交通

保定市对外交通运输主要由铁路和公路两种方式组成，基本形成了以铁路和公路线网为主骨架、公路二级枢纽为节点的对外综合交通运输体系。其中，公路运输占有很强的主导地位，发挥着骨干作用。对外综合交通体系存在以下几方面的主要问题。

① 对外区域交通设施的中心吸引力不足，辐射范围集中在市区周边和京石轴带上，远

距离和快速交通联系很弱，东西向联系较弱尤为显著。

航空方面，由于保定没有自己的民航机场，对外航空交通主要依赖于首都国际机场、天津国际机场和石家庄正定机场，因此对外航空交通没有吸引力。铁路方面，保定位于国家最繁忙的京广铁路线上，其对外辐射力度直接受到北京和石家庄的挤压，造成大量过境交通存在，直接导致保定市依托铁路交通的中心吸引力不足。公路方面，京港澳、保津两条高速公路方便保定与北京、天津、石家庄的联系；随着经济和城市对外交往的发展，京港澳高速交通趋于饱和，过境交通压力日趋严重；保定向西与山西省、向东与廊坊和沧州、向东南与衡水和山东省联系日益频繁，需要高速公路来支撑保定市对外联络。同时，铁路和高等级公路缺乏与东西部远距离的快捷交通通道联系，使保定交通进一步加剧了对外辐射吸引作用的缺乏，快速交通联系枢纽功能相对较弱。

② 对外公路条件有待进一步加强。保定对外公路交通较发达，但路况条件一般，除国道107线部分路段为一级路外，国省道大多为二、三技术等级，县乡道为三、四级，二级以上公路仅占1/3，制约保定对周边县市的辐射，特别是对东部、西部县市的辐射力度较弱。同时，县乡公路网路面级别低、路网密度小、布局形态不合理，限制了城区与周边乡村地区、乡村与乡村之间的联系，制约了保定市社会、经济的全面发展和城乡一体化的进程，大大削弱了保定市区对辖区内县市的辐射作用。

③ 区域交通设施制约城市布局和发展。京港澳高速公路在市区东侧，成为市区用地向东部扩展的一道门槛，同时京港澳高速公路也限制了清苑用地向东、向南的发展，使得清苑县城仅可选择西部和北部作为县城建设用地扩展空间。国道107和京广铁路从徐水城区边缘穿过，阻碍了徐水向西扩展的可能，并且与京港澳高速公路形成夹核态势，迫使徐水县城的空间发展只能选择向南北方向拓展。京广铁路由东北向西南斜穿整个保定市区，分割城市并与城市道路网形成众多"X"形交叉，直接影响了城市的总体规划和城市道路网布局。铁路的分隔给城市发展和布局带来极大影响，迫使城市沿铁路走向向南、向北发展，给以后城市交通问题的解决带来更大困难。

④ 在区域交通设施发展中，综合运输方式结构存在缺陷。对外公路与城市道路网衔接不当，直接对城市路网特别是城市核心区造成冲击；铁路客货运能力不足，无法适应铁路客运快速化、公交化的发展趋势；货运设施不足且分散，对现代物流业发展不利；既有铁路客货共用的保定站与城市建设和发展不相适应；区域交通运输方式之间缺乏协调，综合效率不高，国家二级公路枢纽的功能作用还不显著；公路运输部门和铁路货运站场布局分散、规模小，缺乏统一管理，集约化运输程度和土地使用效率不高。

⑤ 区域交通与土地利用协调方面存在地区性差异，超前引导作用不足。

从区域交通发展现状看，主要交通走廊与区域土地空间利用相协调，中部交通联系协调性较好，但东部和西部交通与城镇空间协调性差。对于近年发展较快的都市区域或城镇发展带，交通的引导作用存在不足，导致交通基础设施的建设滞后于土地利用的发展，从而束缚了市域城镇发展的空间拓展。

6. 交通枢纽场站

目前保定市的交通枢纽场站均按照交通方式单独建设和运营，分别为保定火车站和客运中心。现保定火车站陈旧，汽车客运站数量少且分布不均，尚没有综合交通枢纽，不能进行交通方式间的协调，无法发挥综合效果。

10.2.4 交通发展目标、发展模式和发展战略

1. 交通发展目标

增强保定与北京、天津、石家庄主要城市及周边其他地区之间的交通联系，建设与市域经济社会发展和城镇发展相适应的综合交通体系，加强和完善交通枢纽建设，使保定市客流、货流的集散和运输更加安全迅速和低碳化，形成以高速公路、城际铁路为主导，以区域航空、水运为辅助的立体化对外交通体系，逐步将保定市建设成为区域性的交通枢纽城市，重点加强保定与京广线、保津沿线重点城市的交通联系，提高对外交通服务水平，构建保定市域都市圈的快速交通体系，重点加强"一城三星一淀八组团"之间的联系，提高区域交通服务水平。具体目标如下。

① 综合交通。通过保定市城市综合交通规划方案的实施，构筑"安全、高效、可靠、低碳、多元"的快速交通体系，为城市发展创造优质的交通服务环境，实现城市又好又快和可持续发展，具体为"一、二、三"出行目标：

一小时区域中心城市——一小时以内抵达北京、天津、石家庄等区域重要城市；

二刻钟主城——保定市建成区内，30 min 内居民抵达目的地；

三刻钟"一城三星一淀"——45 min 之内，从保定市建成区抵达"三星一淀"。

② 城市道路。规划城市快速路、主干路、次干路长度适度，体系结构合理，达到国家规范和标准要求。

③ 公共交通。全面推行公共交通优先发展战略，加快确立公共客运交通在城市日常出行中的主导地位，积极引导个体机动化出行方式向集约化公共交通方式转移，促使城市客运出行结构趋于合理。在 2020 年前基本建成以公共交通为主体、多种客运方式相协调的综合客运交通体系，公共交通方式划分率达到 30% 以上（出行总量不包含步行出行方式）；市内区域任意两点之间的公交出行时间不高于 30 min；适度发展城市轨道交通。

④ 轨道交通。"三星一淀"区域内轨道交通采用以保定中心城区为中心的"放射"空间布局，主城区内采用"两纵两横"的空间布局。从中心城区至"三星一淀"最长运行时间在 45 min 以内；中心城区区域在 30 min 以内。

⑤ 城市停车。制定差异化的大型共建设施配建停车场制度，建设 134 处社会停车场，约 4 万个停车泊位。

⑥ 慢行交通。完善保定市慢行交通系统，构建中小学通学路系统、亲水步道系统、文化休闲散步系统等，提高城市生活品位。

⑦ 公路交通。依据《国家高速公路网规划》和《河北省高速公路网布局规划》，完成"三纵四横一环"高速公路网。三纵：京昆高速，京港澳高速，大广高速；四横：张石高速—密涿高速，荣乌高速—保津高速，保阜高速—保沧高速，曲阳—黄骅岗高速。

到 2020 年，全市二级以上公路争取达到 3 500 km 以上，国、省、县、乡及专用公路总里程达到约 19 000 km，公路网密度达到 86 km 以上/百 km^2，达到适应并超前于全市经济发展需求的目标。公路主骨架全部形成，保定市辐射各县（市）、县到县实现一级公路及以上标准相通，乡到乡实现二级公路及以上标准相通，县乡公路覆盖面进一步扩大，农村公路实现等级化连接，实现县（市）5 ～ 30 min 抵达。

⑧ 铁路。配合国家《中长期铁路网规划》，完成京石高速铁路和津保城际铁路建设，实现保定至北京、天津 1 h 内抵达。

⑨ 交通枢纽站场。依据《国家公路运输枢纽布局规划》（2007 年）和《河北省公路运输场站布局规划》，以保定公路运输国家级枢纽和保定高铁站建设为中心，合理布局客货运场站和物流中心。

2. 交通发展模式

保定市交通按照交通基础设施的服务范围不同，采用对外交通、区域交通和城市中心城区交通等 3 个层面的发展模式。

1）对外交通发展模式

"承接首都、对接海滨、南联省会"，保定市对外交通采用以高速铁路和高速公路为主、以航空和水运为辅的交通模式。高速铁路主要以京石客运专线和京保客运专线为主，实现 1 h 上京赴卫；高速公路以"三纵四横一环"为主；航空方面，由于保定靠近北京、天津和石家庄，具有便利的航空运输条件，尤其是北京第二机场的选址和建设，可以方便居民的空中出行；水运方面，可以充分利用天津港和黄骅港。以上几种交通方式可以形成保定对外交通的复合型走廊。

2）区域交通发展模式

在保定市域，以"一城三星一淀八组团"为核心，采用以快速公交和快速道路运输为主骨架的陆上复合型交通走廊模式，支撑和引导《城市总体规划》的实现。公共交通划分率在 30% 以上。

3）城市中心城区交通发展模式

保定市中心城区（建成区）积极倡导低碳城市、低碳交通策略，采取公共交通为主导的交通发展，鼓励步行和自行车的交通模式，中心城区公共交通出行比例达到 30% 以上，适度控制小汽车出行的比例，稳定步行和自行车出行比例。

3. 交通发展战略

保定市的综合交通体系发展主要采用以下战略。

1）和谐发展

跨区域、跨部门和谐：立足京津冀都市圈一体化共同发展，坚持交通基础设施跨区域、跨部门和谐发展，淡化行政区划，强化市场行为，实现单一交通基础设施在建设标准、时序、位置方面的对接，加速区域一体化进程，促进区域交通基础设施共建共享。

基础设施与城市群空间结构和谐：保定市市区，以及周边满城、徐水、清苑和白洋淀，即"一城三星一淀八组团"，以支撑、引导和推动产业和城市群空间合理布局为导向，构筑符合城市群整体科学发展要求的现代交通基础设施体系。

各交通方式之间和谐：坚持各交通方式之间和谐发展，形成交通基础设施合理布局，节约用地，通过枢纽的合理衔接，构建快速、便捷、高效、安全的区域综合交通体系。

2）智能化发展

智能化是现代社会的重要标志。保定市的综合交通体系的构建采用智能化发展战略，既要实现单一交通方式的网络规划、建设、运营和管理的智能化，又要实现交通枢纽的智能化，提高运营管理效率，进行高品质的换乘和服务。

3）低碳化发展

低碳交通是构建交通系统的基本战略。保定的历史、人文和景观环境要求抉择而采用低碳交通战略，具体而言，采用京津冀都市圈的铁路客运专线、"一城三星一淀"区域的轨道交通系统及城市中心区的公交优先和核心区域的慢行交通系统。

10.2.5 交通区位与节点重要度分析

1. 交通区位分析

保定市素有"京畿重地"、"首都南大门"之称，其政治因素在保定市交通区位的形成和凸显中起着驱动作用；保定市距天津港和黄骅港均较近，具有良好的海港腹地的经济优势；保定市城市总体规划提出了"一城三星一淀八组团"的空间发展战略；市域宏观经济布局为西部山地经济片区和东部平原经济片区的"两片"，以及城镇与经济发展主体区、生态农业旅游发展区、承载京津辐射扩散区和省会中心城市石家庄辐射影响区的"四区"的空间格局。

1）过境交通区位线分析

保定市过境交通区位线分析主要考虑国家、城市群、矿产资源等交通区位因素的驱动影响，以及国家交通区位线的区划，形成如下 3 条保定市过境交通区位线。

① 北京—保定—石家庄—郑州—广州：该区位线为南北走向，是国家最重要的交通区位径线之一，是全国最主要的产业、城市群、人口交通区位线，也是京津冀都市圈与珠三角都市圈之间重要的交通区位线。

② 天津港—保定—涞源—大同：该区位线为东西走向，从保定市域北部通过，是天津港的经济腹地交通区位线，也是晋北地区重要的出海通道区位线。

③ 黄骅港—保定—阜平—五台山—朔州—神木：该区位线为东西走向，从保定市域南部通过，是黄骅港的经济腹地交通区位线，是河北省东出西联的交通区位线，也是五台山景区的一条旅游交通区位线。

2）"一城三星一淀八组团"交通区位线分析

综合考虑人口分布、能源、旅游、产业带、政权建设及交通匀化等交通区位影响因素，结合保定市城镇体系规划和经济发展模式，形成市域"二纵三横"的交通区位线，如图10-4所示。

图 10-4 保定市"一城三星一淀"交通区位线

二纵从东到西依次为：

① 北京方向—徐水—保定中心城区—清苑—石家庄方向：该区位线为南北走向，从"一城三星一淀"的中部通过，途经"一城三星一淀"经济最发达、人口最密集的地区，是"一城三星一淀"南北方向最重要的发展轴线。

② 北京方向—大王店—满城—石家庄方向：该区位线为南北走向，从"一城三星一淀"的西部通过，是"中国电谷"大王店沟通南北的交通区位线。

三横从北到南依次为：

① 天津、廊坊方向—徐水—大王店—涞源方向：该区位线为东西走向，从"一城三星一淀"的北部通过，对"一城三星一淀"北部地区经济的发展起着举足轻重的作用。

② 白沟·白洋淀—保定中心城区—满城：该区位线为东西走向，从"一城三星一淀"的中部通过，是"一城三星一淀"东西方向最重要的发展轴线。

③ 沧州方向—清苑—阜平方向：该区位线为东西走向，从"一城三星一淀"的南部通过，对"一城三星一淀"南部地区经济的发展起着举足轻重的作用。

3）交通区位射线分析

主要考虑保定中心城区与"三星一淀"的交通区位射线，主要有4条交通区位射线，如图10-5所示。

4）中心城区交通区位线分析

综合考虑中心城区的发展轴线、用地布局规划、功能分区规划和居住用地规划等交通区

图 10-5　保定市"一城三星一淀"交通区位射线

位影响因素，结合保定市城市总体规划，形成"一环五纵三横"的保定市中心城区交通区位线，如图 10-6 所示。

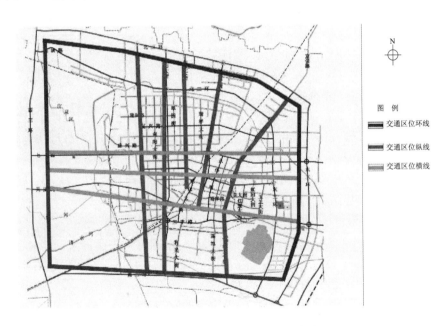

图 10-6　保定市中心城区交通区位线

"一环"指保定市中心城区外围应当存在一条交通区位环线。保定市的城市道路为方格网结构，这就必然导致在保定市城市道路最外围形成一个闭合的环路；同时，该环路途经高铁车站、东湖、新湖、南湖和北湖等城市内部重要节点。"五纵"从东到西依次为长城大街、恒祥大街、阳光大街、朝阳大街和乐凯大街。"三横"从北到南依次为七一路、东风路和天威路。

2. 交通节点重要度分析

1）"一城三星一淀"节点重要度分析

（1）节点的选取

在"一城三星一淀"的背景下，综合考虑节点分布均衡、规模相当、数量适宜的基础上，遵循《保定市城市总体规划》，主要选择保定中心城区、满城、徐水、清苑、白沟·白洋淀和大王店6个内部节点。此外，考虑到保定市的周围环境，将北京、天津、石家庄、黄骅港4个节点作为虚拟节点一并纳入考虑。

（2）节点重要度的计算

节点重要度受区域政治、经济、文化、商业等诸多方面因素的影响，为尽可能真实、全面地反映节点重要度，本例选取总人口、人均地区生产总值、区位重要程度3项指标作为定量分析各个节点重要度的指标。上述10个节点的重要度计算结果如表10-2所示。

表10-2 保定市"一城三星一淀"节点重要度

节点名称	重要度	节点名称	重要度	节点名称	重要度
保定中心城区	1.95	满城	1.00	徐水	0.98
清苑	0.88	白沟·白洋淀	0.85	大王店	0.67
北京	7.02	天津	5.38	石家庄	4.11
黄骅港	2.05				

（3）节点层次划分

根据节点重要度的计算结果，用聚类分析的方法将节点划分为3个层次，即一级节点、二级节点和三级节点。保定市"一城三星一淀"节点层次划分如表10-3所示。

表10-3 保定市"一城三星一淀"节点层次划分

节点层次	节点名称
一级节点（3个）	北京、天津、石家庄
二级节点（2个）	保定中心城区、黄骅港
三级节点（5个）	满城、徐水、清苑、白沟·白洋淀、大王店

依据节点的层次划分及节点对路线连接的不同要求，可以初步确定不同节点之间的线路连接方式：

① 连接一级节点和一级节点、一级节点和二级节点可以作为复合交通方式通道；

② 连接二级节点和二级节点、二级节点和三级节点、三级节点和三级节点可以作为单一交通方式通道。

2）中心城区节点重要度分析

在保定市中心城区的背景下，综合考虑节点分布均衡、规模相当、数量适宜的基础上，遵循上位规划，主要选择快速路与快速路、快速路与主干路的立交或交叉口，以及城市用地布局、公共设施布局和绿地系统规划，从客运交通枢纽、高等院校、重点文物单位和水景走廊等 40 个节点，并进行了节点重要度计算，如图 10-7 所示。

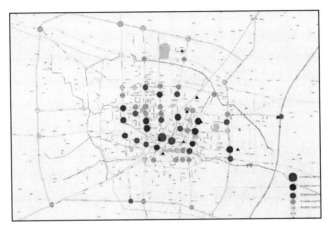

图 10-7　节点和线路重要度图

10.2.6　综合交通网络基本构架

城市交通网络是城市结构的主体。它支撑城市的基本框架，引导城市结构的形成。依据城市总体规划、交通发展战略和交通发展模式等，利用区位理论、节点重要度及交通规划的理论与方法，确定保定市的综合交通网络基本构架，如图 10-8 所示。

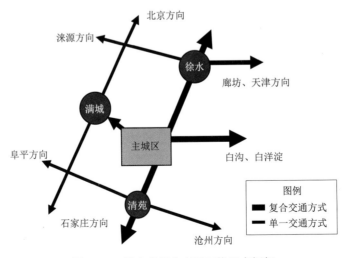

图 10-8　保定市综合交通网络基本框架

由图 10-8 可知，在对外交通方面，形成"井"字形交通网络；在"一城三星一淀"范围，形成"环形放射状"交通网络。在保定市中心城区，形成以快速路环线和乐凯大街、朝阳大街、阳光大街、恒祥大街和长城大街等主干路组成的南北以及由七一路、东风路和天威路等主干路组成的东西方格状骨架交通网络，如图 10-9 所示。（粗线条表示由道路、轻轨或快速公交 BRT 组成的复合型交通走廊。）

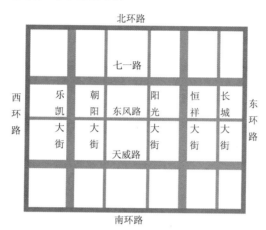

图 10-9　保定市中心城区交通网络基本框架

10.2.7　城市交通网络布局规划

1. 交通网络布局

通过区域、市域和中心城区的节点重要度和交通区位线分析，结合国家、行业标准和规范，布局设计保定市中心城区道路交通、轨道交通、公共交通等网络，供交通需求分析预测使用。

1）中心城区道路网络

根据保定市现有城市道路网的结构，形成由"环射"快速路系统和"井"字形主干路系统组成的城市道路网骨架。

"环射"快速路系统中，快速环路由东三环、南二环、西二环和北三环构成；"放射"状道路分别是指向安新的白洋淀大道，指向清苑的东三环向南延伸线，指向满城的北三环向西延伸线，指向徐水的 G107，指向大王店的西二环向北延伸线。环路是为疏解过境交通，避免车流穿过城市核心区域，基本沿外围组团边缘经过。快速路不仅解决了过境车辆的问题，同时承担了组织城市内外交通的任务。

"井"字形的主干路由"七纵九横"组成。七纵（由东到西）包括东二环、长城大街、恒祥大街、阳光大街、朝阳大街、乐凯大街、西二环。九横（由北向南）包括马坊路、北二环、复兴路、七一路、东风路、天威路、三丰路、太行路、南部园区中路。

结合上述网络框架，近期方案侧重于完善旧城区内部及北部、东部组团道路的连通性；中期重点是南北纵向扩大市区道路网规模，具体规划为延伸并完善北三环以北和南二环以南的道路；远期考虑道路网的完善。如图 10-10 所示。

（a）近期 　　　　　（b）中期 　　　　　（c）远期

图 10-10　保定市中心城区城市道路网规划图

近期，规划道路网长度达到 786.5 km，其中城市快速路、主干路、次干路和支路的长度分别为 66.3 km、207.8 km、162.4 km 和 350 km，道路网密度分别为 0.51 km/km²、1.6 km/km²、1.25 km/km² 和 2.69 km/km²，构成比例分别为 8.4%、26.4%、20.6% 和 44.5%。对照《城市用地分类与规划建设用地标准》（GB 50137—2011）规定的城市路网结构，道路网功能等级体系趋于合理。

中期，规划道路网长度达到 1 375.9 km，其中城市快速路、主干路、次干路和支路的长度分别为 73.5 km、251.9 km、370.5 km 和 680 km，道路网密度分别为 0.36 km/km²、1.23 km/km²、1.81 km/km² 和 3.32 km/km²，构成比例分别为 5.3%、18.3%、26.9% 和 49.4%，道路网功能等级结构体系基本合理。

远期，道路网规划主要补充完善了新兴组团内部的道路网体系，使道路网的整体结构达到了合理的比例。

2）城市轨道交通

（1）轨道交通区位线

规划主要考虑中心城区的道路交通和公共电汽车的运行现状、城区发展轴线、用地布局规划、功能分区规划和居住用地规划等交通区位因素，生成保定市中心城区轨道交通区位线。根据交通区位理论，保定市中心城区轨道交通区位线布局主要为"二横二纵"，规划将该"二横二纵"区位线作为中心城区轨道交通线网布局的基础依据。

"一横"：沿裕华路、东风路呈东西走向，连接核心区和高铁组团，途经火车站、直隶总督署、商业区、客运中心站等到达高铁站。

"二横"：沿七一路走向，连接新市区客运中心站、西湖、河北大学、华北电力大学、保定学院和高铁站。

"一纵"：沿朝阳大街呈南北走向，北部低碳新城/北部新城、北部客运中心站、植物园、居住组团、图书馆、博物馆、保百竞秀公园、市委市政府政协、人民广场、烈士陵园、南区客运站等重要节点。

"二纵"：沿恒祥大街走向，连接金融学院、居住组团、河北大学、华北电力大学、体育馆、动物园、长城汽车、职业技术学院等重要节点。

（2）线网规模预测

城市轨道交通线网的合理规模，依赖于建城区的面积和人口。规划采用回归分析法，找出影响城市轨道交通线网规模的主要因素，如人口、面积、国内生产总值、私人交通工具拥有率等，然后利用既有城市发展轨道交通的数据进行回归分析，确定预测模型。利用保定市规划数据，计算得城市轨道交通的合理规模为：2020年为130 km；2030年为230 km。

（3）线路布局

① 城市中心城区轨道线路。

综合考虑上位规划、中心城区土地利用和交通需求等，在中心城区范围，主要考虑保定火车站、保定高铁站、汽车客运站、北部十万人居住片区、低碳新城/北部新城、北湖、西湖、东湖等重要交通节点，以及东西南北通道走廊的城市内部交通区位线，规划"二纵二横"轨道交通线路，实现两刻钟主城，主要包括2条东西横向线路和2条南北纵向线路。

1号线：主要沿东风路、裕华路布置，是中心区域最重要的城市轨道交通线路，具体设站为：市委市政府、知青路、火车站、人民体育场、总督署/古莲池、河大职工医院、客运中心站、东方家园、高铁金融街、高铁站，共计10个站，线路长度约15.2 km。该线路除与裕华路上的公交车站衔接外，还在火车站、客运中心站和高铁站与对外交通衔接。

2号线：主要沿朝阳大街布置，是连接南北的主要线路，具体设站为：大王店/北部新城、英利新能源、电谷锦江、保百购物广场、图书馆/竞秀公园、市委市政府、知青路、建国路、太行路、长城汽车、清苑等，共计11个站，线路长度约32.5 km。该线路分别与市区南、北客运站衔接，并承担链接中心城区至北部新城和清苑组团的功能。

3号线：主要沿恒祥大街布置，具体设站为：金融学院、北八里庄、复兴中路、交警支队、东风中路、人民体育场、动物园、鑫丰市场等，共设8个站，线路长度约9.2 km。该线路北端在金融学院与通往低碳新城和徐水组团的中心城市区域轨道交通线路衔接。

4号线（方案一）：主要沿七一路布设，具体设站为：文体新城、郝庄、跳水学校、图书馆/竞秀公园、交警支队、行政服务中心、东湖、保定学院、高铁站，共计9个站，线路长度约17.6 km。该线路与新市区客运站、西湖、东湖及高铁站衔接。

4号线（方案二）：主要沿七一路、复兴路布设，具体设站为：文体新城、郝庄、跳水学校、乐凯北大街、保百购物广场、技工学校、复兴中路、电力大学新校区、行政服务中心、东湖、保定学院、高铁站，共计12个站，线路长度约21.7 km。该线路与新市区客运站、西湖、东湖及高铁站衔接，可以兼顾北侧居住组团。

中心城区轨道交通线路布局如图10-11所示。

② 中心城市区域轨道线路。

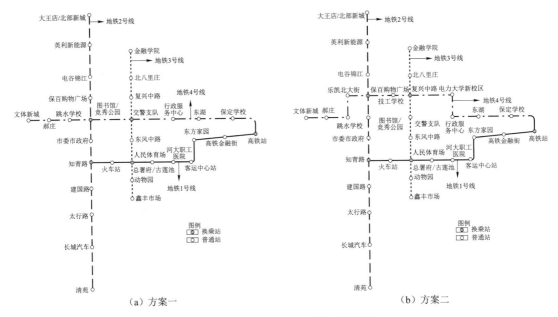

图 10-11　中心城区轨道交通线路图

　　在中心城市范围，规划建设 3 条放射线路，实现三刻钟中心城市交通圈。3 条放射线路布局如图 10-12 所示。

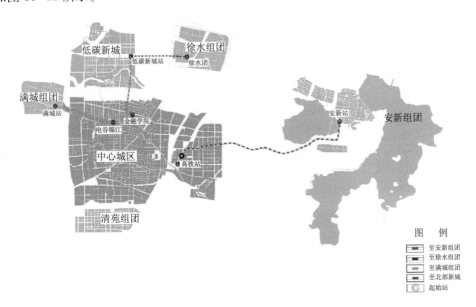

图 10-12　中心城市区域轨道交通线路图

徐水组团方向：从地铁 3 号线的金融学院站出发，沿恒祥大街往北上，先到低碳新城，之后沿东西走向到达徐水组团，线路长度约 24 km。

满城组团方向：从地铁 2 号线电谷锦江站出发，沿漕河北侧向西直到满城组团，线路长度约 13 km。

安新组团方向：从地铁 1 号线的高铁站出发，沿京石客运专线东侧向北到达七一路，再沿七一路往东，沿白洋淀大道，到达安新组团，线路长度约 30 km。

表 10-4 为保定市城市轨道交通布局规划方案。

表 10-4　保定市城市轨道交通布局规划方案

年份/年	运营线路	里程/km
2020	地铁 1 号线、地铁 2 号线、市郊铁路安新组团线、市郊铁路满城组团线	89.7
2030	地铁 3 号线、地铁 4 号线（方案一）、市郊铁路徐水组团线	50.8
	地铁 3 号线、地铁 4 号线（方案二）、市郊铁路徐水组团线	54.9

（4）轨道枢纽设置

轨道交通站点按位置可以分为起、终点站和中间站；按功能可分为普通站、普通换乘枢纽站和综合换乘枢纽站。由于位置和功能的不同，各个站点所需的空间用地大小不同。因此，在规划建设中需要根据站点的规划性质做好空间用地控制。

在轨道交通站点规划建设中，市区内轨道交通起、终点站一般与市郊线路衔接。普通换乘枢纽通常设置于两条或两条以上轨道交通线路的交会处，实现内部立体换乘；通常也设置于市内大型常规公交换乘站附近，具备同公交换乘的功能；另外适当安排出租车站和社会公共停车场用地，可在此类用地周边适当设置停车换乘（P+R）设施。

综合换乘枢纽通常设置于城市对外交通的主要客运站场处，如火车站、长途汽车站等；同时又是市区公共交通和其他交通方式汇集的客运中心区域。在空间用地控制方面，综合枢纽换乘站应结合对外交通客运枢纽站统一考虑，在用地条件许可的情况下可适当扩大用地规模，或建设立体枢纽；除安排对外交通枢纽和大型公共交通枢纽设施外，应安排出租汽车和适当的社会公共停车场。

保定市轨道交通主要枢纽站的规划性质和作用如表 10-5 所示。

表 10-5　保定市轨道交通主要枢纽站点性质和作用

站点名称	站点性质	站点作用
火车站	综合换乘枢纽	地铁 1 号线与保定火车站换乘；接驳火车站、保定宾馆、十方商贸城等常规公交换乘站
客运中心站	综合换乘枢纽	地铁 1 号线与客运中心接驳换乘，实现轨道交通线路与长途客运班线、周边区县直达客运班线、市内常规公交线路的综合换乘

续表

站点名称	站点性质	站点作用
高铁站	综合换乘枢纽	地铁1、4号线与市郊线路安新组团方向衔接站，与高铁站、综合客运枢纽站接驳换乘，实现轨道交通线路与铁路旅客、周边区县中短途客运班线、旅游客运班线、市内常规公交线路的综合换乘
郝庄	综合换乘枢纽	地铁4号线与新市区汽车站接驳换乘；服务阳光水岸、郝新家园等居住小区、郝庄小学等
长城汽车	综合换乘枢纽	地铁2号线与汽车南站接驳；接驳长城公司、长城部件园、微型车城（汽车南站）等常规公交换乘站；服务长城公司、部件园、长城汽车制造三部等长城汽车产业群，尚品名城、蓝湖郡、长城公寓等居住小区，先锋技校、先锋幼儿园等学校等
英利新能源	综合换乘枢纽	地铁2号线与北市区汽车站接驳；接驳高科产业园等常规公交换乘站；服务植物园，阳关小区、卫士小区等居住小区，英利新能源集团等
金融学院	普通换乘枢纽	地铁3号线与市郊线路徐水组团方向衔接站；接驳金融学院、北二环路口等常规公交换乘站；服务金融学院、卢庄村
电谷锦江	普通换乘枢纽	地铁2号线与市郊铁路满城组团方向衔接站；接驳市接待公司、北方建设公司等常规公交换乘站；服务市接待公司、北方建设等公司，高新产业园，尚北岚庭、朝阳龙庄等居住小区，高新医院
人民体育场	普通换乘枢纽	地铁1、3号线换乘站；接驳体育场、保百大楼、保定宾馆等常规公交换乘站；服务东风桥百货、百货大楼、金街商贸城等商场，体育场、体育馆、游泳馆等运动休闲场所
知青路	普通换乘枢纽	地铁1、2号线换乘站；接驳东方男科医院、职业技术学院、儿童医院等常规公交换乘站；服务财政局宿舍、康乐小区、向阳家园等居住小区，职业病专科医院、中西医结合医院、儿童医院、东方男科医院等医院，农业局、粮食局、中小企业局、交通局等机关，新华路小学、实验小学分校、职业技术学院、艺术幼儿园等院校
图书馆/竞秀公园（4号线方案一）	普通换乘枢纽	地铁2、4号线换乘站；接驳石化宾馆、竞秀公园、市图书馆等常规公交换乘站；服务市国土局、检察院、规划局等政府机关，市图书馆、博物馆、竞秀公园等文化休闲场所，服务竞秀小区、石化家园、宏盛园、翠苑社区等居住小区
交警支队（4号线方案一）	普通换乘枢纽	地铁3、4号线换乘站；接驳市瑞祥路口、假日山水华庭、交警支队等常规公交换乘站；服务市交警支队、北市区各机关单位、市体育局等政府机关，假日山水园、敦庄小区、保津高速小区等居住小区，河大美术学院、电力大学科技学院、农机校等院校

续表

站点名称	站点性质	站点作用
保百购物广场 （4 号线方案二）	普通换乘枢纽	地铁 2、4 号线换乘站；接驳保百购物广场、美食山等常规公交换乘站；服务福堡秀域、沃豪星城、光阳小区等居住小区，保定国税局、高开区管委会等机关
复兴中路 （4 号线方案二）	普通换乘枢纽	地铁 3、4 号线换乘站；接驳恒祥北大街路口等常规公交换乘站；服务世纪华庭、锋尚公寓、新一代 C 区、花冠庄园等居住小区

3）城市公共交通

根据《保定市城市总体规划（2008—2020 年）》，至 2020 年，基本建成以公共交通为主体，多种客运方式相协调的综合客运公交体系，公共电汽车拥有量 3075 标台，拥有水平为 15 标台/万人。

（1）公交线网规划

① 近期规划方案。

城市的公共交通线路是在长期的发展过程中形成的，市民也习惯了某线路的走向和站点的设置。基于此，近期规划中一般不做整体改动，而对既有线路进行必要的调整，根据用地和出行需求的发展增设必要的线路。

在近期规划建设中，公交线网尽可能连通重要的控制性节点，如商业中心、娱乐休闲场所、对外交通枢纽、政府机关、学校等客流集散点；结合规划土地开发和利用，特别是可能的居住小区和大型公共建设项目的开发，合理分析客流的分布，布置公交线网；满足预测的客流分布状况，使线路走向与主要客流方向一致；以规划的道路网主骨架为依托，合理布设公交线网；提高线网的覆盖率和优化站点分布，在主干路上完成站点港湾式改造，方便居民出行；依托新建成的公交客运中心和枢纽站，组织零距离的合理换乘，降低居民出行的时耗，提高公交车辆的实载率；逐步健全与换乘枢纽的联系，方便公交内部换乘及与对外交通枢纽的接驳，完善城乡一体化公交服务模式的建立。

图 10-13 和图 10-14 分别为近期调整的线路和增设的新线。

② 远期规划方案。

根据城市总体规划提出的城市发展战略，建立大容量、快速公交系统；确立公共交通在城市交通中的主导地位，控制个体交通的发展，形成合理的客运交通结构；实现多方式间的有效衔接和便捷换乘，提高线网密度和站点覆盖率，扩大公交服务范围；尽量满足公交场站和换乘枢纽设置对用地的需要。规划中远期方案如图 10-15 和图 10-16 所示。

远期公共交通线网体系分为两个层次——市域公交快线和市区公交线路。远期公共规划市域公交快线 10 条，分别从客运中心和高铁枢纽站发出 5 条市域公交快线；骨干线路 9 条，主要连接主城区内部各方向区域，布置在主城区交通区位横纵线及主要干道上，并建议骨干线设置 BRT 或者公交专用道，保证其功能得到有效的发挥。

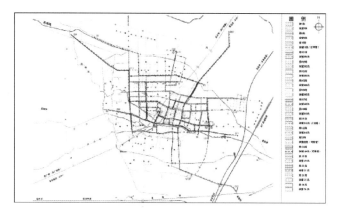

图 10-13　近期调整公交线路示意图

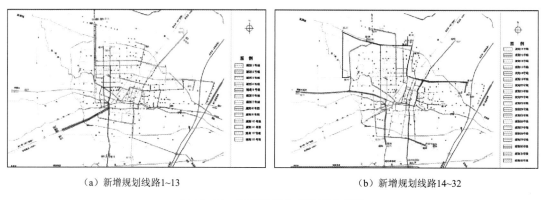

（a）新增规划线路1~13　　　　　　　　　　　　（b）新增规划线路14~32

图 10-14　近期新增公交线路示意图

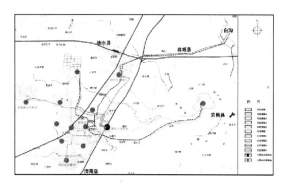

图 10-15　市域公交快线规划示意图

图 10-16　市区骨干线路规划示意图

（2）公交场站与枢纽规划

① 近期规划方案。保定市中心城区现状保留的公交场站如图 10-17 所示，近期公交场站与枢纽规划方案如图 10-18 所示。

图 10-17　保定市中心城区现状保留公交场站

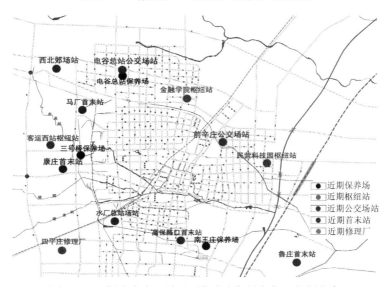

图 10-18　保定市中心城区近期公交场站与枢纽规划方案

随着保定市经济的快速发展，城市范围将不断扩大。"一城三星一淀"组团式城市发展规划需要提高保定中心城区与满城、徐水、清苑和白沟·白洋淀之间交通的可达性。近期保定市"三星一淀"各县公交枢纽站规划如表 10-6 所示。

表 10-6　保定市"三星一淀"各县城公交枢纽站规划

枢纽站名称	场站地点	用地面积/m²
满城枢纽站	满城城南	6 000
清苑枢纽站	清苑城北	6 000
徐水枢纽站	徐水城南	8 000
大王店枢纽站	大王店城南	4 000
白沟枢纽站	白沟	4 000
白洋淀枢纽站	白洋淀城南	4 000
合计		32 000

② 远期规划方案。保定市远期公交场站与枢纽规划如图 10-19 所示。

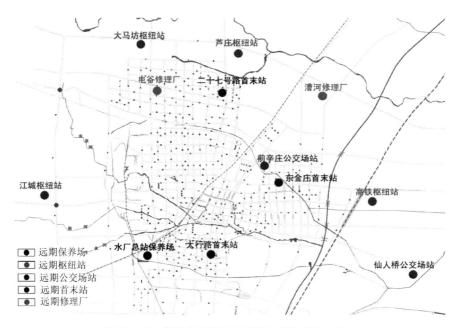

图 10-19　保定市远期公交场站与枢纽规划方案

2. 交通需求预测

交通需求预测是交通规划的核心内容之一，是决定城市道路网规划的主要依据。其内容包括交通发生与吸引、交通分布、交通方式划分和交通流分配。本例的交通需求预测基于居民出行调查和各种交通调查数据，采用经典四阶段法，并借助交通规划软件 TransCAD 完成。其预测的技术路线如图 10-20 所示。

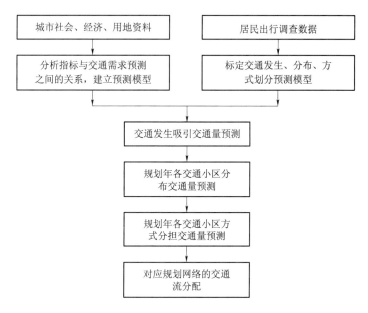

图 10-20 交通需求预测的技术路线

1）交通小区划分

交通小区是预测交通生成、分布的基本空间单位，因此交通小区的划分是交通调查和规划的最基本工作。交通小区的划分和规模都将直接影响到交通调查、分析、预测的工作量及精度，从而影响到整个城市的交通规划和布局。结合 2007 年实施的居民出行调查、城市的土地利用和布局、路网结构、城市空间布局等特征，共设定划分了 47 个交通小区，如图 10-21 所示。

2）生成交通量预测

生成交通量是规划区域交通的总量，本例作为交通总控制量，用来预测和校核各个交通小区的发生与吸引交通量。基于居民 OD 调查数据和未来规划年的人口，采用原单位法预测交通生成量。以居民单位出行次数作为原单位，预测未来的居民出行量，也称为单位出行次数预测法。

居民单位出行次数为人均平均每天的出行次数，由居民出行调查结果统计得出。根据 2007 年居民出行特征调查，城市居民人均出行次数为 3.48 次/（人·日），对国内城市来说，随着城市规模的扩大，居民出行次数一般呈现递减趋势，由此推断规划年居民出行次数如表 10-7 所示。

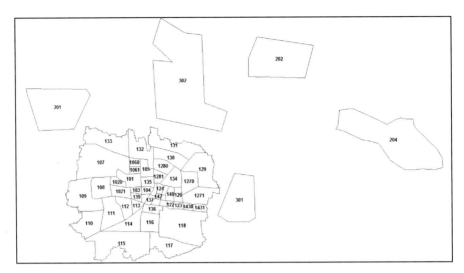

图 10-21　交通小区划分

表 10-7　居民单位出行次数

年份	居民出行次数
2008	3.5
2012	3.2
2020	2.8
2030	2.8

基于以上设定的参数，生成交通量预测结果如表 10-8 所示。

表 10-8　生成交通量预测

年份	人口规模/万人	出行率/(次/人·日)	生成交通量/(万人次/日)
2012	152	3.2	486.4
2020	314	2.8	879.2
2030	496	2.8	1 388.8

3）发生与吸引交通量预测

根据规划基础数据的获取情况，以及发生吸引交通量各预测模型之间的优缺点，本例采用增长率法预测未来年的交通发生与吸引量。选择小区人口作为增长因子，并基于未来特征年的用地情况和经济发展情况，建立各类用地面积和经济发展的增长系数，从而设定小区的交通增长率，用以反映因经济、人口及土地利用变化引起的人们出行的变化，以及规划区域外的交通小区发生与吸引交通量的变化。

利用增长率法预测各小区交通发生与吸引量后，采用总量控制法通过规划区域内的生成交通总量对预测得到的各小区的发生与吸引交通量进行校正，以保证规划区域内交通生成量、发生量、吸引量三者之间相等。

基于已有的基础数据，利用增长率法和总量控制法得到城市各小区的发生与吸引交通量，如图 10-22 所示。

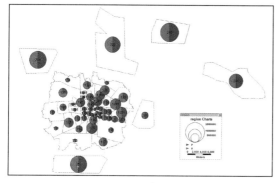 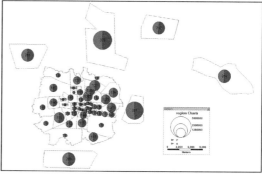

（a）2020年　　　　　　　　　　　　　（b）2030年

图 10-22　城市各交通小区发生吸引交通量

4）交通分布预测

交通分布是把预测得到的各小区交通发生与吸引量转换成小区之间的空间 OD 量，即 OD 矩阵。基于目前城市正处于快速的成长期，城市居民出行的分布结构也处在变化过程之中，规划区域的交通阻抗会随交通设施改进或流量的增加而不断变化，因此本例采用考虑小区间交通阻抗因素的重力模型法。为满足交通分布预测后交通守恒的约束条件，选用双约束重力模型。小区之间的阻抗函数形式为：

$$f(d_{ij}) = a \cdot d_{ij}^{-b} \cdot e^{-c \cdot (d_{ij})} \qquad a, b > 0; c \geq 0 \qquad (10\text{-}1)$$

式中，a，b，c 为待标定参数。

利用 2007 年居民出行调查数据对 3 个参数进行标定，得 $a = 10\,531.534\,4$；$b = 1.284\,6$；$c = 0.094\,4$。根据 2012 年和 2020 年各交通小区发生吸引量，预测 2020 年和 2030 年居民出行分布，其 OD 期望线如图 10-23 所示。

从各交通小区交通量分布分析可看出，OD 期望线的大小与远期城市发展方向一致，即城市主要是向北发展。因此，近期建议：着重加大对北部道路进行投资建设；加强城区内部道路建设，改善道路行驶条件，保障城市内部道路畅通；同时，应结合东部建设及发展，相应加强投资建设。

5）交通方式划分

交通方式划分就是出行者选择交通工具的比例，以居民出行调查的数据为基础，研究居民出行时的交通方式选择行为。交通方式划分的多元选择模型与二元选择模型相比，具有模

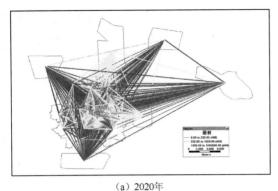 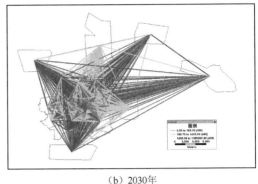

(a) 2020年   (b) 2030年

图 10-23　分布交通量

型复杂、影响因素多、未必能准确描述出行者交通方式选择行为的缺点，本例选择二元选择模型进行交通方式划分。

根据城市的实际交通情况，将出行方式划分为步行、自行车、小汽车、摩托车、公共汽车、出租车和城市轨道交通等 7 种情况，选择过程如图 10-24 所示。

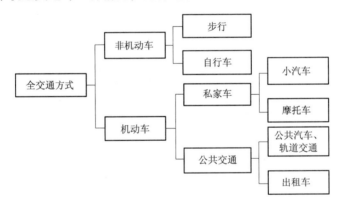

图 10-24　交通方式划分的二元选择模型示意图

依据 2007 年居民出行调查结果，考虑将来的发展并参考类似城市的发展模式，设定将来交通方式划分率，如表 10-9 所示。其中公共交通含公共电汽车和城市轨道交通，其划分将在公共交通客流预测中详述。

表 10-9　交通方式划分率的预测值   单位:%

交通方式	步行	自行车	公共交通	摩托车	小汽车	出租车	其他	合计
近期（2012 年）	25	45	12	4	6	3	5	100
中期（2020 年）	25	25	30	3	12	5	—	100
远期（2030 年）	17	20	40	3	15	5	—	100

6）交通流分配

（1）道路网

交通流分配是交通需求预测的最后阶段，将预测得出的交通小区之间的分布交通量，按照一定的规则符合实际地分配到路网中的各条道路上去，进而求出路网中各路段的交通量。由于通过已有道路交通调查数据，能够分析现状道路网运行状况，本例无须将现状 OD 交通流分配到现状交通网络上。本例将规划年 OD 交通量预测值分配到规划交通网络上，以发现针对规划年交通需求的网络规划是否具有合适性，为交通网络的修正设计提供依据。根据用户最优原理，采用平衡分配法进行交通流分配，其中路段阻抗采用 BPR 函数。根据流量分配结果，计算道路相应的负荷度 V/C。分配结果如图 10-25 所示。

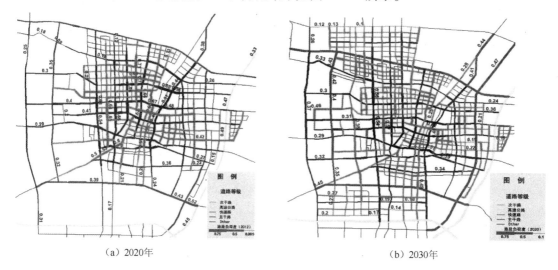

（a）2020年   （b）2030年

图 10-25　道路网交通流分配结果（负荷度）

（2）公共交通

① 公共电汽车。依据现状调查结果，按照 2012 年、2020 年和 2030 年公共交通出行划分率分别为 12%、30% 和 40%，其中轨道交通划分率按照年份不同，设定为 5% ～ 15%。这里以预测的公共交通 OD 量为依据，以方便居民出行为目的，使公共交通充分发挥基础产业的作用，达到可持续发展，对公共交通线网给出了前述的近期调整和新增线路，以及中远期的快速公交线路。

② 城市轨道交通。轨道交通的发展是一个循序渐进的过程，在满足居民出行需求和社会经济发展的基础上逐步建设。本例结合实际情况，提出了 3 个建设方案：方案一，2020年建成 1 号线，2030 年建成 2 号线；方案二，2020 年 1 号线、2 号线同时建成，2030 年建成 3 号线和 4 号线，4 条地铁线均建设完成；方案三，2020 年 1 号线、2 号线同时建成，2030 年建成 3 号线和 4 号线，4 条地铁线均建设完成，但 4 号线线路走向与方案二不同。

考虑到轨道交通的发展及其划分率与政府的相关政策引导有较大关系，本例对轨道交通的划分率采用建议取值。分析比较其他城市轨道交通划分率及公共交通划分率的情况下，结合保定市公共交通规划年的划分率和轨道交通的建设方案，给出未来规划年轨道交通的建议划分率，如表 10-10 所示。根据公共交通与轨道交通在全方式交通中所占的比例，可以算出公共交通与轨道交通的出行量。

表 10-10　规划年公共交通及轨道交通划分率建议值

年份	公共交通划分率/%	轨道交通划分率/%	
2020	30	方案一：仅 1 号线	5
		方案二：1、2 号线	9
2030	40	方案一：1、2 号线	10
		方案二：1、2、3、4 号线	15
		方案三：1、2、3、4 号线	15

轨道网络客流分配是轨道交通需求预测的最后阶段，其任务就是将轨道出行方式的 OD 矩阵按照一定的路径选择原则，分配到轨道网络的各条线路上，从而求出轨道线路的断面客流量、各站点的乘降量及换乘站点的换乘客流量等，为轨道网络的设计、评价等提供依据。常用的公共交通客流分配方法有：最短路径法、路径搜索法和最优策略法等。本例采用普遍使用的最优策略法，其基本假设是出行者从出发点到目的地的路上做出一系列决策，而不是在出发前就计划好他们的行程。算法将出行者的每一种可能的出行路线选择都称作一个"出行策略"，而某个特定的出行者所能从中选择的出行策略的数目，是由该出行者对轨道网络情况掌握的程度所决定。根据不同的轨道网络建设方案，把各交通小区之间的分布交通量中轨道交通所占的比例分配至各条具体线路，最终得到不同方案不同年份的轨道交通客流量。

3. 规划方案评价

1）道路网

在本阶段，主要进行道路网交通供需关系分析和城市路网结构特征分析。道路网交通供需关系分析是根据交通流分配得到交通流量，结合道路的通行能力，计算各路段的负荷度、车速和延误时间等，评价路网交通的运行质量。依据此供需分析的平衡情况，找出规划路网中存在的问题，以调整规划或改变规划道路的建设顺序。城市路网结构特征分析主要分析城市道路网络不同层次等级道路的长度、密度、比例等特征。

由于车速和延误时间均与负荷度有关，因此本实例采用负荷度作为评价城市规划道路网交通运行质量的指标。从交通流分配结果可以看出，近期规划道路网没有出现负荷过高的路段；中期规划道路网日平均负荷度小于 0.6，也没有出现负荷过高的路段。

通过城市 2020 年中期道路网交通负荷度分析，快速路负荷度分布较均匀且低于 0.5，说明中期规划后的城市快速路处于畅通状态；主干路负荷度有所降低，绝大多数主干路的负荷度介于 0.3~0.6；次干路负荷度分布均匀，道路资源能够充分利用，绝大多数次干路负荷度介于 0.3~0.5。

从上述分析可见，如果按照规划年城市用地布局，并且同步实施合理的交通管理措施，规划年道路网能满足未来的交通需求。这里值得注意的是，若通过交通需求预测发现部分区域、线路或路段交通负荷度过高，则需要重新补充调整网络结构后，再进行预测，直至达到合理的负荷度范围。

2）公共交通网络

（1）公共电汽车

针对现状公共交通系统存在的问题，在线网布局调整时，通过调整线路、缩短发车间隔和更换小容量公交车，对于新开发组团通过新增线路提高了站点覆盖率。此外，还通过增设快速公交和 BRT 线路，提高公共交通的整体水平。

（2）城市轨道交通

通过轨道交通客流预测，得到各建设方案轨道线网的断面客流量、各站点的乘降量及换乘站点的换乘客流量等数据，在此基础上进行线路平均运距、线路客流量、线路客流强度、单向高峰小时客流量等对比分析。以 2030 年方案一为例，轨道交通客流量如图 10-26 和图 10-27 所示。

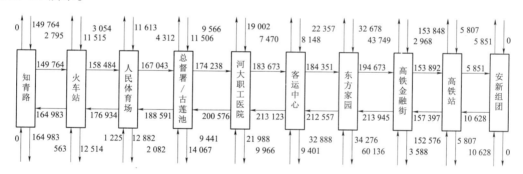

图 10-26 地铁上、下客流与区间客流预测值（1 号线）

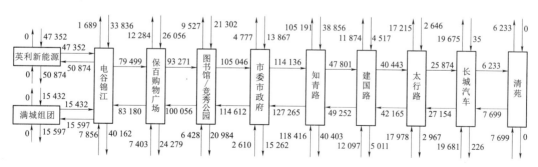

图 10-27 地铁上、下客流与区间客流预测值（2 号线）

线路平均运距是指乘客在本线中的平均乘坐距离，分全日平均运距和高峰小时平均运距。计算方法为：单位时间内乘客乘坐距离之和除以累计乘客数。不同方案线路的全日平均运距如表 10-11 所示。

表 10-11　线路全日平均运距　　　　　　　　单位：km

方案	年份	1 号线	2 号线	3 号线	4 号线
方案一	2020	5.59	—	—	—
	2030	11.42	5.02	—	—
方案二	2020	7.33	4.18	—	—
	2030	7.74	4.23	11.13	7.65
方案三	2020	7.33	4.18	—	—
	2030	8.11	4.26	10.94	11.53

线路客运量是指一定时间内线路的总乘坐人次，由本线进站量和换入量两部分组成。根据统计周期的不同，具体可分为：线路小时客运量、日客运量、年客运量等。表 10-12 为不同方案线路的日客运量。各线路的客运量都有所提升，但 1 号线客运量增长最为明显，其主要原因在于 1 号线站点所覆盖的区域为规划区域的城市中心区，随着城市发展速度的进一步加快，上述区域总体出行需求的增长导致了 1 号线客运量增长较为显著。

表 10-12　线路的日客运量　　　　　　　　单位：万人次

方案	年份	1 号线	2 号线	3 号线	4 号线
方案一	2020 年	41.93	—	—	—
	2030 年	53.25	38.86	—	—
方案二	2020 年	39.21	39.57	—	—
	2030 年	59.80	47.64	78.54	68.31
方案三	2020 年	39.21	39.57	—	—
	2030 年	62.96	41.55	75.95	67.14

线路客流强度是指轨道交通线路一定时间内客流量与线路长度的比值，表示线路单位长度所承载的乘客数量，常用线路日客运量与线路长度之比表示，单位：万人次/(km·d)。如表 10-13 所示，轨道交通 1 号线的客流强度呈现出增长态势，这与 1 号线所覆盖区域的用地类型和开发强度有直接的联系，而 2 号线变化较小。

表 10-13　线路的客流强度　　　　　　　　单位：万人次/(km·d)

方案	年份	1 号线	2 号线	3 号线	4 号线
方案一	2020	2.33	—	—	—
	2030	3.32	1.95	—	—

方案	年份	1 号线	2 号线	3 号线	4 号线
方案二	2020	2.45	1.99	—	—
	2030	3.73	2.39	2.20	3.59
方案三	2020	2.45	1.99	—	—
	2030	3.93	2.09	2.13	2.94

单向高峰小时客流量是指全日高峰小时内单方向上线路输送的总乘客量。本例根据北京市 5 号线全线客流早高峰系数（0.15）推算单向高峰系数为 0.075，计算得线路单向高峰小时客流量如表 10-14 所示。

表 10-14 线路单向高峰小时客流量 单位：万人次

方案	年份	1 号线	2 号线	3 号线	4 号线
方案一	2020	3.14	—	—	—
	2030	3.99	2.91	—	—
方案二	2020	2.94	2.97	—	—
	2030	4.49	3.57	5.89	5.12
方案三	2020	2.94	2.97	—	—
	2030	4.72	3.12	5.70	5.04

10.2.8 城市停车规划

1. 停车规划范围

规划平面范围与保定市总体规划范围一致，规划面积为 210 km²，以建城区 110 km² 范围为主。规划的纵向层次一般控制在地表以下 0 ～ 15 m 范围内，地表 15 m 以下的地下空间资源将作为远景开发资源予以保留。

2. 停车规划原则

① 停车规划应与城市总体规划和城市交通规划协调，严格按照保定市的用地控制，使城市停车场布局与城市用地布局一致，提高停车场的使用效率。

② 停车场规划近期采用"加强停车管理、同时增加停车供应"的策略；远期采用"停车需求管理为主、停车场建设为辅"的策略。

③ 地下公共停车场的规划从地下空间资源分布、停车需求两方面综合考虑，结合道路、学校操场等的下部空间进行开发建设，对于绿地、公园等地下空间的使用予以控制。

④ 为了提高地下公共车库的利用率，地下车库应与地下商业街、地下人行过街道等地下空间设施整合建设，并应与相邻地下车库相互连通。

⑤ 城市中心区地下车库服务半径为 200 m 左右，居住区地下车库的服务半径为 250～300 m。

⑥ 停车场的建设应考虑城市动、静态交通的衔接与协调，以及个体交通工具与公共交通工具的换乘与衔接。

⑦ 地下停车场应兼顾城市防空工程体系建设的要求。

同时，停车规划应充分考虑保定市的交通发展策略。以可持续发展为原则，从长远来看，保定市交通发展遵循以限制小汽车发展，鼓励发展公共交通为主线，因此在停车规划中应充分发挥静态交通对动态交通的协调互动反馈机制。

3. 停车需求预测

在综合分析土地利用状况及未来发展规划、机动车保有量及其出行水平、城市人口及社会经济发展水平、交通政策、停放成本、平均停车步行距离、机动车出行目的及其交通结构等停车需求影响因素的基础上，采用人口规模预测法和汽车拥有量预测法，综合预测保定市停车需求。人均所需的停车面积按 0.8 m² 计算，标准小汽车的单位停车面积按平均 25 m² 计算，使用公共停车场车辆占总数的百分比取 15%～20%。

人口规模法预测结果的权重确定为 0.15，机动车拥有量法预测结果的权重确定为 0.85，综合预测保定市停车需求如表 10-15 所示。

表 10-15　保定市市区总停车泊位预测表

年份	停车指标	总停车泊位	公共停车泊位方案 1	公共停车泊位方案 2	公共停车泊位方案 3
2012	停车面积/万 m²	389.5	58.4	70.1	77.9
	停车泊位/个	155 788	23 368	28 042	31 158
2020	停车面积/万 m²	665.1	99.8	119.7	133
	停车泊位/个	266 050	39 908	47 889	53 210

注：公共停车泊位方案 1、2、3，表示公共停车场泊位数占总停车泊位数的比例，分别采用了 15%、18%、20%。

根据保定市各个区未来规划年的土地面积比例，把公共停车泊位总数分配到各个区，结合目前保定市现有的社会停车场停车泊位数目、城区土地面积，推荐公共停车场泊位数占总停车泊位数的百分比为 15%，得到规划年保定市各区的公共停车泊位数如表 10-16 所示。

表 10-16　保定市各区公共停车泊位数预测值

年份	停车指标	高开区	北市区	南市区	新市区	合计
2012	停车面积/万 m²	2.1	13.3	17.6	25.4	58.4
	停车泊位/个	846	5 328	7 047	10 147	23 368
2020	停车面积/万 m²	3.6	22.7	30.2	43.3	99.8
	停车泊位/个	1 444	9 098	12 035	17 331	39 908

4. 公共停车场停车政策

建议采用差异化社会停车泊位供给和收费政策，在中心城区采用抑制需求型停车政策，在外围区域采用鼓励需求型停车政策。在保定市中心区需要限制停车泊位数量的供应并适当提高停车收费费率；同时，完善中心区公共交通系统和高品质的慢性交通系统，以鼓励出行者乘坐公共交通、自行车或步行进入中心区，促进"低碳交通"的形成，减轻中心区道路交通压力。在保定市外围区域，停车设施的位置和用地大小，应根据城市总体规划要求，结合城市用地的功能分区和道路交通组织的要求，合理布局停车场，适当扩大停车供给规模。

5. 公共停车场规划

基于保定市差异化的公共停车场停车政策和城市公共停车场的建设情况，综合考虑公共停车场的汽车可达性、服务半径、建设费用、停车收费，以及与城市总体规划和周边路网交通发展的协调性等影响公共停车场规划的因素，并遵循以下的停车场选址原则：

① 社会公共停车场的服务半径一般不超过 300 m，中心区不超过 200 m；
② 单处社会公共停车场的容量一般不超过 200 个泊位；
③ 形式因地制宜，减少拆迁，用地紧缺地区积极采用立体停车形式；
④ 社会公共停车场位置靠近主要城市道路，出入口尽可能远离交叉路口；
⑤ 考虑周边建筑物配建停车场、路内停车场泊位供给情况；
⑥ 配合旧城改造，结合公共绿地、城市广场等设置社会公共地下停车库。
最终，形成保定市城市出入口处的停车场和城市内部公共停车场的布局规划方案。

1）城市出入口处的停车场规划

保定市的出入口主要有南二环-南二环、朝阳大街-南二环、东二环-保定学院、漕河收费站、满城收费站等。同时，出入口停车场布局中，外来机动车公共停车场应设置在保定市的外环路和城市出入口道路附近，主要用于停放货运车辆。保定市城市主要出入口公共停车场布局规划如表 10-17 所示。

表 10-17   保定市城市主要出入口公共停车场

序号	对外停车场位置	泊位数	每标准停车面积/m²	面积/hm²	类型
1	保石路-南二环-西三环	300	30	0.9	新建
2	朝阳大街-南二环	400	30	1.2	新建
3	保定收费站	400	30	1.2	新建
4	漕河收费站	300	30	0.9	新建
5	满城收费站	300	30	0.9	新建

规划新建的 5 个出入口停车场，主要用于停放货运车量，应充分考虑车辆进出对主干路交通的影响，建议布置在主干路收费站附近的空旷地域。为保证方便车辆的进出并减少对主干路交通的干扰，建议采用车辆右进右出停车场，具体布局方案如图 10-28 所示。

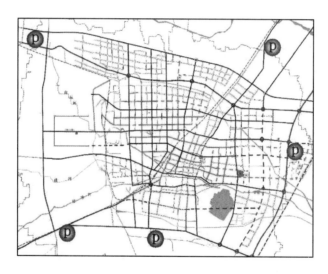

图 10-28   保定市城市出入口停车场布局规划

2）城市内部公共停车场规划

以保定市近远期停车需求预测为控制总量，按保定市城市总体规划把城市分为 13 个功能片区，在统计现有社会停车场和停车泊位的基础上，将每个功能片区给予相应的停车场个数和停车泊位数，最终得到保定市 4 个分区的停车场数，表 10-18 为保定市 2020 年各区公共停车场的规划个数。图 10-29 为保定市 2020 年社会公共停车场布局规划。

表 10-18　保定市 2020 年各区公共停车场的规划个数

	停车指标	高开区	北市区	南市区	新市区	合计
预测面积、泊位	停车面积/万 m²	3.6	22.7	30.2	43.3	99.8
	停车泊位/个	1 444	9 098	12 035	17 331	39 908
停车场规划个数	停车场/个	5	53	20	56	134

图 10-29　保定市 2020 年社会公共停车场布局规划

6. 配建停车指标规划

城市配建停车指标在宏观上受城市机动化水平和车辆出行水平、城市发展形态及城市交通管理政策等因素的影响，在微观上受主体建筑物的类型、所处的区位位置、建筑规模与级别等因素的影响。

1）公共设施用地布局规划

在保定市配建停车指标改进过程中，基于公共设施用地布局规划，将保定市分为三、三、四级配体系，即 3 个市级综合中心、3 个市级专项中心和 4 个区级中心。

3 个市级综合中心：在古城区形成历史文化和传统商业文化中心，保护、修缮历史街区和文物景点，展示优秀历史文化特色；在铁路以西片区朝阳大街和东风路交汇区域，形成集商务办公、金融商贸、文化娱乐于一体的综合型市级现代商业文化中心，规划建设万博广场、新燕赵商务楼等项目；在北二环以北、朝阳北大街两侧区域，规划综合型市级现代商务办公中心。

3 个市级专项中心：在东三环以东、七一东路以北区域，依托河北大学和保定学院规划专项型市级教育科研中心；在西二环与西三环之间、七一西路两侧区域规划体育产业基地，建设市级体育设施（场、馆）、体育休闲、文化娱乐和体育产业中心；在高速铁路站场周边区域，规划高端商务会展和知识型经济中心。

4 个区级中心：分别在朝阳大街和天鹅路交汇区域，在朝阳南大街以东、铁路专用线以南区域，在三丰路以南，永华南大街以西区域，在东二环两侧，东风东路与裕华东路之间区域，规划区级生活生产服务中心，配套建设区级商业、文化、体育、娱乐、休闲、医疗、卫生等服务设施。

2）居住用地规划

保定城市总体规划居住用地分为 10 个居住组团，分为居住区和居住小区，居住区人口控制在 3 万～5 万人，居住小区控制在 0.7 万～1.5 万人。2020 年建设各类住房 20.422 万套，总建筑面积 1 821.6 万 m²。

3）配建停车指标改进

在配建停车指标改进过程中，充分考虑保定市功能分区及区域差别，将保定市规划分为 13 个功能分区，主要包含：高新技术产业区、居住办公配套新区、居住及无污染产业区、传统产业升级改造区、现代商业居住服务区、居住及商贸流通区、现代装配制造业园区、居住及文体配套区、历史文化名城保护区、居住及配套服务区、教研及商务会展区、体育产业基地起步区、东南产业起步区。综合考虑各功能分区的功能差异，以及保定市南市区、北市区、老城区、高新区 4 个区的发展差异与交通可达性，有区分地合理制定停车配建指标。

基于保定市实际情况，将建筑物分为住宅、办公、商业、旅馆、医院、餐饮娱乐、文体教育、工厂仓库共八大类进行分析，根据不同的建筑类别合理制定停车配建指标。

住宅区内车位主要供小汽车和小型货车夜间停放，总量应与这两类车辆保有量相平衡，且配建停车指标应与车辆增长相一致。确定的配建停车指标具有一定的使用阶段，随着机动车拥有量的不断增加，对配建停车指标应不断地修改补充。根据保定市规划期住宅建设标准和机动车辆增长速度，推荐规划期普通新建住宅的配建停车指标由 0.2 泊位/户上升至 0.5 泊位/户。

　　根据保定市各功能分区的不同，城市核心地区配建停车指标确定采用幅度值，城市边缘地区采用固定值（下限值）。在配建停车指标改进方面既增强了刚性，又不失政策的柔性化。

　　在文体教育设施配建停车指标制定过程中，除根据教育层次进行分类外，同时要充分考虑中小学的临时停车配建。

　　配建停车指标中考虑到残疾人专用车位，并借鉴国内外的相关资料，推荐停车泊位大于50时应设残疾人专用车位。

　　考虑以上综合因素，最终形成保定市配建停车指标。

　　保定市近期住宅分类如表 10-19 所示，近期住宅配建停车指标如表 10-20 所示，近期建筑物配建停车指标推荐值如表 10-21 所示。

表 10-19　保定市近期住宅分类表

类别	性　　质
一类	平均每户建筑面积>120 m² 或别墅
二类	100 m²<平均每户建筑面积 < 120 m²
三类	平均每户建筑面积<100 m²

表 10-20　保定市近期住宅配建停车指标建议值

类别	单位	古城及周边地区		铁西中心区		其他地区	
		机动车	非机动车	机动车	非机动车	机动车	非机动车
一类	泊位/户	1.25		1.25		1.5	
二类	泊位/户	1	2	1	2	1	2
三类	泊位/户	0.8	2.5	0.8	2.5	0.8	2.5

注：表中所列配建指标为建设项目应配建的停车位最低指标，弹性指标按相应的说明进行控制。

表 10-21　保定市区建筑物配建停车指标推荐值（含地上、地下）

类型		古城及周边地区		铁西中心区		其他地区	
分类标准	单位	机动车	自行车	机动车	自行车	机动车	自行车
办公设施分类							
市属行政及高级商务办公	泊位/100 m² 建筑面积	0.6	2	0.7	2	0.9	2
普通办公	泊位/100 m² 建筑面积	0.5	2	0.6	2	0.6	2
商业设施分类							
中心商业	泊位/100 m² 建筑面积	0.6	3	0.6	3	0.6	3
普通商业	泊位/100 m² 建筑面积	0.5	3	0.6	3	0.5	3
农贸市场	泊位/100 m² 建筑面积	0.4	3	0.4	3	0.5	3

续表

类型		古城及周边地区		铁西中心区		其他地区	
分类标准	单位	机动车	自行车	机动车	自行车	机动车	自行车
旅馆分类							
高、中档	泊位/100 m² 建筑面积	0.5	1	0.6	1	0.7	1
普通	泊位/100 m² 建筑面积	0.3	2	0.4	2	0.5	2
医院分类							
市级	泊位/100 m² 建筑面积	0.6	2	0.6	2	0.7	2
区级	泊位/100 m² 建筑面积	0.3	2	0.4	2	0.4	2
餐饮娱乐							
餐饮	泊位/100 m² 建筑面积	0.8	3	1.0	3	2.0	3
娱乐	泊位/100 m² 建筑面积	0.8	3	1.0	3	2.0	3
文体教育设施分类							
中学	泊位/100 学生	0.5	40	0.7	40	1.0	40
小学	泊位/100 学生	0.4	20	0.6	20	0.8	20
幼儿园	泊位/100 m² 建筑面积	0.2	2	0.3	3	0.4	4
体育馆	泊位/100 座	2.0	20	2.0	20	3.0	20
影剧院	泊位/100 座	2.0	20	3.0	20	4.0	15
展览馆	泊位/100 m² 建筑面积	0.4	1.5	0.5	1.5	0.8	1.0
公园	泊位/100 m² 公园面积	0.2	2.0	0.3	2.0	0.5	3.0
工厂仓库分类							
工厂	泊位/100 m² 建筑面积	0.4	2.0	0.5	2.0	0.6	1.5
仓库	泊位/100 m² 建筑面积	0.3	1.5	0.4	1.5	0.5	1.0

注：古城及周边地区是指东起红旗大街、南到三丰路、西邻京广铁路、北至七一东路所围的区域；铁西中心区是指东起京广铁路、南到三丰路、西邻乐凯大街、北至七一东路所围的区域。

7. 城市停车规划评价

1）城市公共停车场布局规划评价

保定市城市主要出入口公共停车场，设置在城市的外环路和城市出入口道路附近，主要停放货运车辆。同时，在保定市客运枢纽如火车站、汽车客运站设置了客车停车场。社会公共停车场的服务半径和停车泊位数分布均满足《城市道路交通规划设计规范》中对停车场设置的要求。

2）配建停车指标规划评价

（1）城市间配建指标的定性分析

对保定市配建停车指标的定性分析采取类比法，即与邢台、石家庄等城市配建停车指标比较。从整体指标看，保定市比邢台市的配建停车指标相对偏高（如保定的办公配建指标为在中心区 $0.5 \sim 0.7$，邢台为 $0.2 \sim 0.4$），而比石家庄办公类建筑物停车位指标偏低，这与3个城市的经济、规模指标相符。可见，保定市配建停车指标能满足其实际需求。

（2）住宅区配建停车的定量分析

以住宅区为例进行定量分析，2020年建设套型建筑面积小于 $90 \ m^2$ 的住房共 15.96 万套，经济适用住房和廉租住房分别 35 400 套和 6 920 套，则根据配建停车指标得到停车泊位需求为 $15.962×0.6+3.54×0.4+0.692×0.3+0.828≈12.02$ 万。

10.2.9　城市慢行交通规划

1. 慢行交通的现状

保定市慢行交通系统由步行系统和非机动车系统两大部分构成。由于保定市人口集中，步行和非机动车出行在居民出行方式中占有很大比例，其出行比例分别为 24.88% 和 56.97%，慢行交通方式出行比例达到 81.85%。通过对保定市居民出行方式分担比例的预测，以及现行的交通政策和体制，虽然保定市自行车出行比例将有所下降，小汽车出行比例将逐年上升，但慢行交通中自行车出行比例在整个居民交通出行结构中依然占主导地位。

通过对保定市慢行交通系统现状的调查分析，保定市慢行交通基础设施虽已初具规模，具备实施慢行交通的良好基础，但存在以下主要问题：

① 慢行系统规划滞后，缺乏城市功能的整体性考虑；

② 道路断面设置不合理，人行道利用率低；

③ 过街设施设计不合理、设施缺乏，快慢交通混行矛盾突出；

④ 慢行环境景观吸引力弱；

⑤ 换乘设计不完善；

⑥ 管理混乱、占道严重。

2. 慢行交通规划目标

借鉴国内外慢行交通体系建设的成功理念与经验，结合保定市城市现状及特色，旨在构建一个与城市发展相适应，与公共交通无缝衔接的安全、便捷、高效、低成本的新型一体化慢行交通体系，以推动慢行交通系统整体水平的提升，形成"安全、便捷、连续、舒适、优美"的出行环境，使其逐步走向系统化、舒适化和有序化，从而将保定市打造成国内知名的"低碳城市"、"品质之城"。具体目标包括：

① 制定合理的城市慢行交通政策及慢行空间发展策略，前瞻性地引导市民的慢行出行行为，为构建和谐城市、和谐交通发挥效用；

② 从城市整体发展的角度上科学规划步行圈，满足各区域、各类人群的交通性、社会

性的慢行出行需求；

③ 塑造优美、富于特色的慢行环境，营造良好城市氛围，为市民休闲、健身、购物提供场所；

④ 制定有效的措施和方法解决好快慢交通冲突、慢行空间与停车空间交织、慢行主体行路难等问题，重塑良好交通秩序；

⑤ 制定各类慢行空间的设计指引和说明，为慢行系统的设计和建设提供技术支持，构筑高标准的慢行空间，为城市树立良好形象。

近期重点规划护城河、东湖、西湖周边配套的亲水景观休闲道，完善慢行交通系统网络，梳理老城区慢行交通及通学路系统；远期规划环堤河、南湖、北湖及新湖周边配套的亲水景观休闲道，进一步优化慢行交通网络。

3. 慢行交通规划原则

在慢行交通系统的规划中，基于保定城市发展战略及慢行交通自身的特点，遵循以下原则。

① 和谐的原则：慢行系统规划是实现城市和谐、交通和谐、动静和谐的技术手段之一。实现快慢交通之间的和谐，个体交通与公共交通之间的和谐，交通与环境之间的和谐，交通与生态之间的和谐是此次规划的首要原则。

② 可持续原则：为保证慢行交通系统乃至综合交通系统与未来的城市布局结构、功能统一，不造成资源的浪费和重复建设，使得慢行系统具有未来的适应性，务必使规划考虑系统建设过程、环境与生态上的可持续性，适应未来的城市发展。

③ 系统性原则：创造良好的慢行系统，在全市范围中建设有影响的区域慢行圈，辐射城市不同的区域。通过高品质慢行交通系统，凸显"山水保定、低碳城市"的特色，构建令步行者心旷神怡的亲水、具有深厚文化底蕴的优雅步道环境。

④ 以人为本原则：慢行空间不仅仅要考虑一般人的慢行行为，对于特殊人群，如学童、年长者、残障人士等，要考虑其特殊要求和慢行特性，为其构筑无障碍的、人性化的设施。

⑤ 低碳交通原则：通过构建新型一体化的慢行交通系统，促进发展以低碳排放公共交通为导向的城市交通，引导城市合理交通方式结构的形成，以打造低碳出行保定名片。

4. 慢行交通需求预测

慢行交通需求预测的影响因素涵盖了从宏观社会经济发展政策到微观的个体出行选择行为等，具体包括：保定市的地文地貌与气候条件、土地利用与交通发展策略、社会经济活动及城市交通的特征、规律和趋势等。

1）慢行交通宏观预测

宏观预测主要基于政府所制定的城市交通发展政策、交通设施建设水平、城市经济发展水平及城市用地规划等，定性分析未来保定市慢行交通的发展趋势，为保定市交通结构的可能发展方向做出评估。

（1）交通发展政策

保定市慢行交通系统将建设成为城市交通发展的重要方面。同时，将慢行系统融入自然环境中，利用慢行系统整合各种资源，提高区域出行质量，优化城市交通结构，构建中小学通学路系统、亲水步道系统、文化休闲系统等，提高城市生活品位。

（2）城市土地规划

保定市城市土地利用规划布局是形成"两带两区三组团"集中紧凑型城市结构，利于步行和非机动车出行结构的形成。

（3）宏观预测

积极倡导保定市中心城区低碳城市、低碳交通策略，采取以公共交通为主导、鼓励步行和非机动车的交通模式，使中心城区公共交通出行比例达到30%以上，适度控制小汽车出行的比例。

步行交通：步行出行距离普遍较近，受未来城市交通环境变化的影响较小。未来，随着保定市慢行交通系统品质的提高，步行出行比例将有上升趋势，但其变化过程将是缓慢的，未来发展趋势可在现状基础上略作调整。

非机动车交通：随着城市规模的扩大和城市公交状况的改善，非机动车出行比例也会有所下降，但出行目的除通勤和上下学外，换乘、健身、旅游和休闲逐渐成为非机动车交通出行的主要目的。非机动车出行比例可在考虑上述几种交通方式出行比例的基础上，结合现状出行比例调整，但应体现其逐渐下降的变化趋势。

2）慢行交通微观预测

步行方式的出行比例与出行距离紧密相关。通过调查研究，当出行距离在2 km以上时，出行比例迅速下降并趋于0，说明步行出行的适宜距离在2 km以内，对于属于自由类纯体力出行的步行而言，比较符合保定市居民的出行心理。

非机动车出行选择行为最主要的影响因素是其他交通方式的竞争行为，特别是公共汽车。通过调查非机动车出行分担率与出行距离关系分析，当出行距离在4 km以上时，非机动车出行比例迅速下降，在出行距离为8 km时出行比例下降趋于0。说明非机动车出行的适宜距离在8 km以内，对于属于依靠体力出行的自行车而言，出行距离宜定在4～6 km为宜。

5. 慢行区划分

为达到机非分流及对不同出行距离的出行分别对待的目的，划分非机动车出行的慢行区，即将大部分非机动车出行限定在单个慢行区域范围内。慢行区划分除考虑均质原则、行政原则和自然屏障外，还应尽可能将3 km以下的非机动车出行组织在单个慢行区范围内。在保定市慢性区划分过程中，遵循了以下原则。

① 边界：慢行区边界线应选择非机动车难以跨越的屏障阻隔，主要考虑河流、快速路、交通性主干路等。

② 面积：非机动车的合理出行距离不应大于6 km，则慢行区内城市建设用地面积的理

想值为 28 km² 左右（圆内任意两点间的距离不大于 6 km）。

③ 用地：大型居住区是非机动车出行最主要的发生源，而就业区是主要吸引源，慢行区应尽量以大型居住或就业区为中心划分。

④ 车流：根据非机动车车流分布预测计算各慢行区内短距离（1 ~ 3 km）出行比例，调整慢行区范围，得到区内非机动车出行比例较大的划分方案。

根据上述原则，将保定市市区划分为 14 个慢行区，分别为：古城慢行区、古城历史景观协调区、市中心综合功能慢行区、市中心金融商业慢行区、东湖周边居住及文体配套区、城东居住慢行区、城南居住慢行区、汽车产业园慢行区、传统产业改造慢行区、新文体中心慢行区、高新技术产业园慢行区、城北居住及办公配套慢行区、高校科研及站前商务慢行区、零部件产业园慢行区。各慢行区的空间位置布局如图 10-30 所示。

图 10-30　保定市慢行交通系统慢行区划分图

6. 非机动车系统规划

1）规划目标

以保定市自行车交通政策为依托，制定非机动车系统规划的目标、原则及方案。非机动车系统规划目标为：

① 以城市景观为背景、大水系为依托，发展慢行交通网络，促使机动车出行向非机动车出行转变，构建"绿色、和谐、文化、景观"的生活环境；

② 以优先、大力发展公共交通为基础，促进非机动车与城市公共交通系统的衔接，保证良好的换乘环境；

③ 创造安全、便捷、连续、舒适、优美的出行环境，优化、整合非机动车网络，方便市民生活；

④ 以城市道路为依托，建立与城市土地利用相协调的非机动车廊道；

⑤ 改善非机动车与公共交通的换乘环境，建立自行车租赁系统。

2）规划原则

非机动车系统规划基本原则是为近距离出行创造方便、舒适的交通环境，对中长距离的自行车出行进行限制，促进自行车向公共交通转化，并与其他交通方式进行整合，形成合理匹配的运输层次和运输结构。具体原则体现在以下几个方面。

① 分流：减少快速路、机动车流量大的主干路上的非机动车流量，原则上非机动车廊道不设于城市快速路，主要考虑在城市主干路和次干路层面设置；部分快速路和主干路于远期可考虑设置非机车廊道。

② 连区：规划廊道应尽量连续、具有较好的贯通性，使各慢行区连为一体，以实现区间连通。

③ 穿核：非机动车出行大都始于慢行区内高强度开发地域，廊道布置应尽量靠近或穿越核心区域。

④ 取直：骑车者一般都会选择最短路径，不愿意转弯，廊道布置时应尽量顺直。

⑤ 优先：道路路权空间上应予以优先，慢行区之间、非机动车预测流量较大的道路需设置非机动车廊道。

3）非机动车道规划

非机动车道按功能层次分为廊道、集散道、连通道和休闲道。非机动车廊道定位于：区域性慢行区之间、高标准建设的非机动车专用道，以及慢行区与轨道交通换乘枢纽的连接通道。集散道定位于相邻慢行区之间或慢行区内的非机动车流量集散道路，慢行区内与常规公交换乘枢纽的连接通道。连通道定位于地块间的连通道。休闲道定位于风景区、沿河绿化带内的非机动车道。

非机动车出行分为交通性和休闲性两类。非机动车道既为慢行区之间出行服务，也为慢行区内部出行服务，因此，合理的非机动车道路网系统应有适当的路网密度及道路间距。根据《城市道路交通规划设计规范》，参考国内外其他城市目前的非机动车道路网密度与道路间距指标，结合保定市城市规模、人口及非机动车交通的地位作用等因素，不同等级、不同层次的非机动车道路网密度和道路间距建议值如表 10-22 所示。

表 10-22　保定市非机动车道路网密度和道路间距推荐值

类型	分隔方式	道路网密度/(km/km²)	道路间距/m
非机动车廊道	—	—	1 000 ~ 1 200
非机动车集散道	实体分隔	3 ~ 5	400 ~ 600
非机动车连通道	划线分隔	8 ~ 15	150 ~ 200
	—	—	150 ~ 200

规划非机动车道路的主要技术指标包括非机动车道的宽度、设计车速和通行能力。保定市非机动车道主要技术指标建议值如表 10-23 所示。

表 10-23　保定市非机动车道主要技术指标推荐值

	车道宽度/m（单向）	设计时速/(km/h)	通行能力/辆
非机动车廊道	5 ~ 7	20	9 900 ~ 16 500
非机动车集散道	3.5 ~ 6	20	8 500 ~ 15 000
非机动车连通道	2.5 ~ 4.5	15 ~ 18	<8 500

为提高非机动车道路网的运行效率，保证非机动车道路网的可实施性和非机动车运行的安全性，综合考虑现状道路和规划道路的功能定位、红线、断面、道路机动车交通量、车速等因素，在初拟非机动车道路网的基础上进行路网布局调整，最终形成保定市非机动车道路网的布局方案。

保定市近期规划非机动车道 23 条，其中廊道 2 条，集散道 17 条，休闲道 4 条，如图 10-31 所示；远期规划非机动车道 30 条，其中廊道 3 条，集散道 20 条；连通道 4 条，亲水景观休闲道 3 条，如图 10-32 所示。

7. 步行系统规划

1）规划目标

① 体现保定市大水系的人文环境，塑造历史文化名城的城市形象；

② 提高步行系统的安全性、可达性与可识别性，保证道路两侧人行道的有效宽度、连续性和路面平整，保证交通弱势群体的正常通行条件；

③ 步行系统设计要体现以人为本的原则，使步行活动成为一种愉悦身心而又具有审美情趣的体验；

④ 最大可能地照顾弱势群体，体现路权分配的公正公平；

图 10-31　保定市近期非机动车道布局方案

图例：
- ▬ ▬ ▬ 廊道规划
- ▬▬▬ 廊道现状
- ━ ━ ━ 集散道规划
- ▬▬▬ 集散道现状
- ──── 连通道现状
- ▪ ▪ ▪ 休闲道规划

⑤ 根据交通状况，结合商业、旅游网点建设，提出与土地使用、城市风貌、城市文化相协调的步行街规划方案。

2）规划原则

① 远近结合：考虑今后城市规模、性质、结构形态、布局等的变化，在路网形态、道路等级、类型、技术指标等方面为远期城市交通的发展留有余地。

② 满足需求：满足步行交通的需求，特别是职工上下班的出行需求，做到功能明确，系统清晰，各种等级、类型的人行道合理分工、相互协调，使步行出行者能方便、迅速、安全地到达目的地。

③ 方式协调：从全局出发，协调好与其他交通方式的关系。配合公交和重要交通枢纽规划，尽可能建立步行、自行车与公交、轻轨等交通方式的换乘体系。

④ 交通分流：尽可能做到机非分离、人车分流的原则，使步行交通系统成为一个开放

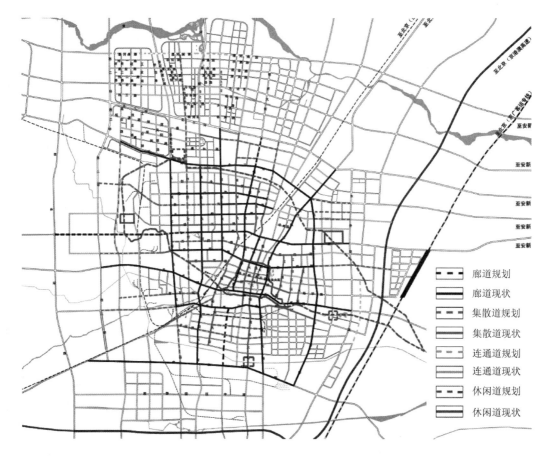

图 10-32　保定市远期非机动车道布局方案

的独立网络。

⑤ 环境依存：利用现有道路，在条件允许时，设置独立的人行专用道，同时尽可能使路网的结构、形态与地形、地势、城市景观的平面布局和空间构图相协调。

⑥ 出行一致：规划的人行道路网布局与居民日常出行的主要流向相一致，并与不同区域的交通需求相协调，力求步行流在整个规划网络内均衡分布，以利于人行道路网功能的正常发挥。

3）人行道规划

依据城市空间发展战略和土地利用性质，在分析人行道现状的基础上，形成保定市近期人行道规划布设方案，如图 10-33 所示；为了形成人行道网络，便于居民出行，在近期规划的基础上，形成远期人行道规划布设方案，如图 10-34 所示。

图 10-33　保定市近期人行道布局方案

8. 慢行交通规划评价

1）非机动车道规划评价

基于现状、近期和远期规划的非机动车道网络布局，形成非机动车道规划前后的里程，如表 10-24 所示。可以看出，各功能非机动车道里程分配均衡，有利于城市空间的可持续发展。

表 10-24　保定市各功能非机动车道长度　　　　单位：km

	廊道长度	集散道长度	连通道长度	休闲道长度	总计
现状网络	124.50	15.56	355.64	0	495.70
近期网络	128.83	60.4	355.64	67	611.87
远期网络	145.57	133.173	378.055	87	743.80

2）人行道规划评价

保定市近期和远期的人行道规划建设情况如图 10-35 所示。

步行交通是城市居民出行方式的重要组成部分，步行交通赖以存在的步行环境是反映城市文化和以人为本精神的重要窗口。保定市行人道的规划建设，有利于为包括交通弱势群体在内的所有步行者创造良好和安全的步行环境，发挥步行交通在保定市综合交通体系中的重要作用。

图 10-34　保定市远期人行道布局方案

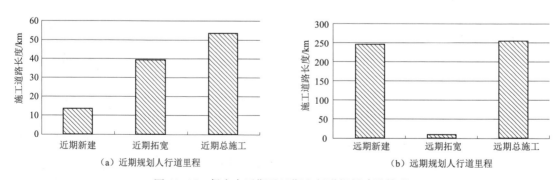

（a）近期规划人行道里程　　　　　　（b）远期规划人行道里程

图 10-35　保定市近期及远期人行道规划建设情况

10.2.10　城市对外交通规划

1. 对外交通需求预测

随着保定市国民经济的高速发展，城市的客、货运输量迅猛增长，正确分析和预测城市对外交通客、货运需求是制定城市对外交通发展战略及规划的重要依据。规划在保定市客货运运量、结构、流向、品种构成等运输现状分析，以及社会经济指标预测的基础上，采用回归分析、弹性系数、增长系数等预测方法，对保定市未来年的客货运总量和各种交通方式运输量进行预测，并根据各种交通方式的网络运输能力和城市总需求量形成客货运的运输结构比例。

1）货运量及货运结构预测

保定市已经初步形成了铁路和公路两种运输方式的综合交通运输体系。2007 年保定市共完成货运总量 8 921 万 t，比 1996 年（5 538 万 t）增长了 49.71%，平均年递增率为 3.74%，其中，铁路承担的货运量为 369 万吨，占总货运量的 4.14%；公路承担的货运量为 8 552 万 t，占总货运量的 95.86%；其他运输方式几乎不承担货运量。

保定市货运运输是以公路和铁路为主导运输方式，其中，公路承担了绝大部分的货运量，一直保持在 90% 以上；铁路承担的货运量变化不大，平均年增长率为 1.36%，而公路承担的货运量逐年增加，平均年增长率为 4.59%；公路承担货运量的比重逐年增加，铁路承担货运量的比重逐年降低，截至 2007 年，公路承担货运量的比重比铁路承担货运量的比重高出 91.72%。

采用回归分析法、弹性系数法、增长系数法等对保定市 2012 年和 2020 年的货运总量进行预测，预测结果如表 10-25 所示。在数值预测的基础上，综合其他相关影响因素，得到 2012 年保定市货运总量指标为 11 635 万 t，2020 年保定市货运总量指标 16 774 万 t。

表 10-25　保定市货运总量预测

预测方法	客运量预测值/万 t	
年份	2012	2020
弹性系数法	12 501.4	17 103.83
人口、GDP-客运量回归模型	11 635.04	17 391.82
增长系数法	11 634.84	15 691.09
采用值	11 635	16 774

规划依据铁路货运量的年均增长率预测保定市未来年的铁路货运量。保定市 2007—2012 年年均增长率为 1.5%，2012—2020 年年均增长率为 0.9%，得到保定市铁路货运量规划指标：2012 年铁路货运量为 437 万 t；2020 年铁路货运量为 542 万 t。

规划分别采用回归分析法、弹性系数法、增长系数法对保定市 2012 年和 2020 年的公路货运量进行预测，预测结果如表 10-26 所示。在数值预测的基础上，综合其他相关影响因素，得到 2012 年保定市公路货运量指标为 11 198 万 t，2020 年保定市公路货运量指标为 16 232 万 t。

表 10-26　保定市公路货运量预测

预测方法	客运量预测值/万 t	
年份	2012	2020
弹性系数法	12 064.4	16 561.83
人口、GDP-客运量回归模型	11 198.04	16 849.82
增长系数法	11 197.84	15 149.09
采用值	11 198	16 232

在保定市货运总量、铁路货运量、公路货运量分别需求预测的基础上，采用货运总量控制的方法，并根据各种交通方式在规划期限所能提供的运输能力进行验算，确定保定市货运量和货运结构如表 10-27 所示。

表 10-27　保定市货运量和货运结构规划表

年份	全市货运量预测值	各种交通方式货运量预测值				
		铁路/万 t	比重/%	公路/万 t	比重/%	合计/万 t
2007	—	369	4.14	8 552	95.86	8 921
2012	11 635	437	3.76	11 198	96.24	11 635
2020	16 774	542	3.23	16 232	96.77	16 774

可以看出，从 2007—2020 年为止，铁路所承担的货运量比重将越来越小，公路所承担的货运量比重将越来越大，铁路所承担的货运量远远低于公路所承担的货运量，公路将成为货运的第一交通运输方式。

2）客运量及客运结构预测

2007 年保定市共完成客运 9 278 万人次，比 1996 年（5 205 万人次）增长了 78.25%，平均年递增率为 5.40%，按照 2007 年全市总人口计算，平均每人每年客运发生量约为 8.3 次，比 1996 年（5.1 次）增加了 63.05%。从 1996 年到 2007 年为止，保定市客运量的绝对数量在递增，年均增长率为 5.63%。其中，公路承担的客运量一直保持在 90% 以上。截至 2007 年，公路承担客运量的比重比铁路承担客运量的比重高出 85.9%。

保定市客运量及客运结构的预测，采用与货运量预测相同的方法，得到保定市客运总量和客运结构，如表 10-28 所示。

表 10-28　保定市客运量和客运结构规划表

年份	各种交通方式客运量预测值/万人次及比重/%				
	铁路	比重	公路	比重	合计
2007	652	7.03	8 626	92.97	9 278
2012	681	5.81	11 050	94.19	11 731
2020	736	4.48	15 678	95.52	16 414

可以看出，从 2007—2020 年为止，铁路所承担的客运量变化不大，公路所承担的客运量将越来越大，铁路所承担的客运量远远低于公路所承担的客运量，铁路所承担的客运量比重远远低于公路所承担的客运量比重，公路将成为客运的第一交通运输方式。

2. "一城三星一淀"交通规划

1）交通流量分布预测

基于保定市地区生产总值预测 2012 年和 2020 年保定市总的对外 OD 交通量，如表 10-29 所示。

表 10-29　保定市 2012 年与 2020 年对外总交通量　　　　　　单位：辆

方向	现状对外交通量	预测 2012 年对外交通量	预测 2020 对外交通量
北京	17 981	26 972	52 145
天津、廊坊	8 139	12 209	23 603
沧州	3 040	4 560	8 816
衡水	3 710	5 565	10 759
石家庄	14 329	21 494	41 554
山西	14 648	21 972	42 479
张家口	3 693	5 540	10 710

从 2012 年对外分布交通量预测（图 10-36）可以看出，保定市域内主要交通走廊依然是沿"京保石"轴带的南北方向；其次是保定中心城与山西和天津东西方向。

2）"一城三星一淀"交通通道现状

① 市区与组团之间联系的交通通道较少，而且部分通道与对外交通混杂。

② 组团之间缺少直接联系的交通通道。虽然各组团与市区都有交通联系，属于"向心式"的交通模式。但各组团之间并无联系通道，或者联系通道的级别较低。

"一城三星一淀"交通存在的问题主要表现为：各县市之间相连道路较少，虽有道路直接相连，但道路等级较低，其通行能力不足，导致了市区内有很多过境交通。

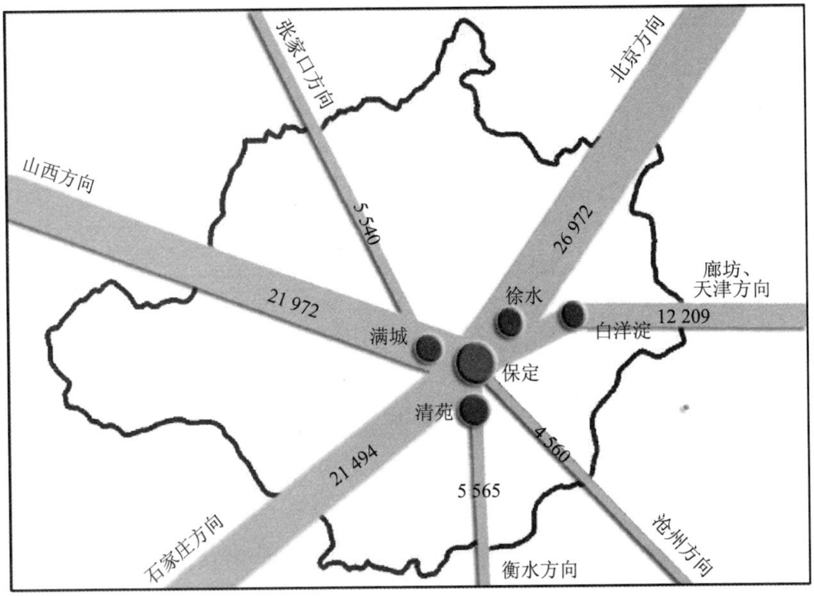

图 10-36 保定市 2012 年对外交通交通流量分布

3) 交通结构定位

区域交通设施的建设与区域交通网络的完善是提升"一城三星一淀"都市区功能的前提和关键。因此，不仅要加强保定市中心城区与卫星城市的联系，而且特别要做好"三星一淀"卫星城市之间的交通衔接工作，为都市区未来的协调发展奠定基础。

城市中心城区与外围的组团之间联系的交通走廊规划建设为以公共交通和小汽车并行发展的模式，公共交通承担 40% 以上的客流量。具体发展策略是：在主要客运走廊配置快速公交干线（BRT），以各种层次的道路公交充实网络，用市场和政策有效调控小汽车的作用，共同组成高密度、高效率、高质量的交通系统。

4) 交通走廊规划

（1）铁路运输通道

规划建设的铁路运输通道主要包括以下几个方面。

① 京石客运专线：在保定市域范围内有 4 个中间站点——涿州东站、高碑店东站、保定东站、定州东站。

② 京石城际铁路：京石城际铁路规划共设站 7 处，具体为涿州、高碑店、固城、徐水（保定北站）、保定（保定南站）、望都和定州等。

③ 保津城际铁路：保定境内长 92.5 km，路线沿保津高速公路北侧，途经雄县、白沟·白洋淀市、容城、徐水，在徐水北并入京广高速铁路客运专线和京石城际铁路通道。

④ 天保大铁路：规划建设的保霸铁路，经保定北站引出，经荣城、雄县、引入京九线

霸州站，正线约 83 km。自保霸铁路西延，沿荣乌高速公路通道，通过涞源向西，该线路主要是一条货运通道。在徐水北设保定编组站，客运与徐水客站合并设站，同时天保大铁路通过白沟·白洋淀市，可与白沟物流结合，在区域上形成南有定州、安国，北有徐水、白沟对称格局的四大物流基地。

"一城三星"铁路通道如图 10-37 所示。

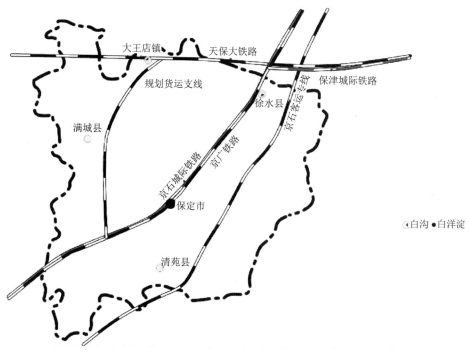

图 10-37　"一城三星"铁路通道示意图

（2）公路运输走廊

连接"一城三星一淀"的公路既有线路为：京港澳高速、荣乌高速、保沧高速、保阜高速、张石高速、京石高速与保阜高速联络线、京深线 G107（一级公路）、保衡线 S231（一级公路）、保涞线 S332（二级路）、天保线 S333（二级公路）、保静线 S334（二级公路）、朝阳大街（城市主干路）和长城大街（城市主干路）。

规划建设各组团之间直接联系的交通通道，改造徐水至满城公路和满城接 107 国道的 X308 为二级公路，将 X308 南沿，之后向西，接清苑外环。从而，在保定市都市区的外围建立起了一个快速公路环，保证了各组团之间直接的联系。同时提升保涞线和保静线的道路等级为一级公路，保证快捷、高效的交通联系。

"一城三星一淀"的公路运输交通走廊如图 10-38 所示。

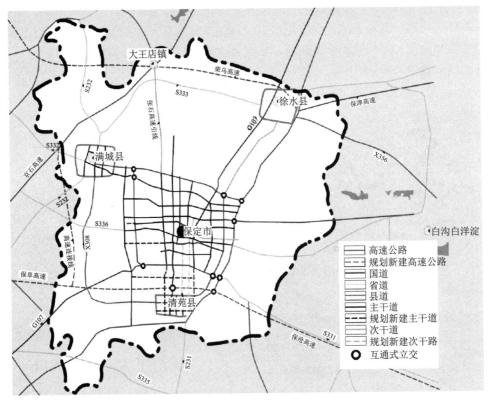

图 10-38　"一城三星一淀"公路运输交通走廊布局图

5）市区交通与交通走廊衔接规划

外围高速环线由京石高速、荣乌高速、京港澳高速、保阜高速和保沧高速连接线围绕组成。城市快速线由西二环、北三环、东三环和南二环围绕组成。两环线之间的连接通道如表 10-30 所示。

表 10-30　市区快速路环与高速环之间的衔接线路

方向	快速环线	高速环线	线　路
东	东三环	京港澳高速	北三环、北二环、复兴路、七一路、东风路、裕华路、天威路
南	南二环	保沧高速	长城大街、莲池大街、恒祥大街、朝阳大街、乐凯大街、老西二环
西	西二环	京石高速、	S336、S332
北	北三环	荣乌高速	张石高速引线、G107、东三环北延

保定市区对外出入口共设 9 个互通式立体交叉，如图 10-38 所示，出入口用地规模充分考虑道路等级和满足道路通行能力的需求，高速公路与城市主干路相交的出入口用地规模取

$7.0\,\mathrm{hm}^2$，高速公路与城市快速路相交的出入口用地规模取 $8.0\,\mathrm{hm}^2$，高速公路与高速公路相交的出入口用地规模取 $9.0\,\mathrm{hm}^2$，城市快速路与城市快速路相交的出入口用地规模取 $3.0\,\mathrm{hm}^2$。

3. 市域一体化交通规划

1）铁路运输网络布局规划

规划期内保定市域将有 4 条铁路干线，分别为京广铁路、京石城际铁路、京石客运专线、津保城际及天保大铁路，对保定市域经济发展起到拉动作用。保定市市域铁路网布局规划如图 10-39 所示。

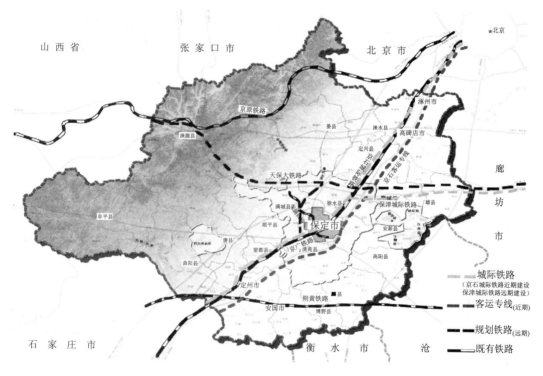

图 10-39 保定市市域铁路网布局规划示意图

2）市域公路发展战略和目标

完善衔接路网结构，以高速公路和国省道干线公路为骨架，以县乡（镇）公路为基础，构筑高效、快捷、相通的公路运输网络，支持城乡一体化协调，带动区域发展。

对外实现公路骨架层（国家公路运输大动脉和省级干线公路）公路技术标准达到高速、一级；对内形成支持城乡一体化经济发展的干线公路网（市到县（市）、县到县（市）的干线公路）公路技术标准达到一级、二级；次干线公路网（县到乡（镇）、乡到乡（镇）的支线公路）公路技术标准达到二级、三级标准；一般公路网（乡到村、村到村的公路）公路技术标准根据功能和连通性要求，宜确定为三级或四级公路等级。

3）公路运输网络布局规划

根据河北省高速公路网布局规划和保定市公路网计划，将形成如下公路运输网络布局。

（1）对外高速公路网络

规划"三纵四横一环"高速路网里程 1 201 km，其中京港澳和保津高速 232 km 已建成通车，规划新建张石、保阜、保沧、廊涿、荣乌、大广、张涿、京昆北延、曲港、平阜 10 条段 969 km 高速公路。

一纵：大广高速保定段 43 km；二纵：京港澳高速保定段 176 km；三纵：京昆（张石）高速曲阳至北京界段 165 km。

一横：廊涿—张石高速涞水至张保界段 172 km；二横：保津—荣乌高速保定段 190 km；三横：保阜—保沧高速保定段 210 km；四横：曲阳至黄骅港高速保定段 143 km。

一环：通过京昆、保阜、保沧、荣乌和京港澳高速的衔接，形成保定市环城高速公路，里程 150 km。

（2）国道、省道网络

国道 4 条，省道 39 条，形成的"五纵四横"框架为：一纵京白—容蠡线，二纵 107 国道，三纵京赞线，四纵宝平线，五纵 207 国道；四横：一横 108-112 国道，二横保涞—津保北线线，三横保阜—津保南线，四横河龙线。

一般国省干线公路规划为一级公路，部分山区路段规划二级公路。为促进中部、东部经济带的发展，将西部、东部、南部、北部形成环形，提升公路等级为一级。提升中心城与县城辐射的公路等级为一级，西部山区局部区域为二级。

（3）县道网络

县道网络属于次干线网络，连接干线网和下一级支线网络的集散路网，逐步增加县道路网密度和提高公路技术等级为二级，重要县道为一级。

（4）乡村公路

实现乡与乡之间二、三级公路连接；重点乡镇之间二级公路连接；乡与村之间三级公路连接；村村通四级柏油公路连接。

（5）与高速公路的衔接

为发挥高等级道路对地区的发展引导作用，在沿线县城及重要旅游景点和工业园区合理预留出入口，并建立一、二级公路与之衔接。

保定市市域公路网布局规划如图 10-40 所示。

4. 对外交通规划评价

"一城三星一淀"交通走廊基础设施的建设与交通走廊网络的完善，是提升"一城三星一淀"都市区功能的前提和关键，不仅加强保定市中心城区与卫星城市的交通联系，也为保定市都市区未来的协调发展奠定基础。

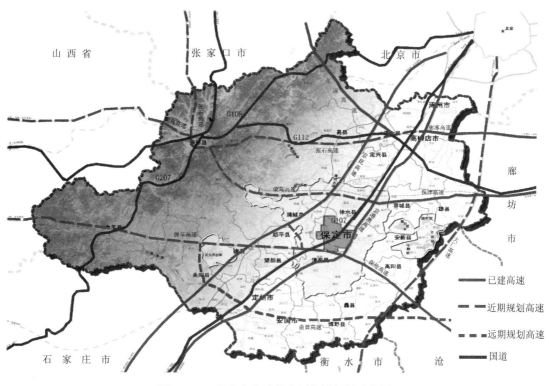

图 10-40　保定市市域公路网布局规划示意图

　　在保定市城区外围形成了外围高速环线，同时在保定市城区内部形成了快速环线，并加强了城市外围高速环线与内部快速环线之间的联系，大大减少了过境交通对保定市中心城区内部交通的压力。

　　保定市位于京津保三角地带，随着京津冀经济的发展，区位交通优势明显增强，决定了保定既是首都通往华中、华南、西南各省的必经之路，又是晋煤东运和农副产品西运的重要通道。市区及市域对外交通网络的布局规划提高了居民对外出行的便捷性和舒适度，同时加强了保定同山西及环渤海经济带之间的联系。"三纵四横一环"的高速公路网的规划建设，以及与铁路快速系统的协调一体化，进一步加强了保定同京津石等地区的联系，对外辐射吸引力会大大增强，区域内部带动作用会更加显著，显示了综合交通系统的协调发展对城市未来的引导和支撑作用。

10.2.11　城市交通枢纽规划

1. 规划目标

1）客运交通枢纽

与保定市经济社会及旅客运输发展特点相适应，与城市空间结构及布局形态相协调，构筑功能完善、结构合理、能力充分、运行高效、服务优质，与铁路运输、航空运输及城市交通体系有效衔接的国家公路运输枢纽系统。使城市对外交通组织顺畅，最大限度减少城市交通压力，旅客运输更安全、更快速、更便捷。

2）货运交通枢纽

突出主导产业，发挥聚敛效应，形成以农贸、动力机械和高新技术产业为特色的现代化物流中心；立足区位优势，注重服务，构建以保定为中心，通达京津冀及山西东部区域中心城市的快速货运服务网络；有效衔接其他运输方式，发挥综合运输优势，形成综合运输枢纽；强化快运，与全国其他国家公路运输枢纽形成以高速公路网为依托的城际快速货物运输网络；加强协调，拓展服务，将保定市打造成为特色突出、布局合理、功能完善、能力充分的重要物流中心城市。

2. 公路客运与货运量预测

规划首先分别对保定市各市县的客运量与货运量进行预测，然后利用保定市公路客货运总量对各市县的预测值进行修正，最终得到保定市各市县客运量与货运量的预测值，如表 10-31 和表 10-32 所示。

表 10-31　保定市各市县公路客运量预测值

市县名称	预测全社会客运量/万人		市县名称	预测全社会客运量/万人	
	2012 年	2020 年		2012 年	2020 年
中心城区	2 852.9	4 180.5	阜平县	340.92	478.2
定州市	860.64	1 207.2	涞源县	335.34	470.3
涿州市	760.02	1 066.1	定兴县	335.34	470.3
白沟·白洋淀	435.88	611.4	蠡县	313.00	439.0
安国市	413.54	580.1	雄县	312.78	438.7
高阳县	391.18	548.7	安新县	310.90	436.1
曲阳县	386.74	542.5	容城县	296.32	415.6
徐水县	361.04	506.4	唐县	258.86	363.1
高碑店市	357.70	501.7	望都县	176.44	247.4
易县	357.70	501.7	顺平县	169.34	237.5
清苑县	357.70	501.7	涞水县	161.88	227.0
满城县	342.82	480.9	博野县	161.02	225.9

表 10-32 保定市各市县公路货运量预测值

市县名称	全社会货运发送量/万 t		市县名称	全社会货运发送量/万 t	
	2012 年	2020 年		2012 年	2020 年
中心城区	2 605.83	3 777.4	阜平县	349.35	506.4
定州市	873.43	1 266.1	涞源县	347.17	503.2
涿州市	817.41	1 184.9	定兴县	343.49	497.8
白沟·白洋淀	571.15	827.8	蠡县	335.92	487
安国市	447.97	649.3	雄县	313.30	454.2
高阳县	403.08	584.4	安新县	311.46	451.5
曲阳县	397.57	576.2	容城县	259.34	375.9
徐水县	375.18	543.8	唐县	215.60	312.6
高碑店市	369.55	535.7	望都县	201.60	292.2
易县	365.08	529.2	顺平县	195.97	284.1
清苑县	358.30	519.4	涞水县	194.82	282.4
满城县	352.79	511.3	博野县	192.64	279.2

3. 公路适站量预测

1) 公路客运适站量预测

客运适站量是指从客运站内发送的旅客量,是确定建站等级和规模的重要依据。根据保定各市县公路的全社会客运量预测结果,结合规划区域在保定各市县的社会经济和交通运输业中的地位和作用,采用适站量系数法,即分析客运适站量占客运总量比例系数的变化,预测保定各市县客运场站的适站量。

参考保定各市县的实际情况,2012 年、2020 年中心城区客运适站量占公路客运量的比例分别取 70%,68%;2012 年、2020 年"三星一淀"客运适站量占公路客运量的比例分别取 65%,63%,2012 年、2020 年其他下辖市县客运适站量占公路客运量的比例分别取 60%,58%。保定市各市县客运适站量预测值如表 10-33 所示。

表 10-33 保定市各市县公路客运场站适站量预测值

市县名称	预测全社会适站量/万人		市县名称	预测全社会适站量/万人	
	2012	2020		2012	2020
中心城区	1 997.03	2 717.32	阜平县	192.56	325.2
定州市	486.18	820.9	涞源县	189.40	319.8
涿州市	429.32	725.0	定兴县	189.40	319.8
白沟·白洋淀	246.28	415.8	蠡县	176.82	298.5

续表

市县名称	预测全社会适站量/万人		市县名称	预测全社会适站量/万人	
	2012	2020		2012	2020
安国市	233.62	394.5	雄县	192.70	298.3
高阳县	220.94	373.1	安新县	175.62	296.5
曲阳县	218.50	368.9	容城县	167.40	282.6
徐水县	203.92	344.4	唐县	146.18	246.9
高碑店市	202.08	341.2	望都县	99.66	168.3
易县	202.08	341.2	顺平县	95.66	161.5
清苑县	202.08	341.2	涞水县	91.44	154.4
满城县	193.64	327.0	博野县	90.96	153.6

2）公路货运适站量预测

保定市中心城区，由于其城区面积较大，产业布局分散，以及货运形式的多样化，与下辖市县相比其货运组织量系数相对较低。结合国内其他城市经验，保定市域内地级市货运组织量系数的理想值取为45%～50%，地级市下辖市县货运组织量系数的理想取值为55%～75%。在进行货物适站量预测过程中，通常将货物分成两类：进站货物与不进站货物。进站货物包括水泥、木料、粮食及其他日用品，理想适站量系数取8%左右；不进站货物包括煤炭、石油、金属、非金属矿石、钢铁等，适站量系数几乎为零。基于保定各县市的实际情况，各县市货运适站量预测值如表10-34所示。

表10-34 保定市各市县公路货运场站适站量预测值

市县名称	货运适站量/万 t		市县名称	货运适站量/万 t	
	2012	2020		2012	2020
中心城区	166.77	291.75	阜平县	19.56	55.3
定州市	55.90	138.3	涞源县	19.44	54.9
涿州市	52.31	129.4	定兴县	19.24	54.4
白沟·白洋淀	36.55	90.4	蠡县	18.81	53.2
安国市	28.67	70.9	雄县	17.54	49.6
高阳县	22.57	63.8	安新县	17.44	49.3
曲阳县	22.26	62.9	容城县	14.52	41
徐水县	21.01	59.4	唐县	12.07	34.1
高碑店市	20.70	58.5	望都县	11.29	31.9
易县	20.44	57.8	顺平县	10.97	31
清苑县	20.07	56.7	涞水县	10.91	30.8
满城县	19.76	55.8	博野县	10.79	30.5

4. 客运场站布局规划

保定中心城区客运场站的平均设计能力取 4 万人/日。下辖各县市在城市规模、客运场站辐射范围上与保定中心城区存在一定差距，因此其客运场站的平均设计能力低于中心城区，取值范围为 0.8 ~ 2.5 万人/日。同时，为便于场站功能划分，形成结构合理的场站体系，规划将客运场站分为一级站和二级站进行设计。

根据国内外道路运输枢纽的发展趋势，公路客运站的功能定位不应局限于单一功能的长途客运站，而应作为衔接对外交通与城市交通的综合型客运枢纽，满足城际交通与城市交通、城乡交通一体化发展的需要。因此，公路主枢纽客运站的规划用地在满足中长途旅客运输的前提下，必须为与区域交通、城市交通衔接预留足够的用地。

大型综合性客运站既是重要的交通基础设施，也是一个城市的重要基础设施，是城市文明的窗口和标志性建筑，可以影响城市的发展方向。因此，综合性客运站的规划建设要综合考虑城市建设与城市功能。

根据《汽车客运站级别划分和建设要求（JT/T 200—2004）》规定，一级汽车客运站占地面积最低标准为 $3.6 \ m^2/$（人次·日），二级汽车客运站占地面积最低标准为 $4 \ m^2/$（人次·日）。

基于保定市作为国家二级枢纽的定位、性质、功能，保定各县市客运量和场站适站量的预测，以及保定市公路运输基础设施总体布局规划的指导思想，形成保定市客运站场的布局规划方案。

1）中心城区客运站场布局方案

（1）保定市客运中心

位于东二环与裕华东路交叉口处，为一级客运场站，改扩建项目，规划旅客发送能力为 5.0 万人/日，计算占地面积为 18.0 万 m^2，考虑当地的用地情况及场站周边的实际土地利用情况，综合确定其占地面积为 17.6 万 m^2。保定市客运中心处于城市交通繁忙路段，车站面积紧张，加之多辆车同时进站，排队进站车辆必然要占用站外道路，造成严重的堵车现象。与此同时，客运站设在市区，对城市的环境也造成了很大的影响。因此在远期有必要对现有的客运中心站进行弱化，将其功能逐渐分摊到其他客运场站。近期所承担主要功能：① 主要承担由保定发往东、东南、东北方向的省际长途旅客运输服务；② 承担与省际发车方向一致的省内地市旅客运输服务；③ 承担市域内部分中短途旅客运输服务；④ 为保定铁路、高铁运输提供旅客集疏运服务。

（2）保定市客运西站

位于七一路以北，复兴路以南，西二环与西三环之间，为新建项目，一级站，规划旅客发送能力为 4.0 万人/日，计算占地面积为 14 万 m^2。主要功能：① 主要承担由保定发往西、西北、西南方向的省际长途旅客运输服务；② 承担与省际发车方向一致的省内地市旅客运输服务；③ 承担市域内部分中短途旅客运输服务。

（3）保定市客运东站

位于京港澳高速以东，靠近孙村附近，为新建项目，一级站，规划发送能力 4.0 万人/日，计算占地面积 15 万 m²。主要功能：① 承担东部、东北、东南部省际长途旅客运输服务；② 承担省内旅客运输服务；③ 为保定东站、高铁运输提供旅客集疏运服务；④ 强化旅游服务功能，连接重要旅游景区，成为旅游集散中心。

（4）保定市客运南站

位于南二环以北，朝阳大街以东，为新建项目，一级站，规划发送能力 3.0 万人/日，计算占地面积 12 万 m²。主要功能：① 主要承担由保定南、西南方向的省际长途旅客运输服务；② 承担与省际发车方向一致的省内地市旅客运输服务；③ 承担市域内中短途旅客运输服务；④ 承担清苑组团的旅客运输服务。

（5）保定市客运北站

位于乐凯大街以西，北二环与北三环之间，为新建项目，二级站，规划发送能力 2.5 万人/日，计算占地面积 10 万 m²。主要功能：① 承担由保定北、西北方向的部分省内地市旅客运输服务；② 承担与省内发车方向一致的市域内中短途旅客运输服务；③ 承担大王店产业区和满城方向组团的旅客运输服务。

（6）保定市东北部客运站

位于东三环以西，京保公路与北三环交叉口附近，为新建项目，二级站，规划发送能力 2.5 万人/日，计算占地面积 10 万 m²。主要功能：① 承担由保定北、东北方向的部分省内地市旅客运输服务；② 承担与省内发车方向一致的市域内中短途旅客运输服务；③ 承担徐水组团的旅客运输服务。

保定市中心城区客运站场布局规划方案如图 10-41 所示。

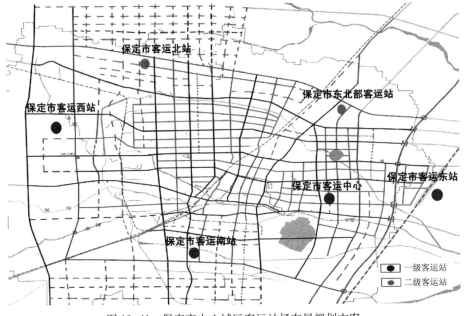

图 10-41　保定市中心城区客运站场布局规划方案

2）"三星一淀"客运站场布局方案

（1）徐水客运站

位于 G107 以东，建明路以南，复兴路以北，规划为一级站，设计发送能力为 1 万人／日，占地面积为 3.59 万 m^2。主要功能：承担市域内外长、短途旅客运输，成为旅游集散点。

（2）清苑客运站

位于 S231 以西，兴苑市场以南，规划为一级站，设计发送能力为 1 万人／日，占地面积为 3.55 万 m^2。主要功能：承担市域内外长、短途旅客运输，以及部分省内旅客运输。

（3）满城客运站

位于 S232 以北，S332 以南，规划为一级站，设计发送能力为 1 万人／日，占地面积为 3.4 万 m^2。主要功能：承担市域内外长、短途旅客运输，以及部分省内旅客运输。

（4）白沟·白洋淀客运站

位于 S235 以东，保津高速以南，S042 以西，规划为一级站，设计发送能力为 2.5 万人／日，占地面积为 4.27 万 m^2。主要功能：承担省市长、短途旅客运输，以及部分省外旅客运输。作为保定的旅游、革命及文化的核心区，白洋淀将着力打造旅游品牌，在带动保定旅游业发展中发挥重要作用。因此，本规划考虑在白洋淀风景区附近规划建设一个一级客运站，既可以方便片区居民出行，又有助于发挥保定旅游的竞争力。

保定市"三星一淀"客运站场布局规划方案如图 10-42 所示。

图 10-42　保定市"三星一淀"客运站场布局规划方案

3) 下辖市县客运站场布局方案

根据对保定市下辖各市县未来年旅客运输量及客运站旅客运输量的预测结果，形成保定市下辖各市县公路客运枢纽规划方案如表 10-35 所示。

表 10-35　保定市下辖各市县公路客运枢纽规划方案

县市名称	规划等级	规划发送能力/（万人/日）	规划面积/万 m²
定州市	一级	2.5	9.00
涿州市	一级	2.5	7.95
阜平县	一级	1.0	3.56
涞源县	一级	1.0	3.50
安国市	一级	1.0	4.32
易县	一级	1.0	3.74
高碑店市	一级	1.0	3.74
曲阳县	一级	1.0	4.04
高阳县	二级	0.9	4.09
定兴县	二级	0.85	3.50
唐县	二级	0.8	2.71
雄县	二级	0.8	3.27
安新县	二级	0.8	3.25
容城县	二级	0.8	3.10
蠡县	二级	0.8	3.27
望都县	二级	0.8	1.84
顺平县	二级	0.8	1.77
博野县	二级	0.8	1.68
涞水县	二级	0.8	1.69

5. 货运场站布局规划

保定中心城区货运场站的平均设计能力为 260 万 t/年。下辖各县市的平均设计能力低于中心城区，取值范围为 55 万～140 万 t/年。同时为便于场站功能划分，形成结构合理的场站体系，规划将货运场分为一级站和二级站进行设计。

结合国内外货运场站的规划经验，货运场站的日理货能力为 18～30 m²/t，国内城市通常取值为 20 m²/t 以上，规划保定市货运场站的日理货能力取 23 m²/t 的标准。同时，为场站未来的发展留有余地，在计算结果上可适当放宽。

1) 规划选址原则

货运场站选址应遵循战略性原则、经济性原则、协调性原则和适应性原则。除此之外，对于大型综合物流园区选址应遵照以下原则：

① 位于城市中心区的边缘地区，并靠近主要的服务对象，一般在城市道路网的外环线附近；

② 位于内外交通枢纽中心地带，至少有两种以上运输方式连接，特别是与铁路和公路方便连接；

③ 位于土地开发资源较好的地区，用地充足，成本较低，并预留充足的发展空间；

④ 位于城市物流的节点附近，现有物流资源基础较好，一般有较大物流量产生，如工业园区、大型卖场等，尽量利用已有仓储用地及设施；

⑤ 保定市物流园区的规划定点必须符合城乡总体规划和生态环境保护的要求。

2）中心城区物流场站布局方案

（1）保定市南部物流园区

选址位于南二环路以北，朝阳南大街以东，利民街以西。规划占地面积80万 m^2，规划能力为280万 t/年。功能定位：该园区集商品批发、配送、存储、运输、加工、交易、公铁联运等物流服务于一体；为汽车及零部件制造、化工、建材产业提供原材料、产成品仓储、中转、配载、配送等物流服务；实现现代物流业与商贸业协调发展。该园区充分整合利用周边已有货运、仓储设施，逐步建设建材、纺织、钢铁、五金、农贸等的仓储、运输和展销中心。该园区主要是保定连接北京、天津、石家庄等省市及环渤海经济圈的主要物流枢纽。

（2）西北部物流园区

选址位于北三环以北、高开区西部，规划占地面积100万 m^2，规划能力为300万 t/年。功能定位：以省际物流集散为主，批发、仓储、运输、交易流通加工等物流服务于一体；为保定市的西部地区的农副产品加工、交易、配送提供物流服务；服务于城市北部高新区的生产企业。其范围覆盖于整个保定市域，辐射环渤海经济圈，有效衔接保津铁路和京广铁路徐水枢纽，为铁路货运提供集散、配送服务。

（3）大王店物流园区

选址位于徐水县大王店产业规划园区西南角，紧邻张石高速保定连接线。规划为一级站，结合大王店产业规划园区预留仓储物流用地情况，大王店物流中心规划占地面积为140万 m^2，规划能力为350万 t/年。功能定位：内陆集装箱中转口岸功能，为外贸进出口货物提供集装箱运输服务；为保定西部、北部和高新区内的企业提供物流服务；为保定西部的矿石外运提供运力和信息服务。

保定市中心城区物流场站布局规划方案如图10-43所示。

3）"三星一淀"物流场站布局方案

（1）徐水物流中心

拟选址徐水北部，规划占地面积35万 m^2，为一级站，规划能力为70万 t/年。功能定位：该中心定位为煤炭和农产品类综合型。

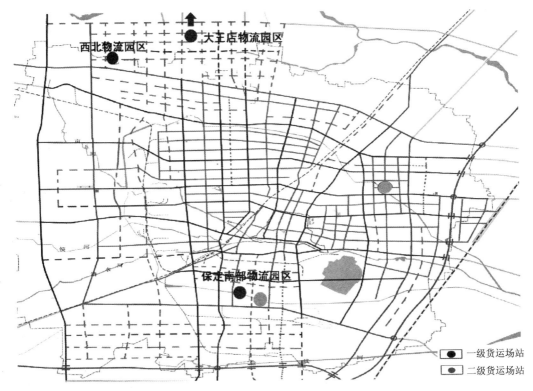

图 10-43　保定市中心城区物流场站布局规划方案

（2）清苑汽车物流中心

拟选址清苑西北部、保沧高速线以南，规划占地 30 万 m²，一级站，规划能力为 70 万 t/年。功能定位：汽车及配件的交易、仓储、配送、运输及信息服务。

（3）满城物流中心

拟选址满城西北部，靠近京昆高速满城服务区附近，规划占地面积 30 万 m²，为一级站，规划能力为 70 万吨/年。功能定位：该中心定位为造纸、建材、电器等综合性运输中心。

（4）白沟·白洋淀物流中心

拟选址临近省道 S333、白沟市箱包城附近，规划占地面积 30 万 m²，为一级站，规划能力为 100 万 t/年。功能定位：该专业物流中心以商贸服务为主，集仓储、配送，贸易、展示、加工和综合服务于一体，主要为生产企业提供物流配送服务，同时提供产品的展示、交易服务，使该中心成为覆盖全国的皮革制品、小商品的仓储、配送、交易物流中心，是东北物流园的物资集散地。

保定市"三星一淀"物流场站布局规划方案如图 10-44 所示。

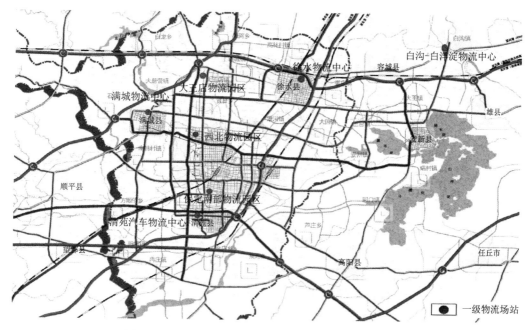

图 10-44 保定市"三星一淀"物流场站布局规划方案

4）下辖市县物流场站布局方案

基于保定市下属各市县未来年货物运输量及适站量的预测结果，形成保定市下辖各市县公路客运枢纽规划方案如表 10-36 所示。

表 10-36 保定市下属各市县公路货物运输枢纽规划布局表

县市名称	规划等级	规划运送能力/(万 t/日)	规划面积/万 m²
定州市	一级	140	21.3
涿州市	一级	135	19.9
安国市	一级	70	10.9
高阳县	一级	65	10.6
曲阳县	一级	65	9.7
涞源县	二级	60	9.2
阜平县	二级	60	9.2
易县	二级	60	9.6
定兴县	二级	55	9.1
高碑店市	二级	70	9.7
安新县	二级	55	8.2
容城县	二级	55	6.8

县市名称	规划等级	规划运送能力/(万 t/日)	规划面积/万 m²
蠡县	二级	58	8.9
雄县	二级	55	8.3
唐县	二级	55	5.7
望都县	二级	55	5.3
顺平县	二级	55	5.2
博野县	二级	55	5.1
涞水县	二级	55	5.1

6. 铁路枢纽布局规划

1）京石客运专线枢纽站

保定东站是京石客运专线在保定的枢纽站，位置选在孙村与前营村之间。车站中心里程为 DK142+950，铁路车场布局为：站房位于线路右侧，本站设到发线 4 条，有效长度为 650 m；设 450 m×12.0 m×1.25 m 岛式站台 2 座。设 8.0 m 宽旅客进出站地道 2 座。站中心轨顶标高 20.269 m，车场总规模为 4 台面 6 线。

广场现状标高为 12.7 m，与道路衔接的交通工具主要有公交车、出租车、社会车辆等。

2）京广铁路保定站改造

保定站是京广线保定地区的主要客运站。车站现有正线 2 条，到发线 4 条，旅客站台 3 座。为加快保定地区融入京津冀都市圈，对保定站进行改扩建，满足未来年京广铁路和京石城际铁路在保定站的旅客发送量需求。

3）铁路徐水站升级改造

规划京石城际铁路线基本与现有的京广铁路平行，在徐水设有客运站场，规划建议京石城际客运站在现有客运站基础上升级改造。

4）保霸铁路客货运站

对既有铁路提速改造的基础上，未来客、货运分离后，货运运输水平将大有提高。规划建议扩大沿线货站的吞吐能力，并综合考虑货运的集散通道和联运功能，尤其是南站货运编组应缩减规模。

考虑到"一城三星一淀"土地空间发展模式，建议在原有规划的基础上，将线路及设站均向北挪移，线路基本沿荣乌高速走廊，通过涞源向西，货运站可选择在徐水城区西北部设货运枢纽站。由于客运量预计偏小，客运站与徐水货运站合并设站，该货运站未来也可与保定物流体系结合，可在北部形成以煤炭能源为主兼顾农副产品外输的物流基地，同时利用该线通过白沟附近，可与白沟物流结合，在区域上形成南有定州、安国，北有徐水、白沟对称格局的四大物流基地。

7. 交通枢纽规划评价

基于国家、省公路主枢纽布局规划，保定市国民经济和社会发展总体战略，以及保定市城市发展总体规划，形成两层次的保定市交通枢纽规划方案："一城三星一淀"和下辖市县客货运场站规划布局方案。基于客运站场的规划建设，构建省际、城际、城市交通一体化的公路运输枢纽网络节点；基于物流园区、物流中心、货运站的规划建设，构建辐射华北内陆地区的物流中心和公路货运枢纽网络节点，从而促进综合运输体系的完善与发展。

津保大铁路在保定设货物枢纽，可大大提升保定市物资运输水平，加强东西向物资置换，促进保定市物流经济的发展，增强保定市交通优势和枢纽的作用发挥。同时，京广铁路在徐水设有二级客货站，对徐水的人员出行和县域经济具有一定的带动作用。

复习思考题

1. 试分析城市综合交通规划过程中各种交通网络布局规划的区别与联系。
2. 试分析城市综合交通规划过程中不同交通方式规划衔接需要注意的问题。
3. 试选择一具体的城市综合交通规划实例，分析其特征及其存在的问题。

参 考 文 献

［1］ 佐佐木纲. 都市交通計画［M］. 2 版. 东京：国民科学社，1985.

［2］ 饭田恭敬. 交通工程学［M］. 邵春福，杨海，史其信，译. 北京：人民交通出版社，1994.

［3］ 佐佐木纲. 景观十年、风景百年、风土千年［M］. 苍洋社，1997.

［4］ 邵春福. 交通规划原理［M］. 北京：中国铁道出版社，2004.

［5］ 土木計画学会. 交通ネットワークの均衡分析：最新の理論と解法—［M］. 东京：日本土木学会，1999.

［6］ 森杉寿芳，宫城俊彦. 都市交通プロジェクトの評価：例題と演習—［M］. 东京：コロナ社，1996.

［7］ 太田胜敏. 交通システム計画：交通工学実務双書［M］. 东京：技術書院，1996.

［8］ 武部健一. 道路の計画と設計：交通工学実務双書—5［M］. 东京：技術書院，1988.

［9］ 交通工学研究会. やさしい非集計分析［M］. 东京：三美印刷，1995.

［10］ 土木学会. 非集計行動モデルの理論と実際［M］. 东京：丸善，1995.

［11］ 高速公路丛书编委会. 高速公路规划与设计［M］. 北京：人民交通出版社，1998.

［12］ 中华人民共和国标准：城市用地分类与规划建设用地标准［S］. 2011.

［13］ 张魁麟，邵春福，王力劭. 基于分布式并行算法的动态交通流分配研究［J］. 北方交通大学学报，2002，26（5）：57-61.

［14］ 邵春福，张魁麟，谷远利. 基于实时数据的网状城市快速路行驶时间预测方法研究［J］. 土木工程学报，2003，36（1）：16-20.

［15］ 陆化普. 交通规划模型与方法［M］. 北京：清华大学出版社，2006.

［16］ 王炜，徐吉谦. 城市交通规划理论与方法［M］. 北京：人民交通出版社，1992.

［17］ 杨兆升. 交通规划方法［M］. 北京：人民交通出版社，1996.

［18］ 黄海军. 网络平衡理论与模型［M］. 北京：人民交通出版社，1994.

［19］ 王东山，贺国光. 交通混沌研究综述与展望［J］. 土木工程学报，2003，36（1）：68-74.

［20］ 严宝杰. 交通调查与分析［M］. 北京：人民交通出版社，1994.

［21］ 王炜，过秀成. 交通工程学［M］. 南京：东南大学出版社，2000.

［22］ 胡建颖. 抽样调查的理论方法和应用［M］. 北京：北京大学出版社，2000.

［23］ 李江. 交通工程学［M］. 北京：人民交通出版社，2002.

[24] 徐吉谦. 交通工程总论 [M]. 北京：人民交通出版社，1991.

[25] 肖秋生. 城市总体规划 [M]. 北京：人民交通出版社，1997.

[26] 肖秋生，徐尉慈. 城市交通规划 [M]. 北京：人民交通出版社，1990.

[27] 杨兆升. 运输系统规划与模型 [M]. 北京：人民交通出版社，1996.

[28] 刘灿齐. 现代交通规划学 [M]. 北京：人民交通出版社，2001.

[29] 黄海军. 城市交通网络平衡分配理论与实践 [M]. 北京：人民交通出版社，1994.

[30] 杨清华，贺国光，马寿峰. 对动态交通分配的反思 [J]. 系统工程，2001，18(1)：49-53.

[31] 过秀成. 城市交通规划 [M]. 南京：东南大学出版社，2010.

[32] 周楠森. 城市交通规划 [M]. 南京：机械工业出版社，2011.

[33] 朱照宏，杨东援，吴兵. 城市群交通规划 [M]. 上海：同济大学出版社，2007.

[34] 李霞，邵春福，孙壮志，等. 基于结构方程的节假日居民出行和活动关联性建模分析 [J]. 交通运输系统工程与信息，2008，8(6)：91-95.

[35] 姚广铮，孙壮志，邵春福，等. 节假日出行活动模式与个人属性相关性分析. 交通运输系统工程与信息，2008，8 (6)：56-60.

[36] 毛保华，郭继孚，陈金川，等. 城市综合交通结构演变的实证研究 [M]. 北京：人民交通出版社，2011.

[37] 关宏志. 非集计模型：交通行为分析的工具 [M]. 北京：人民交通出版社，2004.

[38] 张喜. 基于意向调查数据的非集计运量预测模型估计的研究 [J]. 铁道学报，2000，22 (2)：10-15.

[39] 王方. 基于 SP 调查的行为时间价值研究 [D]. 北京：北京工业大学，2005.

[40] 焦朋朋，陆化普. 基于意向调查数据的非集计模型研究 [J]. 道路交通科技，2005，22 (6)：115-116，138.

[41] 李军. 城市群轨道交通方式划分非集计模型及应用研究 [D]. 武汉：武汉理工大学，2007.

[42] 王瑞. 城市居民出行调查若干问题研究 [D]. 西安：长安大学，2006.

[43] 郭唐仪. 基于非集计模型的交通调查技术与数据分析方法研究 [D]. 南京：东南大学，2007.

[44] 王炜. 交通工程学 [M]. 南京：东南大学出版社，2000.

[45] 任福田. 交通工程学 [M]. 北京：人民交通出版社，2008.

[46] 石飞，王炜，陆建. 我国城市居民出行调查抽样率确定方法探讨与研究 [J]. 道路交通科技，2004，21 (10)：109-112.

[47] 石飞，陆建，王炜，等. 居民出行调查抽样率模型 [J]. 交通运输工程学报，2004，4(4)：72-75.

[48] 刘晓锋，彭仲仁，张立业，等. 面向交通信息采集的无人飞机路径规划 [J]. 交通运

输系统工程与信息，2012，12（1），91-97.

[49] 郭丽梅．基于蜂窝无线定位的交通信息采集技术研究［D］.长沙：中南大学，2010.

[50] 杨励雅．城市交通与土地利用相互关系的基础理论与方法研究［D］.北京：北京交通大学，2006.

[51] 李霞．城市通勤交通与居住就业空间分布关系：模型与方法研究［D］.北京：北京交通大学，2010.

[52] 王殿海．开发区土地利用与交通规划模型研究［D］.北京：北方交通大学，1995.

[53] 曲大义．可持续发展的城市土地利用与交通规划理论与方法研究［D］.南京：东南大学，2003.

[54] 过秀成．城市集约土地利用与交通系统关系模式研究［D］.南京：东南大学，2001.

[55] 周素红．高密度开发城市的内部交通需求与土地利用关系研究：以广州市为例［D］.广州：中山大学，2003.

[56] 角本良平．車と道路からわかる20世紀の東京［J］.運輸と経済，2000，60（5）.

[57] 上海市交通工程学会．畅通新世纪的城市交通.99'上海国际城市交通学术研讨会论文集［C］.上海：同济大学出版社，1999.

[58] 严季，邵春福，李东根．基于非集计模型的城市轨道线路交通需求预测研究［J］.西安公路交通大学学报，2001.

[59] 何宁，顾保南．城市轨道交通对土地利用的作用分析［J］.上海：城市轨道交通研究，1998，1(4)：32-36.

[60] 交通出行率指标研究课题组.交通出行生成率手册［M］.北京：中国建筑工业出版社，2010.

[61] 阿弗里德·马歇尔.经济学原理［M］.廉运杰，译.北京：华夏出版社，2005.

[62] 陆锡明．综合交通规划［M］.上海：同济大学出版社，2003.

[63] 迈耶，米勒.城市交通规划［M］.杨孝宽，译．北京：中国建筑工业出版社，2008.

[64] 北京市交通委员会和北京交通发展研究中心．北京市第三次交通综合调查居民出行调查样本分析报告［R］.北京：2006.

[65] 李朝阳．现代城市道路交通规划［M］.上海：上海交通大学出版社，2006.

[66] 裴玉龙，李洪萍，蒋贤才，等．城市交通规划［M］.北京：中国铁道出版社，2007.

[67] 王炜，陈学武．交通规划［M］.北京：人民交通出版社，2007.

[68] 张举兵，张卫华，焦双健．城市道路交通规划［M］.北京：化学工业出版社，2009.

[69] 戴帅，程颖，盛志强．高铁时代下的城市交通规划［M］.北京：中国建筑工业出版社，2011.

[70] 文国玮．城市交通与道路系统规划［M］.北京：清华大学出版社，2013.

[71] 史习渊．法国里昂交通方式划分影响因素研究［D］.上海：同济大学，2008.

[72] 黄海军，顾昌耀．城市交通需求分析方法论的发展［J］.中国公路学报，1995，8

(1)：31-39.

[73] 周雪梅，曲大义，贾洪飞．信息化条件下的城市交通需求预测 [J]. 长安大学学报，2003，23（3）：88-90.

[74] 邓卫．新型交通组合需求预测方法的研究 [J]. 东南大学学报，1997，27(3)：41-45.

[75] 孟梦．组合出行模式下城市交通流分配模型与算法 [D]. 北京：北京交通大学，2013.

[76] 李景，彭国雄．由路段交通量推算 OD 出行量方法研究 [J]. 交通运输工程学报，2001，1(2)：78-82.

[77] 杨琪，王炜．OD 出行矩阵的容量限制推算方法 [J]. 公路交通科技，2002，19(2)：9-13.

[78] 马广英，李平，闻育，等．基于极大熵模型的交通出行矩阵解法研究 [J]. 浙江大学学报：工学版，2006，4（10）：1778-1782.

[79] 中华人民共和国住房和城乡建设部．城市综合交通体系规划编制办法．2010-02-02.

[80] 北京交通大学，保定市城乡规划设计研究院，保定市城乡规划管理局．保定市城市综合交通规划，2011.

[81] 北京交通大学，三河市客运服务总站．三河市城乡客运公交发展规划，2013.

[82] 北京交通大学，保定市城乡规划设计研究院，保定市城乡规划管理局．保定市城市轨道交通专项规划，2011.

[83] 武汉市公用事业研究所．CJJ 15—1987 城市公共交通站、场、厂设计规范 [M]. 北京：中国建筑工业出版社，1988.

[84] 中华人民共和国建设部．CJ 39.1—1991 城市公共交通济技术指标计算方法，公共汽车、电车 [S].

[85] 朱照宏，杨东援，吴兵．城市群交通规划 [M]. 上海：同济大学出版社，2007.

[86] 李伟．步行和自行车交通规划与实践 [M]. 北京：知识出版社，2009.

[87] 毛保华，郭继孚，陈金川，等．城市综合交通结构演变的实证研究 [M]. 北京：人民交通出版社，2011.

[88] 张秀媛，董苏华，蔡华民，等．城市停车规划与管理 [M]. 北京：中国建筑工业出版社，2006.

[89] 刘春成，侯汉坡．城市的崛起 [M]. 北京：中央文献出版社，2012.

[90] BECKMANN M J, MCGUIRE C B, WINSTEN C B. Studies in the economics of transportation. New Haven：Yale University Press，1956.

[91] BELL M G H, IIDA Y. Transportation network analysis. London：Wiley，1997.

[92] BEN-AKIVA M，LERMAN S R. Discrete choice analysis：theory and application to travel demand. Cambridge：The MIT Press，1985.

[93] CALIPER CORP. TransCAD transportation GIS software users guide. USA，2003.

[94] CASCETTA E. Estimation of trip matrices from traffic counts and survey data：a generalized

least squares approach estimator. Transportation Research Part B, 1984, 18（4/5）: 289-299.

[95] CASCETTA E. Transportation systems analysis: models and applications. New York: Springer, 2009（29）.

[96] CHATTERJEE A, VENIGALLA M M. Travel demand forecasting for urban transportation planning. Handbook of Transportation Engineering, 2004.

[97] CITILABS. Cube user's guide. USA, 2012.

[98] DAFERMOS S C. Traffic equilibrium and variational inequalities. Transportation Science, 1980, 14（1）: 42-54.

[99] DAGANZO C F. Properties of link travel time function under dynamic loads. Transportation Research Part B, 1995, 29（2）: 93-98.

[100] DIAL R B. A probabilistic multipath traffic assignment model which obviates path enumeration. Transportation Research, 1971,（5）: 83-111.

[101] DIAL R B. Bicriterion traffic assignment: efficient algorithms plus examples. Transportation Research Part B, 1997, 31（5）: 357-379.

[102] DOBLAS J, BENITEZ F G. An approach to estimating and updating origin-destination matrices bbased upon traffic counts preserving the prior structure of a survey matrix. Transportation Research Part B, 2005, 39（7）: 565-591.

[103] EVANS S P. Derivation and analysis of some models for combining trip distribution and assignment. Transportation Research, 1976, 10（1）: 37-57.

[104] FLORIAN M, NGUYEN S, FERLAND J. On the combined distribution-assignment of traffic. Transportation Research, 1975, 9（1）: 43-53.

[105] FLORIAN M, NGUYEN S. A combined trip distribution modal split and trip assignment model. Transportation Research, 1978, 12（4）: 241-246.

[106] FRIESZ T L. Transportation network equilibrium, design and aggregation: key developments and research opportunities. Transportation Research Part A, 1985, 19（5, 6）: 413-427.

[107] FRIESZ T L, SHAH S. An Overview of nontraditional formulations of static and dynamic equilibrium network design. Transportation Research Part B, 2001, 35（1）: 5-21.

[108] FRIESZ T L, TOBIN R L, CHO H J, et al. Sensitivity analysis based heuristic algorithms for mathematical programs with variational inequality constraints. Mathematical Programming, 1990, 48（1-3）: 265-284.

[109] GAO Z Y, SUN H J, SHAN L L. A continuous equilibrium network design model and algorithm for transit systems. Transportation Research Part B, 2004, 38（3）: 235-250.

[110] GAO Z Y, WU J J, SUN H J. Solution algorithm for the bi-level discrete network design

problem. Transportation Research Part B, 2005, 39 (6): 479-495.

[111] GARTNER N H. Optimal traffic assignment with elastic demands: a review part I analysis framework. Transportation Science, 1980, 14 (2): 174-191.

[112] GARTNER N H. Optimal traffic assignment with elastic demands: a review, part II algorithmic approaches. Transportation Science, 1980, 14 (2): 192-208.

[113] GOLOB T F. A simultaneous model of household activity participation and trip chain generation. Transportation Research Part B, 2000, 34 (5): 355-376.

[114] HUANG H J, LIU T L, YANG H. Modeling the evolutions of day-to-day route choice and year-to-year ATIS adoption with stochastic user equilibrium. Journal of Advanced Transportation, 2008, 42 (2): 111-127.

[115] HOROWITZ A J. Tests of an ad hoc algorithm of elastic-demand equilibrium traffic assignment. Transportation Research Part B, 1989, 23 (4), 309-313.

[116] INROInc. EMME 3 User's Manual. Canada, 2010.

[117] KIMAN C. Application of pooled data techniques in the calibration of spatial interaction models. Pennsylvania: University of Pennsylvania, 2001.

[118] LAM W H K, HUANG H J. A combined trip distribution and assignment model for multiple user classes. Transportation Research Part B, 1992, 26 (4): 275-287.

[119] LEBLANC L J, ABDULAAL M. Combined mode split-assignment and distribution-model split-assignment models with multiple groups of travelers. Transportation Science, 1982, 16 (4): 430-442.

[120] LEE M S, MCNALLY M G. On the structure of weekly activity/travel patterns. Transportation Research Part A, 2003, 37 (10): 823-839.

[121] LO H K, SZETO W Y. Time-dependent transport network design under cost-recovery. Transportation Research Part B, 2009, 43 (1): 142-158.

[122] ORT Ú ZAR J, WILLUMSEN L G. Modelling Transport. London: Wiley, 2001.

[123] PREM C, GANNAVARAM S. Travel demand model software reviews. KCITE Software Comparisons, 2006.

[124] PTV, AG. VISUM 11. 50 User Manual. Germany, 2011.

[125] ROBILLARD P. Estimating the OD matrix from observed link volumes. Transportation Research, 1975, 9 (2, 3): 123-128.

[126] SAFWAT K N A. , MAGNANTI T L A. Combined trip generation, trip distribution, modal split, and trip assignment model. Transportation Science, 1988, 22 (1): 14-30.

[127] SHAO C F, ASAI K, NAKAGAWA S, et al. An approach to dynamic route travel time forecast on urban expressway network. Proceedings of TCTTS' 2000, ASCE, 2000: 527-532.

[128] SHAO C F, AKIYAMA T, SASAKI T. Empirical approach for road traffic flow analysis on

the fuzzy set theory. Japanese Journal of Fuzzy Theory and Systems, 1997, 9 (6): 168-177.

[129] SHEFFI Y. Urban transportation networks: equilibrium analysis with mathematical programming methodss. New Jersey: Prentice-Hall, 1985.

[130] SMITH M J. The existence, uniqueness and stability of traffic equilibrium. Transportation Research Part B, 1979, 13 (4): 295-304.

[131] SMITH M J. Two alternative definitions of traffic equilibrium. Transportation Research Part B, 1984, 18 (1): 63-65.

[132] SPIESS H. A maximum likelihood model for estimating origin-destination matrices. Transportation Research Part B, 1987, 21 (5): 395-412.

[133] TAMIN O, WILLUMSEN L G. Transport demand model estimation from traffic counts. Transportation, 1989, 16 (1): 3-26.

[134] TOMLIN J A. A mathematical programming model for the combined distribution assignment of traffic. Transportation Science, 1971, 5 (2): 122-140.

[135] Trip Generation, an ITE informational report, 8th edition. User's Guide, Institute Transportation Engineers, USA, 2010 (1, 3).

[136] VAN Z H, WILLUMSEN L G. The most likely trip matrix estimated from traffic counts. Transportation Research Part B, 14 (3): 281-293.

[137] WILLS M J. A flexible gravity-opportunities model for trip distribution. Transportation Research Part B, 1986, 20 (2): 89-111.

[138] WILLUMSEN L G. Estimation of an od matrix from traffic counts—a review, working paper. Institute of Transport Studies, University of Leeds, UK: Leeds, 1978.

[139] YANG H. System optimum, stochastic user equilibrium, and optimal link tolls. Transportation Science, 1999, 33 (4): 354-360.

[140] ZHANG H M. A theory of nonequilibrium traffic flow. Transportation Research Part B, 1998, 32 (7): 485-498.

[141] ZHOU X, MAHMASSANI H S, ZHANG K. dynamic micro-assignment modeling approach for integrated multimodal urban corridor management. Transportation Research Part C, 2008, 16 (2): 167-186.